KB058163

사회적 뇌

인류 성공의 비밀

SOCIAL by Matthew D. Lieberman
Copyright ⓒ 2013 by Matthew D. Lieberman
All rights reserved.

Korean Translation Copyright ⓒ 2015 by Sigongsa Co., Ltd.
This Korean translation edition is published by arrangement with Matthew D. Lieberman c/o Brockman, Inc.

이 책의 한국어판 저작권은 Matthew D. Lieberman c/o Brockman, Inc.와 독점 계약한 ㈜시공사에 있습니다.
저작권법에 의해 한국 내에서 보호를 받는 저작물이므로 무단 전재와 무단 복제를 금합니다.

사회적 뇌
인류 성공의 비밀

매튜 D. 리버먼 지음 | 최호영 옮김

S O C I A L

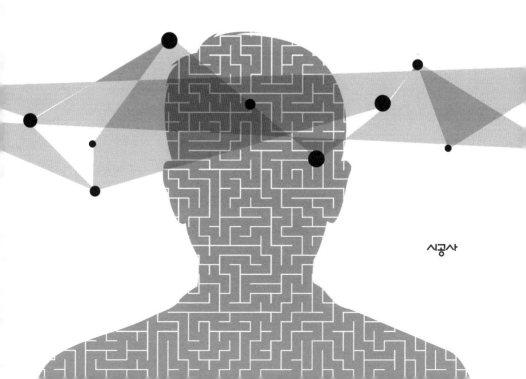

시공사

그림 1.1, 2.2, 2.4, 3.1, 3.3, 3.4, 4.2, 7.2, 9.2, 10.1 ©Fred Haynes
그림 2.1, 2.3, 3.2, 4.1, 5.2, 5.3, 6.1, 7.1, 7.3, 8.1, 8.2, 8.3, 9.1 ©Jane Whitney

몇백 년 전 철학자 제러미 벤담Jeremy Bentham은 '고통과 쾌락이 우리의 모든 행위와 모든 말과 모든 사고를 지배한다'고 주장했다. 우리가 신체적 쾌락에 사로잡혀 있고 또 신체적 고통을 피하기 위해 열심히 일하는 것은 틀림없는 사실이다. 그러나 과연 이런 쾌락과 고통이 우리의 모든 행위를 지배하고 있을까? 과연 이것이 우리의 전부일까? 나는 이런 것들의 지배력이 우리가 흔히 생각하는 것보다 훨씬 덜하다고 생각한다. 오늘날 사회의 여러 제도와 각종 유인정책들은 주로 벤담의 주장과 일치하는 방식으로 조직되어 있으며, 그래서 인간 행동의 중요한 몇몇 동기 요인들을 간과하고 있다.

벤담과 우리 대부분이 간과하고 있는 것은, 인간이 신체적 고통과 쾌락만큼이나 근본적인 또 다른 관심들을 추구하도록 진화했다는 사실이다. 즉 우리는 사회적 관심들을 추구하도록 진화했다. 우리는 친구나 가족과 연결된 채로 살아가고자 하는 뿌리 깊은 동기(욕구)를 가지고 있으며 다른 사람들의 마음속에서 무슨 일이 일어나고 있는지에 대해 자연스럽게 호기심을 가진다. 그리고 우리의 정체성은 우리가 속한 집단에서 가져온 여러 가치들에 의해 조직된다. 이런 사회적 연결에 기초한 우리의 행동들은 인간이 자신의 이익만을 추구하는 합리적 동물이라는 관점에서 보면 매우 이상할 뿐이며 인간이 본질적으로 사회적 동물이라는 관점에서 바라볼 때 비로소 제대로 이해될 수 있다.

지난 20여 년 동안 나와 내 동료들은 사회인지신경과학social cognitive neuroscience이라는 새로운 종류의 과학을 만들어냈다. 우리는 기능적 자기공명영상functional magnetic resonance imaging, fMRI 같은 도구들을 이용해 인간의 뇌가 사회적 세계에 어떻게 반응하는지에 대해 과거에는 알지 못했던 깜짝 놀랄 만한 사실들을 발견했다. 그리고 이런 발견들은 우리의 뇌가 다른 사람들과 연결되도록 설계되어 있다는 우리의 결론을 거듭 확인시켜주는 것이었다.

이런 사회적 마음의 일부는 초기 포유동물들이 살았던 몇억 년 전까지 거슬러 올라갈 것이다. 또 사회적 마음의 다른 부분들은 매우 최근에 진화했으며 아마도 인간에게만 존재할 것이다. 이런 정신적 메커니즘들이 어떻게 우리의 행동을 좌우하고 있는지를 이해하는 것은, 개인의 삶이나 조직의 활동을 개선하는 데 결정적인 기여를 할 수 있을 것이다. 이 책은 사회적 마음의 신경 메커니즘을 밝히고 나아가 이런 지식을 바탕으로 우리의 사회적 삶을 보다 좋게 만들기 위한 것이다.

차례

5부 더 현명하고 행복하며 생산적인 삶을 위한 제언

본성

S O C I A L

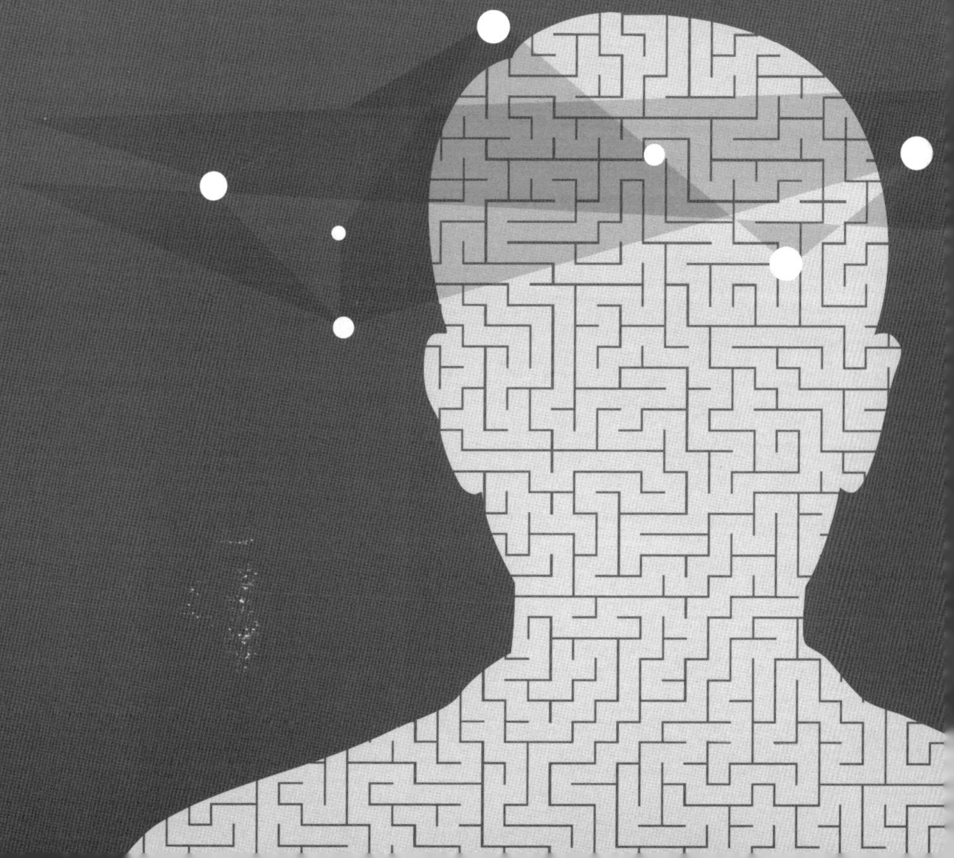

1장
우리는 누구인가?

어브와 글로리아는 아메리칸 드림을 꿈꾸며 반세기 이상의 세월을 살았다. 대공황 시대에 태어난 그들은 보잘것없던 어린 시절을 이겨내고 애틀랜틱시티Atlantic City의 유명 인사가 되었다. 두 사람은 10대 초반에 서로를 알게 되었고, 고등학생 시절에 사랑하는 연인 사이로 발전했다. 그리고 어브는 듀크대학교Duke University에 입학한 뒤 얼마 지나지 않아 군에 입대하여 제2차 세계대전 때는 해군 조종사로 복무했다. 그가 신병 훈련소에 입소할 때 글로리아는 훈련소까지 동행했다.

두 사람은 전쟁이 끝난 뒤 바로 결혼했으며 베이비붐 시대에 낳은 두 자식은 나중에 잘나가는 변호사가 되었다. 어브는 두 사람이 살 집을 손수 지었다. 그리고 나중에 그는 부동산 중개업을 했으며 글로리아는 중개소에서 그를 거들었다. 그들은 사업 재주가 있었으며, 그들이 사들인 작은 주차장 땅을 나중에 그곳에 생겨난 카지노 업체에서 탐내게 되는 행운도 누렸다. 어브와 글로리아는 서로 떨어질 수 없는 사이였다. 그들은 함께 살았고 함께 일했으며 함께 휴가를 즐겼다.

어브는 예순일곱 살 때 전립선암이 상당히 진전되었다는 사실을 알게 되었으며 머지않아 숨을 거두었다. 어브의 죽음은 글로리아에게 엄청난 충격을 주었다. 사람들은 엄청난 역경이 닥쳐도 어떻게든 살아갈 방도를 찾곤 하지만, 글로리아는 그렇지 않았다. 그녀는 배우자의 상실에 고착된 상태로 여생을 보냈으며 그녀의 정신과 기억력은 점점 퇴화했다. 그렇게 얼마의 시간이 지나자 그녀는 아주 딴사람이 되어버렸다. 가끔 걱정을 많이 하긴 했지만 늘 매력적이었고 재치가 넘쳤던 그녀가, 어브가 세상을 뜬 뒤로는 자기중심적으로 바뀌었고 주의가 산만해졌으며 때로는 비열하기까지 한 사람이 된 것이다.

글로리아의 친구들은 그녀에게 일어난 변화에 크게 놀라면서 하나둘씩 그녀를 떠나갔다. 또 글로리아의 가족들은 그녀의 기분과 행동을 참고 견디느라 애를 먹었다. 그녀의 이런 변화에 대한 설명들은 대부분 신경생물학에 초점을 맞추고 있었다. 어쩌면 일종의 알츠하이머 병이나 치매에 걸린 것이 아닐까? 그러나 글로리아의 기억력이 점점 쇠퇴했다는 사실 말고는 이런 진단을 실제로 뒷받침할 만한 것이 아무것도 없었다. 몇몇 사람들은 그녀가 커다란 슬픔을 이겨내기 위해 복용한 약들이 신경에 장기적인 손상을 입힌 것이 아닌지 의심했다. 그러나 글로리아는 이런 의심들을 거들떠보지도 않았다. 무엇이 잘못되었는지 잘 알고 있었기 때문이다. 그녀는 어브 없이 또 하루를 사느니 차라리 죽는 편이 나을지도 모른다고 생각했다.

내가 이런 사정을 잘 아는 까닭은 그녀가 틈만 나면 내게 이 이야기를 해주었기 때문이다. 글로리아는 나의 할머니다. 할머니는 상심 때문에 자신의 마음속에서 하루하루 죽어가고 있었다. 몇 년 후 내가 할머니가 왜 그렇게 급격하게 변했는지 묻자 아버지는 다음과 같이 답했다. '할머니는 할아버지가 돌아가신 순간에 함께 돌아가신 거야. 할머니에겐 그 뒤로 행복한 순간이 한 번도 없었지.'

내게 나의 할아버지와 할머니는 성인기의 삶, 단단하고 건강한 결혼 생활, 평생의 반려자가 주는 혜택 등에 대한 전형적인 사례처럼 보였다. 어린 시절 나는 할아버지 팝 어브가 손수 지으신 집에서 여름을 보내곤 했다. 그때 나는 그분들이 서로를 얼마나 아끼고 사랑하는지, 그리고 주위의 다른 사람들에게도 얼마나 큰 관심을 기울이는지 잘 관찰할 수 있었다.

오늘날 나와 아내는, 할아버지와 할머니가 그랬던 것처럼 같은 직업에 종사하고 있으며 서로 6미터밖에 떨어지지 않은 사무실을 사용하고 있다. 왜냐하면 나는 할아버지와 할머니의 삶을 곁에서 지켜보면서 바로 이런 것이 행복이라는 사실을 깨달았기 때문이다. 우리는 특정한 인간관계를 통해 오랜 세월 동안 매우 행복할 수도 있고, 또 그런 인간관계가 망가지거나 사라질 때는 삶을 매우 무가치하게 느낄 수도 있는데, 이는 무슨 이유 때문일까? 우리의 뇌가 사랑하는 사람을 잃었을 때 큰 고통을 느끼도록 설계된 까닭은 과연 무엇일까? 사회적 상실 때문에 큰 고통을 느끼는 것이 혹시 우리 신경구조의 설계상 결함은 아닐까?

나와 아내가 지난 10여 년 동안 수행해온 연구 결과에 따르면, 이런 반응은 설계상 결함이 아니라 우리의 생존에 엄청나게 중요한 의미를 지니는 것이다.[1] 우리의 뇌는 사회적 연결에 대한 위협을 신체적 고통을 경험할 때와 비슷한 방식으로 경험하도록 진화했다. 우리가 사회적 고통을 느낄 때 활성화되는 신경회로는 신체적 고통을 느낄 때 활성화되는 부위와 같은데, 이런 사회적 고통의 경험은 아이들로 하여금 부모 곁에 머물게 함으로써 그들의 생존을 돕는 역할을 한다. 또한 사회적 고통과 신체적 고통이 신경적으로 연결되어 있다는 것은 사회적 연결 속에서 사는 것이 음식이나 온기에 대한 신체적 욕구와 마찬가지로 평생 지속되는 욕구임을 의미한다.

우리의 뇌가 사회적 고통과 신체적 고통을 비슷하게 처리한다는 사실을 고려할 때, 사회적 고통을 대하는 사람들의 태도에 변화가 필요한 것은 아닐까? 우리는 누군가 다리가 부러졌을 때 '그냥 잘 이겨내겠지' 라고 생각하지 않는다. 그러나 누군가 사회적 상실의 고통에 시달릴 때 는 흔히 그렇게 생각한다. 하지만 나와 다른 연구자들이 기능적 자기공 명영상을 이용해 수행한 연구 결과들을 고려할 때 우리가 사회적 고통 을 경험하는 방식은 이런 평소 생각과 매우 다르다. 우리는 사회적 고 통과 신체적 고통이 근본적으로 다른 종류의 경험이라고 직관적으로 믿는 경향이 있지만, 이런 고통들에 대한 신경 처리 방식은 이것들이 상상 이상으로 매우 비슷한 종류의 것임을 시사한다.

이 책은 우리 뇌의 세 가지 주요 적응현상에 초점을 맞출 것이다. 이 런 적응은 우리가 사회적 세계에 좀 더 연결된 삶을 살면서 이런 사회 적 연결의 이점을 이용해 더 응집력 있는 집단과 조직을 이루도록 도와 준다. 사회적 고통과 신체적 고통의 신경적 중첩은 이런 적응현상의 첫 번째 예다. 이런 신경적 중첩은 우리로 하여금 평생 동안 '사회적 연결' 을 추구하는 삶을 살도록 만든다.

청중의 반응에 반응하는 뇌

1984년 10월 21일 로널드 레이건Ronald Reagan과 그의 도전자인 전임 부통령 월터 먼데일Walter Mondale은 대통령 선거를 앞두고 전국적으로 중계된 두 번째 텔레비전 후보 토론회에 임했다. 레이건 대통령은 여전히 인기를 누리고 있었지만 그가 고령인 것에 대한 우려가 커지면서 지지가 점점 약화되고 있었다. 그는 3주 전 첫 번째 토론회에서 형편없는 모습을 보였으며, 때문에 그의 정신 건강에 대한 의심이 고개를 들기 시작했다. 그러나 만약 재선에 성공한다면 그는 미국 역사상 가장 나이 많은 현직 대통령이 될 것이었다(토론회 당시 그는 일흔세 살이었다). 사람들은 흔히 당시 이 마지막 토론회가 선거의 전환점이 되었다고 말한다. 이 토론회에서 레이건은 제대로 실력을 발휘했고 그 덕분에 대중적 지지를 더욱 공고히 하여 역사상 최대의 압승을 거두었기 때문이다.

그렇다면 과연 레이건은 자신이 여전히 건재하다는 사실을 어떻게 증명했을까? 당시 현안들에 대해 자신이 매우 박식하다는 사실을 보여주었을까? 아니면 자신 있는 외교정책이나 세법 같은 분야에서 먼데일을 강력히 몰아붙여 토론을 유리하게 이끌어갔을까? 사실은 그렇지 않았다. 그날 레이건이 승리를 거둘 수 있었던 것은 그의 시기적절한 재담 덕분이었다. 그는 여러 재치 있는 경구들을 태연하게 늘어놓으면서 기운을 회복했고 그 뒤로는 결코 머뭇거리지 않았다. 가장 재치 있는 답변은 사회자가 나이 때문에 걱정되지 않느냐고 물었을 때 나왔다. 레이건은 다음과 같은 유명한 답변을 남겼다. "저는 나이를 이번 선거의 이슈로 삼고 싶지 않습니다. 제가 정치적인 목적을 위해서 경쟁자의 젊음과 미숙함을 이용하는 일은 없을 것입니다." 쉰여섯의 먼데일은 분명

햇병아리는 아니었지만, 바로 그 순간에 그는 자신이 선거에서 졌다는 사실을 직감했다고 후에 회고하기도 했다.**2**

그날 밤 후보 토론회를 시청한 7,000만 명에 가까운 미국인들은 기퍼Gipper(레이건의 과거 배우 시절 활동에서 유래한 그의 애칭–옮긴이)에게 아직도 마력이 남아 있다고 확신했다. 그리고 그가 고령인 탓에 큰 실수를 저지를지도 모른다는 우려는 크게 줄어들었다. 그날 밤 사람들이 전국적으로 이런 결론에 도달한 과정은 실로 놀라운 것이었다. 레이건에 대한 사람들의 견해가 이렇게 바뀐 것은 레이건 자신 때문이 아니었다. 그것은 방청석에 앉아 있던 몇백 명의 사람들 때문이었다. 다시 말해 레이건을 바라보는 미국인들의 시각에 미묘한 변화를 불러일으킨 것은 바로 방송을 타고 전국으로 울려 퍼진 청중의 웃음소리였다.

사회심리학자 스티브 페인Steve Fein은 이 토론회를 보지 않은 사람들에게 두 가지 방식으로 녹화방송을 보여주었다.**3** 몇몇 사람들은 토론 과정을 텔레비전 생중계 때와 똑같은 방식으로 시청한 반면에, 다른 사람들은 청중의 반응을 들을 수 없는 상태에서 토론 과정을 시청했다. 이 두 경우에 사람들은 모두 레이건이 똑같은 재담을 늘어놓는 장면을 보았다. 청중의 웃음소리를 들은 사람들은 레이건이 먼데일보다 토론을 더 잘했다고 평가한 반면에, 청중의 웃음소리를 듣지 못한 사람들은 아주 다른 평가를 내놓았다. 즉 그들은 부통령 먼데일이 확실한 승리를 거두었다고 평가했다. 이렇게 볼 때 미국인들이 레이건이 익살맞다고 생각한 것은 그가 정말 익살맞기 때문이 아니었다. 청중 속의 몇몇 낯선 사람들이 그가 익살맞다고 생각했기 때문이다. 결국 미국인들은 별 의도 없이 생성된 '사회적 단서social cue'의 영향을 크게 받은 셈이었다.

당신이 이 토론회를 보고 있다고 상상해보라(물론 당신은 이미 그것을 보았을지도 모른다).**4** 당신은 청중의 웃음소리가 후보자들에 대한 당신의 평가에 영향을 줄 수 있다고 생각하는가? 또 토론이 진행되는 동안 방송 화면 하단에 나타나는 후보자들에 대한 몇몇 사람들의 실시간 반응 그래프가 당신에게 영향을 미칠까? 이런 것에 의해 당신의 선택이 좌우될 수 있을까? 아마도 우리 중의 대다수는 그렇지 않다고 답할 것이다. 누가 한 나라의 대통령이 되어야 하는지에 대한 우리의 결정이 몇몇 청중들의 반응 때문에 바뀔 수도 있다는 생각은, 인간 본성에 대한 우리의 이론, 즉 '우리는 누구인가?'에 대한 우리의 막연한 느낌에 반대되는 것이다. 우리는 우리 자신이 이런 종류의 영향으로부터 자유로운 독립적 정신의 소유자라고 생각하고 싶어 한다. 그러나 실은 그렇지 않을 수도 있다. 우리는 매일 우리가 미처 깨닫지도 못하는 무수한 방식으로 다른 사람들의 영향을 받고 있다. 만약 이것이 사실이라면, 왜 우리의 뇌는 우리가 알지도 못하는 사람들의 영향을 부지불식간에 받도록 설계된 것일까?

청중의 반응에 따라 레이건에 대한 견해가 달라질 정도로 잘 속아 넘어가는 우리의 뇌를 평가하기에 앞서, 다른 사람이 말하거나 행동하는 것을 보고 그 사람의 마음을 읽는 것이 얼마나 어려운 일인지 잠시 생각해보기로 하자. 생각, 감정, 성격 같은 것들은 오직 추측할 수 있을 뿐이며 결코 눈으로 직접 볼 수 없는 것들이다. 때문에 누군가의 마음 상태를 짐작한다는 것은 매우 어려운 과제가 될 수 있다.

레이건이 여전히 예전의 그 레이건일까? 혹시 그의 정신력이 감퇴하지는 않았을까? 철저한 신경학적 검사도 없이 과연 우리는 이 둘의 차이를 어떻게 알 수 있을까? 우리는 모두 이처럼 타인의 마음을 읽는 일에 매일 몰두하고 있다. 그리고 이것은 매우 중요한 일이기 때문에 우리에게는 이런 일을 전담하는 신경회로가 진화를 통해 갖춰져 있다.

사람들은 우리 호모사피엔스Homo sapiens가 지구 위에 군림하게 된 것이 추상적 사고능력 때문이라고 생각하는 경향이 있다. 하지만 최근 인류가 종으로서 지배적인 위치에 서게 된 까닭이 사회적 사고능력 덕분일지 모른다는 추론을 뒷받침하는 증거들이 속속 나오고 있다.5 역사상 위대한 생각들은 거의 언제나 협동작업을 통해 열매를 맺어왔다. 그리고 우리가 집단의 번영을 위해 필요한 사회적 연결과 토대를 형성하고 유지할 수 있는 것은 우리의 사회적 사고능력 덕분이다. 뇌에 이런 타인의 '마음 읽기mindreading'를 담당하는 신경회로가 있다는 사실은, 내가 이 책에서 논의할 뇌의 세 가지 중요한 적응현상 가운데 두 번째에 해당한다.

언뜻 보면 사회적 추론도 다른 종류의 추론과 비슷할 것 같지만, 놀랍게도 사회적 추론과 비사회적 추론을 담당하는 신경체계는 매우 다르며 대개 서로 대립적으로 작동한다. 많은 경우에 우리가 비사회적 추론을 위한 신경망을 사용하면 할수록, 사회적 추론을 위한 신경망은 '꺼지게' 된다.6 사회적 사고와 비사회적 사고의 이런 적대관계는 매우 중요하다. 우리가 어떤 문제에 몰두할수록 그 문제를 해결하는 데 도움을 줄 수 있는 주위 사람들을 멀리하게 될 확률이 높아지기 때문이다. 따라서 효과적인 비사회적 문제해결은 집단의 필요에 대한 효과적인 사고를 촉진하는 신경회로에 방해가 될 수 있다.

그러나 우리의 뇌 안에 사회적 추론을 전담하는 체계가 있다는 사실이 대통령 후보 토론회를 시청한 대다수 사람들이 왜 그렇게 청중의 반응에 큰 영향을 받았는지를 온전히 설명할 수 있는 것은 아니다. 이 경우 사회적 추론체계는 결과적으로 토론회에 대한 왜곡된 지각을 초래했으므로 제대로 작동하지 않았다고도 말할 수 있다. 왜냐하면 우리 마음의 어떤 부분이 익명의 청중들의 웃음소리를 레이건의 원기 왕성한 정신력을 보여주는 타당한 지표로 오인한 셈이기 때문이다. 그렇다면 어째서 우리는 스스로 판단하는 대신에 다른 사람들의 판단을 그대로 받아들인 것일까? 이것은 일시적인 실수가 아니다. 세상에는 이런 웃음의 단서나 그 밖에 여러 가지 맥락적 단서들이 가득 존재하며, 우리의 뇌는 타인에 의해 영향을 받도록 설계되어 있다. 다시 말해 우리의 뇌는 우리가 주위 사람들의 신념과 가치를 받아들이도록 설계되어 있다.

동양 문화권에서는 다른 사람들의 생각과 행동에 각별히 주의를 기울임으로써 서로의 '조화'를 꾀할 수 있으며 개인보다 집단이 더 많은 것을 달성할 수 있다는 견해가 일반적이다. 반면 서양 사람들은 자신이 지닌 신념과 가치가 자신의 정체성을 구성하는, 다시 말해 자신을 자신답게 만드는 핵심 요소라고 생각하는 경향이 있다. 그러나 앞으로 보게 될 것처럼, 우리가 지닌 신념과 가치는 종종 우리가 깨닫지도 못하는 사이에 우리 마음속에 몰래 스며든 것들이다.

내가 연구한 바에 따르면 우리가 지닌 개인적 신념들의 신경적 토대는 우리의 신념이 타인의 신념에 의해 영향을 받도록 만드는 뇌 영역의 일부와 상당히 중첩된다. '자기self'란 외부의 침입을 결코 허용치 않는 사적인 요새라기보다 사회적 영향에 대해 활짝 열려 있는 고속도로에 더 가깝다. 이렇게 사회적 순응성이 강한 자기는 종종 자기 자신보다 타인을 더 도우려는 행동으로 이어지기까지 하는데, 이것은 이 책에서 논의할 뇌의 세 번째 주요 적응현상에 해당한다.

우리 뇌 안의 사회적 연결망

인간 본성에 대한 대다수 논의에서 인간의 사회성은 전적으로 무시되고 있다. 인간의 특별한 점이 무엇이냐고 사람들에게 물으면 대부분 '언어' '이성' '다른 손가락과 마주 볼 수 있는 엄지손가락' 같은 확실히 증명된 답들을 내놓을 것이다. 그러나 인간의 사회성에 대한 역사는 짧게 잡아도 최초의 포유동물이 존재했던 2억 5,000만 년 전까지 거슬러 올라간다. 인간의 사회성은 공룡이 최초로 지상을 거닐었던 이때부터 포유동물의 전체 역사에 걸쳐 수없이 반복되어온 진화의 책략들을 통해 점진적으로 진화해왔다. 이런 진화의 책략들은 포유동물의 생존과 번식을 촉진하는 적응의 형태로서 선택되어왔다. 그리고 이런 적응은 주위 사람들과의 유대를 강화하고 타인의 마음을 예측하는 능력을 향상시킴으로써 사람들 사이의 조화와 협력을 발전시켰다.

사회적 상실과 청중의 웃음소리가 우리에게 영향을 미치는 것은 결코 우연이 아니다. 진화가 현대인의 뇌를 설계하는 과정이라고 한다면, 이는 무엇보다 우리가 다른 사람들에게 다가가고 그들과 상호작용을 주고받도록 우리의 뇌 구조가 변화해온 과정이다. 이것은 우리 뇌의 결함이 아니라 설계상의 특징이다. 그리고 이런 사회적 적응은 우리 인간이 지구 상에서 가장 성공적인 종이 될 수 있었던 핵심 이유이기도 하다.

그러나 사회적 적응은 여전히 일종의 신비로 남아 있다. 인간 사회성의 신경적 기초는 우리가 지닌 지식의 거대한 맹점과도 같기 때문이다. '우리는 누구인가?' 이에 대해 우리가 현재 가지고 있는 이론은 잘못된 것이다. 이 책의 목적은 우리가 사회적 동물이라는 사실을 분명히 밝히고, 나아가 우리의 사회적 본성에 대한 명확한 이해를 바탕으로 우리의 삶과 사회를 어떻게 개선할 수 있는지 밝히는 것이다.

인간의 사회적 본성에 대한 실질적 통찰이 쌓이기 시작한 것은 최근 몇십 년 사이의 일이므로 여러 조직과 제도의 작동 방식에는 어마어마하게 비효율적인 부분이 있다. 사회의 여러 제도들은 암묵적으로든 명시적으로든 인간이 어떻게 작동하는지에 대한 특정 가정에 기초해 있다. 그리고 이에 입각해 인간에게 영향을 미쳐 사회의 안정을 꾀하려 한다. 따라서 인간의 사회적 본성에 대한 잘못된 이론을 바탕으로 학교, 회사, 스포츠 팀, 군대, 정부, 의료기관 등에서 활동이 이루어진다면 목적을 제대로 달성할 수 없을 것이 분명하다.

조직 안에 존재하는 좀 더 작은 집단들의 경우도 마찬가지다. 집단의 지도자는 구성원들의 사회적 안녕에 어떻게 접근해야 할까? 사회적으로 연결되어 있다는 느낌이 사람들로 하여금 사교에 더 신경을 쓰고 일은 덜 하도록 부추길까, 아니면 집단의 성공에 대한 책임감을 강화시켜 더 열심히 일하도록 부추길까? 집단의 지도자라면 이런 주장 가운데 어느 것이 더 진실에 가까운지 알 필요가 있다. 이는 집단의 관리와 관련된 중요한 문제이기 때문이다. 앞으로 보게 될 것처럼 신경과학적 연구에 따르면, 구성원들의 사회적 안녕을 무시하는 것은 우리가 쉽게 짐작하기 어려운 이유로 집단의 과제 수행에 (그리고 나아가 개인의 건강에까지) 해로운 영향을 미치기 쉽다.

인터넷에 페이스북Facebook이나 트위터Twitter처럼 서로 다른 장점을 지닌 다양한 사회적 연결망들이 존재하는 것처럼 우리의 뇌에도 다양한 사회적 연결망들이 존재하는데, 이것들은 우리의 사회적 안녕을 증진시키기 위해 함께 작동하는 여러 뇌 부위들로 구성되어 있다.

각기 장점이 다른 이 연결망들은 척추동물에서 포유동물과 영장류를 거쳐 호모사피엔스까지 이르는 진화의 역사 속에서 서로 다른 시점에 등장했다. 그리고 이 진화의 단계들은 우리가 어린 시절을 거치는 동안 똑같은 순서로 반복된다(그림 1.1 참조). 이 책의 2, 3, 4부에서는 아래와 같이 이 사회적 적응의 각 단계에 초점을 맞출 것이다.

• 연결: 신피질을 가진 영장류가 지구 상에 등장하기 훨씬 이전에 척추동물에서 갈라져 나온 포유동물은 사회적 고통과 기쁨을 느낄 수 있는 능력을 가지게 되었으며, 그 결과 개체의 안녕은 개체의 사회적 연결과 영원히 결부되었다. 아기들은 이미 다른 사람과 연결되어 있으려는 뿌리 깊은 욕구를 가지고 있으며, 이런 욕구는 전 생애에 걸쳐 지속된다(2부 3~4장).

• 마음 읽기: 영장동물은 주위에 있는 다른 동물들의 행동과 생각을 이해하는 뛰어난 능력을 발전시켰으며, 그 결과 사회적 연결을 유지하고 효과적으로 상호작용을 주고받는 능력이 크게 향상되었다. 인간의 경우 걸음마를 배우는 시기에 발달하는 사회적 사고의 형태들은 다른 종의 성숙한 개체에서 발견되는 사회적 사고를 이미 뛰어넘는 것이다.[7]

이런 능력을 바탕으로 인간은 거의 모든 종류의 목표를 실행으로 옮길 수 있는 집단을 형성할 수 있다. 나아가 이런 능력은 우리가 주위 사람들의 욕구와 바람을 예상할 수 있게 함으로써 집단이 원만하게 굴러가도록 도와준다(3부 5~7장).

• 조화: 자기의식sense of self은 우리 인간이 가장 최근에 받은 진화의 선물 가운데 하나이다. 어찌 보면 자기라는 것은 우리 자신을 타인과 구별하고 우리 자신의 이기심을 부추기는 메커니즘처럼 보일 수도 있지만, 실제로 자기는 사회적 응집력을 밑받침하는 강력한 힘이다. 사춘기 직전부터 사춘기까지 청소년들은 자기에 집중한다.**8** 그러나 이 과정을 통해 청소년들은 자기 주위의 사람들에 의해 고도로 사회화된다. '연결'

[그림 1.1] 진화와 개인 발달의 단계에 따른 사회적 적응능력의 출현

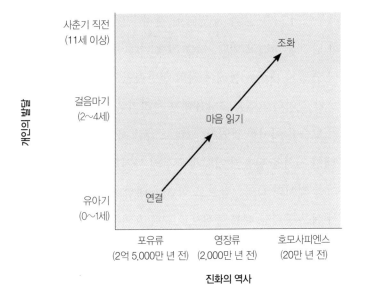

이 사회적 관계 속에서 존재하려는 욕구라면, '조화'는 집단의 신념과 가치가 우리 자신에게 영향을 미치도록 만드는 신경적 적응기제라 하겠다(4부 8~9장).

더 현명하고 행복하며 생산적인 우리를 위하여

이런 사회적 연결망들이 우리의 사회적 마음을 어떻게 규정하고 있는지를 살펴본 다음, 우리는 모든 과학적 발견에 뒤따르는 너무나도 중요한 물음을 다룰 것이다. 바로 '그래서 어떻다는 것인가?'라는 실천적 물음이다. 우리가 발견한 것들은 세계를 의미 있게 개선하는 데 어떻게 활용될 수 있을까? 이런 사회적 적응들은 어떻게 집단을 조직하고 인간의 행복을 증진시키며 우리와 타인들로부터 최선의 것을 끌어내기 위한 원리로 작용할 수 있을까?

이 책의 5부에서 나는 삶의 세 영역에 걸쳐 '그래서 어떻다는 것인가?'에 대한 답변을 하려고 한다. 이를 위해 나는 우선 어떻게 일상 속에서 사회적 연결의 개선을 통해 우리의 전반적인 행복을 증진시킬 수 있는지 검토할 것이다(10장). 그다음에는 우리의 사회적 본성에 더 적합한 직장의 모습은 어떠한 것인지, 그리고 집단 지도자의 입장에서 사회적 뇌에 대한 지식을 활용해 어떻게 직장의 사기와 생산성을 높일 수 있는지 논의할 것이다(11장). 끝으로 학습에 대한 욕구와 열의가 갑자기 떨어지기 쉬운 중학교 때를 중심으로 교육 효과를 개선하기 위한 여러 방안에 대해 살펴볼 것이다(12장).

인간은 고도로 사회적인 삶을 살도록 진화해왔다. 그러나 우리 삶의 형태를 규정하는 조직은 우리의 이러한 사회적 본성에 적합하게 발전해오지 않았다. 우리는 마치 동그란 (비사회적) 구멍을 통과해야만 하는 사각형의 (사회적) 나무토막과도 같다. 왜냐하면 사회제도들은 우리에게 활력을 부여하는 사회적 요인들을 간과한 채 우리의 지능지수나 소득수준에만 주의를 기울일 때가 많기 때문이다. 이 책의 5부에서 나는 이를 바로잡아 우리가 더 현명하고 더 행복하며 더 생산적이 될 수 있는 방안을 제시할 것이다. 이런 점에서 사회적 뇌는 우리에게 많은 것을 가르쳐줄 것이다.

끝으로 한마디 덧붙이자면 나는 원래 뇌 전문가가 아니었다. 애당초 나는 철학에 관심이 있었으며, 사회심리학 분야에서 박사학위를 취득했다. 이런 말을 하는 까닭은 뇌에 관심을 가지면서도 한편으로는 뇌과학이 너무 어렵다고 느끼는 여러분의 심정을 내가 충분히 이해한다는 사실을 말하고 싶어서다. 뇌는 우리를 규정하는 중심 부위이므로 당연히 흥미로운 주제일 수밖에 없으며 아직 밝혀지지 않은 많은 비밀을 푸는 열쇠가 될 수 있다. 그러나 다른 한편으로 인간의 뇌는 우주에서 발견된 가장 복잡한 장치다. 뇌에는 수십억 개의 뉴런들이 존재하며 이것들은 서로 연결되어 셀 수 없을 만큼 많고 복잡한 신경적 교류를 주고받고 있다. 게다가 뇌의 각 부위를 가리키는 라틴어 이름들은 낯설기 짝이 없다(더 심각한 것은 정확히 똑같은 부위를 가리키는 여러 개의 라틴어 이름들이 동시에 사용되고 있다는 점이다!). 나는 여러 해 동안 신경과학을 공부한 다음에야 비로소 그것이 너무 복잡하다는 느낌에서 겨우 벗어날 수 있었다.

이 책 전체에 걸쳐 나는 매번 뇌의 한 부위, 한 체계에만 초점을 맞출 것이다. 물론 여러분이 알 필요가 있는 뇌의 부위, 체계에 대해서도 이야기를 하겠지만, 나의 초점은 언제나 이런 뇌 부위의 연구가 우리 마음에 대해 무엇을 말해주는지, 다시 말해 우리는 누구이며 우리의 사회적 본성은 어떠한 것인지에 맞추어질 것이다.

2장
뇌의 관심사

대학원생 시절 나는 여자친구와 갑자기 헤어진 뒤로 마치 반쪽이 된 것 같은 깊은 상실감에 시달렸다. 스스로를 가엾고 불행한 존재라고 여기며 몇 달 동안 씁쓸한 시간을 보낸 나는, 나 자신을 스스로 개선시키기로 결심했다. 만약 내가 반쪽의 존재라면 내게는 아직 다른 반쪽을 발전시킬 여지가 있는 셈이라고 생각한 것이다. 그래서 나는 내가 되고자 하는 사람 또는 되어야 한다고 생각한 사람이 되기로 마음먹었다. 그로부터 1년 뒤 나는 이 자기개선 계획에 대해 더 이상 아무것도 기억하지 못하고 그냥 나 자신으로 돌아왔지만, 적어도 이 1년 동안 나는 새로운 사람이 되겠다는 계획에 상당히 몰두했다.

이 1년 동안 나는 내 삶을 보다 낫게 바꿔줄 것 같은 온갖 것들에 매일 몇 시간씩 매달렸다. 하지만 나는 이 소중한 시간들을 어떻게 보낼 것인지 결코 쉽게 결정할 수 없었다. 이런 결정들은 내게 일종의 도박과도 같았다. '내가 개선하고자 하는 것은 과연 무엇인가?' 사람이 무엇에 몰두하는지를 보면 그가 어떤 점에서 스스로 더 나아질 수 있다고 믿는지, 또 자기개선을 위해 어떤 선택과 결단을 했는지 알 수 있다. 나의 경우 이런 선택과 결단은 더 나은 작가가 되는 것이었다. 그래서 나는 틈만 나면 글쓰기 연습을 했고, 비슷한 문장들을 썼다 지웠다 하면서 어떻게 하면 더 효과적으로 글을 쓸 수 있을지 많은 고민을 했다. 그 밖에 예술사를 공부하거나 포크송 기타 강좌를 듣기도 했지만, 글쓰기 연습과 달리 이런 노력들은 현재까지 내 삶에 별다른 영향을 주지 못했다.

어찌 보면 우리의 뇌도 특히 좋아하는 취미 활동이 있는 것 같다. 쉬는 시간의 거의 전부를 한 가지 일에 쏟아붓는 것처럼 보이기 때문이다. 우리는 여가시간을 어떻게 나누어 사용할지 개인에 따라 다양한 선택을 할 수 있지만, 우리의 뇌는 틈만 나면 거의 언제나 똑같은 일에만 몰두하는 것으로 보인다. 물론 뇌는 우리가 그때그때 당면하는 온갖 종류의 과제에 대해 적절하게 반응할 수 있는 능력을 지니고 있다.

만약 당신이 마감 시한에 맞춰 보고서를 제출해야 하는 회계사라면, 뇌에서 수학에 관여하는 부위가 활성화하여 당신의 계산 작업을 지원할 것이다. 혹은 당신이 예술사를 전공한 뒤 미술관 관리자로 일하고 있다면, 그것과 관련된 또 다른 뇌 부위가 활발히 작동할 것이다. 그러나 특정 과제에 집중하지 않을 때, 다시 말해 당장 처리해야 할 회계장부나 미술품 목록 같은 것이 없을 때, 뇌는 자신의 평생 취미로 관심을 돌린다.

그렇다면 인간의 뇌가 틈만 나면 즐겨하는 바로 그 일은 무엇일까? 그것은 틀림없이 우리가 성공적이고 행복한 삶을 사는 데 아주 중요한 일일 것이다. 우리의 뇌가 수백만 년의 진화를 거치면서 우리의 삶에 별로 중요하지도 않은 일에 틈만 나면 매달리도록 진화했을 리는 없기 때문이다. 뇌가 끊임없이 어떤 것을 연습하고 있다는 사실은 진화가 이 특별한 것의 가치를 아주 높게 평가하는 일종의 선택과 결단을 내린 결과라고 볼 수도 있을 것이다.

뇌의 기본 신경망

1997년 워싱턴대학교의 고든 슐먼Gordon Shulman과 그의 동료들은 뇌영상 분야의 권위 있는 학술지인 〈인지신경과학저널Journal of Cognitive Neuroscience〉에 두 편의 논문을 같이 발표했다.[1] 당시에는 기억, 시각, 언어 같은 특정 정신 과정에 관여하는 뇌 부위를 알아내는 데 양전자단층촬영positron emission tomography, PET이라는 기법이 가장 널리 사용되고 있었다. 이때 피험자는 감마선을 이용한 방사성 추적물질을 흡입하는데, 연구자는 이 추적물질이 함유된 피가 뇌의 어느 부위로 흘러 들어가는지 확인할 수 있다. 뇌의 특정 부위에서 뉴런들이 활발히 활동하면 그 부위로 더 많은 피가 흘러 들어간다.

양전자단층촬영이 개발되기 전에는 질병이나 머리의 외상 등으로 뇌에 상해가 생기는 불행하고도 우연적인 사건이 발생해야 뇌의 어느 부위에서 심리적인 과정들이 일어나는지를 추측할 수 있었다. 애석하게도 신경심리학적 연구의 황금기에 해당하는 때는 큰 전쟁이 일어났던 시기들과 대개 일치하는데, 그 이유는 전쟁 중에 입은 머리 부상으로 뇌의 여러 부위에 손상이 생기곤 했기 때문이다. 그러나 양전자단층촬영이 개발되면서 모든 것이 바뀌었다. 이제 과학자들은 피험자에게 손상을 입히지 않고도 거의 모든 심리학적 물음들에 대한 뇌 연구를 할 수 있게 되었다. 이것은 매우 커다란 진보를 가져왔다.

슐먼의 두 논문은 한 가지 주제를 다루고 있었는데, 그것은 바로 이미 수행된 아홉 개의 양전자단층촬영 연구들을 검토함으로써 인지심리학자들이 그동안 연구했던 다양한 정신 활동 모두에 걸쳐 언제나 활성화되는 뇌 부위가 있는지 확인하는 것이었다. 두 논문 중 첫 번째 논문에서는 운동, 기억, (살짝 바뀐 이미지를 찾아내기 같은) 시각변별 과제 등의 여러 과제를 수행할 때 공동석으로 활성화되는 뇌 부위가 있는지를 조사했다. 결과는 다소 실망스러운 것이었는데, 이 모든 과제들에 걸쳐 활동이 증가된 부위들은 매우 석었을 뿐만 아니라 그리 흥미를 끄는 부위도 아니었기 때문이다. 그러나 오늘날의 시점에서 볼 때 이런 과제들은 비교적 뚜렷이 구별되는 뇌 신경망들에 의존하기 때문에 이런 모든 과제들에 걸쳐 중복되는 부위가 그리 많지 않은 것은 당연한 일이었다.

그런가 하면 두 번째 논문에서 연구자들은 이런 인지, 운동, 시각 과제 중의 하나를 하고 있지 '않을 때' 뇌의 어떤 부위가 더 활동적인지 알아보려 했다. 이는 꽤 유별난 질문이었다. 왜냐하면 보통 신경과학자들은 어떤 과제를 수행할 때 '켜지는', 즉 더 활동적으로 바뀌는 뇌 부위에 관심을 둠으로써 사람들이 그런 과제를 수행할 때 도움을 주는 뇌 부위를 찾으려 했기 때문이다. 그런 상황에서 어떤 과제의 수행을 멈추었을 때 더 활동적으로 바뀌는 뇌 부위는 어디인가라는 물음은 무척 놀라운 접근법이었다. 슐먼이 고맙게도 바로 이런 질문을 던진 것이다. 그리고 그는 사람들이 특정 과제를 수행할 때보다 아무것도 하지 않고 휴식을 취할 때 일관되게 더 활동적으로 바뀌는 몇몇 뇌 부위를 찾아냈

[그림 2.1] 뇌의 기본 신경망

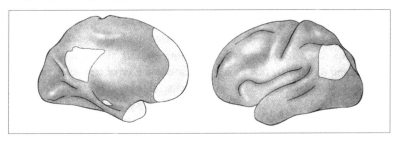

다(그림 2.1 참조).

이 논문은 학계에 한 가지 수수께끼를 던졌는데, 이는 오늘날까지도 풀리지 않고 있다. 우리의 마음이 일종의 점심시간에 들어갔을 때, 즉 우리가 특별히 어떤 일을 하고 있지 않을 때 왜 더 활동적으로 바뀌는 뇌 부위가 존재할까? 우리가 운동기능을 요구하는 과제의 수행을 완료했을 때 이에 관여하는 뇌 부위가 조용해지는 것은 당연해 보인다. 그런데 우리가 운동 과제를 마쳤을 때 몇몇 부위가 일관되게 '더' 활동적으로 바뀌는 것은 도대체 무슨 이유 때문일까? 그리고 왜 그 부위들은 우리가 시각 과제나 수학문제 풀기 같은 것을 마쳤을 때도 더 활동적으로 바뀌는가?

기본 신경망과 사회인지

만화영화로도 방영된 닥터 수스Dr. Seuss의 《모자 쓴 고양이The Cat in the Hat》에서 주인공 고양이는 '이끼로 뒤덮이고 손잡이가 세 개 달린 가보 찬장'이 사라졌다고 주장한다. 그러면서 그것을 찾기 위해 '소거계산법 calculatus eliminatus'이라는 방법을 동원하는데, 이것은 실제로 존재하는 무슨 전문 기법처럼 들리지만 사실 허구로 꾸며낸 것이다. 주인공 고양이의 주장에 따르면 소거계산법이란 잃어버린 물건이 '없는' 장소를 하나하나 확인함으로써 마지막에 남는 장소에 잃어버린 물건이 있을 거라 추측하는 방법이다. 만약 당신이 사라진 자동차 열쇠를 찾기 위해 이런 방법을 사용한다면 아마도 그리 큰 효과를 보지는 못할 것이다.

그러나 이것은 슐먼이 발견한 뇌의 신경망과 관련해 과학자들이 오래전부터 사용해온 방법과 대략 비슷하다. 다시 말해 과학자들은 이 신경망이 무엇을 하는가보다 무엇을 하지 않는가에 대해 훨씬 더 많은 지식을 쌓아왔다. 이 신경망에 붙여진 초기 이름은 '과제로 인한 비활성화 신경망task-induced deactivation network'이었는데, 왜냐하면 이 신경망은 온갖 종류의 과제에 대한 반응으로 작동을 멈추었기 때문이다.[2] 다시 말해 어떤 과제에 직면하면 이 신경망은 '꺼지게' 된다.

당신이 하는 일을 기술하기 위해 당신이 '하지 않는' 모든 일들을 열거한다면 과연 어떠할지 상상해보라. 당신은 회계사도 아니고 경영자도 아니며 신문기자도 아니고 점원도 아니다? 어쩌면 이것도 나름 그럴듯해 보일지 모른다. 하지만 당신이 하는 일이 정확히 무엇인가? 이 신경망에 붙여진 두 번째 이름은 '기본 신경망default network' 또는 '기본 상태 신경망default mode network, DMN'이었다.[3] 그나마 짧다는 점에서 첫 번째 이름보다는 낫다. 오늘날 신경과학자들은 이 이름에서 더 나아가질 못하고 있는데, 이 이름은 다른 과제들이 끝났을 때 이 신경망이 기본 값으로 켜진다는 사실을 나타내고 있다.

이제 이 신경망이 무엇을 하는지에 대해 좀 더 살펴보기로 하자. 이 신경망이 켜져 있을 때는 양전자단층촬영 스캐너 안에 누워 있는 피험자들에게 어떤 일을 하라는 지시도 내려지지 않은 상태이므로, 이때 이들이 아무것도 하지 않고 있다고 생각하기 쉽다. 따라서 이 기본 신경망을 두고 사람들이 아무것도 하지 않을 때 활성화되는 몇몇 뇌 부위들이라고 하는 것은 매우 자연스러워 보인다. 그러나 특정한 과제에 직면해 있지 않은 것과 정말로 아무것도 하지 않는 것의 차이는 엄청난 것이다.

당신이 양전자단층촬영 스캐너 안에 누워 있다고 상상해보라. 현재 당신은 화면에 나타난 두 글자가 같은지 아니면 다른지 알아맞히기 같은 평범한 인지 과제를 수행하고 있다고 치자. 이 과제를 1분 동안 수행한 뒤에는 화면에 '휴식'이라는 단어가 나타난다. 그리고 당신은 1분 동안 휴식을 취한 뒤에는 이 지루한 과제를 다시 시작해야 한다는 사실을 잘 알고 있다.

이런 상황에서 실험자는 당신이 이제 무엇을 할지 짐작하기 어렵다. 그러나 어쨌든 당신의 마음은 좀처럼 가만히 있질 않을 것이다. 한번 지금 30초 동안 눈을 감고 있어보라. 아마도 당신의 마음은 이 생각에서 저 생각으로, 또는 이런 느낌이나 심상에서 저런 느낌이나 심상으로 왔다 갔다 할 것이다. 다시 말해 가만히 있질 않고 매우 분주하게 움직일 것이다. 그리고 당신이 대다수 사람들과 크게 다르지 않다면, 당신은 아마도 다른 사람들이나 당신 자신에 대해 또는 이 둘 다에 대해 생각했을 것이다. 즉 당신은 심리학자들이 '사회인지social cognition'라고 부르는 것에 몰두한 셈인데, 이는 다른 사람이나 자기 자신에 대해 또는 자신과 타인의 관계에 대해 생각하는 것을 의미한다. 만약 한 남학생이 여자친구와의 데이트 비용을 마련할 목적으로 심리학 실험에 피험자로 참여했다고 해보자. 그는 이 지루하기 짝이 없는 과제를 수행하는 중간에 휴식 시간이 주어질 때마다 여자친구나 데이트, 또는 그 여자친구가 자신을 정말 좋아하는지에 대해 생각하기 시작할 것이다.

이렇게 볼 때 특정한 과제를 수행하지 않을 때 활성화되는 뇌의 기본 신경망이란 사회인지와 관련된, 즉 타인과 자신에 대해 생각하는 능력과 관련된 것처럼 보인다. 그리고 이런 추측이 사실로 판명되기까지는 상당한 시간이 필요했는데, 그 까닭은 무엇보다도 사회신경과학자들이 뇌의 이런 기본 신경망에 대해 거의 관심을 기울이지 않았기 때문이다. 예컨대 사람들이 운동 과제의 수행을 멈추었을 때 뇌가 무엇을 할까라는 의문은 사회신경과학자들이 보통 관심을 가지는 문제들과는 꽤 거리가 있어 보인다. 그러나 사회인지에 대한 연구에서 일관되게 활성화되는 뇌 부위는 이 기본 신경망과 사실상 동일하다는 사실이 밝혀졌다.[4] 다시 말해 이 기본 신경망은 자신과 타인에 대해 생각하는 사회인지를 지원하고 있다.

우리가 사회적 세계에 관심을 가지는 까닭

어쩌면 당신은 다음과 같이 물을지도 모른다. '사람들이 다른 일에 몰두하지 않을 때 사람들에 대해 생각하는 것은 너무나 당연한 일 아닌가? 그것이 왜 그렇게 흥미롭다는 말인가?' 뇌의 기본 신경망과 사회인지 신경망이 사실상 중첩된다는 사실을 처음 깨달았을 때, 나는 바로 이런 이유에서 이것이 특별히 중요한 것은 아니라고 생각했다. 왜냐하면 이 중첩은 기껏해야 사람들이 대개 사회적 세계에 대해 큰 관심을 가지고 있으며, 그들이 한가할 때면 이 사회적 세계에 대해 생각하는 경향이 있음을 의미할 뿐이기 때문이다.

그런데 이후 나는 이 두 신경망 사이의 관계를 거꾸로 보기 시작하고는 이렇게 보는 것이 훨씬 더 의미심장하다는 사실을 깨달았다. 처음에 나는 다음과 같이 생각했다. '우리가 한가할 때 이 기본 신경망이 켜지는 까닭은 우리가 그만큼 사회적 세계에 관심을 가지고 있기 때문이다.' 물론 사실이지만, 이 말을 뒤집어도 사실이다. 오히려 후자가 훨씬 더 흥미롭다. 즉 나는 이제 이렇게 생각한다. '우리가 사회적 세계에 관심을 가지는 까닭은 우리가 한가할 때 이 기본 신경망이 켜지도록 되어 있기 때문이다.' 다시 말해 이 신경망이 마치 반사작용처럼 켜지면 우리의 주의가 사회적 세계로 향하게 된다는 것이다.

그리고 이때 우리의 주의가 향하는 타인은 환경 속에 있는 여러 물체들 중 하나가 아니다. 이 기본 신경망은 우리가 타인의 마음에 대해, 즉 타인의 생각과 느낌과 목표 등에 대해 생각하도록 이끌기 때문이다. 이 것은 철학자 대니얼 데닛Daniel Dennett이 '지향적 태도intentional stance'라고 부른 것을 지원하며 사람들 사이의 이해와 공감, 협동과 배려 등을 촉진한다. 어찌 보면 뇌가 이렇게 여가시간의 대부분을 사회인지에 할애한다는 사실은, 우리 인간 종의 전반적인 성공을 위해 사회적 지능Social intelligence을 발전시키고 사용하는 것이 매우 긴요하다는 진화적 선택과 결단이 내려진 결과라고 하겠다. 다시 말해 내가 더 나은 작가가 되기위하여 1년의 투자를 감행한 것처럼, 진화는 우리를 더 사회적인 동물로 만들기 위하여 수백만 년의 투자를 감행한 셈이다.

그렇다면 기본 신경망의 활동이 사회적 세계에 대한 우리의 관심의 결과라기보다 원인에 해당한다는 주장의 근거는 무엇인가? 기본 신경망의 활동이 사회적 사고의 존재를 알리는 (후행 지표가 아니라) 선행 지표라는 것을 뒷받침하는 증거라도 있는가? 기본 신경망의 활동이 단순히 매 순간 개인적 선택을 반영하기보다 한가할 때 사회적 세계에 대해 생각하도록 진화한 우리의 기본 성향을 반영한다고 해석할 수 있는 몇 가지 흥미로운 발견들이 있다.

한 가지 핵심적인 발견은 신생아 연구에서 나왔다. 아기들은 거의 태어나는 순간부터 기본 신경망의 활동을 보여준다. 한 연구에서는 생후 2주 된 아기들의 뇌 어느 부위가 고도로 상호 조정된 활동을 보이는지 살펴보았는데, 그 결과 아기들의 이 기본 신경망이 어른들의 경우와 마찬가지로 매우 활발하게 작동한다는 사실을 발견했다.**5** 또 다른 연구 팀에서는 생후 이틀 된 갓난아기에게 기능적인 기본 신경망이 존재한다는 증거를 발견했다. 그러나 조산된 아기들의 경우에는 이런 신경활동이 관찰되지 않았는데, 이렇게 볼 때 이 메커니즘은 우리가 사회적 세계로 들어갈 즈음에 비로소 작동을 시작하는 듯하다.

아기들에게서 기본 신경망의 활동이 관찰된다는 사실이 왜 중요한가? 아기들은 아직 사회적 세계 또는 장난감 기차나 그 밖의 어떤 것에 대해서도 별다른 관심을 발전시키기 전이기 때문이다. 태어난 지 이틀 밖에 안 되는 아기는 아직 눈의 초점도 맞추질 못한다. 다시 말해 기본 신경망의 활동은 사회적 세계에 대한 모든 의식적인 관심에 선행하며, 이것은 기본 신경망의 활동이 오히려 바로 이런 관심의 발전에 기여할지 모른다는 추측을 가능케 한다.

말콤 글래드웰Malcolm Gladwell의 《아웃라이어*Outliers*》에 나오는 유명한 주장에 따르면 우리가 어떤 것에 전문가가 되려면 1만 시간의 연습이 필요하다고 한다.**6** 사람들은 저마다 1만 시간을 투자해 훌륭한 바이올린 연주자가 되려고 노력할 수도 있고, 뛰어난 운동선수나 엑스박스Xbox 슈퍼스타가 되려고 노력할 수도 있을 것이다.

그러나 우리의 뇌는 1만 시간 이상을 투자해 우리가 사회적 세계의 전문가가 되도록 도와준다. 한 연구에 따르면 우리가 일상적으로 나누는 대화 내용의 70퍼센트는 사회적 성격을 띤다고 한다.**7** 우리가 다른 사람들 또는 그들과 연결된 우리 자신에 대해 생각하는 시간이 깨어 있는 시간의 20퍼센트라고만 해도, 우리 뇌의 기본 신경망은 하루에 최소 세 시간 이상을 이런 일에 관여하는 셈이다. 다시 말해 우리의 뇌는 우리가 채 열 살이 되기도 전에 1만 시간을 사회적 사고에 투자하는 셈이다. 그리고 뇌의 이렇게 반복되는 사회인지적 연습은 우리가 어마어마하게 복잡한 사회적 삶의 영역에서 전문가가 되도록 완벽한 도움을 준다.

또 뇌의 기본 신경망 활동이 사회적 세계에 대한 우리의 지대한 관심의 결과라기보다, 원인인 경우가 더 많다고 생각되는 두 번째 이유가 있다. 기본 신경망 연구는 대개 피험자들에게 30초에서 몇 분까지 이르는 휴식시간을 주는 방식으로 이루어진다. 때문에 사람들은 이 시간 동안 피험자들이 살면서 그때그때 그 자신들에게 중요한 문제에 대해 의도적으로 관심을 기울일 것이라고 생각하기 쉽다. 그런데 쉬는 시간이 몇 초밖에 되지 않는다면 어떠할까?

예컨대 당신이 수학문제와 씨름하기 전에 딱 2초의 휴식시간이 있다는 것을 알고 있다고 생각해보자. 이런 상황에서 다음 수학문제에 대한 준비 자세를 갖추는 것 외에 또 다른 것에 신경을 쓰려고 하는 사람은 그리 많지 않을 것이다. 그런데 나와 로버트 스펀트Robert Spunt와 메건 메이어Meghan Meyer가 함께 수행한 연구에서 사람들은 수학문제를 푸는 사이사이 몇 초씩 휴식시간을 주자 훨씬 더 긴 휴식시간을 가질 때와 거의 똑같은 기본 신경망 활동을 보였다.[8] 실제로 이 사람들의 기본 신경망은 수학문제 풀기가 끝나자마자 곧바로 활성화되었다. 이는 기본 신경망이 사실상 반사작용처럼 활성화됨을 의미한다. 다시 말해 이것은 뇌가 틈만 나면 곧바로 되돌아가는 뇌의 기본 상태인 것이다.

심리학에서 '예비priming' 효과란 어떤 것을 보거나 생각함으로써 뒤이어 어떤 것을 더 잘하게 되는 것을 가리킨다('priming effect'는 우리 말로 흔히 '점화효과'라고 번역되는데, 이것은 'priming powder'를 '점화약'이라고 부르는 데서 비롯한 오류인 듯하다. 그러나 이 효과는 지금 당장 특정 반응을 '점화firing시키는' 효과가 아니라, 특정 반응이 '나중에 점화되도록 지금 준비 또는 예비priming시키는' 일종의 암묵기억implicit memory효과이다. 따라서 '예비효과' 또는 '준비효과'가 올바른 번역이라 하겠다―옮긴이). 예컨대 당신이 '얼굴'이라는 단어를 방금 읽었다면 무슨 일이 일어나겠는가?[9] 지금 당장 그림 2.2를 보라. 무엇이 보이는가? 아마도 당신은 이 그림에서 가장 먼저 얼굴을 보게 될 것이다.[10] 앞서 '얼굴'이라는 단어를 본 것이 이 그림에서 얼굴을 먼저 보도록 당신을 예비시켰기 때문이다. 다시 말해 '얼굴'이라는 단어를 봄으로써 당신의 뇌는 얼굴을 보도록 준비된 것이다. 나중에 5장에서 보게 될 것처럼 우리의 뇌가 기본 상태로 신속히 그리고 일관되게 되돌아가는 것은 우리가 사회적 사고를 효과적으로 하도록 예비시키는 기능을 한다.

우리가 특정한 과제를 수행할 때는, 예컨대 수학시간에 문제를 풀거나 역사시간에 고대 그리스의 도자기에 대해 공부할 때는 뇌의 기본 신경망이 조용해진다. 그러나 일을 마치면 우리의 마음은 오래되고 익숙한 기본 상태로 되돌아간다. 다시 말해 뇌의 여가시간은 사회적 사고에 투자된다. 우리가 의식하건 의식하지 않건 뇌는 사회적 정보를 처리하고 또 재처리하면서 사회적 삶에 대해 우리를 예비시키는 것처럼 보인다. 아마도 뇌는 이 시간 동안 우리가 타인 또는 타인과 우리의 관계에 대해 오랫동안 간직해온 지식에 새로운 경험들을 통합시키는 일을 할 것이다. 그리고 최근의 상호작용에서 새로운 정보들을 추출해 우리가 타인의 마음을 이해할 때 사용하는 일반 규칙들을 새롭게 갱신하는 일도 할 것이다. 뇌의 이런 습관적 활동은 생후 이틀 된 아기이건 성인이건 상관없이 우리가 어떤 일에 몰두하기를 멈추는 순간 작동을 시작한다. 한마디로 말해 '우리의 뇌는 사회적 세계에 대해 그리고 그 세계 안

[그림 2.2] 루빈의 착각

출처: Rubin, E. (1915/1958). Figure and ground. In D.C. Beardslee & M. Wertheimer (Eds.). Readings in Perception. Princeton, NJ: Van Nostrand, pp.194~203.

에서 우리가 차지하는 위치에 대해 습관적으로 생각하도록 구성되어 있다.'

뇌가 사회적으로 생각하는 연습을 갓난아기 때부터 성인이 될 때까지 줄곧 한다는 사실에 비추어 볼 때, 우리가 사회적 전문가로 성장하고 나아가 매 순간 사회적으로 생각하고 행동할 준비를 갖추는 것은 진화적으로 매우 큰 적응적 가치를 지닐 것이라고 추측할 수 있다. 물론 이렇게 끊임없이 연습한다고 해서 우리가 사회적으로 완벽한 존재가 되는 것은 아니다. 그런데 그나마 이런 연습이 없다면 우리가 사회적으로 얼마나 형편없는 존재가 되었을지 상상해보라. 우리의 뇌가 여가시간을 다른 데 쓰도록 진화했다면 어떠할까? 예컨대 계산법 익히기, 논리적 추론능력 향상시키기, 우리가 보아온 사물의 부류에서 발견되는 변형들의 목록 작성하기 등의 일을 우리의 뇌가 짬짬이 연습한다면 어떠할까? 물론 이런 일들도 나름대로 적응적 가치를 지닐 것이다. 그러나 어쨌든 실제로 이루어진 진화적 선택과 결단은 사회적 사고의 연습에 있었다.

인간의 사회성은 우연의 산물이 아니다

지난 20세기의 심리학을 통해 일반화된 인간관에 따르면 우리는 파충류의 본능과도 같은 욕구들과 고차원적인 분석능력을 함께 지닌 하이브리드(혼성)적인 존재다. 이 견해에 따르면 우리의 본능적 욕구들은 아주 오랜 옛날 파충류 뇌에서 진화했으며 싸움, 도주, 음식 섭취, 빈둥거림의 네 가지 활동에 집중되어 있다. 반면 우리의 지적인 능력은 비교적 최근에 진화했으며 우리 인간을 특별한 존재로 만드는 것이기도 하다.

영장류를 다른 동물들과 다르게 만드는 그리고 인간을 다른 영장류와 다르게 만드는 한 가지는 뇌의 크기, 그중에서도 두 눈 바로 뒤에 위치한 뇌의 앞부분인 전전두피질prefrontal cortex의 크기다. 우리는 커다란 뇌를 가진 덕분에 온갖 종류의 지적 활동을 벌일 수 있다. 그러나 그렇다고 해서 우리의 뇌가 구체적으로 이런 일들을 하기 위해 진화했다고 말할 수는 없다. 예컨대 인간은 체스를 배우고 둘 수 있는 유일한 동물이지만, 그렇다고 해서 전전두피질이 구체적으로 체스를 배우고 두기 위해 진화했다고 주장하는 사람은 아무도 없을 것이다.

전전두피질은 다목적 컴퓨터와 비슷한 것이다. 컴퓨터에 온갖 종류의 소프트웨어를 탑재할 수 있는 것처럼 전전두피질은 온갖 것들을 학습할 수 있기 때문이다. 이렇게 볼 때 전전두피질은 인간이 직면하는 여러 낯설고 어려운 문제들을 풀기 위해 진화한 것처럼 보인다. 체스는 무수히 많은 이런 문제들 가운데 하나일 뿐이다.

이런 관점에서 보면 사회적 세계에 대해 생각하는 우리의 능력과 성향은 특별한 것이 아닌 듯하다. 이런 관점에서 보면 타인은 우리가 풀어야 하는 어려운 문제 중의 하나일 뿐이다. 왜냐하면 타인은 우리와 우리의 본능적인 욕망 사이에 존재하기 때문이다. 우리는 이 다목적 피질 덕분에 사회적 체스 게임, 다시 말해 사회적 삶 속에서 어떤 수들이 허용되고 우리에게 이로운지를 배울 수 있다. 이렇게 볼 때 지능이란 그것이 사회적 삶에 사용되건 체스에 사용되건 또는 기말고사 준비에 사용되건 상관없이 똑같은 지능이다. 이런 견해를 바탕으로 오늘날 가장 널리 사용되는 지능검사 중 하나를 개발한 사람은 사회적 지능이란 '사회적 상황에 적용된 일반지능general intelligence'일 뿐이라고 말했다.**11** 이렇게 보면 사회적 지능은 특별한 것이 아니며 사회적 세계에 대한 우리의 관심은 우리가 사회적 세계에 직면했기 때문에 생긴 우연의 결과일 뿐이다.

인간의 어떤 특성이 우연의 산물인지 아닌지 판단하기 위한 표준적인 방법 하나는, 그것이 보편적인지를 살펴보는 것이다. 예컨대 야구를 할 줄 아는 사람이 전 세계 인구 중 10퍼센트 미만이라고 한다면, 이는 우연의 산물이라고 보는 것이 타당할 것이다. 왜냐하면 거의 모든 사람들이 야구를 배울 수 있겠지만, 그것을 실제로 배우는 사람은 소수이기 때문이다. 반면 똑바로 서는 것은 인간에게 보편적인 능력이다. 언어 능력이나 꽤 좋은 시력도 마찬가지다. 예컨대 1만 3,000명 이상을 대상으로 한 한 연구에 따르면 93퍼센트의 사람들이 꽤 좋은 시력을 가지고 있다고 한다.**12** 어떤 것이 인구 중 93퍼센트를 차지한다면, 이것이 인간의 진화적 적응을 위해 충분히 중요한 것이라고 말해도 별 무리가 없을 것이다.

이렇게 볼 때 전체 중 95퍼센트 이상의 사람들이 친구가 있다고 말한다면, 인간의 사회성이 과연 우연의 산물이라고 말할 수 있을까?**13** 만약 어떤 외계인의 관점에서 본다면 우정은 이상한 현상일지도 모른다. 친구란 애당초 우리에게 낯선 사람이었다. 친구는 보통 우리와 유전자를 공유하지 않으며 어쩌면 우리에게 위협이 될지도 모르는 존재다. 그러나 나중에 친구는 우리의 가장 은밀한 비밀과 약점까지도 보여주고 세상 누구보다도 더 기대는 존재가 되기도 한다.

동물들 사이의 우정은 소수의 몇몇 종에서만 관찰되었다.**14** 반면 인간의 경우 우정은 거의 보편적인 것이다. 어쩌면 친구가 있다는 것은 더 많은 자원을 획득할 수 있음을 의미할지도 모른다. 또는 친구는 우리가 추구하는 목적의 수단일지도 모른다. 그러나 만약 정말로 그렇다면 우리는 모든 친구 사이에서 우리가 얼마나 많은 것을 주었고 또 받았는지를 따져봄으로써 우리가 받을 만큼 (또는 이왕이면 더 많이) 받았는지 확인하려 들 것이다. 그러나 친구 사이가 가까워질수록 우리는 누가 누구에게 더 또는 덜 주었는지 신경을 쓰지 않는 경향이 있다.**15** 친구가 우리에게 선사하는 첫 번째 가치는 친구가 있어서 생기는 편안함인 경우가 많다. 친구는 여러 방식으로 우리에게 직접적인 이익이 될 수도 있지만, 친구는 친구일 뿐이라는 사실이 목적 자체인 경우도 드물지 않다.

페이스북을 한번 생각해보자. 지구 상에는 페이스북 계정을 가지고 있는 사람들이 10억 명 이상 존재한다. 페이스북은 세계에서 방문객 수가 가장 많은 웹사이트이다. 구글Google, 야후Yahoo!, 이베이eBay, 크레이그스리스트Craigslist 같은 인기 사이트들보다도 많다. 오늘날 우리의 삶은 과거 그 어떤 기술보다 더 강력하게 인터넷의 지배를 받고 있다. 그리고 이 인터넷에서 우리가 가장 자주 들르는 곳이 바로 페이스북이다. 사람들이 이렇게 자주 페이스북에 들르는 까닭은 무엇일까? 페이스북이 최고의 거래를 제안하기 때문일까? 페이스북은 아무런 거래도 제안하지 않는다. 만약 (몇몇 사람들이 주장하는 것처럼) 페이스북이 일종의 종교라면, 이것은 (21억 명의 신도를 거느린) 기독교와 (15억 명의 신도를 자랑하는) 이슬람교에 이어 세계에서 세 번째로 큰 종교에 해당할 것이

다. 미국인들은 한 달에 평균 84억 분을 종교 활동에 사용하며 56억 분을 페이스북에 사용한다.[16]

페이스북은 우리에게 우리가 살면서 다른 사람들과 효과적으로 연결을 맺고 유지하도록 도와주는 한 방법을 제공한다. 페이스북 덕분에 우리는 자주 보기 힘든 사람들과 접촉을 유지할 수도 있고 과거에 알던 사람들과 다시 연결될 수도 있으며, 간밤의 유쾌했던 파티에 대해 함께한 친구들과 이야기꽃을 피울 수도 있다. 인터넷에서 사람들이 가장 많이 찾는 곳이 오로지 사회적 삶에만 초점을 맞춘 사이트라는 사실이 그저 우연일까?

만약 우리의 사회적 본성이 우연의 산물일 뿐이라면, 다시 말해 우리의 커다란 뇌가 우리의 이기적인 목적을 달성하기 위해 타인을 이용하는 것에 지나지 않다고 해보자. 그렇다면 우리가 앞으로 만날 일도 없고 우리의 선행을 알지도 못할 어려운 처지의 사람들을 순수한 마음으로 돕는다는 것이 과연 가능하겠는가? 우리가 다른 사람을 돕는 데는 여러 가지 이유가 있을 수 있지만, 그중 하나는 우리가 다른 사람의 어려움에 대해 공감과 측은함을 느끼기 때문이다. 우리는 어려움에 처한 사람들을 보면 적어도 때로는 '무언가 도움이 필요하다'고 생각한다. 그리고 이런 종류의 동정심은 결코 드문 것이 아니다. 예컨대 미국 사람들은 전 세계의 어려운 사람들에게 매년 평균 3,000억 달러를 기부한다고 한다.[17] 이것이 우연이라면 정말 어마어마하게 큰 우연일 것이다.

만약 사회적 지능이 일반지능의 우연한 적용에 지나지 않다면, 우리는 이 두 종류의 지능에 관여하는 동일한 뇌 부위를 찾을 수 있을 것이다. 그러나 사실은 그렇지 않다. 일반지능 및 그것과 관련이 있는 작업기억이나 추론 같은 인지능력에 일관되게 관여하는 뇌 부위는 주로 뇌의 바깥쪽(또는 옆쪽) 표면에 위치하는 반면(그림 2.3 참조), 타인과 자신에 대한 사고는 주로 뇌의 중앙 부위를 사용한다(그림 2.1 참조).[18]

게다가 사회적 사고와 비사회적 사고를 각각 지원하는 신경망들은 종종 시소의 양 끝처럼 상호 대립적으로 작동한다. 특정한 과제를 수행하라는 요구를 받지 않은 사람들의 뇌를 살펴보면 사회인지 신경망이 활동하고 있는 것을 관찰할 수 있다. 일반적으로 이 신경망이 활발히 작동할수록 다른 비사회적 과제에 관여하는 일반적인 인지 신경망은 더 잠잠해지는 경향이 있다.[19] 마찬가지로 사람들이 비사회적인 사고에 몰두할 때는 일반적인 인지 신경망이 켜지는 반면, 사회인지 신경망은 꺼지는 경향이 있다(나는 여기서 알기 쉽게 '켜지다' 또는 '꺼지다'라는 표현을 사용하고 있지만, 실제로 뇌 부위가 켜지거나 꺼지는 것은 아니다. 더 정확히 표현하자면 뇌 부위가 어떤 조건에서는 더 활동적으로 바뀌고, 또 다른 어떤 조건에서는 덜 활동적으로 바뀐다고 말해야 할 것이다). 우리가 비사회적

[그림 2.3] 작업기억에 관여하는 측전두Lateral Frontal 부위와 측두정Lateral Parietal 부위

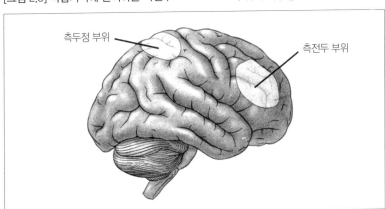

측두정 부위

측전두 부위

과제를 수행하고 있을 때 사회인지 신경망이 계속 켜져 있으면, 그것이 우리의 과제 수행능력에 방해가 되는 경향이 있다.[20] 때문에 전전두피질을 일종의 다목적 컴퓨터로 보고, 똑같은 랜덤 액세스 메모리random-access memory, RAM 칩을 사용해 직장에서의 처신에 대한 고민도 하고 체스도 두며 세금 계산도 한다는 견해는 받아들이기 어렵다.

사람들이 사회적 인지와 비사회적 인지가 서로 다른 신경기제에 의존한다는 견해를 쉽게 받아들이지 않는 이유 중 하나는, 이 두 가지 인지를 사용할 때 드는 '느낌'이 크게 다르지 않기 때문일 것이다. 이는 우리가 모국어로 이야기할 때와 새로 배운 언어로 이야기할 때 큰 차이를 느끼는 것과는 다르다. 또한 수학문제를 풀 때와 하늘을 나는 슈퍼맨이 된 상상을 할 때 드는 느낌이 다른 것과도 다르다. 이런 차이들은 우리에게 정말로 다른 느낌을 주는 반면, 우리가 사회적 사고에서 비사회적 사고로 전환할 때는 사고의 방식이 바뀌었다기보다 그냥 주제만 바뀐 것 같은 느낌이 들기 때문이다. 그러나 사회적 사고와 비사회적 사고의 차이는 실제적인 것이다. 그 차이가 우리에게 잘 느껴지지 않을 뿐이다.

사회적 사고와 비사회적 사고의 차이를 직관적으로 느낄 수 있는 방법이 있다. 대다수 사람들은 공부를 많이 해서 '똑똑한' 사람과 인간관계에서 '똑똑한' 사람이 다르다는 상식적인 견해에 동의할 것이다. 이 두 종류의 지능은 서로 다른 능력을 요구하는 듯하며, 실제로 이 두 가지를 지원하는 뇌의 신경망은 다르다. 아스퍼거 장애Asperger's disorder가 있는 아이들을 대상으로 한 최근 연구는 이 차이를 분명히 보여준다. 아스퍼거 장애를 앓는 사람들은 사회인지나 사회적 행동에서 자폐증 환자와 비슷한 결함들을 보이기 때문에, 아스퍼거 장애는 흔히 덜 심각한 자폐증으로 여겨진다. 그런데 최근 한 연구에서 아스퍼거 장애가 있는 아이들은 같은 연령대의 건강한 아이들보다 추상적 추론 검사에서 더 높은 점수를 받은 것으로 드러났다.[21] 사회적 지능과 비사회적 지능이 시소의 양 끝처럼 서로 경쟁하는 관계에 있다고 볼 때, 시소 한쪽 끝의 힘과 능력에 결함이 생기면 다른 쪽 끝이 더 강해지는 것은 충분히 이해될 수 있는 현상이다.

뇌의 크기

학교에서 흔히 가르치는 바에 따르면 인간은 다른 동물들보다 더 큰 뇌를 가지고 있기 때문에 추상적 사고를 할 수 있으며, 이런 사고를 바탕으로 생존의 근본 문제들을 해결하기 위한 복잡한 도구인 농업, 수학, 공학 등을 발전시킬 수 있었다. 그러나 최근 드러난 여러 증거에 따르면 인간의 뇌가 커지게 된 주요 원인 중 하나는 인간의 사회인지적 기술, 즉 다른 사람들과 상호작용을 주고받으며 잘 지내는 능력을 촉진할 필요가 있었기 때문인 듯하다. 그동안 우리는 무엇보다 뛰어난 분석적 기술을 지닌 사람이 가장 똑똑한 사람이라고 생각했다. 그러나 진화의 관점에서 보면 뛰어난 사회적 기술을 지닌 사람이 가장 똑똑한 사람일지도 모른다.

인간의 뇌가 더 큰 이유에 대해 논의하기에 앞서, 우선 인간의 뇌가 다른 동물들의 뇌보다 크다는 것이 어떤 의미에서 그러한 것인지를 이해할 필요가 있다. 여러 동물들의 뇌를 비교하는 방법은 무수히 많다.

예컨대 뇌의 전체 용적을 비교할 수도 있고, 또 뇌의 무게, 뉴런의 개수, 피질에 주름이 잡힌 정도, 회백질gray matter이나 백질white matter의 전체 용적 등을 비교할 수도 있다. 이것들은 전체 비교 방법 중 아주 작은 일부에 불과하다.

한 가지 기초적으로 알아둘 점은 동물의 신체 크기를 바탕으로 그 동물의 뇌 크기를 매우 잘 예측할 수 있다는 사실이다. 이것은 뇌의 절대적인 크기가 신체의 유지와 감시 같은 일들과 상당 부분 관련이 있음을 의미한다. 몸이 클수록 그것을 돌보기 위해 더 많은 뇌 조직이 필요한 것이다. 그래서 아주 큰 동물들은 대체로 아주 큰 뇌를 가지고 있다. 그리고 뇌의 무게만 놓고 보자면 인간은 비교 순위의 정상 근처에도 가지 못한다. 인간 뇌의 무게는 약 1,300그램이며 병코돌고래(수족관에서 흔히 볼 수 있고 곡예훈련을 받기도 하는 돌고래-옮긴이) 뇌의 무게와 대충 같다.22 반면 아프리카 코끼리의 뇌는 약 4,200그램으로 인간 뇌의 거의 세 배에 달하며 몇몇 고래의 뇌는 9,000그램에 이르기까지 한다.

뇌에 들어 있는 뉴런의 총개수를 비교하면 인간의 상대 성적은 꽤 좋아진다. 인간은 약 115억 개의 뉴런을 가지고 있는데, 이것은 동물의 왕국에서 최고의 수치로 알려져 있다. 그러나 이것도 월등한 성적은 아닌데, 왜냐하면 범고래가 약 110억 개의 뉴런을 가지고 있기 때문이다. 만약 지능이 뉴런의 개수에 의해서만 좌우된다면, 인간은 80층짜리 빌딩을 지을 수 있는 반면 범고래는 75층짜리 빌딩을 지을 수 있는 셈이다.

신체와 뇌의 크기 사이에 긴밀한 상관관계가 있는 것은 사실이지만, 몇몇 동물들은 신체의 기본적인 관리와 감독에 필요해 보이는 것보다 더 큰 뇌를 가지고 있다. 어떤 동물의 뇌 크기가 신체 크기에 근거한 예상치를 벗어나는 정도를 가리켜 대뇌화encephalization라고 부른다. 연구자들은 보통 대뇌화가 신체의 통제를 넘어 (지능 발달 같은) 다른 것들을 할 수 있는 뇌의 잉여 용량을 말해준다고 생각한다. 이 점에서 인간은 동물의 왕국에서 적수를 찾을 수 없는 헤비급 챔피언이다. 인간의 대뇌화 지수는 그다음에 위치하는 병코돌고래의 대뇌화 지수보다 50퍼센트나 더 높으며, 인간 외의 영장류보다는 거의 두 배나 더 높다(그림 2.4 참조). 또 우리가 쉽게 추측할 수 있는 것처럼 인간의 경우에 전전두피질처럼 비교적 최근에 생긴 뇌 부위들의 대뇌화 지수도 높게 관찰된다.[23]

[그림 2.4] 여러 종들의 대뇌화

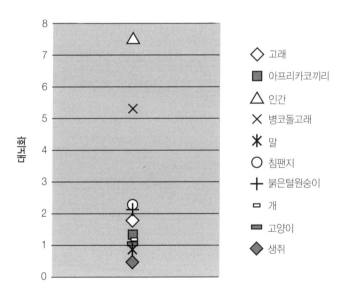

출처: Roth, G., & Dicke, U. (2005). Evolution of the brain and intelligence. *Trends in Cognitive Sciences*, 9(5), 250~257.

인간의 뇌가 큰 이유

그렇다면 대뇌화의 측면에서 인간의 뇌는 다른 동물들의 뇌보다 왜 그렇게 커졌을까? 동물이 사용하는 시간과 에너지의 측면에서 더 큰 뇌를 가지고 있다는 것은 상당한 비용의 지출을 초래한다. 어찌 보면 우리 인간은 뇌를 먹여 살리기 위해 살고 있다고 말해도 과언이 아니다. 성인의 경우에 뇌는 몸의 전체 용적에서 약 2퍼센트 비중을 차지하는 반면 신진대사를 통해 전체 에너지의 20퍼센트를 소비하기 때문이다.[24] 게다가 태아기의 뇌는 전체 신진대사의 60퍼센트를 소비하며, 이 비율은 생후 1년까지 유지되다가 아동기에 20퍼센트 수준으로 점차 감소한다.

뇌가 크기에 비해 엄청난 에너지 소비를 한다는 사실에 비추어 볼 때, 뇌의 성장은 그것이 영장류의 생존과 번식에 매우 중요한 문제들을 해결하는 데 기여했기 때문에 진화적으로 선택되었을 것이다. 그리고 이런 문제들에는 잎사귀보다 칼로리가 높은 고기와 과일 같은 식량 찾아내기, 육식동물 피하기, 어린 새끼 안전하게 보호하기 등이 포함될 것이다. 그렇다면 영장류의 더 큰 뇌는 이런 생태학적 문제들을 해결하는 데 구체적으로 어떤 종류의 영리함을 보태주었을까? 이와 관련해 과학자들은 크게 세 가지 가설에 주목한다.

첫 번째 가설은 우리가 흔히 직관적으로 생각할 수 있는 것으로, 개인의 혁신능력과 관련 있다. 인기 텔레비전 시리즈의 주인공인 맥가이버는 이런 종류의 지능을 보여주는 대표적인 인물이다. 첩보원인 맥가이버는 늘 난처한 상황에 빠지지만 그때마다 주위의 평범한 물건들을 기발한 방식으로 조합해 그 상황에 꼭 필요한 도구를 만들어냄으로써 위기를 벗어난다. 이 시리즈의 한 방송분에서는 초코바와 그것을 감싸고 있는 얇은 금속박막 포장지만을 이용해 위험천만한 황산이 새어 나오는 것을 막기도 했다. 물론 우리의 삶이 이렇게 위기 상황들로 점철되는 것은 아니지만, 우리 모두는 어떤 면에서 맥가이버와도 같다. 우리의 당면 과제가 집에 있는 재료만을 이용해 맛있는 저녁을 준비하는 일이든 사업 장부를 효율적으로 관리하는 일이든, 우리는 늘 이런저런 문제들을 해결하며 살아간다. 그리고 정도의 차이는 있겠지만 모든 영장류들은 문제 해결자로서 살아간다.

뇌가 크다는 것의 의미를 물으면 사람들은 보통 우리가 개인으로서 무엇을 학습하거나 어떤 문제를 해결할 때 뇌가 큰 덕분에 얼마나 더 영리해졌을까에 대해 생각한다. 이렇게 생각하는 것이 매우 자연스럽긴 하지만 (그리고 아마 고등학교 과학시간에 이렇게 배웠겠지만) 이것이 정답은 아니다. 왜냐하면 어떤 종의 혁신능력이 여러 종들의 뇌 크기를 예측케 하는 최고의 지표는 아니기 때문이다.

두 번째 가설은 우리의 사회적 능력에 초점을 맞춘다. 인간은 여러 문제에 대한 해결책을 찾아내는 데 종으로서는 매우 훌륭한 솜씨를 발휘하지만, 개인으로서는 언제나 그렇지만은 않다. 예컨대 내 아들 이안은 네 살 때 비디오게임 슈퍼 히어로 스쿼드Super Hero Squad를 무척 좋아했다. 그런데 게임을 하다가 금세 곤경에 처하곤 했기 때문에 나와 아내는 늘 아이와 함께 게임을 해야 했다. 이 게임을 잘하려면 여러 가지 수수께끼를 풀어야 했는데, 이를 스스로 풀기에는 아이가 너무 어렸기 때문이다. 이안은 게임에 나오는 문제의 대략 5분의 1을 스스로 풀 수 있었다. 그리고 아내나 나는 5분의 2 내지 3 정도를 풀 수 있었는데, 그만큼 이 문제들은 어려웠다. 어쩌면 이 문제들을 풀기에는 우리가 너무 늙었는지도 모른다. 왜냐하면 우리는 수수께끼를 푼 남자 아이들이 관련 속임수에 대해 설명해주는 유튜브YouTube의 게임 시연 동영상을 보아야만 비로소 답을 알 때가 많았기 때문이다.

인간이 종으로서 뛰어난 까닭은 우리 모두가 뛰어난 혁신능력을 지녔기 때문이 아니다. 그보다는 우리 중 몇몇이(이 경우에는 비디오게임에 천부적인 재능을 지닌 몇몇 아이들이) 공통의 문제에 대한 해결책을 찾아내면 나머지 사람들은 모방이나 교육을 통해 그 해결책을 학습하게 되는 것이다. 이렇게 볼 때 우리의 커다란 뇌는 모방이나 사회적 학습능력을 향상시키기 위해 발달했을지도 모른다. 그러나 비록 사회적 학습능력을 지닌 종들이 비교적 큰 뇌를 가지고 있을 때가 많은 것은 사실이지만, 이것도 여러 종들의 뇌 크기를 예측할 수 있는 최고의 지표가 아니기는 마찬가지다.

사회적 뇌 가설

왜 인간이 상대적으로 큰 뇌를 가지고 있는지에 대한 세 번째 가설은, 큰 뇌가 무엇보다도 우리가 서로 관계를 맺고 협력할 수 있도록 도와준다는 것이다. 만약 당신이 혼자 힘으로 집을 짓는다면 과연 얼마나 잘 지을 수 있겠는가? 혼자라면 과연 통나무 오두막집 하나라도 제대로 지을 수 있을까? 통나무를 자르고 들어 올리는 일은 일손이 조금만 더 있어도 훨씬 수월하다. 어떤 의미에서 사회는 네가 나의 오두막집 짓는 것을 도와주면 나도 너의 오두막집 짓는 것을 도와주겠다는 약속에 기초하는 것으로 볼 수도 있다. 이렇게 되면 우리 모두가 더 나은 집을 가질 수 있고 우리 모두가 혜택을 입을 수 있다.

그리고 인간 외의 영장류의 경우에도 그들이 통나무집을 짓지는 않지만 상호 조정된 협력 행동을 통해 생태학적 문제에 대해 공동으로 대처함으로써 훨씬 더 큰 성공을 거둘 수 있다. 영장류에게 생존이란 한쪽이 이익을 보면 다른 쪽이 손해를 볼 수밖에 없는 제로섬 게임zero-sum game이 아닌 것이다.

1990년대 초엽 진화인류학자 로빈 던바Robin Dunbar의 도전적인 주장에 따르면, 신피질이 커진 첫 번째 이유는 영장류가 큰 집단을 이루어 살면서 더 적극적으로 사회적 활동을 할 수 있기 때문이다.[25] 신피질 비율Neocortex ratio은 뇌의 나머지 부분에 대한 신피질의 상대적 크기를 가리키는데,[26] 이에 대해 던바나 그 밖의 연구자들이 제시한 증거는 매우 인상적이다. 뇌 확대의 원인으로 간주할 만한 세 요인(개인의 혁신, 사회적 학습, 집단의 크기)의 차이와 신피질의 상대적 크기 사이의 상관관계를 조사해본 결과, 집단 크기가 신피질의 크기를 예측할 수 있는 가장 강력한 지표임이 판명되었다.[27] 던바는 첫 번째 연구에서 집단 크기와 비사회적 지능의 지표들을 서로 견주어 보았는데, 둘 다 신피질 비율과 상관관계를 보였지만 집단 크기가 신피질 비율을 예측하는 데 더 나은 지표로 밝혀졌다. 뒤이은 또 다른 연구에서는 이런 효과가 전두엽frontal lobe에서 가장 강하게 나타난다는 사실이 증명되었다.[28]

던바는 이런 연구들을 통해 얻은 방정식을 사용해 각 영장류의 종별로 그들의 신피질 비율을 토대로 효과적이고 응집력 있는 사회집단의 최대 크기가 얼마인지 계산해냈다. 그의 분석에 따르면 인간의 경우 효과적인 사회집단의 최대 크기는 약 150명의 구성원으로 이루어지는데, 이는 영장류 가운데 가장 큰 규모이다. 이를 '던바의 수'라고 부르는데,[29] 흥미롭게도 인간이 만든 사회 조직의 상당수는 대략 이런 규모로 작동하는 경향이 있다. 예컨대 기원전 6000년부터 기원후 1700년대까지 존재했던 마을들의 크기를 추산해보면 대략 150명 정도로 수렴된다.[30] 나아가 고대사회든 현대사회든 군대는 대개 약 150명 단위로 조직되는 경향이 있다.

이렇게 볼 때 인간의 뇌가 커진 까닭은 더 많은 맥가이버들을 만들어내기 위해서가 아니다. 그보다는 맥가이버 시리즈를 본 다음에 함께 모여서 그에 대한 이야기꽃을 피우기 위해서라고 말하는 것이 더 타당할지 모른다. 우리의 사회적 본성은 더 큰 뇌의 우연한 산물이 아니다. 오히려 사회성을 증가시켜야 할 필요가 있었기 때문에 우리가 더 큰 뇌를 갖도록 진화했다고 보는 것이 더 타당할 것이다.

집단생활의 혜택

그렇다면 더 큰 집단 안에서 사는 것의 혜택은 무엇일까? 왜 진화는 뇌 크기의 증가를 통해 우리가 사는 집단 크기의 증가를 촉진했을까? 더 큰 집단이 선사하는 가장 눈에 띄는 장점은 육식동물에 대해 더 성공적으로 대처할 수 있다는 점이다.[31] 자신이 잡아먹힐지도 모르는 상황에서 먹을 것을 찾는 데 정신을 집중하기란 쉽지 않다. 음식을 찾기 위해 혼자서 탁 트인 곳으로 나가는 것은 매우 위험한 일이다. 반면 유인원 집단은 음식을 찾아 헤매는 시간과 육식동물에 대해 경계를 서는 시간 사이에 적절한 균형을 찾을 수 있는데, 이는 커다란 혜택임에 틀림없다.

그런가 하면 더 큰 집단의 단점은 집단 안에서 음식과 짝짓기 상대를 두고 경쟁이 심해진다는 점이다. 만약 당신이 혼자 살면서 음식을 찾아낸다면 그것은 당신 것이다. 그러나 당신이 속한 집단이 클수록 그 안의 누군가가 당신의 것을 가로채려 할 가능성은 더 커진다. 사회적 기술이 발달한 영장류들은 이를 제한하기 위해 집단의 다른 구성원들과 동맹이나 친구 사이를 맺곤 한다.[32]

스미스와 존슨이라는 두 마리 침팬지가 있다고 가정해보자. 스미스는 존슨을 정기적으로 들볶는다. 존슨은 지위가 비교적 낮은 원숭이다. 하지만 존슨이 지위가 높은 브라운과 동맹을 맺는다면, 그는 스미스의 위협으로부터 자신을 더 잘 보호할 수 있을 것이다. 또 지위가 높은 브라운은 존슨과 스미스 사이에 분쟁이 일어날 때 자신이 존슨 편을 들어주면, 스미스가 더 높은 지위의 침팬지를 데려오는 대신 바로 물러설 것이라는 점을 알고 있다. 사실 이런 동맹은 브라운에게도 큰 이익이 된다. 브라운은 스미스와 실제로 대결해야 하는 위험을 무릅쓰지 않고도 동맹 상대인 낮은 지위의 존슨으로부터 (몸 손질해주기 같은) 더 많은 호의를 얻어낼 수 있기 때문이다.

이처럼 침팬지의 경우만 하더라도 사회적 역학관계가 상당히 복잡하게 전개된다. 스미스와 존슨, 브라운 각자에게 최선인 동맹관계가 형성되려면 이들은 매우 많은 양의 사회적 정보를 계속 주시해야만 한다. 우선 이들은 다른 침팬지들의 지위를 자신의 지위와 비교할 줄 알아야 하며, 나아가 각 침팬지의 지위를 또 다른 침팬지의 지위와 비교할 줄도 알아야 한다.

예컨대 5마리의 침팬지로 구성된 집단이 있다고 해보자. 각 침팬지는 두 침팬지 사이의 관계를 1개로 칠 때 모두 10개의 사회적 역학관계를 관찰할 줄 알아야 한다. 15마리로 구성된 집단이라면 100개의 사회적 역학관계를 관찰할 줄 알아야 비로소 완전한 정보를 얻을 수 있다. 또 집단의 크기를 세 배로 늘려 45마리가 있다면, 두 침팬지가 맺는 관계의 수는 모두 1,000개로 늘어난다. 그리고 '던바의 수인' 150마리가 있다면, 두 침팬지 사이에 형성될 수 있는 관계의 수는 1만 개 이상이나 된다.[33]

이렇게 볼 때 더 큰 뇌가 왜 필요한지 짐작하기란 어렵지 않다. 집단의 구성원이 되면 어마어마한 이점이 생기는 것은 틀림없지만, 이것도 구성원들이 손익을 따져 올바른 동맹관계를 맺음으로써 집단생활의 단점을 피할 줄 알 때나 가능한 이야기다. 그리고 여기에는 사회적 지식을 처리할 수 있는 상당한 능력이 요구된다.

이는 당연히 인간의 경우에도 마찬가지다. 한 가지 예를 들어보자. 미국에서는 매년 수천 명의 대학 졸업생들이 명성이 자자한 박사과정에 들어가기 위해 원서를 내는데, 이때 중요한 것 중 하나는 설득력 있는 추천서를 받는 것이다. 그런데 이런 추천서들은 여러 대학에서 학점 부풀리기가 만연한 것과 마찬가지로 부풀려지기 십상이다. 추천서에 적힌 평가는 대개 '이 학생은 엄청나게 뛰어난 학생입니다' '이 학생은 가장 엄청나게 뛰어난 학생입니다' 사이를 오가기 마련이다.

그래서 나는 이런 추천서를 읽을 때 종종 추천서의 내용보다 누가 추천서를 썼는지를 더 중요하게 여긴다. 만약 한 학생에 대해 사회신경과학자나 정서신경과학자가 열렬한 추천서를 썼다면, 그것은 내게 매우 의미 있게 느껴질 것이다. 왜냐하면 나는 다음번 학술대회 때 그를 만나서 추천서에 대한 설명을 들을 수 있을 것이기 때문이다. 반면 어느 인류학과 교수의 추천서는 좀 다르게 느껴진다. 아마 그는 학생에게 어떤 결함이 있든 개의치 않고 별 부담 없이 열렬한 추천서를 쓸 수 있을 것이다. 왜냐하면 그 교수는 나와 서로 모르는 사이일 가능성이 클 뿐만 아니라, 내게 추천서에 대해 설명할 기회도 없을 것이기 때문이다. 그래서 나는 이런 추천서에 큰 비중을 두지 않는다.

이는 결국 무엇을 의미하는가? 만약 어느 대학 2학년생이 장차 어느 연구소에 원서를 넣을지 고민 중이라고 해보자. 그렇다면 그는 몇 년 후 지원할 박사과정의 교수들이 지금 자신의 과에서 앞으로 지도교수가 될 사람을 어떻게 평가하는지 따져보는 것이 큰 도움이 될 것이다. 이는 복잡한 사회인지적 문제임에 틀림없다.

인간이 창조해낸 중요한 혁신들 가운데 많은 것들(예컨대 증기기관, 백열전구, 엑스레이 등)은 몇 안 되는 개인들이 발명하여 전 세계가 공유하고 있다. 우리 가운데 대다수는 100년을 살아도 이런 것들을 머릿속에 떠올리지 못할 것이다. 나도 그중 한 명이다. 우리 가운데 문명의 진보를 가져오는 어떤 것을 창조해내는 사람은 극히 드물다. 그러나 우리는 모두 개인적으로든 직업적으로든 성공적인 삶을 살기 위해 복잡한 사회연결망을 헤쳐 나가지 않으면 안 된다. 영장류의 뇌가 커진 까닭은 이런 사회적 문제들을 해결하는 데 더 많은 뇌 조직을 사용하기 위해서다. 그리고 그럼으로써 우리는 집단생활의 혜택은 누리면서 그 비용은 일정하게 제한하는 삶을 살 수 있다.

2부

연결

SOCIAL

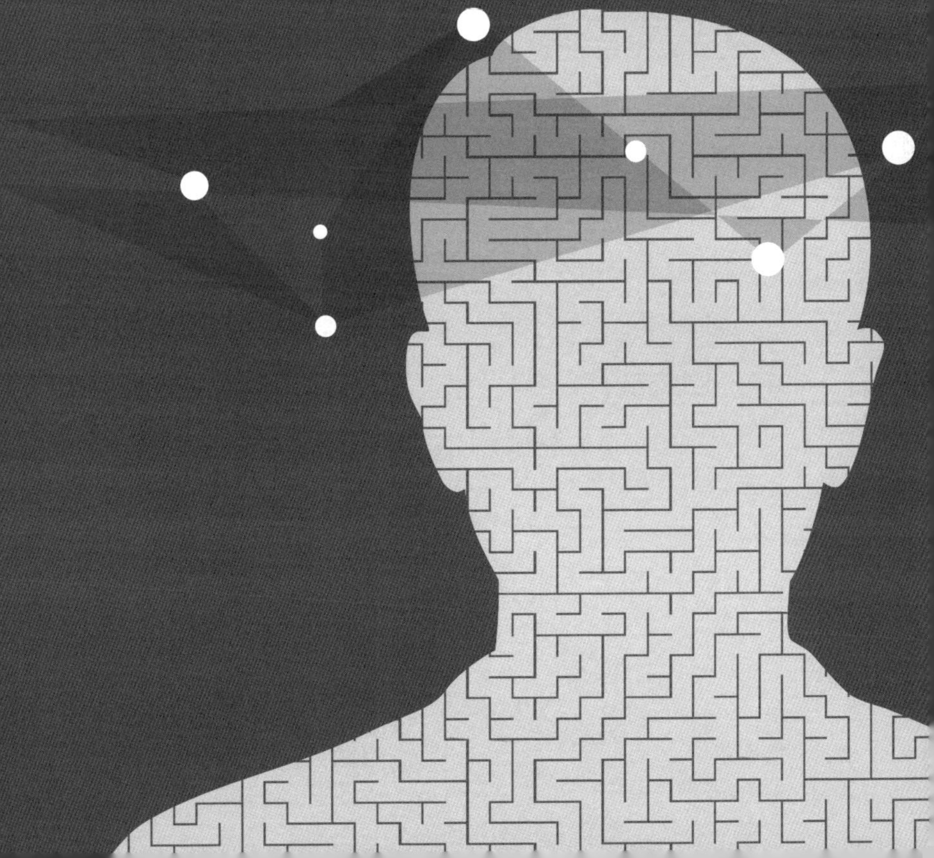

3장

마음의 고통과 몸의 고통

코미디언 제리 사인펠트Jerry Seinfeld는 다음과 같은 농담을 즐겨 했다. '대다수 연구에 따르면 사람들이 가장 두려워하는 것은 대중 앞에서 연설하는 것이다. 그다음으로 두려워하는 것은 죽음이다. 정말 그럴 법해 보이는가? 이는 평범한 사람이라면 장례식에 참석해 추모사를 낭독하느니 관 속에 누워 있는 것이 더 낫다는 이야기다.' 이것은 1973년에 한 연구자가 개인적으로 2,500명의 사람들을 대상으로 실시한 설문조사에 근거한 것인데, 이 조사에서 응답자의 41퍼센트는 대중 연설을 두려워한다고 말했고 19퍼센트만이 죽음을 두려워한다고 말했다.[1]

전혀 그럴 법하지 않은 이 조사 결과가 다른 대다수 설문조사에서도 반복해서 나타나지는 않았지만, 우리 마음속 깊이 자리 잡은 공포들 가운데 대중 연설이 꽤 앞자리를 차지하는 경향이 있는 것은 사실이다. 우리의 공포 목록 '톱 텐Top 10'은 보통 세 범주로 나뉘는데, 커다란 신체적 상해나 죽음을 당하는 것, 사랑하는 사람을 잃는 것, 여러 사람 앞에서 이야기하는 것이 바로 그것이다.

우선 신체적 상해에 대한 두려움은 두려움이라는 경험 자체가 진화를 통해 생기게 된 이유와도 직결된다. 만약 우리의 조상이 생존과 번식에 실제로 위협이 되는 것에 대해 공포를 느끼지 않았다면, 충분히 생존하고 번식하지 못했을 것이므로 결코 우리의 조상이 될 수 없었을 것이다. 사랑하는 사람을 잃는 것에 대한 두려움도 진화의 관점에서 일리 있는 것인데, 왜냐하면 사랑하는 사람은 우리의 유전자를 후세에 전달하는 데 기여하기 때문이다.

그러나 대중 연설은 어떠한가? 아마도 다윈은 이에 대해 별로 할 말이 없을 것이다. 대중 연설과 생존 사이에 명확한 연관성을 찾기 어렵기 때문이다. 그렇다면 우리가 대중 앞에서 연설하는 모습을 상상할 때 정말로 두려워하는 것은 무엇일까? 우리는 모두 이야기를 할 줄 알고, 우리 대부분은 친구나 가족 또는 직장 동료와 편하게 이야기를 나눈다. 이렇게 볼 때 우리의 가슴을 조마조마하게 만드는 것은 이야기하는 것 자체가 아니다. 많은 사람들이 대중 연설을 두려워하는 까닭은 대중 때문이다. 앞에 모여 있는 사람들이 10명이든 100명이든 1,000명이든, 바로 그들 때문에 연설자는 두려움을 갖게 된다.

내가 어릴 적에는 〈방과 후 텔레비전 특집after-school television specials〉이라는 프로그램이 인기를 끌었다. 여기에는 한 6학년 남학생이 나오는데, 그는 아이들로 가득 찬 강당에서 연설을 하기 위해 앞으로 나서지만 결국 큰 실수를 저질러 전체 학생들의 웃음거리가 되고 만다(물론 이 이야기는 나중에 그 학생이 뜻밖의 용감한 행동을 함으로써 학교에서 가장 예쁜 소녀의 마음을 얻는다는 해피엔딩으로 끝난다). 사람들은 대부분 이와 비슷한 종류의 공포를 가지고 있지 않을까 싶다. 우리는 다른 모든 사람들이 자신을 바보나 무능력자로 취급하지 않을까 하는 두려움을 가지고 있다. 또 다른 모든 사람들로부터 거부당하지 않을까 걱정한다. 많은 대중 앞에서 연설하는 것은 자신을 단번에 거부할지도 모르는 사람의 수를 최대화하는 꼴이 된다.

그런데 연설자는 보통 거기에 모인 대다수 사람들을 알지도 못할 뿐더러 그들에게 특별한 관심을 기울이지도 않는다. 그렇다면 그 사람들이 무슨 생각을 하는지가 왜 그렇게 중요할까? 그 이유는 다른 사람들로부터 거부당했다는 사실이 우리의 마음을 아프게 만들기 때문이다. 당신이 지금까지 살면서 겪은 가장 쓰라린 경험이 무엇이었는지 한번 생각해보라. 다리가 부러졌을 때나 어디서 추락했을 때 정말로 심하게 겪은 신체적 고통을 머릿속에 떠올렸는가? 아마도 적어도 하나는 사랑하는 사람의 죽음, 사랑하는 사람으로부터 버림받은 일, 많은 사람들 앞에서 공개적으로 망신당한 일 같은 '사회적 고통'일 것이다.[2] 왜 우리는 이런 일들을 '고통'이라는 단어와 연관시킬까? 그 까닭은 우리의 뇌가 우리가 사회적 유대관계에 대한 위협이나 손상을 경험할 때, 신체적 고통에 반응할 때와 상당히 비슷하게 반응하기 때문이다.

출생 후 발달하는 뇌

그렇다면 왜 우리의 뇌는 마음의 고통을 몸의 고통만큼 아프게 느끼도록 진화했을까? 우리가 다른 사람들로부터 거부당했을 때 그렇게 큰 고통을 느끼도록 진화한 한 가지 이유는, 진화의 관점에서 볼 때 큰 뇌를 가지는 것이 동물을 더 똑똑하게 만드는 가장 쉬운 방법이기 때문이다. 몸 크기에 비해 상대적으로 큰 뇌를 가진다는 것은 그런 동물을 그렇지 않은 동물보다 더 똑똑하게 만들 수 있는 유효 수단이다. 이미 언급했듯이 인간 성인들은 몸 크기에 비해 특히 큰 뇌를 가지고 있다. 그런데 애를 낳아본 여성이라면 다들 알겠지만 큰 뇌를 가진 아기를 낳는다는 것은 결코 쉬운 일이 아니다.3 머리는 산도產道를 통과하기가 무척 어렵기 때문이나. 여성 골반의 모양을 고려할 때 자궁 속에서 태아의 뇌가 계속 자란다면 출산은 영영 불가능할 것이다.

갓난아기의 뇌 크기는 대체로 성인 뇌의 4분의 1밖에 되지 않는다. 다시 말해 뇌 발달의 대부분은 우리가 태어난 후에 이루어진다. 뇌는 자궁 안에서도 자랄 만큼 자라지만, 발달의 더 많은 부분은 출생 후에 이루어지는 셈이다. 이렇게 출생 후에 뇌가 발달하는 것의 장점은 우리 뇌가 특정한 문화의 세례 속에서 발달을 마무리하게 되며, 그래서 그 구체적인 환경에 맞게 작동하도록 섬세한 조정의 과정을 거칠 수 있다는 점이다. 반면 단점은 아기가 스스로 생존할 수 있는 능력을 거의 가지고 있지 않다는 점이다.4

갓난아기는 전적으로 남의 도움을 필요로 하며 이런 상태는 몇 년 동안 지속된다. 실제로 인간의 미성숙 기간은 어떤 포유동물보다도 길다(많은 부모들이 잘 알듯이 인간의 미성숙 기간은 20세를 거뜬히 넘어선다!). 게다가 인간의 전전두피질은 생후 30년이 될 때까지 발달을 멈추지 않는다.5 이렇게 인간은 가장 미성숙한 상태로 태어나는 포유동물이지만, 모든 포유동물들은 이런 특징을 어느 정도 지니고 있다. 이렇게 미발달한 신경계를 지닌 채 태어나는 경향은 지구 상에 최초의 포유동물이 등장했던 2억 5,000만 년 전까지 거슬러 올라가며, 이것은 오늘날의 우리와 같은 사회적 동물이 진화하는 첫걸음이었다.

매슬로의 욕구 위계 뒤집기

1943년 뉴잉글랜드의 유명한 심리학자 에이브러햄 매슬로Abraham Maslow는 인간이 지닌 '욕구의 위계'를 설명하는 논문을 발표했다.[6] 그가 주장한 욕구의 위계는 흔히 피라미드 형태로 묘사된다(그림 3.1 참조). 매슬로의 주장에 따르면 우리는 욕구의 피라미드를 따라 올라가면서, 가장 기본적인 욕구들을 먼저 추구하고 그것이 충족되면 다음 단계의 욕구로 넘어간다.

이 피라미드의 맨 아래에는 음식, 물, 수면 등에 대한 생리적 욕구가 있다. 그다음 단계로 몸을 보호하기 위한 보금자리와 신체적 건강 같은 안전의 욕구에 초점이 맞춰진다. 생리적 욕구와 안전의 욕구는 실로 근

[그림 3.1] 매슬로의 욕구 위계

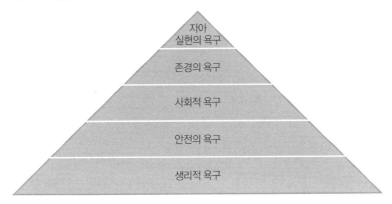

자아
실현의 욕구

존경의 욕구

사회적 욕구

안전의 욕구

생리적 욕구

출처: Maslow, A. H. (1943). A theory of human motivation. *Psychological Review*, 50(4), 370.

본적인 욕구들이다. 우리는 이런 욕구가 충족되지 못하면 생존하기도 어려울 것이다. 반면 피라미드의 나머지 욕구들은 '있으면 좋은' 욕구들이다.

예컨대 내 아들이 아이스크림을 한 개 더 먹고 싶다고 말한다면, 이는 그의 진정한 욕구일 것이다. 그러나 아이스크림을 먹지 않아도 생존에는 아무 지장이 없을 것이다(설령 아들이 그것을 못 먹으면 죽을 것 같다고 확신하더라도 사정은 마찬가지다). 매슬로의 피라미드에서 (더 먹고 싶은 아이스크림과도 같은) 나머지 욕구들은 사랑, 소속감, 타인의 존경을 받고자 하는 욕구 등이다. 그리고 자기실현의 욕구는 (즉 자신의 잠재력을 완전히 실현하고자 하는 것은) 아이스크림 위에 얹힌 체리와도 같다.

사람들에게 생존을 위해 무엇이 필요한지 물으면 십중팔구 이 피라미드의 아래쪽에 속해 있는 음식, 물, 보금자리 같은 것들을 말할 것이다. 물론 이런 것들은 아기들도 필요로 하는데, 그들은 이것들을 스스로 마련할 능력이 없다. 만약 아기들이 스스로 살아가야 하는 처지라면 이들은 아무짝에도 쓸모가 없을 것이다.

나무두더지부터 인간까지 모든 포유동물의 새끼들이 태어나는 순간부터 정말 필요로 하는 것은 바로 새끼 자신의 생물학적 욕구가 충족되도록 보살펴줄 존재다. 만약 이것이 사실이라면, 매슬로의 주장은 틀린 것이다. 이렇게 볼 때 욕구 피라미드의 맨 아래에 놓여야 하는 것은 바로 사회적 욕구이기 때문이다. 새끼에게 가장 기본적인 욕구는 음식, 물, 보금자리 따위가 아니다. 오히려 사회적으로 연결되어 보살핌을 받는 것이 가장 중요하다. 사회적 지원이 없다면 아기들은 생존하지 못할 것이며 스스로 먹고살 수 있는 성인으로 성장하지도 못할 것이다.[7] 이런 의미에서 사회적 연결은 인간의 진정한 욕구이다.

2장에서 살펴본 기본 신경망과 마찬가지로 매슬로의 피라미드를 이렇게 재구성하는 것은 '우리가 누구인가'에 대해 결정적으로 중요한 무언가를 말해주고 있다. 어찌 보면 사랑과 소속감은 있으면 좋지만 없어도 살 수 있는 편의상의 문제인 것처럼 보인다. 그러나 우리의 생물학적 특성은 사회적 연결을 갈망하도록 구성되어 있다. 이것이 우리의 가장 기본적인 생존 욕구와 직결되기 때문이다. 앞으로 보게 될 것처럼 사회적 연결은 우리의 복잡한 사회적 본성을 뒷받침하는 세 가지 적응 현상 가운데 첫 번째 것이며, 이 연결의 욕구는 다른 두 가지 적응의 토대가 되기도 한다.

실제 고통

세 명의 환자가 의사를 기다리고 있었다. 첫 번째 환자는 두통을 호소했다. 이 환자에게 의사가 말했다. "타이레놀 두 알을 드세요. 그리고 내일 아침에도 낫지 않으면 다시 오세요." 두 번째 환자가 한쪽 다리를 절면서 말했다. "의사 선생님, 발목을 삔 것 같은데, 어쩌죠?" 그러자 의사가 말했다. "타이레놀 두 알을 매일 드세요. 그리고 일주일 후에도 낫지 않으면 다시 오세요." 세 번째 환자는 마음의 평정을 잃은 듯한 표정으로 말했다. "선생님, 저는 실연을 당했어요. 이제 어쩌면 좋죠?" 그러자 의사는 조금도 주저하지 않고 다음과 같이 말했다. "타이레놀 두 알을 매일 드세요. 그리고 한 달 후에도 낫지 않으면 다시 오세요."

이것이 정말로 있었던 이야기일까? 당연히 그렇지는 않다. 실연의 아픔을 치료하기 위해 진통제를 처방하는 의사는 아마 한 명도 없을 것이다. 그러나 이 허구의 이야기를 통해 우리는 사람들이 평소 고통에 대해 어떤 직관적 생각을 가지고 있는지를 엿볼 수 있다.

고통은 매우 흥미로운 현상이다. 한편으로 고통은 매우 불쾌한 것이며 때로는 참기 힘들 정도로 괴로운 것이다. 그러나 다른 한편으로 고통은 우리의 생존력을 높이는 가장 근본적인 적응현상 가운데 하나이다. 성인의 거의 20퍼센트는 만성 통증에 시달리고 있으며, 이 때문에 직장에 결근하거나 심한 우울증에 빠지는 경우가 허다하다. 최근 한 연구에 따르면 미국에서는 고통 때문에 발생하는 생산성 손실액이 매년 600억 달러를 넘는다고 한다.[8] 이렇게 만성 통증이 아무리 끔찍한 것이라 하더라도, 그보다 훨씬 더 해로운 것은 바로 고통을 느끼지 못하는 것이다. 고통에 대한 선천적 불감증을 가지고 태어난 아이들은 생후 몇 년 안에 사망하곤 하는데, 그 이유는 아이들이 자기 자신에게 가차 없이 손상을 입혀 종종 치명적인 병원균에 감염되기 때문이다.[9]

그런가 하면 많은 사회에서 고통은 도덕적 판단과 밀접한 관련이 있다. 예컨대 단두대 처형부터 독물 주사에 이르기까지 사형 집행 방법의 변화는 사형수들의 고통을 최소화하는 방향으로 개선되어왔기 때문에 흔히 역사의 진보로 간주된다. 많은 사람들은 국가가 죽음의 형벌을 후원하는 것에 대해 별로 문제라고 느끼지 않지만, 만약 국가가 고통의 형벌을 후원한다면 문제라고 여길 것이다. 그런가 하면 태아가 고통을 느낄 수 있는가 없는가 하는 것은 낙태 논쟁에서 중요한 문제가 되었다. 또한 어떤 동물이 고통을 느낄 수 있는가 없는가 하는 것은 그 동물을 식용으로 죽여도 되는가 하는 문제와 종종 밀접한 관련이 있다.[10]

위의 모든 예에서 우리가 말하고 있는 고통이란 신체적 고통이다. 그렇다면 '사회적' 고통, 즉 사회적 관계에 손상을 입어서 (또는 입었다고 생각해서) 생기는 고통에 대한 사람들의 반응은 어떠할까? 만약 누군가가 '그 사람이 내 마음에 상처를 입혔어요'라고 말한다면, 우리는 이 말을 일종의 은유로 간주할 것이다. 어느 누구도 이것이 의학적인 위급상황이라고 여기지는 않을 것이다. 대다수 사람들은 사회적 고통이 실제 고통이라고 생각하지 않는다. 이런 '고통'은 수사적 표현에 지나지 않는다.

실제 고통은, 다시 말해 신체적 고통은 우리의 생존에 긴요한 역할을 수행한다. 모든 실제 욕구에는 그것에 상응하는 실제 고통이 존재하며, 이는 해당 욕구가 충족되지 않았을 때 우리가 느끼는 신체적 고통이다. 예컨대 음식의 결핍은 배고픔의 고통을 일으키며, 이 결핍의 고통스러운 상태는 음식을 찾으려는 동기를 촉발한다. 또한 물의 결핍은 갈증을 불러일으키며, 마찬가지로 충족되지 않으면 비슷한 고통과 동기를 촉발한다. 또 신체적 상해는 신체의 고통을 일으키며, 이는 피난처를 찾아 휴식을 취함으로써 신체의 회복을 꾀하려는 동기를 촉발한다.

만약 우리의 사회적 욕구가 생존에 긴요한 실제 욕구라면, 이런 욕구가 충족되지 않은 상태는 실제 고통으로 경험될 것이다. 이와 관련해 저명한 신경과학자 폴 맥린Paul MacLean은 '이별의 느낌은 포유동물을 매우 고통스럽게 만드는 질병이다'라고 말했다.[11] 그렇다면 신체적 상해에 따른 고통과 사회적 상해에 따른 고통 사이에는 어떤 관계가 있을까?

사회적 고통과 실제 고통

나는 심리학자이자 내 아내인 나오미 아이젠버거Naomi Eisenberger와 함께 지난 10여 년간 (그리고 내 아내는 더 오랫동안) 사회적 고통을 연구해왔다.[12] 앞으로 몇 쪽에 걸쳐 나는 사회적 고통이 어째서 실제 고통인지를 설명할 것이다. 그러나 솔직히 말해 나도 아직까지는 이 점에 대해 반신반의하고 있다. 신체적 고통과 사회적 고통은 아주 다른 세계에 속하는 것처럼 보이기 때문이다. 나는 신체적 고통을 느낄 때마다 그 고통이 내 몸 어디에서 느껴지는지 가리킬 수 있다. 그 고통이 일어나는 지점에는 어떤 장애나 조직 손상이 있을 것이다. 그런데 내가 사회적 고통을 느낄 때 나는 어디를 가리켜야 할까?

엄밀히 따져보면 신체적 고통은 빨간색 사각형을 보는 것, 명상을 통해 마음의 평온을 느끼는 것, 첫 데이트를 고대하며 마음이 들떠 있는 것 같은 심리적 경험보다 더 신체적인 것이 아니다. 이 말은 두 가지로 해석될 수 있는데, 첫째로 고통은 우리가 흔히 생각하는 것만큼 신체적인 것이 아닐지 모른다. 최면이나 위약僞藥 같은 암시의 힘을 빌려 고통의 경험을 극적으로 변화시킬 수 있다[13]는 사실은 이런 해석을 뒷받침한다. 실제로 마취제를 전혀 사용하지 않은 채 최면의 효과만으로도 아무 고통을 느끼지 않으면서 수술이 이루어진 사례들이 적지 않게 존재한다.

고통에 대한 여러 실험 연구에 따르면, 피험자들이 매우 고통스러운 전기충격을 받을 것이라고 예상하는 것만으로도 그 충격은 실제보다 더 고통스럽게 느껴질 수 있다.[14] 나아가 불안이나 우울 같은 심리적 장애는 신체적 고통의 민감도에 영향을 미친다. 물론 고통이 '전적으로' 마음의 문제라고 말할 수는 없다. 그러나 고통은 사람들이 흔히 생각하는 것보다는 훨씬 더 심리적인 문제다.

고통과 첫 데이트에 들뜬 마음의 신체적 성질을 동일하게 보는 두 번째 해석에 따르면, 우리가 순전히 심리적인 문제라고 여기는 것들은 흔히 생각하는 것보다 더 신체적인 것이다. 알다시피 모든 심리적 사건들은 뇌의 물리적 과정에 기초하고 있다. 예컨대 명상을 통해 얻는 마음의 평온은 뇌와 신체에서 일어나는 생화학적이고 신경인지적인 과정들의 결과이다. 만약 타인과 연결됨으로써 생기는 기쁨이 뇌의 물리적 과정과 아무 상관이 없다면, 약물을 통해 이런 느낌을 유도하거나 변화시키는 일은 절대로 불가능할 것이다. 그런데 사람들은 종종 약물을 통해 황홀경을 경험하곤 한다. 나아가 심리적 사건의 신체성을 부정한다면, 뇌의 세로토닌을 선택적으로 고갈시키는 술의 작용 때문에 술 취한 사람들이 더 쉽게 화를 내게 되는 현상15을 어떻게 설명할 수 있겠는가?

물론 나는 심리적인 측면들을 고려할 가치가 전혀 없다고 주장하는 것은 아니다. 나는 환원주의자가 아니다. 다만 우리가 일상생활 속에서 고통과 감정 같은 것들을 인위적으로 서로 분리시키는 경향이 있다는 점을 말하는 것이다. 고통과 감정, 그 밖에 우리가 경험하는 모든 것은 필연적으로 심리적인 과정들과 신체적인 과정들의 동시적인 표현이다.

이렇게 볼 때 사회적 고통처럼 추상적인 것도 뇌의 시각에서 보면 신체적 고통만큼이나 구체적이고 고통스러울 수 있다는 것은 전혀 이상한 일이 아니다. 물론 신체적 고통과 사회적 고통이 똑같은 것은 아니다. 어느 누구도 팔이 부러져서 느끼는 고통과 여자친구에게 버림받아 느끼는 고통을 혼동하지는 않을 것이다.[16] 나아가 사회적 고통의 기억은 신체적 고통의 기억보다 훨씬 더 강렬한 경향이 있다. 다시 말해 상이한 종류의 고통들은 상이하게 느껴지며, 상이한 특성들을 지니고 있다. 다만 내가 여기서 주장하고자 하는 것은 사회적 고통도 신체적 고통만큼이나 실제 고통이라는 점이다. 이는 우리가 종종 경험하는 사회적 고충들에 대해 새로운 이해를 제공하는 출발점이 될 것이다.

사회적 고통과 신체적 고통의 유사성을 보여주는 한 가지 분명한 예는, 우리가 사회적 고통에 대해 이야기할 때 사용하는 언어에서 찾아볼 수 있다. 우리가 사회적 거부나 상실의 느낌을 말할 때 사용하는 단어들은 대부분 신체적 고통의 언어를 포함하고 있다. 예컨대 우리는 '그녀가 내 가슴을 찢어놓았다' '그 사람 때문에 마음에 상처를 입었다' '여자친구가 나를 버려서 창자가 끊어지듯 아프다' 같은 표현을 사용한다. 심리학자들은 은유적인 표현처럼 보이는 것이 애당초 짐작했던 것보다 덜 은유적인 의미로 사용되는 경우가 종종 있다고 말한다.[17] 전 세계에 걸쳐 사람들이 사회적 고통에 대해 이야기할 때 가장 많이 애용하는 은유는 신체적 고통의 언어이다.[18] 이는 영어와 뿌리가 같은 스페인어나 이탈리아어에서도 그러하고 아르메니아어, 표준 중국어, 티베트어 등에서도 그러하다. 만약 사회적 고통과 신체적 고통 사이에 아무런 연관도 없다면, 과연 이런 은유가 지구 곳곳에서 반복하여 생겨났을 수 있을까?

분리고통과 울음소리

사회적 고통이 실제 고통임을 시사하는 두 번째 증거는 포유동물의 새끼와 그 보호자를 떼어놓았을 때 새끼에게서 관찰되는 분리의 고통이다. 아기를 키워본 사람이라면 엄마가 곁에 없을 때 아기가 쉬지 않고 세차게 울면서 괴로워하는 모습을 본 적이 있을 것이다. 1950년대 심리학자 존 보울비John Bowlby는 제2차 세계대전 동안 부모의 사랑과 따뜻한 보살핌을 받지 못한 채 보육원에서 자란 고아나 버려진 아이들에게서 관찰된 바를 설명하기 위해 '애착attachment'이라는 개념을 도입했다.19 그는 인간에게 타고난 애착체계가 있다고 가정했으며, 이 체계를 바탕으로 보호자를 늘 관찰하다가 곁에서 사라지면 경보가 울리게 된다고 주장했다. 이 경보는 내적으로 고통스러운 스트레스로 경험되며, 그 결과 아이는 큰 소리로 울게 되는데 이런 분리고통의 신호는 보호자로 하여금 아이를 다시 찾도록 주의를 환기시키는 역할을 한다.

애착 스트레스는 명백히 사회적인 것이다. 이는 아이의 주위 사람은 물론 아이 자신에게도 일종의 신호로 작용한다. 그리고 이 애착체계는 워키토키처럼 아이와 보호자가 서로 연결되어 있을 때만 제대로 작동한다. 만약 아기가 갖고 태어난 애착체계가 성인이 되면서 사라져버린다면 보호자는 아기가 울어도 정서적으로 반응하지 않을 것이다. 그러나 다행스럽게도 이 애착체계는 아기가 성인이 되어 자신의 아기가 울 때 보호자의 반응을 유발하는 애착체계와 같은 것이다.

우리가 유전적으로 갖고 태어나는 애착체계는 평생 동안 유지되기 때문에20 우리는 배고픔의 고통을 그냥 지나칠 수 없는 것처럼 사회적 거부의 고통도 그냥 지나칠 수 없다. 우리는 평생에 걸쳐 사회적 연결을 추구하는 강력한 욕구를 지니고 있다. 아기에게 보호자와 연결을 맺고 유지하는 것은 가장 중요한 목표가 된다. 인간이라는 종은 보호자와 연결을 맺고 유지하는 데 뛰어난 능력을 발휘하는데, 이런 능력의 대가는 인간의 경우에 타인의 호의와 사랑을 받고 싶은 욕구가 평생 지속된다는 점이다. 우리가 경험하는 모든 사회적 고통은 바로 이 욕구와 관련이 있다.

보울비와 같은 시대를 살았던 심리학자 해리 할로Harry Harlow는 영장류의 애착 과정을 연구했는데, 이것은 심리학의 역사 전체를 통틀어 가장 충격적인 연구 중 하나로 꼽힌다.[21] 할로가 붉은털원숭이를 연구하던 1950년대 당시에는 행동주의behaviorism가 위세를 떨치고 있었기 때문에, 동물연구자들 사이에서 사랑이나 애착 같은 개념을 사용하는 것은 금기처럼 여겨졌다. 또 아기가 어머니에 대해 갖고 있는 것처럼 보이는 정서적 애착은 연합학습associative learning의 결과로 간주되었다. 다시 말해 행동주의자들은 어머니의 따뜻함과 냄새와 느낌 등이 음식 같은 1차 강화물과 연합되어 어머니에 대한 애착이 생긴다고 보았다.

이 설명에 따르면 아기가 어머니에게 관심을 갖는 유일한 이유는 어머니가 곁에 있는 것과 아기의 욕구 충족 사이에 통계적 연관 관계가 존재하기 때문이다. 만약 이 설명이 맞다면, 아기가 음식을 먹을 때마다 베리 매닐로Barry Manilow(미국의 유명 가수-옮긴이)의 포스터가 곁에 붙어 있었다면 이 아기는 매닐로와 음식 먹는 것을 연합시켜 매닐로의 팬이 될 것이 틀림없었다. 그러나 할로는 이런 설명을 무작정 받아들이는 대신에 검증해보기로 마음먹었다.

할로는 갓 태어난 원숭이 새끼들을 어미와 떼어놓은 뒤, 두 개의 어미 대리물을 실험실에 설치했다. 한 대리물은 어미 원숭이의 모습과 대충 비슷하게 만들어진 철사 조형물이었는데, 거기에는 새끼의 생존에 필요한 우유를 공급하는 젖병이 달려 있었다. 또 다른 대리물은 어미 원숭이의 모습과 대충 비슷한 나무토막이었는데, 그 위에 스펀지 고무를 입힌 다음 테리 천으로 감싼 것이었다. 하지만 이 천으로 된 대리물에는 우유를 공급하는 젖병이 달려 있지 않았다.

이런 상황에서 할로는 새끼 원숭이들이 실제 어미 원숭이와 좀 더 비슷한 느낌이 드는 대리물과 우유를 제공하는 대리물 가운데 어떤 대리물에 더 애착을 보이는지 살펴보았다. 결과는 분명하고도 중요한 의미를 지니는 것이었다. 태어난 지 얼마 되지도 않은 새끼 원숭이들은 하루에 거의 18시간을 천으로 덮인 대리물에 매달려 지냈으며, 우유를 제공하는 철사 대리물에는 거의 매달리지 않았다. 이렇게 보면 아기가 어머니에게 매달리는 이유가 음식의 연합 때문이라는 이론은 명백히 틀린 것이었다. 새끼 원숭이들은 음식의 제공 여부에 상관없이 실제 어미와 가장 비슷한 느낌이 드는 물체에 애착을 보였기 때문이다.

할로의 발견 이후로 사회적 애착 현상은 여러 포유동물들에게서 관찰되었다. 모든 포유동물들이 자기 자신을 돌볼 능력을 지니지 않은 채 태어난다는 사실을 고려할 때, 부모 또는 보호자와 연결되어 있으려는 욕구는 모든 포유동물 새끼들에게서 공통된 것이라 할 수 있다. 과학자들은 쥐, 들쥐, 기니피그, 소, 양, 인간 외의 영장류, 인간 등의 다양한 포유동물을 대상으로 분리고통의 발성separation distress vocalization, 즉 새끼가 보호자와 떨어졌을 때 내는 울음소리를 확인했다.**22** 그리고 이런 울음소리는 대개 보호자가 새끼에게 되돌아오는 것으로 이어졌다.

그런가 하면 이런 분리는 또한 (스트레스 호르몬인) 코르티솔의 분비 증가와 장기적인 사회적 또는 인지적 결함으로 이어지는 경향이 있었다.[23] 예컨대 5세 미만의 아이들이 오랜 기간 병원에 입원하여 오랫동안 부모와 떨어져 지내면 장기적인 행동 결함이 생기거나 읽고 쓰는 능력의 발달에 장애가 생길 수 있다.[24] 또 한쪽 부모를 잃은 아이들은 10년이 지난 뒤에도 보다 예민한 코르티솔 반응을 보인다.[25] 어릴 때 이런 종류의 스트레스 요인에 노출되면 사회적 맥락에서 자신을 조절하는 능력과 밀접한 관련이 있는 뇌 부위에 중대한 변화가 일어날 수 있다.[26] 이에 대해서는 9장에서 더 자세히 논의할 것이다.

1978년 정서신경과학 분야의 권위자인 자크 팬크세프Jaak Panksepp는 사회적 애착이 신체적 고통체계에 편승하여 작동하며, 이때 오피오이드opioid가 중요한 역할을 할 것이라는 가설을 제기했다. 오피오이드는 뇌에서 자연적으로 생산되는 진통제로서 이 물질의 생산과 분비는 고통의 느낌을 감소시키는 작용을 한다.[27] 합성 아편제인 모르핀이 강력한 진통제로 쓰이는 까닭도 이것이 오피오이드와 비슷한 성질을 지녔기 때문이다. 모든 아편제가 그렇듯 모르핀도 강한 중독성을 지니고 있는데, 팬크세프는 동물의 사회적 애착 과정도 모르핀의 작용과 유사하게 작동한다고 주장했다. 그의 주장에 따르면 사회적 분리는 약물의 금단 현상과 비슷한 고통을 야기하는 반면, 사회적 재결합은 진통제와 비슷한 작용을 한다. 나아가 새끼와 보호자가 보이는 상호 헌신의 행동은 중독 과정과 유사한 특징들을 지니고 있다.

팬크세프는 그의 사회적 고통 가설을 검증하기 위해 우선 강아지 집단을 연구했다. 강아지들은 사회적으로 고립되어 있을 때 분리고통의 울음소리를 냈으며, 소량의 모르핀을 주입하자 그 울음소리는 거의 사라졌다. 이 연구 이후로 여러 종의 포유동물들에게 적당량의 아편제를 주입하면 분리고통의 울음소리가 감소된다는 사실이 증명되었다.[28] 나아가 어미와 새끼가 다시 만나면 양쪽 모두에게서 오피오이드 수준이 증가한다는 사실이 관찰되었다.[29] 이렇게 볼 때 신체적 고통을 경감시키는 작용을 하는 신경화학물질은 사회적 분리의 고통을 경감시키는 데도 중심적인 역할을 하는 것처럼 보인다. 이는 뇌가 사회적 고통과 신체적 고통을 유사한 방식으로 처리한다는 사실을 보여주는 첫 번째 결정적인 증거였다.

고통과 전대상피질

우리는 흔히 인간의 사회적 고통에 대해 생각할 때면 영화의 한 장면과도 같은 것을 머릿속에 떠올리곤 한다. 예컨대 체육시간에 팀을 짜는데 자신이 제일 마지막으로 뽑힌다거나, 소중한 사람으로부터 버림을 받는다거나 사랑하는 사람이 죽는다거나 하는 일 등이 그것이다.

그런데 과학자들이 사회적으로 고립되거나 버림을 받거나 또는 사기를 당한 사람들에게 모르핀을 주입하는 식의 실험을 할 수는 없는 노릇이다.[30] 그래서 나와 나오미 아이젠버거는 기능적 자기공명영상을 이용해 사회적 고통의 경험이 인간의 뇌에서 어떻게 표상되는지 살펴보았다.

사회적 고통과 신체적 고통의 연관관계를 이해하기 위해 우리가 첫 번째로 주목한 뇌 부위는 배측 전대상피질dorsal anterior cingulate cortex, dACC이라고 불리는 곳이었다('배측dorsal'이라는 말은 뇌 꼭대기를 향해 있다는 뜻이고, '전측anterior'은 뇌 앞쪽을 향해 있다는 뜻이다. (덧붙여 '문측rostral'은 입 또는 부리 쪽을 뜻하며, '미측caudal'은 꼬리 쪽을 뜻한다. 인간의 머리에서 '문측/미측'은 사실상 '전측/후측posterior'과 동의어지만, 인간의 몸통에서 '문측/미측'은 '상측superior/하측inferior'에 가깝다. 이런 혼란스러운 사정은 네 발 달린 동물과 달리 인간의 몸통과 머리가 직각을 이루기 때문에 생긴다-옮긴이)). 그리고 우리가 두 번째로 주목한 곳은 전측 섬엽anterior insula, AI이라는 부위였다(그림 3.2 참조). 대상피질cingulate cortex은 뇌의 뒤쪽에서 앞쪽까지 이어지는 기다란 구조물로서 뇌의 중심선에, 즉 뇌의 한가운데에 위치한 뇌량corpus callosum을 감싸고 있다. '싱귤레이트cingulate(대상帶狀)'라는 영어 단어는 벨트 또는 띠를 의미하는 라틴어 '신게레cingere'에서 유래했는데, 실제로 대상피질은 뇌량을 감싸고 있는 띠처럼 생겼다.

혹시 이런 부위들을 더 실감나게 이해하고 싶으면 구글 이미지에서 관련 부위들을 검색하여 화면에 나타나는 이미지들을 샅샅이 살펴보기 바란다. 뇌 부위들의 상대적인 위치를 시각화하는데, 이 책에 소개된 단편적인 그림보다 훨씬 유용할 것이다. 이 밖에도 인터넷에는 뇌의 온갖 부위를 보여주는 그림이나 사진들이 말 그대로 무수하게 많다.

사회적 고통과 신체적 고통 사이의 연계에 대한 연구가 일반적으로 전대상피질과, 더 구체적으로는 배측 전대상피질과 관련이 있는 까닭은 크게 네 가지다.[31] 첫째로 전대상피질은 파충류와 달리 포유류에게서 특징적으로 발견되는 신경적 적응 가운데 하나이다. 다시 말해 대상피질은 우리 인간에게는 있지만 파충류에게는 없다. 때문에 애착이나 사회적 고통처럼 포유류에게서 처음으로 등장하는 심리적 과정들

[그림 3.2] 고통과 관련 있는 뇌 부위

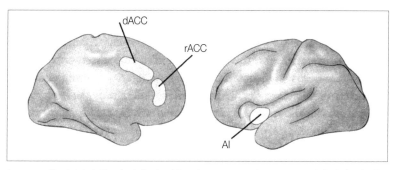

(dACC = 배측 전대상피질dorsal anterior cingulate cortex, rACC = 문측 전대상피질rostral anterior cingulate cortex, AI = 전측 섬엽anterior insula)

이, 대상피질처럼 포유류에게서 처음으로 발견되는 뇌 구조와 관련이 있을 것이라고 추측하는 것은 일리가 있다. 둘째로 전대상피질은 뇌의 어느 부위보다도 오피오이드 수용체opioid receptor들이 밀집해 있는 곳이다.32 때문에 신체적 고통과 사회적 고통이 바로 이 부위와 관련 있을 거라 추측하는 것은 일리가 있다. 셋째로 그간의 연구를 통해서 우리가 신체적 고통을 경험할 때 배측 전대상피질이 중요한 역할을 한다는 사실이 증명되었다. 넷째로 인간 외의 다양한 포유동물들을 대상으로 한 연구에서 배측 전대상피질은 어미와 새끼의 애착 행동과 관련이 있는 것으로 간주되어왔다. 이제 배측 전대상피질의 이 세 번째와 네 번째 역할을 차례대로 살펴보기로 하자.

지난 20년 동안 연구자들은 인간 뇌에서 고통이 처리되는 과정의 신경해부학적 측면에 대해 매우 많은 것들을 밝혀냈다. 인간의 뇌에서 고통의 감각적인 측면과 고통이 우리를 괴롭게 만드는 측면은 서로 다른 피질 부위에서 처리된다. '고통의 감각적 측면sensory aspects of pain'은 신체 어느 곳에서 고통이 생기는지 그리고 그 자극이 얼마나 강한지를 우리에게 알려준다.[33] 그리고 이 정보를 처리하는 곳은 뇌의 후반부에 위치한 체감각피질somatosensory cortex과 후측 섬엽posterior insula이다.

체감각피질은 우리 몸의 여러 부분들을 지도처럼 표상하고 있기 때문에 다리, 손, 얼굴 등에서 고통을 느끼면 체감각피질의 서로 다른 영역이 활성화된다(그리고 이 영역들은 다리, 손, 얼굴 등에 고통스럽지 않은 접촉이 있을 때도 마찬가지로 따로따로 활성화된다). 그런가 하면 후측 섬엽은 몸 안에 있는 기관들의 고통 감각을, 다시 말해 내장의 느낌을 추적한다. 반면 뇌의 전반부에 위치한 배측 전대상피질과 전측 섬엽은 고통의 괴로운 측면distressing aspects of pain, 즉 우리로 하여금 고통을 정말로 싫어하게 만드는 느낌에 대해 반응한다.

우리가 고통을 경험할 때 고통은 단일한 느낌처럼 경험되기 때문에, 이 경험에 별개의 요소들이 존재한다는 사실은 선뜻 받아들이기 어려울지 모른다. 그러나 이것은 뇌의 작동 방식이 빚어내는 일반적인 착각 가운데 하나이다. 왜냐하면 각각의 경험에는 대개 다수의 상이한 요소들이 관여하지만, 이것들이 점차 통합됨으로써 우리가 이것들을 의식할 때는 마치 하나의 통일된 사건인 것처럼 느껴지기 때문이다.

예컨대 어떤 사람이 길을 건너는 장면을 보고 있다고 상상해보라. 당신에게 이것이 연속적이면서도 통일된 하나의 지각인 것처럼 느껴질 것이다. 그러나 실제로는 이런 경험이 산출되기까지 뇌의 여러 부위들이 오케스트라처럼 함께 어울려 작동한다.[34] 예컨대 시각피질의 몇몇 영역에서는 당신이 보고 있는 (수직선, 수평선, 대각선 등의) 온갖 선들과 모서리들이 부호화된다. 뇌의 또 다른 영역에서는 색채 요소들을 추적하고, 또 다른 영역에서는 당신이 보고 있는 장면 중에서 움직임을 추적한다. 이런 요소들의 처리 과정에 고장이 생기는 일도 따로따로 발생할 수 있다.

이는 뇌의 한정된 영역에 손상을 입은 환자들을 대상으로 한 몇 안 되는 신경심리학적 사례연구를 통해 알 수 있다. 예컨대 운동 지각을 처리하는 중추에 중대한 손상을 입은 환자들은 세계를 일련의 정지된 장면들로 경험한다.35 이런 사람들이 경험하는 세계는 형형색색의 온갖 물체들이 가득 차 있지만, 물체의 운동이 존재하지 않는다.

신경심리학적 사례들은 고통의 처리와 관련해 배측 전대상피질과 체감각피질이 상이한 역할을 한다는 사실을 밝혀내는 데도 중요한 기여를 했다. 1950년대부터 신경외과 의사들은 난치성 고통에 시달리는 환자들에게 대상회절제술cingulotomy이라는 수술을 시행했다. 이 수술은 배측 전대상피질의 일부를 제거하거나 주위 영역들로부터 분리시키는 작업을 포함하는 것으로, 우울과 불안을 치료하는 데 성공적으로 적용되어왔다.36 특히 다른 치료법들은 전혀 듣지 않는 만성 통증에 시달리는 환자들에게 이 수술은 꼭 필요한 것이었다. 그런데 이 대상회절제술과 관련해 만성 통증에 시달리던 환자들이 수술 후에 겪는 경험은 매우 놀랍다. 이 환자들은 수술 후에도 여전히 고통이 느껴진다고 말한다.37 나아가 이들은 고통이 신체 어디에서 얼마나 강하게 느껴지는지 가리킬 수도 있다.

그러나 이들은 다른 한편으로 고통이 더 이상 '괴롭지 않으며' '특별히 성가시지도 않고' '이제는 걱정거리가 되지 않는다'고 말한다. 배측 전대상피질이 온전한 사람이라면 고통을 느끼면서도 그것이 괴롭지도 성가시지도 않다고 경험하는 것은 거의 상상도 할 수 없는 일이다. 그러나 바로 이것이 대상회절제술을 받은 사람들의 상태인 것으로 보인다. 배측 전대상피질을 제거하거나 분리시킴으로써 고통의 괴로운 측면만을 선택적으로 제거할 수 있다는 사실은, 온전하게 작동하는 배측 전대상피질이 이런 괴로움의 경험에 중심적인 역할을 할 것이라는 점을 시사한다.

또 다른 임상사례에서는 뇌 오른쪽의 체감각피질에 (다시 말해 신체의 왼쪽 부분에 대한 감각을 추적하는 뇌 부위에) 일부 손상을 입은 뇌졸중 환자가 있었는데, 그는 대상회절제술을 받은 환자들과 정반대의 경험을 보고했다. 의사가 이 환자의 왼쪽 팔에 고통스러운 자극을 가하자, 환자는 손가락 끝과 어깨 사이의 어딘가에서 '분명히 불쾌한' 느낌이 든다고 말한 것이다.**38** 그러나 그는 그 느낌이 생긴 지점을 더 정확하게 말할 수는 없었다. 그 고통의 성질이 뜨거운 것인지 차가운 것인지 아니면 따끔한 것인지 물었을 때도 아무 대답을 하지 못했다. 그 환자는 고통 때문에 분명히 괴로움을 느꼈지만 그것이 신체 어디에서 느껴지는지 또 어떤 성질의 고통인지 전혀 알 수가 없었다.

이를 독서에 비유해 말하자면, 체감각피질은 우리가 읽고 있는 이야기가 어떤 종류인지(예컨대 스릴러소설인지 탐정소설인지 공상과학소설인지) 또 어떤 내용인지를 이해하는 데 관여하는 반면, 배측 전대상피질은 그 이야기에 대한 우리의 정서적 반응에 더 관여하는 듯하다. 우리는 어떤 책을 읽은 지 아주 오래되면 줄거리는 더 이상 생각나지 않아도 그 책에 대한 우리의 정서적 반응이 어떠했는지는 여전히 기억하고 있는 경우가 있는데, 이처럼 이 두 가지 반응은 분리 가능한 듯 보인다.

애착과 전대상피질

배측 전대상피질, 더 일반적으로는 전대상피질은 어미와 새끼의 애착 관련 행동에도 결정적으로 중요한 역할을 한다. 앞에서 살펴본 것처럼 포유동물의 새끼는 어미 또는 보호자와 분리될 때 분리고통의 발성을 낸다. 반면 포유류로 진화하기 이전 단계에 해당하는 파충류는 이런 분리고통의 발성을 내지 않는다. 사실 더 정확히 말하자면 파충류는 벙어리처럼 어떤 발성도 내지 않는다. 대다수 부모 파충류는 소리를 내어 주의를 끄는 자신의 새끼를 잡아먹을 공산이 크기 때문에 이는 결코 나쁜 일이 아니다. 반면 포유류 새끼의 울음소리가 부모의 잡아먹는 행동 대신에 보호 행동을 유발하는 단서로 작용한다는 사실은 중대한 진화적 차이라 하겠다.

신경과학자 폴 맥린은 (전대상피질을 포함하는) 다람쥐원숭이를 대상으로 내측 전두피질medial frontal cortex의 다양한 부위를 외과적으로 분리시킨 뒤에 사회적으로 고립되었을 때 내는 분리고통의 발성에 어떤 차이가 생기는지 실험적으로 연구했다.[39] 그 결과 특정 부위를 절제했을 때 일관되게 분리고통의 발성이 사라지는 경우는 배측 전대상피질이 유일했다. 반면 배측 전대상피질이 온전하게 남아 있는 상태에서 다른 부위를 절제했을 때 원숭이는 여전히 분리고통의 울음소리를 냈다. 맥린은 이렇게 어느 부위를 절제하든 상관없이 모든 원숭이들이 수술 후에도 ('요란하게 짖는 소리' '낑낑대는 소리' '날카로운 비명소리' 같은) 여러 발성을 계속 냈다는 사실에 비추어 볼 때, 이들 부위 자체가 발성의 신체적 산출에는 관여하지 않음을 알 수 있다고 결론지었다.

배측 전대상피질의 제거가 분리고통의 발성을 사라지게 만든다는 사실을 근거로, 우리는 이 부위에 전기 자극을 가하면 분리고통의 발성이 산출될지 모른다는 추측을 해볼 수 있다. 그리고 이는 실제로 그러했다. 붉은털원숭이의 배측 전대상피질에 전기 자극을 가하자 이들은 '쿄오오'라는 소리를 냈는데,[40] 이것은 붉은털원숭이가 사회적으로 고립되었을 때 내는 울음소리다. 반면 뇌의 다른 부위들을 자극했을 때 원숭이들은 경고의 울음소리를 냈는데, 이것은 배측 전대상피질을 자극했을 때 내는 소리와 분명히 달랐다.

이런 연구를 바탕으로 우리는 배측 전대상피질이 손상되면 새끼가 어미와 애착관계를 형성하고 유지하는 능력에 어떤 결과가 초래될지 어느 정도 추측해볼 수 있다. 새끼는 사회적으로 고립되었는데도 울음소리를 내지 않는다면 그만큼 어미로부터 버려질 커다란 위험에 직면할 것이다. 그리고 반대로 어미의 배측 전대상피질이 손상되었다면 어미는 새끼의 울음소리에 대해 그만큼 덜 반응할 것이다.

한 연구에서는 어미의 배측 전대상피질 손상이 새끼에게 미치는 영향을 살피기 위해 새끼를 낳기 직전의 암컷 쥐들을 대상으로 세 가지 실험적 조치를 취했다.[41] 즉 몇몇 쥐들에게는 대상피질에 손상을 가했고, 또 다른 몇몇 쥐들에게는 대상피질 외의 뇌 부위에 손상을 가했으며, 나머지 쥐들에게는 아무런 외과적 손상도 가하지 않았다. 연구자들은 무엇보다도 이런 손상이, 이렇게 다양한 유형의 어미에게서 태어난 새끼들의 생존율에 어떤 영향을 미치는지 살펴보았다. 이때 연구자들은 실험실 밖의 실제 환경 조건을 흉내 내기 위하여, 쥐 우리의 특정 부분에 열이나 바람 같은 요소들을 추가함으로써 환경 조건을 더욱 모질게 만들었다.

이런 조건에서 아무런 외과적 손상도 입지 않은 어미 쥐들의 새끼들은 거의 모두 생후 일주일 동안 살아남았다. 뜨거운 바람이 우리 한쪽에 불어오면 이 어미 쥐들은 바람이 불지 않는 쪽으로 새끼들을 모두 몰아가는 행동을 보였다. 대상피질 외의 뇌 부위에 손상을 입은 어미들도 거의 비슷한 행동을 보였는데, 하지만 이 경우에 몇몇 새끼들은 어미의 보호를 제대로 받지 못했다.

그리고 끝으로 대상피질에 손상을 입은 어미의 새끼들은 그 결과가 끔찍할 정도였다. 이 경우 겨우 20퍼센트의 새끼들만이 생후 이틀 동안 살아남았다. 대상피질에 손상을 입은 어미 쥐들은 새끼들을 돌보지 않았으며 보금자리도 형편없이 만들었고, 새끼들이 보금자리를 벗어나도 다시 데려오지 않았으며 이들이 열이나 바람에 노출되어도 별다른 보호 행동을 보이지 않았다. 한마디로 말해 이 어미 쥐들은 새끼들이 무엇을 필요로 하는지에 대해 둔감했다. 이 연구에서 새끼 쥐들의 삶과 죽음은 그 어미가 온전한 대상피질을 가지고 있는지 아닌지에 따라 좌우되었다. 여담이지만 만약 당신이 이 실험에 대해 듣고 마음이 편치 않아졌다면 아마도 당신의 배측 전대상피질은 온전하게 작동 중인 것이다.

사이버볼 게임

위에서 언급한 동물실험들은 많은 것을 시사하지만, 그렇다고 해서 이를 토대로 인간의 경우에도 사회적 고통이 신체적 고통의 경험과 연계되어 있다고 단정 지을 수는 없다. 2001년쯤 나와 나오미 아이젠버거는 이에 대한 답을 찾고자 했다. 당시 우리는 사회인지에서 전대상피질의 역할을 연구하기 위한 연구비를 받았다. 우리는 사회적 거부 현상을 연구하고 싶었지만, 이 현상을 사람들이 자기공명영상MRI 스캐너 안에 누워 있는 동안 제대로 연구할 수 있는 좋은 방법이 좀처럼 떠오르지 않았다.

그러다가 흔히 과학이 그러하듯이 우연한 사건들이 중간에 개입하면서 우리의 연구 방향을 바꾸어놓았다. 우리는 오스트레일리아에서 열린 한 학술대회에 참석하게 되었는데, 사실 우리 둘 다 그곳의 정회원은 아니었다. 우리는 그곳에서 킵 윌리엄스Kip Williams가 사회적 거부 현상을 연구하기 위해 새롭게 고안해낸 실험법에 대해 들을 수 있었다. 이 실험법은 전적으로 인터넷에 기초한 것이면서도 사회적 거부의 느낌을 산출하는 데 매우 효과적이었으며, 기능적 자기공명영상 촬영 환경에 맞게 변형시키기에도 적당했다.

킵 윌리엄스의 실험법은 사이버볼Cyberball이라고 불렸는데,**42** 이것은 이미 그 자신이 성공적으로 사용해오던 행동적 접근법을 변형시킨 것이었다. 그의 초기 연구에서 실험자는 실험실을 방문한 피험자에게 대기실로 가서 몇 분만 기다려달라고 말했는데, 이때 대기실에는 이미 다른 두 사람이 같은 실험에 참여하기 위해 기다리고 있었다. 그러나 실제로 이 두 사람은 실험자의 공모자였다. 즉 그들은 마치 피험자인 것처럼 연기를 하고 있지만 실제로는 실험자와 짜고 행동하는 사람들이었다. 이런 상황에서 공모자 중 한 명이 '우연히' 발견한 테니스공을 그다른 공모자에게 던졌다. 그러자 공을 받은 공모자는 그 공을 다시 실제 피험자에게 가볍게 던졌다. 이런 식으로 세 사람은 1~2분 동안 공을 서로 주고받았다. 그러다 실험자와 미리 약속해놓은 시점이 되자 두 공모자는 공을 더 이상 실제 피험자에게 건네지 않고 둘이서만 주고받기 시작했다.

이때 다 같이 사이좋게 놀다가 갑자기 게임에서 배제된 사람이 바로 당신 자신이라고 상상해보라. 당신은 한편으로 다음과 같이 생각할 것이다. '뭐 어때? 어차피 이것은 심심풀이 게임이고, 그 사람들은 내가 알지도 못하는 완전히 낯선 사람들인데?' 이는 매우 합리적인 반응임에 틀림없다. 실제로 일부 피험자들은 자신이 게임에서 갑자기 배제된 일을 이런 식으로 합리화하려 할 것이다. 그러나 윌리엄스가 확인한 결과에 비추어 볼 때, 이렇게 버림받은 사람들은 명백히 사회적 고통을 느끼고 있었다. 타인으로부터 버림받는 일은 설령 그것이 아무리 사소한 것이라고 해도 사람들의 마음에 상처를 입힌다.

윌리엄스는 이런 연구를 몇 회에 걸쳐 수행한 뒤 사이버볼을 고안했는데, 이는 다음과 같은 장면을 디지털로 재현한 것이다. 사이버볼 게임 참가자는 자신이 인터넷을 통해 연결된 두 명의 실제 인물들과 디지털 볼을 이리저리 던지며 주고받고 있다고 믿게 된다. 그러나 실제로 이 참가자는 사전에 프로그램으로 입력된 아바타들과 게임을 하고 있을 뿐이며, 이 아바타들은 시간이 얼마가 지나면 이 참가자에게 더 이상 공을 던지지 않게 된다(그림 3.3 참조).

이를 토대로 우리는 사람들에게 기능적 자기공명영상 스캐너 안에 누워 이 사이버볼 게임을 하라고 해보았다.[43] 이 피험자들은 자신과 또 다른 두 사람이 동시에 뇌영상을 촬영하면서 인터넷으로 비디오게임을 하고 있다고 믿었다. 우리는 피험자들에게 공 던지기처럼 아주 간단

한 과제를 수행할 때 사람들의 뇌가 어떻게 상호 조정되는지 관찰하려
는 것이라고 말했다. 사람들은 자신이 스캐너 안에 누운 채로 사회적
거부를 당할 것이라고는 꿈에도 상상하지 못했을 것이다. 그러나 공 주
고받기를 하며 몇 분이 지나자 다른 '참가자'들은 더 이상 실제 참가자
에게 공을 던지지 않았다.

이렇게 사회적 거부를 경험한 뒤에 참가자들은 스캐너에서 내려왔
고, 자신의 경험에 대한 질문에 응답하기 위해 다른 방으로 이동하라는
말을 들었다. 이때 적지 않은 수의 참가자들이 방금 전에 자신에게 무
슨 일이 일어났는지 우리가 묻지도 않았는데 이야기하기 시작했다. 그
들은 자신이 겪은 일에 대해 정말로 분개하거나 마음 아파하고 있었다.
이런 일은 이제까지의 뇌영상 연구에서는 보기 드문 것이었는데, 왜냐
하면 이런 연구에서 대부분의 과제는 개인의 감정을 건드리는 것이 아
니었기 때문이다. 우리는 사람들이 조금 뒤에 작성할 질문지에 대한 답
이 우리의 괜한 반응 때문에 왜곡되는 일이 생기지 않도록, 그들이 스
캐너 안에 누워 있는 동안 무슨 일이 일어났는지 별로 신경 쓰지 않았
던 것처럼 연기해야 했다.

우리는 이듬해의 절반 이상을 이 실험 데이터를 분석하며 보냈는데,

[그림 3.3] 사이버볼

어느 날 문득 우리가 매우 흥미로운 현상에 접근하고 있다는 사실을 직감했다.**44** 그날 밤 나와 나오미 아이젠버거는 실험실에 있었고 대학원생 제자인 조한나 자코Johanna Jarcho는 바로 옆 컴퓨터에서 신체적 고통에 대한 연구 데이터를 분석하고 있었다. 우리는 다 함께 이 두 실험의 데이터를 이리저리 비교하다가 둘 사이에 놀라운 유사성이 있다는 것을 발견했다. 신체적 고통 연구에서 고통의 괴로움을 더 많이 경험한 사람들은 배측 전대상피질의 활동이 더 활발했다. 마찬가지로 사회적 고통 연구에서도 사회적 거부의 형태로 사회적 괴로움을 더 많이 경험한 사람들은 배측 전대상피질의 활동이 더 활발했다.

그런가 하면 신체적 고통 연구에서 우반구 복외측 전전두피질ventrolateral prefrontal cortex, VLPFC이 활성화되었던 사람들은 신체적 고통을 덜 경험했다. 마찬가지로 사회적 고통 연구에서 우반구의 복외측 전전두피질이 활성화되었던 사람들은 사회적 고통을 덜 경험했다.**45** 끝으로 두 연구 모두에서 전전두 영역이 더 활성화되었던 사람들은 배측 전대상피질이 덜 활성화되었다.

이 두 연구가 말하는 바는 같다. 즉 우리가 고통을 더 많이 경험할수록 배측 전대상피질의 활동은 증가한다는 것이다. 이는 전에도 많은 연구를 통해 증명된 것이지만, 우리의 연구는 이것이 신체적 고통뿐만 아니라 사회적 고통에 대해서도 똑같이 타당하다는 사실을 처음으로 보여주었다. 신체적 고통이든 사회적 고통이든 고통의 괴로운 측면을 조절하는 능력은 복외측 전전두피질의 활동 증가와 관련이 있으며, 이런 활동은 다시 배측 전대상피질의 반응을 억제하는 작용을 하는 듯 보인다. 만약 어느 것이 신체적 고통에 대한 데이터이고 어느 것이 사회적 고통에 대한 데이터인지를 모르는 상태에서 컴퓨터 화면만 본다면 그 차이를 말하길 어려울 정도로 두 데이터는 비슷했다.[46]

이런 발견은 인간의 마음을 이해하는 데 기능적 자기공명영상 연구가 어떤 기여를 할 수 있는지 잘 보여준다. 즉 언뜻 무관해 보이는 두 심리 과정이 실제로는 공통된 신경 메커니즘에 의거할 경우, 그래서 두 과정이 애초의 짐작보다 더 심리학적으로 서로 뒤얽혀 있을 경우, 기능적 자기공명영상 연구는 이런 사실을 밝히는 데 매우 유용하다. 우리 연구에서는 사회적 위협에 대처할 필요성이 있는 포유동물의 욕구가 신체적 고통체계에 편승하고 있음이 밝혀졌다. 신체적 고통이든 사회적 고통이든 모든 고통체계가 하는 일은 근본적으로 동일하다. 바로 우리의 어떤 근본적인 욕구가 위험에 직면했을 때 그것을 우리에게 알려주는 일이다.

배측 전대상피질이 실제로 하는 일

사이버볼 연구 논문 발표는 우리의 경력에 큰 도움이 되었다. 여러 신문과 텔레비전 프로그램에서 우리와 인터뷰를 하고 싶다고 알려왔다. 또 고통이나 사회적 연결을 주제로 제작 중이던 여러 다큐멘터리 프로그램에서는 우리의 연구를 자신들의 프로그램에 포함시키고 싶다고 했다. 나아가 우리 연구에 영감을 주었던 오스트레일리아 학술대회의 초대로 나오미 아이젠버거가 그곳에서 연구 성과를 발표할 수 있었다.

그러나 많은 과학자들은 사회적 고통의 경험이 배측 전대상피질에 의존하고 있으며 사회적 고통과 신체적 고통이 공통된 신경 메커니즘에 기초한다는 우리의 연구 결과를 선선히 받아들이지 않았다.**47** 과학자들에게 어떤 연구 결과가 재검증되기 전까지 그에 대해 의심의 눈초리를 거두지 않는 것은 자연스러운 일이다. 그러나 우리의 경우 사람들이 의심을 품은 까닭은 주장이 아직 재검증되지 않았기 때문이라기보다 주장 자체가 그럴듯해 보이지 않았기 때문이다. 당시의 지배적인 이론에 따르면 배측 전대상피질은 신체적 고통이든 사회적 고통이든 고통의 처리와는 별 관계가 없는 부위였다. 그러나 이 이론은 1950년대부터 축적되어온 대상회절제술과 동물 연구의 결과들을 무시하는 경향이 있었는데, 도무지 이해할 수 없는 일이었다.

1990년대 중반과 후반에 걸쳐 발표된 여러 뇌영상 연구들에 따르면, 배측 전대상피질은 '갈등 감시'와 '오류 탐지'라는 서로 밀접한 관련이 있는 두 가지 인지 기능을 수행하는 것처럼 보였다.**48** 이 둘의 차이를 알고 싶다면 다음 단어들을 큰 소리로 읽어보라. 나우-now(지금), 하우how(어떻게), 카우-cow(암소), 와우-wow(와), 모우-mow(풀 따위를 베다). 이때 만약 당신이 '모우'를 소리 내어 읽기 전에 약간 망설였다가 올바로 발음했다면, 이것이 바로 갈등 감시에 해당한다. 즉 당신은 자연스러운 충동과 올바른 응답 사이에 존재하는 갈등을 알아차린 것이다. 그런데 만약 당신이 이를 '마오'라고 부정확하게 발음한 뒤에 '아차, 이게 아니지. 마오(마오쩌둥-Mao Zedong-옮긴이)는 중국 공산당의 지도자 이름이잖아?'라고 말했다면, 이것은 오류 탐지에 해당한다.

2000년 조지 부시George Bush라는 이름의(그러나 미국 전직 대통령과는 아무 상관이 없는) 한 과학자는 배측 전대상피질의 기능에 대한 중요한 논문을 발표했다.**49** 그는 인지적 통제에 대한 많은 뇌영상 연구들을 인용하면서 기존 이론과 마찬가지로 배측 전대상피질이 갈등 감시나 오류 탐지 같은 인지 과정에서 핵심적 역할을 한다고 결론 내렸다. 이는 그로부터 10여 년이 지난 오늘날에도 상당한 지지를 받고 있다.

나아가 부시는 여러 연구들에 대한 검토를 바탕으로 배측 전대상피질이 정서 과정에서는 별다른 역할을 하지 않는다고 결론지었다. 그에 따르면 정서와 관련된 과정은 대상피질의 다른 부위인 문측 전대상피질과 관련이 있었다. 그런데 뇌의 이런 역할 분담은 우리의 상식적인 견해에 비추어 볼 때 매우 약소해 보인다. 왜냐하면 심리학자들은 오랫동안 인지와 정서가 (예컨대 사고와 감정이) 마치 상호 배타적인 현상인 것처럼 이분법적으로 생각해왔기 때문이다.[50]

어쨌든 부시의 이런 결론은 정서적 처리가 배측 전대상피질이 아니라 문측 전대상피질에서 일어난다고 주장한 몇몇 연구에 근거한 것이지만, 당시 발표된 데이터들에 비추어 보더라도 이는 지지받기 어렵다. 먼저 부시가 검토한 세 개의 정서 연구들은 모두 정신병 환자들을 대상으로 한 것인데, 이들은 건강한 뇌의 반응을 보여주는 대표적인 사례로 간주하기 어렵기 때문이다. 또한 정신질환이 없는 사람들을 대상으로 한 다른 대다수 연구들에서는 배측 전대상피질이 정서적 과정에 관여한다는 것을 보여주고 있다. 나아가 당시 이미 발표되었으나 부시의 검토 대상에서 빠진 여러 뇌영상 논문들도 배측 전대상피질이 정서나 고통의 괴로운 측면에 관여한다는 사실을 분명히 보여주고 있다.[51] 비록 배측 전대상피질을 인지와 연관 짓고 문측 전대상피질을 정서와 연관 짓는 것이 우리의 평소 사고방식에 더 잘 어울릴지 모르지만, 진실은 좀 더 복잡한 것이었다.

인간의 경보체계, 배측 전대상피질

사회적 고통에 대한 우리의 첫 번째 논문이 발표된 지 1년 뒤, 나와 나오미 아이젠버거는 배측 전대상피질의 기능에 대한 새로운 모형을 제시하는 논문을 발표했다.**52** 배측 전대상피질의 정서적 기능과 인지적 기능 모두를 설명하기 위해 제시된 이 모형에서 배측 전대상피질은 일종의 '경보체계'로 파악되었다.

훌륭한 경보체계에 필요한 것이 무엇인지 설명하기 위해 우리 집의 형편없는 경보체계를 예로 들겠다. 나와 아내가 살고 있는 낡은 집에는 제대로 작동하지 않는 것들이 몇 개 있는데, 이것들은 몇 년 전 우리가 이사 왔을 때부터 지금까지 그대로 방치되어 있다. 먼저 초인종이 제대로 작동하지 않는다. 문에 아주 가까이 있어야 누가 밖에서 초인종을 눌렀을 때 가냘프게 소리가 나는 것을 들을 수 있다. 그래서 피자 배달이라도 시키면 이 배달부는 문에 달린 쇠고리를 두드리는 대신에 초인종을 누르고 마냥 기다리기 일쑤다. 나도 수리할 필요가 있다고는 생각하지만, 우리 집에 오는 사람들은 결국 어떻게든 쇠고리를 두드리게 되어 있기 때문에 굳이 고쳐야겠다는 마음이 강하게 들지 않는다.**53** 그런가 하면 우리 집 화재경보기는 연기가 나지 않는데도 어쩌다 한 번씩 경보를 울리곤 한다. 새벽 3시쯤에 이런 일이 발생하면 아주 미칠 지경이다.

이 두 경보체계가 엉망인 까닭은 온전한 경보 메커니즘에 반드시 필요한 두 가지 요소가 빠져 있기 때문이다. 우선 경보체계가 제대로 작동하기 위해서는 특정 조건이 성립되었는지 아닌지를 감시하는 '탐지체계'가 필요하다. 화재경보기에는 흔히 광전식 탐지기photoelectric detector

가 들어 있는데, 이것은 주변에 충분한 양의 연기 입자들이 있으면 이 입자들과 부딪혀 굴절된 광선이 광전지를 활성화시키는 방식으로 작동한다. 그런데 우리 집 화재경보기는 집 안에 연기가 전혀 없을 때도 이따금 제멋대로 울리니 탐지체계에 무언가 문제가 있는 것이다. 또 경보체계가 제대로 작동하려면 이런 탐지체계에 의해 촉발되어 경보를 울리는 '신호 메커니즘'이 필요하다. 우리 집 화재경보기의 신호 메커니즘은 아주 잘 작동하고 있음이 틀림없다. 반면 초인종은 신호 메커니즘이 제대로 작동하지 않기 때문에 누가 문 밖에 있어도 그것을 우리에게 제대로 알려주지 못하는 것이다.

우리가 제시한 신경 경보체계 모형에 따르면, 배측 전대상피질은 문제를 탐지하는 일과 경보를 울리는 일 모두를 담당하는 경보체계다. 화재경보기는 주위 사람들에게 불이 난 것 같다고 알려줌으로써 잽싸게 119에 신고하거나 아니면 그냥 타고 있는 고기를 재빨리 뒤집도록 도와준다. 나아가 이런 경보체계는 사람들로 하여금 하고 있던 일을 멈추고 당장 급한 일에 주의를 기울이도록 만든다. 인간의 경우에 정서가 하는 일이 바로 이것이다. 즉 신체적 고통의 괴로움은 난로에서 손을 떼도록 도와주고, 사회적 배제의 괴로움은 다른 사람들과의 관계를 회복하기 위해 노력하도록 도와준다.

갈등이나 오류를 탐지하는 것은 종종 정서적 경험으로 이어진다. 예컨대 어떤 시험 과목에서 B학점을 받는 것 자체가 특정 정서를 불러일으키는 것은 아니지만, A＋를 기대하고 있었다면 B를 받은 것은 스트레스의 원인이 될 수 있다. 배측 전대상피질의 인지적 역할에 초점을 맞추어 갈등 감시와 오류 탐지의 기능을 밝혀낸 연구들에서도, 피험자들은 특정한 정서적 반응을 경험했을 것이다. 다만 이런 연구들의 경우에는 정서적 반응을 따로 측정하지 않았기 때문에 이것이 간과되었을 것이다. 우리는 이런 추론을 바탕으로 정서적 반응을 따로 측정해보기로 마음먹었다.

우리는 실험실의 대학원생 밥 스펀트Bob Spunt와 함께 기능적 자기공명영상을 이용한 연구를 수행했다. 여기서 스펀트는 갈등과 오류의 탐지 절차로서 정지신호 과제stop-signal task라는 것을 이용했는데[54](이는 뒤의 9장에 나올 시작–정지 과제go/no-go task와도 비슷한 것이다), 이 과제는 대부분 매우 쉬운 문제들로 구성되어 있었다. 즉 피험자는 컴퓨터 화면에 왼쪽 또는 오른쪽을 가리키는 화살표가 나타나면 그 화살표에 해당하는 (왼쪽 또는 오른쪽을 가리키는) 키를 컴퓨터 자판에서 되도록 빨리 누르는 것이다. 이 과제는 대략 1초에 한 번씩 문제가 나올 정도로 빨리 진행되었으며 무척 쉬웠다. 그러나 문제들 가운데 4분의 1은 피험자들에게 다른 반응을 요구했으며 좀 더 까다로웠다. 이 경우에는 화면에 화살표가 나타난 뒤 행동 정지를 알리는 신호음이 들렸다. 그러면 피험자들은 해당 문제의 화살표를 무시하고 어느 키도 누르지 말아야 했다.

이것은 해당 화살표에 대한 반응을 갑자기 멈추어야 하는 상황으로, 어찌 보면 차를 몰고 교차로에 들어서는 순간 노란색 신호등이 켜져서 이미 마음먹었던 계획을 갑자기 취소해야 하는 상황과도 비슷했다. 처음에 이런 유형의 문제들이 제시될 때는 화살표가 나타나고 약 250밀리세컨드 뒤에 신호음이 울렸다. 그러다 피험자들이 충분한 시간적 여유를 갖고 화살표 키를 누르지 않을 만큼 과제에 익숙해지면 신호음이 더 늦게 울리도록 했다. 이렇게 신호음이 울리는 시점을 계속 늦춤으로써 결국 화살표 키를 누르면 안 되는 상황에도 어쩔 수 없이 누르게 되는 경우가 전체 문제의 절반 정도 되도록 했다. 이것은 피험자들이 결코 이길 수 없는 게임이었다. 그들이 과제를 더 잘 수행할수록 과제가 점점 더 어려워졌기 때문이다. 나는 개인적으로 이것이 사람을 정말 열받게 만드는 과제라고 생각하는데, 바로 그렇기 때문에 우리의 연구 목적에 꼭 맞는 것이었다.

피험자가 16개의 문제를 푸는 동안 그를 더욱 긴장하게 만드는 정지 문제는 모두 4번 나왔다. 우리는 피험자들이 이렇게 16개의 문제로 구성된 과제 단위를 마칠 때마다, 현재 자신이 얼마나 불안하고 좌절감을 느끼는지 스스로 평가해보라고 했다. 그런가 하면 16개 문제로 구성된 과제 단위 중에는 정지 문제가 하나도 포함되지 않은 것들도 있었는데, 우리는 피험자들에게 다음 과제 단위가 어떤 종류의 것인지 늘 미리 알려주었다. 따라서 피험자들은 다음 과제 단위가 골치 아픈 정지 문제를 포함하고 있는지 아닌지 미리 알 수 있었다.

밥 스펀트의 첫 번째 분석에 따르면 피험자들이 오류를 범한 경우에 (즉 화살표 키를 누르지 말아야 했는데 누른 경우에) 배측 전대상피질에서 강한 반응이 관찰되었는데, 이는 이전 연구들에서도 이미 수없이 증명된 바 있다. 다음으로 스펀트는 과제 단위가 끝날 때마다 피험자들이 보고했던 좌절감의 정도를 토대로 이들이 덜 어렵다고 느낀 문제를 풀 때보다 더 어렵다고 느낀 문제를 풀 때 더 왕성한 활동을 보인 뇌 부위가 어디인지 살펴보았다.

실제로 과제 단위에 따라 난이도의 차이는 그렇게 크지 않았지만, 피험자들은 몇몇 단위들이 다른 단위들보다 훨씬 더 어렵다고 느꼈으며,

이런 차이는 배측 전대상피질의 활동에 그대로 반영되어 나타났다. 즉 피험자들이 문제를 더 어렵게 느낄수록 배측 전대상피질의 활동도 증가했다. 반면 배측 전대상피질을 제외한 어느 뇌 부위도 피험자들이 경험한 좌절감의 정도에 상응하지 않았다. 나아가 우리는 정지 문제가 포함되지 않은 과제 단위들의 경우에도 피험자들이 불안해하는 것에 비례해 배측 전대상피질의 활동이 증가한다는 것을 보여주는 증거들도 찾아냈다. 다시 말해 피험자들이 정지 문제가 나올 것을 예상해 더 불안해졌을 때 그들이 느끼는 불안의 증거를 배측 전대상피질의 반응에서 찾아볼 수 있었다.

이런 연구 결과는 배측 전대상피질의 기능을 더 잘 이해하는 데 적지 않은 도움을 준다. 연구자들은 오랫동안 배측 전대상피질이 인지적 기능과 정서적 기능 중 어느 하나를 지원할 것이라고 이분법적으로 생각해왔으며, 최근에는 인지적 기능을 지원할 것이라고 보는 경향이 강했다. 그런데 우리는 배측 전대상피질이 인지적 기능과 정서적 기능 모두를 지원할 것이라는 주장을 제기했다. 나아가 배측 전대상피질이 (인지적인) 탐지체계와 (정서적인) 신호 메커니즘 둘 다를 포함하고 있는 경보체계라고 주장했다. 스펀트가 분석한 데이터에 따르면 표준적인 오류 탐지 과제를 수행할 때 배측 전대상피질이 활성화되는 것도 사실이지만, 이 활동의 강도는 오류를 범할 때 생기는 정서적 경험과도 무관하지 않다.

아스피린 두 알의 효과

사회적 배제의 경험과 배측 전대상피질의 활동 사이에 긴밀한 연관이 있다는 우리의 발견은 그 후 많은 연구를 통해 재검증되었다.[55] 나아가 사랑하는 사람의 죽음 때문에 비통해하는 사람, 최근 사랑하는 연인과 헤어져 슬픔에 잠긴 사람, 주위 사람들의 부정적 평가에 직면한 사람, 심지어 상대를 거부하는 듯한 표정을 그저 바라보기만 하는 사람 등에게서도 배측 전대상피질의 활발한 활동이 관찰되었다.

이 장의 도입부에서 나는 세 환자를 대하는 의사의 이야기를 했다. 그중 두 사람은 신체적인 질환에 시달리고 있었고 나머지 한 사람은 마음에 상처를 입은 사람이었는데, 의사가 이 세 환자 모두에게 진통제를 처방했다는 이야기였다. 여기서 마음에 상처를 입은 사람에게 진통제를 처방한다는 것은 엉뚱하고 부자연스러워 보였다. 그러나 사회적 고통에 대한 우리의 기능적 자기공명영상 연구 결과를 고려하면 이런 사람에게 '아스피린 두 알을 먹고 내일 아침에도 낫지 않으면 다시 오세요'라는 식으로 처방을 내리는 것도 그리 이상해 보이지 않는다. 앞서 나는 이런 처방을 엉뚱한 것으로 묘사했지만 이에 대한 나의 실제 입장은 '글쎄, 아마도 그렇겠지'라는 것이다.

네이선 디월Nathan DeWall은 나오미 아이젠버거 등과 함께 처방전 없이 살 수 있는 일반 진통제로도 신체적 고통뿐만 아니라 사회적 고통을 감소시킬 수 있을 것이라는 가정을 검증하기 위해 일련의 연구를 수행했다.[56] 그 첫 번째 연구에서 연구자들은 두 집단의 사람들을 살펴보았다. 한 집단은 매일 1,000밀리그램의 아세트아미노펜acetaminophen(타이레놀)을 복용했고, 다른 한 집단은 약 성분이 전혀 들어 있지 않은 똑같은 양의 가짜 약을 복용했다. 두 집단은 모두 3주에 걸쳐 매일 이렇게 타이레놀이나 가짜 약을 복용하고, 매일 밤 그날 얼마나 많은 사회적 고통을 느꼈는지를 묻는 이메일에 답해야 했다.

이렇게 9일이 지나자 타이레놀을 복용한 사람들은 가짜 약을 복용한 사람들에 비해 사회적 고통을 덜 느낀다고 답했다. 나아가 두 집단 사이의 이 차이는 9일째부터 21일째까지 점점 더 확대되었다. 두 집단 모두 자신들이 무엇을 복용하고 있는지는 알 수 없었다. 그러나 두통을 사라지게 하기 위해 복용하는 이 진통제는 마음의 통증을 사라지게 하는 데도 효과가 있는 것처럼 보인다.

연구자들은 이어서 기능적 자기공명영상 연구를 수행했다. 이번에도 피험자들은 두 집단으로 나뉘어 타이레놀이나 가짜 약을 3주 동안 매일 복용했으며 때때로 사이버볼 게임을 하면서 뇌영상을 촬영했다. 피험자들은 이 게임을 하는 동안 처음 몇 분간은 다른 게임 참가자들과 함께 게임을 즐길 수 있었으나 그 후로는 소외되는 경험을 해야만 했다.

이때 3주 동안 가짜 약을 복용한 사람들은, 우리가 앞서 수행했던 사이버볼 뇌영상 연구의 피험자들과 비슷한 반응을 보였다. 즉 그들이 다른 사람들과 어울려 게임을 했을 때보다 소외되었을 때 배측 전대상피질과 전측 섬엽 부위에서 더 큰 활동이 관찰된 것이다. 반면 3주 동안 타이레놀을 복용한 사람들이 게임에서 소외되었을 때는 배측 전대상피질이나 섬엽 부위에서 특이한 반응이 나타나지 않았다. 고통을 처리하는 뇌의 신경망이 타이레놀 복용 때문에 사회적 거부의 고통에 대해 덜 민감해진 것이었다.

또 다른 연구에서는 사회적 고통과 신체적 고통에 대해 팬크세프가 처음 제기했던 오피오이드 가설과 배측 전대상피질에 대한 우리의 연구 결과를 직접 연결시키려는 시도가 이루어졌다. 나오미 아이젠버거는 볼드윈 웨이Baldwin Way와 함께 사회적 고통에 관련된 유전적 특성을 찾으려 했다. 그들은 고통 치료에서 중요한 의미를 지니는 뮤-오피오이드 수용체mu-opioid receptor에 초점을 맞추었다. 뮤-오피오이드 수용체가 결여되도록 양육된 생쥐들은 모르핀에 대해 아무런 반응을 보이지 않는다.[57] 그리고 인간의 경우에 고통의 경험은 일명 오피알엠1OPRM1이라고도 불리는(오피오이드 수용체, 뮤Opioid Receptor, Mu를 줄인 말-옮긴이), 뮤-오피오이드 수용체 유전자에 따라 일부 좌우된다.

이 유전자의 특정한 지점에는 세 가지 변형체가 존재하는데(이른바 '다형多形 현상polymorphism'), 이것들은 이 유전자의 발현 정도를 좌우하는 역할을 한다. 우리 개개인이 이 세 가지 변형체 가운데 어떤 변형체를 갖고 있는지는 두 개의 대립 형질allele에 의해 결정된다. 우리 모두가 갖고 있는 이 두 개의 대립 형질 중 하나는 어머니로부터 물려받은 것이고 다른 하나는 아버지로부터 물려받은 것이다.[58] 따라서 이 대립 형질 중 하나를 A, 다른 하나를 G로 표시한다면, 우리가 갖고 있는 변형체는 A/A, A/G, G/G 중의 하나인 셈이다. 지금까지의 고통 연구에 따르면 G/G 변형체를 갖고 있는 사람들은 신체적 고통에 대해 더 민감한 반응을 보인다(그래서 이런 사람들이 수술을 받으면 수술 후 통증의 치료를 위해 더 많은 양의 모르핀, 즉 진통제가 필요하다).

나오미 아이젠버거와 볼드윈 웨이는 우선 피험자들의 유전자 샘플을 추출해 그들이 어떤 변형의 뮤-오피오이드 수용체 유전자를 갖고 있는지 조사했다.[59] 또한 그들이 일상생활에서 사회적 거부에 대해 얼마나 민감한지 조사했다. 그 결과 G/G 변형의 뮤-오피오이드 수용체 유전자를 갖고 있는 사람들은(다시 말해 신체적 고통에 더 민감한 사람들은) 다른 변형 유전자를 갖고 있는 사람들보다 자신이 사회적 거부에 대해 더 민감하다고 응답했다. 나아가 이 피험자들 중의 일부는 기능적 자기공명영상을 이용한 사이버볼 연구에도 참여했는데, 그들이 사회적 거부를 경험했을 때 나타나는 배측 전대상피질과 전측 섬엽의 활동은 그들의 유전적 변형에 따라 차이를 보였다. 즉 G/G 변형의 뮤-오피오이드 수용체 유전자를 갖고 있는 사람들은 사회적 거부를 경험했을 때 그렇지 않은 사람들보다 이들 뇌 부위의 활동이 더 활발하게 관찰되었다.

타이레놀과 오피오이드에 대한 이런 연구들로 많은 과학자들이 사회적 고통과 신체적 고통이 실제로 똑같은 신경체계에 기초하고 있다고 믿게 되었다. 사람들은 뇌의 이런저런 부위에 대해서는 그리 많이 알지 못해도 진통제에 대해서는 각자의 경험을 바탕으로 어느 정도 알고 있다. 타이레놀의 효과는 고통에 초점이 맞추어져 있는 듯하다. 다시 말해 타이레놀은 단순히 우리의 감각을 무디게 만들거나 유쾌한 느낌을 통해 고통을 잊게 만드는 식으로 작용하는 것이 아니라, 실제로 고통의 특유한 어떤 것을 목표물로 겨냥하는 것처럼 보인다. 이런 약물들이 신체적 고통뿐만 아니라 사회적 고통을 감소시키는 데도 효과가 있다는 사실은 이 두 종류의 고통이 긴밀히 연결되어 있음을 시사하는 강력한 증거다.

돌멩이와 따돌림이 주는 통증

언뜻 보면 사이버볼은 시시한 결과로 이어지는 시시한 게임인 것처럼 보인다. 단조롭기 짝이 없는 공 던지기 게임에서 당신이 지금까지 만난 적도 없는 낯선 두 '사람'이 어느 순간부터 당신에게 디지털 공을 던지지 않는다. 이것이 당신의 삶에 무슨 중요한 의미를 가지겠는가? 사이버볼 게임에서 다른 사람들이 당신을 놀이에 껴준다고 해서, 당신이 더 좋은 옷을 입게 되는 것도 아니고 더 좋은 일자리나 더 멋진 애인을 얻게 되는 것도 아니다. 또 게임에서 소외되든 소외되지 않든 상관없이 당신은 실험의 참가자로서 똑같은 실험 참가비를 받게 된다. 이처럼 이 연구와 관련된 모든 것들은 사소하고 대수롭지 않은 것처럼 보인다. 그러나 이 연구가 함축하는 의미는 매우 깊다. 왜냐하면 이렇게 사소한 것이 극적인 효과를 낳을 수 있기 때문이다. 사회적 거부에 대한 우리의 느낌은 우리의 행복에 매우 중요한 것이다. 그래서 우리의 뇌는 우리가 때때로 경험하는 사회적 거부가 아무리 사소한 것이라 하더라도 그것을 고통스러운 사건으로 간주하고 처리한다.

그림 3.4의 뮐러-라이어 착시Müller-Lyer Illusion와 같은 착시 현상에 대해 잠시 살펴보기로 하자. 선분 A와 B는 실제로 길이가 같은데도 사람들은 A가 B보다 긴 것처럼 지각한다. 왜 그럴까? 인간의 시각체계는 환경 속의 여러 시각적 단서들이 무엇을 의미하는지 이런저런 가정을 세운 뒤에 이를 바탕으로 우리 주위의 복잡한 세계를 해석하게 된다.**60** 뮐러-라이어 착시의 경우에는 두 선분의 양 끝에 있는 화살표의 모양이 핵심적인 역할을 한다. 선분 B의 화살표들은 이를 더 연장시켜 보면 당신과 가까운 곳에서 두 벽의 가장자리가 서로 만나는 모습을 연상시

킨다. 반면 선분 A의 화살표들의 경우에는 당신으로부터 멀리 떨어진 곳에서 두 벽이 서로 만나는 것처럼 보인다.

이 수직선 주변의 화살표들 때문에 당신의 망막에 똑같은 길이 수직선 두 개의 상이 맺히더라도, 당신의 뇌는 선분 A가 선분 B보다 훨씬 더 멀리 있을 것이라고 추론하게 된다. 나아가 당신의 뇌는 망막에 똑같은 크기로 맺힌 상이라 하더라도 그것들의 거리가 다르면 크기도 달라진다는 것을 이미 알고 있다. 만약 우리의 뇌가 이런 해석 작업을 하지 않는다면, 우리는 어떤 사람이 우리로부터 점점 더 먼 지점으로 걸어갈 때 그의 실제 크기가 점점 더 오그라드는 끔찍한 경험을 하게 될 것이다.

그림 3.4를 다시 한 번 보라. 이제 우리는 이것이 일종의 속임수라는 것을 알고 있지만, 그래도 착시 현상은 그대로 있다. 이처럼 우리는 언제나 선분 A가 선분 B보다 길다고 경험할 것이다. 이 착시 현상도 사이버볼만큼이나 사소한 것이다. 그러나 어쨌든 우리는 언제나 이 두 가지 효과를 경험하게 될 것이다. 킵 윌리엄스의 연구 결과에 따르면 사람들은 자신이 그저 컴퓨터를 상대로 게임을 하고 있을 뿐이며 조금 있으면

[그림 3.4] 뮐러-라이어 착시

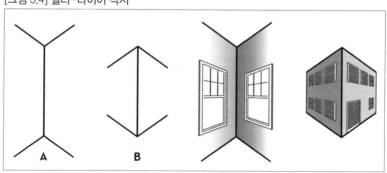

컴퓨터가 상대를 거부하도록 프로그램이 짜여 있다는 이야기를 들었을 때에도 여전히 사회적 고통을 경험했다.**61** 시각적 단서들을 재빨리 해석하는 일과 사회적 거부에 대한 반응으로 고통을 느끼는 일은 모두 우리 조상들의 생존에 결정적으로 중요했기 때문에 이런 효과들을 완화시키기는 좀처럼 쉽지 않은 것이다.

우리는 어째서 포유류, 특히 인간이 사회적 분리를 고통스러운 것으로 경험할 필요가 있는지에 대해 이미 자세히 논의한 바 있다. 사회적 고통의 경험은 새끼와 보호자로 하여금 서로 가깝게 지내도록 만든다. 아마도 이런 이유 때문에 우리는 사회적 고통을 느끼는 동물로 진화했을 것이다. 오늘날 우리는 사회적 고통의 경험과 함께 평생을 살아가고 있으며, 우리의 거의 모든 사회적 경험에는 사회적 고통이 깔려 있다. 사회적 고통이 이렇게 보편적인 현상인데도 우리가 인간 본성의 이 중요한 부분에 대해 제대로 이해하지 못하고 있다는 사실은 놀라운 일이 아닐 수 없다.

당신에게 데니스라는 열세 살 된 아들이 있는데, 학교에서 못된 아이에게 얻어맞았다고 상상해보라. 이 아이는 당신 아들을 밀어 넘어뜨린 뒤 수차례 폭행했다. 당신이 이 사실을 알게 되었다면 어떻게 하겠는가? 교장실로 찾아갈 것인가? 경찰에 신고할 것인가? 아니면 지역 신문에 글을 써서 학교폭력의 실태를 폭로할 것인가? 아마 당신은 이런 조치들 중 하나를 취할 것이고 또는 이 모든 조치를 취할 수도 있을 것이다.

이번에는 당신 아들이 그저 말로만 괴롭힘을 당했다고 상상해보라. 못된 아이는 당신 아들의 털끝 하나 건드린 적이 없지만, 당신 아들이 못생겼고 멍청해서 아무도 좋아하지 않는다고 무자비하게 놀려댔다 (이런 비난은 어느 것도 사실이 아니다). 아들이 이 일에 대해 주저하며 이야기를 한다면, 당신은 어떻게 반응할 것인가? 과연 이때에도 당신은 경찰에 신고하거나 지역 언론에 이 사실을 폭로할까? 아마도 그렇지 않을 것이다.

당신은 대충 다음과 같이 반응할 것이다. '그 녀석은 그냥 무시해버려. 몇 년 있으면 너는 대학에 진학할 거잖아. 그 녀석은 아마도 허드렛일이나 하면서 나머지 인생을 보내게 될 거야.' 물론 아들이 학교에서 놀림받는 것이 별일 아니라고 말하려는 것은 아니다. 다만 이때 당신의 반응은 아들이 신체적 학대를 받았을 때와는 무척 다를 것이라는 이야기다. 자식이 언어적 학대를 받았을 때 부모가 교장실 혹은 경찰이나 언론을 찾아가는 경우는 무척 드문데, 왜냐하면 그들이 특별한 조치를 취할 것이라고 생각하지 않기 때문이다.

사람들은 흔히 '막대기와 돌멩이는 내 뼈를 부러뜨릴 수 있지만, 험담은 결코 나를 해치지 못한다'고 말한다. 그러나 이것은 사실이 아니다. 괴롭힘 당하는 것이 마음에 큰 상처를 입히는 까닭은 단순히 못된 한 사람으로부터 당했기 때문이 아니라, 그 못된 사람이 많은 사람들을 대변한다고 믿기 때문이다. 다시 말해 못된 사람이 괴롭힘의 대상으로 당신을 지목했다면, 당신은 아마 다른 사람들도 대부분 당신을 싫어할 것이라고 믿기 쉽다. 만약 그렇지 않다면 어째서 다른 사람들이 당신이 당하는 것을 그냥 지켜보기만 하고 나서서 도우려 하지 않는가?**62** 이렇게 당신을 도우려 나서는 사람이 없다는 것은 많은 사람들이 당신을 싫어하고 있음을 말해주는 신호로 해석되기 쉽다.

사회 전체의 관점에서 볼 때 따돌림은 아마도 가장 빈번하게 발생하는 사회적 거부의 한 형태일 것이다. 미국, 영국, 독일, 핀란드, 일본, 한국, 칠레 등 세계 여러 나라를 대상으로 한 조사에 따르면 12세부터 16세 사이의 학생들 가운데 약 10퍼센트는 정기적으로 따돌림의 대상이 된다고 한다.**63** 이 따돌림이 신체적 학대를 포함하는 경우도 있지만, 85퍼센트 이상은 그렇지 않다고 한다. 대신 대부분의 따돌림은 상대방을 비하하는 발언과 근거 없는 풍문의 희생자로 만드는 행동을 포함한다.**64** 이렇게 따돌림을 받은 사람은 수업이 끝나 자신을 괴롭히던 아이가 집으로 돌아간 후에도 오랫동안 괴로워하기 마련이다.

이처럼 따돌림을 당하는 아이들이 우울증에 시달릴 확률은 그렇지 않은 아이들보다 일곱 배나 높다고 한다. 이런 아이들은 자살에 대해 더 많이 생각하며 실제로 자살을 감행할 확률도 보통 아이들보다 네 배나 높다.**65** 자살 기도가 실제 자살로 이어질 확률도 보통 아이들보다 높다고 한다. 예컨대 1989년 핀란드에서는 5,000명 이상의 학생들을 대상으로 8세 아동들의 따돌림 피해 수준을 조사한 바 있다.**66** 그 결과 8세 때 따돌림을 당한 아이들은 25세쯤 되었을 때 자살한 확률이 그런 경험이 없는 아이들보다 여섯 배 이상 높았다. 나아가 따돌림에 시달린 사람들과 신체적인 만성 통증에 시달린 사람들은 자살에 대한 생각이 매우 비슷한 면이 있는데, 이런 사실도 두 종류의 고통 사이에 긴밀한 연관이 있음을 뒷받침한다.**67**

우리는 일생 동안 이런저런 형태의 사회적 거부나 상실을 경험할 수밖에 없는 처지에 놓여 있다. 대다수 사람들은 살면서 여러 번에 걸쳐 중대한 관계의 단절을 경험하며, 특히 자신이 상대를 버릴 때보다 상대로부터 버림을 받을 때 더욱 쓰라린 고통을 느낀다. 이런 관계의 단절은 종종 참기 힘든 고통으로 다가오며, 사람들이 자기 자신과 자신의 삶을 바라보는 관점을 장기간에 걸쳐 극적으로 변화시키기도 한다. 우리는 오랜 진화의 과정을 통해 자궁 바깥에서 서서히 발달하면서 특정한 환경과 문화에 적응하고 나아가 지구 상에서 가장 대뇌화된 뇌를 발달시킬 수 있는 존재가 되었다. 그러나 그 대가로 다른 사람들이 우리를 사랑하지 않거나 우리를 버릴 때 커다란 고통을 느낄 수밖에 없게 되었다. 마치 파우스트가 지식과 권력을 얻기 위해 영혼을 판 것처럼 우리가 감수할 수밖에 없는 사회적 고통은 우리가 인간으로서 누리는 온갖 혜택에 대한 진화적 대가인 셈이다.

4장
공정함과 사회적 보상

당신이 호른, 캐플런 앤드 골드버그Horn, Kaplan & Goldberg라는 법률사무소에서 근무하고 있으며, 조만간 책임변호사partner로 조기 승진할 수도 있는 절호의 기회를 잡았다고 상상해보자. 이번 승진 대상자는 아마도 당신 아니면 복도 끝 방의 변호사 스티브Steve일 것이다. 객관적인 수치는 당신에게 유리한 편이다. 당신은 스티브와 비교해 업무수행 평가에서 지난 6분기 연속 우월했으며 법정에서도 더 나은 성적을 거두었고, 지난 3년 동안 30퍼센트 더 많은 시간을 법률상담에 사용했다. 반면 스티브에게 유리한 것은 딱 한 가지다. 그의 성이 골드버그이며, 이 회사 대표변호사 중 한 명의 조카라는 것인데, 그에게는 비장의 무기와도 같은 것이다. 물론 스티브는 훌륭한 변호사이고 책임변호사가 될 자격을 갖추고 있다. 그러나 능력과 자격으로 따지자면 당신이 더 앞선다. 따라서 자리가 하나밖에 없다면 그것은 당연히 당신의 것이 되어야 마땅하다.

이런 상황에서 만약 당신이 이 자리를 놓친다면 무엇보다도 더 많은 봉급을 받을 기회를 놓치게 되는 것이다. 그러나 이런 결과는 그 사회적 의미 때문에도 당신에게 고통을 안길 수 있다. 즉 승진 기회를 놓친 것은 회사의 책임변호사들이 당신을 거부한 것으로 해석될 수 있기 때문에 당신은 마음의 상처를 입기 쉽다. 나아가 인사 결과에 대한 소식이 회사 전체에 퍼져서 체면에 손상을 입을 수도 있다. 만약 그렇게 된다면 당신은 이른바 기본적 욕구와 사회적 욕구 모두에 큰 타격을 입는 셈이다.

그러나 반대로 행운의 여신이 당신에게 미소를 지어서 중역 화장실을 이용할 수 있는 열쇠가 스티브 골드버그 대신 당신의 손에 쥐어졌다면 어떠할까? 승진은 우선 상당한 봉급의 증가를 의미할 것이다. 당신과 당신의 배우자는 마침내 꿈에 그리던 이웃 부촌의 훌륭한 주택으로 이사할 수 있을 것이고 당신의 자녀들도 더 좋은 학교로 전학갈 수 있을 것이다. 당신의 실제 직업 또는 직업적 열망이 무엇이든 당신은 아마도 이런 순간을 상상하거나 또는 실제로 경험한 적이 있을 것이다.

그런데 이렇게 새로 획득한 부와 지위에 들떠 그냥 지나칠 수 있는 점이 하나 있다. 바로 당신이 이런 인사 결과를 접했을 때 긍정적인 감정을 가지게 된 까닭이, 단순히 부와 지위의 향상 때문만이 아니라 인사의 공정성 때문이기도 하다는 점이다. 왜냐하면 당신은 책임변호사들이 당신의 노력과 능력보다 스티브와의 혈연관계를 더 중시하는 결정을 내릴 수도 있다고 생각했을 것이기 때문이다. 세 살밖에 되지 않은 아이들도 과자를 나누어 먹을 때 자신이 불공정한 대우를 받았다고 느끼면 화를 내기 마련이다. 불공정한 대우는 당사자의 사기를 꺾으며 종종 온갖 부정적인 감정의 원천이 된다. 그렇다면 공정한 대우는 그 자체로 긍정적인 감정을 불러일으키는 원천이 될 수 있을까? 이 점에서 공정함은 공기와도 같다. 있을 때보다 없을 때 알아차리기가 훨씬 더 쉽기 때문이다.

공정함은 초콜릿처럼 달콤하다

우리는 흔히 공정한 대우를 받는 것과 더 나은 결과를 얻는 것을 함께 경험하기 때문에, 이 두 가지가 우리의 긍정적인 감정에 미친 영향을 분리해내기란 쉽지 않다. 당신이 한 친구와 함께 길을 걷다가 땅에 떨어진 10달러 지폐를 동시에 발견했다고 상상해보라. 이때 친구가 돈을 주워서 함께 나눠 갖자는 제안을 했다면, 당신은 그가 제안한 당신의 몫이 클수록 더 공정하다고 느낄 것이다. 이런 상황에서 만약 친구가 당신에게 5달러를 건넸다면, 당신이 느끼는 기쁨 중 얼마 만큼이 한 푼도 못 받거나 3달러를 받는 대신에 5달러를 받아서 생긴 것이고, 또 얼마 만큼이 친구로부터 공정한 대우를 받아서 생긴 것일까?

이렇게 좋은 것을 더 많이 받게 되어 생기는 기쁨과 공정한 대우를 받아서 생기는 기쁨을 분리해 관찰하려는 시도가 몇 번 있었다. 한 가지 방법은 사람들이 느끼는 공정함의 정도와 사람들이 얻는 물질적 혜택을 따로따로 측정하는 것이다. 그래서 이 두 요인이 사람들의 긍정적인 감정에 각각 얼마나 큰 기여를 했는지를 통계적으로 분석하는 것이다.

한 연구에서 연구자들은 실험 참가자들을 한 팀으로 묶은 뒤 각자 철자 바꾸기 과제를 수행하도록 했다[1](이 과제는 예컨대 'LIOSAC'이라는 철자 배열이 'SOCIAL[사회적]'이라는 단어가 될 수 있음을 재빨리 알아맞히는 것이다). 그런 다음에 연구자들은 참가자 개개인의 성적이 아닌 팀 전체의 성적을 바탕으로 팀에 상금을 지불했다. 이제 돈을 받은 팀 구성원들은 이 상금을 어떻게 나눠 가질지 스스로 결정해야 했다.

이는 결코 간단한 일이 아니었다. 몇몇 구성원들은 다른 구성원들보다 뚜렷이 더 높은 점수를 획득했고 따라서 팀 전체가 받은 상금에 뚜렷이 더 큰 기여를 했기 때문이다. 이런 상황에서 몇몇 구성원들은 모두 똑같이 나눠 갖는 것이 공정하다고 주장한 반면('모두 똑같은 액수로 나누자!'), 다른 구성원들은 성적대로 나누는 것이 공정하다고 주장했다('각자의 점수에 따라 상금을 나누자!'). 그런데 이 경우 팀 구성원들이 실제로 나눠 가진 액수에 상관없이 분배 절차가 공정했다고 믿은 사람들은 그렇지 않은 사람들보다 결과에 더 긍정적인 감정을 가졌다.

이런 결과는 현장조사를 수행한 다른 연구에서도 똑같이 관찰되었다. 심리학자 톰 타일러Tom Tyler의 조사에 따르면 소송 사건의 피고인들은, 자신에게 불리한 판결이 내려진 경우에도 자신이 공정한 대우를 받았다고 믿으면 그렇지 않은 경우보다 재판에 대해 더 만족한다는 반응을 보였다.[2] 그런데 사람들이 자신의 감정에 대해 하는 말이 정말 그들이 느낀 감정이라고 어떻게 확신할 수 있을까? 어쩌면 자신이 느끼는 감정을 제대로 깨닫지 못할 수도 있지 않을까? 또는 단순히 연구자들이 원하는 답변을 해주고 있는 것은 아닐까?

공정함 자체가 우리에게 보상의 성격을 띤다는 가설에 대한 추가 증거를 확보하기 위해 골나즈 타비브니아Golnaz Tabibnia와 나는 뇌영상 연구를 해보기로 마음먹었다.[3] 우리는 자기공명영상 스캐너 안에 누워 있는 사람들에게 경제 협상 게임을 하도록 했는데, 이 게임은 때에 따라 공정한 결과 또는 불공정한 결과를 낳았다. 사람들은 일종의 최후통첩 게임Ultimatum Game을 했는데, 이 게임에서는 두 사람이 일정액의 돈, 예컨대 10달러를 어떻게 나눠 가질지 협상을 벌여야 한다. 우선 '제안자'에 해당하는 사람이 얼마씩 나눠 가질지 제안을 하면, '응답자'에 해당하는 다른 사람은 이 제안을 받아들일지 말지를 결정하게 된다. 응답자가 제안을 받아들이면 두 사람은 그 제안대로 돈을 나눠 가지게 된다. 그러나 응답자가 제안을 서설하면 두 사람은 한 푼도 건질 수 없다.

예컨대 제안자가 자신은 9달러를 갖고 상대방은 1달러를 갖기로 하자고 제안했다면, 응답자는 1달러라도 챙기려 할까 아니면 제안 자체를 거부할까? 실험 연구에 따르면 응답자 역할을 맡은 사람들은 상대방의 제안이 매우 불공정할 경우 돈을 조금이라도 챙기려 하기보다는 아예 한 푼도 받지 못하는 상황을 선택함으로써 상대방의 모욕적인 제안을 응징하려는 경향이 강하다. 어찌 보면 이는 합리적인 자기이해에 반하는 행동일지도 모르지만, 사람들은 실제로 이렇게 반응한다.

우리가 수행한 연구에서 참가자들은 응답자의 역할을 맡아서 여러 제안자들이 제시한 제안을 두고 선택해야 했다. 이때 우리는 공정한 제안과 불공정한 제안에 대해 참가자들의 뇌가 다르게 반응하는지 살펴보았다. 이 연구에서 한 가지 문제는 앞에 법률사무소의 예에서 본 것과 비슷한 것이었다. 즉 10달러 중에서 5달러를 주겠다는 제안은 1달러를 주겠다는 제안보다 더 공정한 것이지만, 다른 한편으로 이 제안은 그 자체로 응답자에게 훨씬 더 수지맞는 제안이었기 때문이다.

이런 문제를 해결하기 위해 우리는 나눠 갖기 전의 총액을 서로 달리했다. 즉 응답자가 받아들일지 말지 결정해야 할 제안은 경우에 따라,

10달러 중에서 5달러를 주겠다는 것이거나 25달리 중에서 5달러를 주 겠다는 것이었다. 이 두 경우에 나눠 주겠다는 금액은 5달러로 같았지 만, 제안의 공정성은 매우 달랐다. 이런 방법을 통해 금전적 이익이 아 니라 공정함의 효과 때문에 생기는 신경적 차이를 확인할 수 있었다.

지금까지 이루어진 대다수 연구들은 이런 방법을 사용해 불공정한 제안에 대한 신경 반응을 관찰했는데, 그 결과는 3장에서 언급한 사회 적 고통에 대한 연구와 일치하는 것으로 대부분 전측 섬엽과 배측 전대 상피질에서 왕성한 활동이 나타났다.**4** 그러나 우리가 공정한 제안이 제시되었을 때 뇌의 어느 부위가 더 활동적인지를 살펴본 결과, 관찰할 수 있었던 부위들은 거의 언제나 뇌의 보상체계에 속하는 곳이었다(그 림 4.1 참조). 다시 말해 공정한 대우를 받는 것은 그것의 금전적 이익이 크든 작든 상관없이 뇌의 보상체계와 관련이 있다.

그런가 하면 캘리포니아공과대학California Institute of Technology의 한 연구 팀은 더욱 극적인 결과를 보여주었다. 이들은 사람들이 자신이 탈 수

[그림 4.1] 뇌의 보상회로

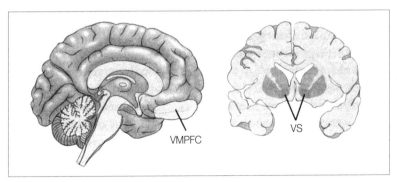

(VMPFC = 복내측 전전두피질ventromedial prefrontal cortex, VS = 복측 선조ventral striatum)

도 있는 상금이 다른 사람에게 돌아갈 때 나타나는 신경 반응을 조사했다.[5] 이런 경험은 보통 기쁨보다는 고통을 야기하기 쉬운데, 자신의 돈이 사라지는 것을 보면서 기뻐할 사람은 거의 없기 때문이다. 이 연구에서 참가자들은 처음에 50달러짜리 복권에 당첨되었는데, 다른 사람들은 당첨되지 않아서 한 푼도 받지 못하는 것을 지켜보았다. 그리고 그다음 추첨에서 처음에 당첨되지 않았던 사람들이 당첨되는 것을 보았다.

그러자 실험 참가자들은 다른 사람이 당첨되어 자신이 당첨될 가능성이 없어졌는데도 뇌 보상체계에서 왕성한 활동을 보였다. 처음에 당첨되지 않은 사람들이 당첨됨으로써 그들의 총수입은 처음에 당첨되었던 참가자들의 총수입과 비슷해졌는데, 이렇게 상금이 공정하게 분배되는 것을 지켜본 것이 자신의 상금이 늘어나는 것보다 보상체계를 더 자극한 셈이었다. 이는 공정함이 이기심을 누른 놀라운 결과라 하겠다.

공정함은 우리 인간이 사회적으로 서로 연결되어 있음을 보여주는 많은 단서들 가운데 하나이다. 공정한 대우란 다른 사람들이 우리를 존중함을 의미하며, 나아가 장래에 서로 나눌 자원이 생기면 우리의 몫을 공정하게 챙길 수 있음을 의미한다. 공정함은 우리가 사회적으로 연결되어 있음을 보여주는 꽤 추상적인 단서인데, 우리 뇌의 보상체계가 이런 단서에 민감하게 반응한다는 것은 중요한 의미를 지닌다. 우리의 뇌에서 초콜릿의 달콤한 맛이나 그 밖의 신체적 쾌락과 관련이 있는 부위들은, 공정한 대우를 받는 것에 대해서도 똑같이 반응한다. 다시 말해 우리에게 공정함은 초콜릿처럼 달콤하게 느껴지는 셈이다.

공정함 자체가 이 장의 주제는 아니다. 여기서는 다른 사람이나 집단에 대한 우리의 관계를 강화시키는 여러 사회적 단서나 사건 또는 행동을 살펴보고자 한다. 이런 것들은 뇌의 보상체계를 활성화시키는 경향이 있기 때문에 보통 '사회적 보상'이라고 불린다.**6** 신체적 고통과 사회적 고통이 공통의 신경인지적 과정에 기초하고 있는 것처럼, 신체적 보상과 사회적 보상도 공통의 신경인지적 과정에 기초하고 있다.

긍정적인 사회적 신호에 반응하는 뇌

1984년에 나온 영화 〈마음의 고향Places in the Heart〉에서 여배우 샐리 필드Sally Field는 1930년대 미국 남부지방의 자신의 농장이 압류되는 것을 막으려 애쓰는 한 과부를 연기했다. 그녀는 나중에 이 영화로 아카데미 여우주연상을 수상했는데, 그녀의 열정적이고도 진실한 수상 소감은 많은 사람들의 기억 속에 오랫동안 남았다. 가장 유명한 말은 다음과 같았다. '여러분은 저를 좋아해요. 정말로 좋아해요.' 강조는 '정말로'라는 단어에 놓여 있다. 사람들이 즐겨 인용하는 이 말은 배우들이 대중의 사랑을 얼마나 갈망하는지를 잘 보여주는 예로 간주된다.

그러나 이 말들에는 두 가지 오류가 포함되어 있다. 한 가지 오류는 샐리 필드가 수상 연설에서 실제로 이 말을 하지 않았다는 것이다. 그녀가 실제로 한 말은 다음과 같았다. '저는 여러분이 저를, 바로 지금 여러분이 저를 좋아하고 있다는 사실을 부정할 수 없습니다.' 사람들이 흔히 이 말을 잘못 기억하는 까닭은 아마도 더 중요한 또 한 가지 오류 때문일 것이다. 그것은 바로 다른 사람들의 사랑은 배우들뿐만 아니라 우리 모두가 갈망한다는 사실이다. 이 말이 그렇게도 끈질기게 사람들의 입에 오르내리는 까닭은 바로 인간의 한 핵심적인 욕구를 매우 잘 표현하고 있기 때문이다.

우리 모두는 다른 사람들과 어울리고자 하는 욕구를 가지고 있다. 다른 사람들이 나를 좋아하거나 칭찬하거나 사랑한다는 것을 알려주는 신호는 행복감에 무척 중요한 것이다.[7] 우리는 얼마 전까지도 이런 신호들에 대해 뇌가 어떻게 반응하는지 전혀 알지 못했지만, 최근의 뇌영상 연구들 덕분에 변화가 생겼다. 자기공명영상 스캐너에 누워 있는 동안에 다른 사람으로부터 받을 수 있는 가장 극적으로 긍정적인 신호는 아마도 (청혼의 말처럼) 다른 사람이 나를 마음속 깊이 사랑하고 있다고 고백하는 글을 읽는 것일 것이다.

최근 한 연구에서 트리스텐 이나가키Tristen Inagaki와 나오미 아이젠버거는 실험 참가자들에게 그들의 친구나 가족 같은 중요한 사람들을 접촉할 수 있게 해달라고 했다.[8] 그런 다음 이나가키는 이 참가자의 삶에서 중요한 의미를 지니는 사람들에게 두 종류의 편지를 작성해달라고 편지로 부탁했다. 하나는 감정이 들어가지 않은 채 이런저런 사실들에 대해 언급한 편지였고(예컨대 '네 머리카락은 갈색이다'), 다른 하나는 참가자에 대해 긍정적인 감정을 표현한 편지였다(예컨대 '너는 너 자신보다도 나를 더 걱정해준 유일한 사람이다').

실험 참가자들은 스캐너 안에 누운 채로 자신들에게 중요한 사람들이 쓴 이런 편지들을 읽었다. 우리는 흔히 직관적으로 다른 사람이 자신에 대해 좋은 이야기를 하는 것을 들을 때 느끼는 기쁨과, 자신이 좋아하는 아이스크림을 먹을 때 느끼는 기쁨이 근본적으로 다를 것이라 생각한다. 첫 번째 기쁨은 만질 수 없는 무형의 것인데 반해, 두 번째 기쁨은 우리의 감각기관에 밀물처럼 밀려드는 기쁨이라 하겠다. 물론 신체적으로 느끼는 달콤함과 언어적으로 전달되는 달콤함 사이에 여러 가지 차이가 있는 것도 분명하지만, 이 기능적 자기공명영상 연구에 따르면 뇌의 보상체계는 이 두 경험을 우리의 추측보다 훨씬 더 비슷하게 처리하는 것처럼 보인다. 즉 다른 사람으로부터 감동적인 말을 들을 때 우리의 뇌에서는 우리의 다른 기본적인 욕구들이 보상받을 때와 마찬가지로 복측 선조가 활성화되는 것을 관찰할 수 있다.

후속 연구에서 나는 엘리자베스 캐슬Elizabeth Castle과 이런 감동적인 말이 사람들에게 실제로 얼마나 큰 보상이 되는지 살펴보기로 했다.9 우리는 실험 참가자들에게 이런 감동적인 진술을 자기 것으로 만들기 위한 가격을 제시해보라고 했다. 그러자 다수의 참가자들은 이 특별한 말을 듣기 위해 실험 참가비 전부를 기꺼이 다시 내놓으려 했다. 우리는 간혹 돈의 힘 때문에 마음에도 없는 달콤한 말을 내뱉곤 한다. 그러나 이 실험은 다른 사람이 우리를 사랑하고 있다는 것을 아는 것의 힘도 돈의 힘만큼이나 강력할 수 있다는 것을 보여준다.

우리가 우리에게 중요한 사람으로부터 특별히 감동적인 말을 들었을 때 어떤 반응을 보일지는 쉽게 상상할 수 있다.10 그렇다면 아주 낯선 사람으로부터 긍정적인 신호를 받았을 때도 비슷한 효과가 나타날까? 답은 놀랍게도 '그렇다'이다. 예컨대 페넬로페라는 12세 소녀가 뇌영상 스캐너 안에 누운 채 컴퓨터 화면에 차례로 나타나는 여러 아이들의 얼굴을 바라보고 있는 장면을 상상해보라. 페넬로페는 이들을 전에 한 번도 본 적이 없다. 연구자는 페넬로페가 화면에 나타난 얼굴을 하나씩 차례대로 본 뒤에 때때로 화면 속 사람이 그녀와 온라인 채팅을 하고 싶어 한다고 말했다. 페넬로페를 포함한 실험 참가자들은 화면의 낯선 사람이 자신과 온라인 채팅을 하고 싶어 한다는 이야기를 들었을 때 뇌의 보상체계에서 증가된 활동을 보였다.

이 연구 결과는 두 가지 점에서 주목할 만하다. 첫째 낯선 사람들이 보여준 호의는 매우 피상적인 것이었다. 이들은 실험 참가자의 사진을 보았을 뿐이며 참가자에 대해 아는 것이 거의 없었기 때문이다. 둘째 낯선 사람이 보인 긍정적인 신호는 참가자들이 그들과 채팅을 할 마음이 없었을 때에도 참가자들의 보상체계를 활성화시켰다. 다시 말해 우리가 굳이 관계를 맺고 싶어 하지도 않는 낯선 사람이 좋아한다고 말해도 우리 뇌의 보상체계는 활성화된다는 것이다.

또 다른 연구들에 따르면 우리의 뇌는 다른 사람들의 긍정적인 평가를 정말 놀라울 정도로 갈망하는 듯하다. 카이제 이주마Keise Izuma가 일본에서 수행한 뇌영상 연구에서, 실험 참가자들은 낯선 사람이 실험 참가자 자신을 '성실하다' 또는 '믿음직스럽다' 같은 단어로 묘사하는 모습을 지켜보았다.11 어찌 보면 한 번도 본 적도 없고 앞으로도 만날 가능성이 거의 없는 누군가가 우리에게 덤덤한 칭찬의 말을 건네는 것은 그리 큰 보상이 되지 않을 것처럼 생각된다. 그러나 이 경우에도 실험 참가자들의 보상체계는 뚜렷이 증가된 활동을 보였다. 이 실험에 참가한 사람들은 금전적인 보상 과제도 수행했는데, 그 결과 사회적 보상과 금전적 보상이 뇌 보상체계의 핵심 요소인 복측 선조의 같은 부위를 비슷한 정도로 활성화시킨다는 사실도 밝혀졌다.

샐리 필드가 대중의 사랑을 받는 것에 대한 기쁨을 표현했을 때 이 말은 사실상 우리 모두에게 해당하는 것이었다. 우리는 다른 사람들이 보내는 우호적인 신호에 민감할 뿐만 아니라 우리 뇌의 보상체계는 이런 신호에 대해 예상 외로 강한 반응을 보인다.

긍정적인 사회적 신호가 이렇게 강력한 강화물로 작용한다면, 이를 피고용인이나 학생 등에게 동기 부여의 수단으로 사용할 수도 있지 않을까? 예컨대 직원 보상제도의 하나로 사용할 수도 있지 않을까? 뇌의 보상체계 관점에서 볼 때 친절한 말 한 마디는 일정액의 돈만큼이나 가치 있는 것이 될 수 있기 때문이다. 그렇다면 우리가 온갖 재화에 대해 금전적인 가치를 부여하는 것처럼 긍정적인 사회적 신호도 우리 경제의 일부가 될 수 있지 않을까?

그러나 아직까지는 이것이 쉽지 않다. 인간의 보상심리에 대한 우리의 이론에 긍정적인 사회적 신호가 빠져 있기 때문이다. 우리는 아직도 근본적으로 인간 뇌의 사회적인 본성을 제대로 이해하지 못하고 있으며, 특히 사회적 연결이 생물학적으로 얼마나 중요한 의미를 지니는지에 대해 거의 무지한 상태에 있다. 때문에 우리 뇌의 가장 원초적인 보상체계 안에서 긍정적인 사회적 신호가 얼마나 강력한 강화 효과를 발휘하는지를 가늠하기란 쉽지 않다.

내가 하버드대학교Harvard University 심리학과 대니얼 길버트Daniel Gilbert 교수의 연구실에서 대학원생으로 일하던 시절, 케빈 옥스너Kevin Ochsner 라는 친구는 내가 연구실의 어린 학생들에게 칭찬이 너무 인색하다고 지적했다. 그때 나는 이렇게 생각했다. '내가 누구를 칭찬하고 말고 할 처지인가? 나는 아직 논문 한 편도 발표하지 못한 대학원 1학년생일 뿐인데? 내가 누구를 칭찬한들 그것이 무슨 의미가 있을까?'

그런데 지금 생각해보니 그의 말이 옳았다. 전혀 모르는 사람으로부터 '믿음직스럽다'는 말을 들어도 우리 뇌의 보상체계가 활성화되는데,

하물며 직장 상사나 부모 또는 아직 미숙하지만 나이를 조금 더 먹은 대학원생으로부터 칭찬을 듣는다면 어떠하겠는가? 물론 너무 빈말처럼 들리지만 않는다면 칭찬은 좋은 것임을 우리 모두가 잘 알고 있다. 그런가 하면 최근에는 칭찬이 미로를 학습해야 하는 쥐에게 치즈가 강화물로 작용할 때와 마찬가지로, 뇌의 강화체계를 활성화한다는 사실이 밝혀졌다.[12] 긍정적인 사회적 관심은 계속 사용 가능한 자원이기도 하다. 대다수 물질적 자원은 사용할수록 남는 양은 줄어드는 데 반해, 칭찬 같은 긍정적인 사회적 신호는 그것을 주는 쪽이든 받는 쪽이든 모두가 더 많은 것을 얻게 될 것이다.

보상의 다양성

언뜻 납득이 가지 않을지 모르지만 돈은 사회적 보상에 해당한다. 왜냐하면 돈은 사회적으로 가치 있는 어떤 것을 했을 때 받는 보상이기 때문이다. 봉급을 받는 사람들은 모두, 다른 사람들이 원하는 어떤 것을 했기 때문에 그 대가로 돈을 받는 것이다. 세계적으로 인기 있는 가수든 아니면 그 가수의 회계 담당자든 마찬가지다. 우리가 돈을 받는 까닭은 우리 자신이 원하는 것을 했기 때문이 아니라 다른 어떤 사람에게 서비스를 제공했기 때문이다.

물론 우리 중에는 자신의 일을 즐기고 사랑하는 운 좋은 사람들도 있지만, 그렇다고 이들 역시 이런 이유 때문에 돈을 받는 것은 아니다. 신임 교수 시절 나는 내가 만약 대학 총장이 된다면 대다수 교수들에게 봉급을 주지 않을 것이라는 농담을 하곤 했다. 왜냐하면 대다수 교수들은 공짜로도 연구를 할 만큼 자신의 일을 사랑하기 때문이다. 그러나 어쨌든 우리가 봉급을 받는 까닭은 우리의 일이 다른 사람들에게 가치가 있기 때문이다. 이처럼 돈은 사회적으로 통용되는 수단이다. 물론 언제나 이타적으로 통용되는 수단은 아니지만 말이다.

보상은 1차 강화물primary reinforcer과 2차 강화물secondary reinforcer로 나눌 수 있다.13 음식, 물, 체온조절 같은 우리의 기본 욕구를 충족시키는 것들은 '1차 강화물'이라고 한다. 이런 것들은 그 자체로 우리에게 목적이 된다. 그래서 우리의 뇌는 따로 학습하지 않아도 이것들을 강화물로 인식할 준비를 갖추고 있다. 모든 포유동물들은 이런 1차 보상물이 결핍되면 이를 획득하기 위해 열심히 활동한다. '2차 강화물'은 처음부터 그 자체가 보상의 성격을 갖진 않지만 1차 강화물의 존재 또는 가능성을 예상케 하기 때문에 나중에 강화의 성격을 띠게 된 것들이다.

예컨데 미로 속 쥐가 치즈를 찾기 위해 왼쪽 길로 가야 하는지 아니면 오른쪽 길로 가야 하는지 결정해야 하는 상황이라면, 이 쥐는 치즈라는 보상이 있는 곳을 알아내기 위해 최선을 다할 것이다. 이때 만약 치즈가 놓여 있는 장소가 매번 임의로 바뀐다면 쥐는 미로를 학습할 수 없을 것이다. 그런데 치즈가 있는 쪽 길옆에 매번 빨간색 반점을 그려넣는다면 쥐는 이 신호를 따르는 법을 배우게 될 것이다. 이때 빨간 점은 그 자체로 보상의 성격을 띠지 않지만 치즈의 위치를 일관되게 알려주기 때문에, 머지않아 쥐의 보상체계는 빨간 점에 대해서도 반응하기 시작할 것이다.14

돈은 세상에서 가장 보편적인 2차 강화물이다. 우리는 돈을 먹을 수도 없고 마실 수도 없다. 또 돈으로 우리의 몸을 따뜻하게 하려면 엄청

많은 지폐가 필요할 것이다. 그러나 돈을 버는 것은 성인이 자신의 기본 욕구들을 충족시킬 수 있는 가장 확실한 방법이다. 돈은 식탁에 음식이 놓이도록 할 수 있고 머리 위에 지붕이 올라가도록 할 수 있다. 그래서 돈은 비록 그 자체로 우리의 어떤 욕구도 충족시키지 않지만, 종종 그 어떤 것보다도 우리가 갈망하는 보상물로 간주되곤 한다. 어찌 보면 돈을 버는 것은 여러 보상물을 한번에 얻는 것과도 같다. 왜냐하면 우리는 돈을 무수히 많은 방식으로 사용할 수 있기 때문이다.

그렇다면 이렇게 다양한 유형의 보상들 가운데 사회적 보상은 어디에 속할까? 사회적 보상은 1차 강화물이기도 하고 2차 강화물이기도 하다. 만약 사장이 당신에게 업무능력에 대해 큰 감동을 받았다는 말을 한다면 조만간 두둑한 크리스마스 보너스를 기대해도 될 것이다. 그러나 이주마의 연구 등에 따르면 사회적 보상은 그 자체로 1차 강화물이 되기도 한다. 당신 뇌의 보상체계는 당신의 크리스마스 보너스에 대해 아무런 영향력도 행사하지 못하는 아주 낯선 사람으로부터 칭찬을 들어도 활성화될 것이기 때문이다.

우리는 진화를 통해 긍정적인 사회적 관심을 갈망하고 그것을 확보하기 위해 노력하는 존재로 태어났다. 그렇다면 왜 그런 존재로 태어났을까? 한 가지 설명에 따르면 우리 인간 또는 다른 포유동물들은 함께 어울리면서 함께 일하고 서로를 보살필 때 모두가 그 혜택을 입을 수 있기 때문이다. 우리 환경 안에 있는 다른 생물들이 가장 복잡하고 잠재적으로 가장 위험한 존재라고 가정할 때, 같은 종의 다른 동물과 관계를 맺고 서로 즐겁게 해주려는 자연적 욕구를 갖는 것은 집단에 기초한 삶의 온갖 혜택을 누릴 수 있는 기회를 크게 증가시킬 것이다.

협력

픽사Pixar에서 제작한 만화영화 〈벅스 라이프A Bug's Life〉를 보면, 평화롭게 지내던 개미 집단 앞에 마피아 조직 같은 메뚜기들이 나타나 보호해 준다는 명목으로 어마어마한 양의 식량을 요구하는 장면이 나온다. 영화 초반부에서 주인공 개미 플릭Flik은 이 악당들의 두목에게 용감히 맞서지만 금세 나가떨어지고 만다. 이 개미는 메뚜기들에게 상대가 되지 않았다. 영화의 나머지 부분은 개미들과 다른 곤충들이 악당을 물리치기 위해 서로 협력하는 법을 배우는 과정을 묘사하고 있다. 개미들은 여러 번의 실패를 거듭한 끝에 마침내 힘을 합쳐 메뚜기들을 쫓아내는 데 성공한다.

이는 개미들의 삶을 소재로 의인화되어 있지만 인간의 용기와 협력을 잘 보여주는 고전적인 이야기다. 우리는 자원을 공동으로 사용함으로써 혼자 할 때보다 함께할 때 더 많은 것을 이룰 수 있다. 협력은 인간을 특별하게 만드는 것들 중 하나다. 물론 다른 동물들도 협력 행동을 보이지만, 알리시아 멜리스Alicia P. Melis와 더크 세만Dirk Semmann이 말했듯이 어떤 종도 '그 규모와 범위에서 (인간의) 협력 활동'에 버금가는 것을 보여주지 못한다. 인간은 동물의 왕국에 사는 다른 모든 동물들과 비교할 때 가히 슈퍼 협력자라 할 만하다.[15]

그렇다면 왜 인간은 그렇게 자주 서로 협력할까? 아니, 왜 인간은 애당초 협력이라는 것을 하게 되었을까? 가장 쉬운 대답은 협력을 통해 직접적인 이익이 생기기 때문이라고 할 수 있다. 〈벅스 라이프〉를 예로 들자면 개미들은 자신들의 음식을 빼앗기지 않기 위해 힘을 합쳐 메뚜기들을 물리친다. 마찬가지로 같은 수업을 듣는 두 대학생이 함께 시험

공부를 한다면, 그것이 혼자 하는 것보다 각자의 시험 성적을 향상시키는 더 나은 방법이라고 믿기 때문일 수 있다.

자신에게 돌아오는 이익이 분명치 않은데도 협력을 하는 경우도 있다. 인간 사회에서 가장 강력한 사회적 규범 중의 하나는 '호혜의 원리'다.[16] 만약 어떤 사람이 당신에게 호의를 베푼다면 당신은 언젠가 그 호의를 되갚아야 한다고 느낄 것이다. 게다가 당신에게 호의를 베푼 사람이 매우 낯선 사람이라면 당신은 그 빚을 갚기까지 약간 불안한 마음이 들기도 할 것이다.

자동차 영업사원이 언제나 당신에게 커피를 한 잔 대접하는 이유도 여기에 있다. 영업사원은 당신에게 아주 작은 호의를 베풂으로써 당신으로 하여금 빚을 졌다는 느낌이 들게 만든다.[17] 당신이 그 영업사원에게 제대로 빚을 갚을 수 있는 유일한 방법은 차를 사는 것이므로, 영업사원 입장에서는 커피 한 잔보다 훨씬 가치 있는 수수료를 챙길 수 있는 기회가 되는 셈이다. 물론 공짜 커피 한 잔이 언제나 자동차 구매로 이어지는 것은 아니다. 그러나 이것은 최소한 사람들을 그 방향으로 슬쩍 미는 효과를 발휘할 수 있다. 또 이와 비슷하게, 경우에 따라 단기적으로는 받는 것보다 주는 것이 더 많지만 장기적으로는 호혜의 원리에 따라 큰 이익이 생길 것을 기대하고 다른 사람과 협력할 때도 있다.

그런데 협력에 따른 자신의 이익이 장기적으로도 줄어드는 것이 분명한 상황에서도 협력이 일어난다면, 이는 대체 어떤 종류의 동기에 기초한 것일까? 행동경제학자들은 '죄수의 딜레마Prisoner's Dilemma'라는 게임을 이용해 이런 현상을 설명한다.[18] 이 게임에서 두 사람은 서로 협력할 것인지 말 것인지를 결정해야 한다. 이때 두 사람이 게임을 통해 얼마나 많은 돈을 버느냐는 두 사람이 내린 결정의 조합에 따라 달라진다. 당신과 다른 한 사람이 10달러를 가지고 이 게임을 한다고 상상해보라(그림 4.2 참조). 이때 두 사람이 모두 협력하기로 결정한다면 둘은 각각 5달러씩을 갖게 된다. 반면 두 사람 모두 협력하지 않기로 결정한다면 둘은 각각 1달러씩을 갖게 된다.

여기까지만 보면 협력하기로 결정하는 것은 매우 쉬운 일이다. 그러나 만약 두 사람 중 한 명만 협력을 선택한다면, 협력하지 않는 배신자가 10달러를 전부 갖고 협력자는 한 푼도 건지지 못하게 된다. 다시 말해 만약 당신이 협력하기로 결정한다면, 상대에게 돈을 전부 내주는 바보가 될 위험이 있는 것이다.

이제 당신은 게임의 상대방을 한 번도 본 적이 없고 당신의 결정에

[그림 4.2] 죄수의 딜레마에서 생길 수 있는 경우의 수

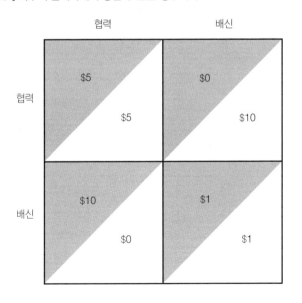

대해 그와 의논할 기회도 없으며, 이 게임을 단 한 번 한 후에는 그와 마주칠 일도 영영 없다고 가정해보라. 이런 상황에서 당신은 어떻게 하겠는가? 만약 당신이 돈을 최대한 많이 벌고 싶어 하고 상대방이 협력할 것이라고 가정한다면, 당신의 선택은 배신이 되어야 할 것이다(그래야 당신은 5달러가 아니라 10달러를 벌 수 있기 때문이다). 상대방이 배신할 것이라고 가정한다면, 이때도 당신의 선택은 배신이 되어야 할 것이다(그래야 당신은 한 푼도 못 건지는 바보가 되는 대신에 1달러라도 건질 수 있기 때문이다). 그러므로 상대방이 어떤 선택을 하든 당신은 배신을 선택할 때 더 많은 돈을 벌 수 있다. 그러나 다수의 연구에 따르면 이런 상황에서도 협력을 선택하는 사람들은 전체의 3분의 1 이상이나 된다.[19]

사익 추구의 공리

사람들이 자신은 덜 벌고 상대방은 더 벌 것이 확실한 상황에서도 협력하는 것을 어떻게 설명할 수 있을까?[20] 이런 경우의 수를 알면서도 협력을 선택하는 사람들이 비합리적이라고 해야 할까? 19세기의 경제학자 프랜시스 에지워스Francis Edgeworth는 '경제학의 제1원리는 모든 행위자들이 사익에 의해서만 움직인다는 사실이다'[21]라고 주장했는데, 만약 우리가 이를 받아들인다면 위와 같이 협력하는 것은 비합리적인 행동이라고 해야 할 것이다. 그런데 우리 인간의 모든 행위 밑에 깔려 있는 근본 동기로서 (오로지) 이기심을 전면에 내세운 사람은 비단 에지워스만이 아니다.

예컨대 18세기 철학자 데이비드 흄David Hume의 주장에 따르면 정치제도는 인간이 '자신의 사적인 이익 외에 다른 목적을 위해 행동하지 않는다'[22]는 가정에 입각해야 한다. 그로부터 1세기 전 철학자 토마스 홉스Thomas Hobbes는 이런 생각을 처음으로 분명하게 표명했다. '모든 인간은 자신에게 좋은 것을 자연스럽게 추구하는 반면에, 옳은 것은 이따금 추구하는 존재로 간주된다.'[23] 이런 기본 가정을 가리켜 '사익 추구의 공리axiom of self-interest'라고 한다.[24]

우리의 모든 행동이 사익에 따라 이루어진다는 믿음에서 출발하면 협력을 선택한 사람들의 행동은 그들이 비합리적이라거나 지시를 잘못 이해했다는 식으로밖에 설명될 수 없다. 그렇다면 이런 공리는 다음과 같은 연구 결과를 어떻게 설명할 수 있을까? 앞의 죄수의 딜레마를 약간 변형시킨 게임에서, 게임 참가자 A는 결정을 하기 전에 게임 참가자 B가 어떤 결정을 했는지 듣게 된다. 이 경우 게임 참가자 A는 참가자 B가 배신을 선택했다는 이야기를 들으면 당연히 언제나 배신을 선택한다(그래서 한 푼도 못 건지는 대신에 1달러를 확보한다). 그런데 놀라운 점은 참가자 B가 협력을 선택했다는 이야기를 들으면 그렇지 않은 경우보다 참가자 A가 협력을 선택할 확률이 36퍼센트에서 61퍼센트로 올라간다는 사실이다.[25] 결국 참가자 A는 참가자 B를 배신하는 것이 어찌 보면 가장 합리적인 상황에서 10달러를 버는 대신에 5달러를 버는 선택을 기꺼이 한다는 이야기다.

만약 당신이 이 게임을 같은 사람과 계속 반복해서 할 예정이라면, 이런 선택은 사익 추구의 공리와 잘 맞아떨어질 수도 있다. 당신이 협력을 반복적으로 선택하여 협력자라는 명성을 얻는 데 성공한다면, 앞으로 게임을 계속할 때마다 5달러씩을 벌 거라 기대할 수도 있으며, 이는 상대방이 배신하기 시작해 돈이 줄어들기 시작하는 것보다 당신에게 더 유리할 것이기 때문이다. 그러나 앞서 언급한 연구에서는 게임이 한 번으로 끝났기 때문에 협력자라는 명성을 쌓는다는 것이 어떤 이익도 가져다주지 않았다. 따라서 이런 상황에서 유일하게 그럴듯한 설명은 우리가 사익 추구 외에 타인의 안녕에 대해서도 관심을 가지고 있으며 그 자체를 하나의 목적으로 간주한다고 보는 것이다.**26** 다시 말해 타인의 안녕에 대한 관심은 사익 추구와 함께 우리의 근본적인 본성의 일부를 이루고 있다.

당신이 죄수의 딜레마 게임 중 상대방이 이미 협력을 선택했다는 이야기를 듣고도 협력을 선택했다면, 당신은 자신이 (5달러 대신에) 10달러를 버는 것보다 상대방이 (한 푼도 못 건지는 대신에) 5달러를 벌게 되는 것에 대해 더 큰 관심을 기울였음을 뜻한다. 당신은 지금까지 상대방을 한 번도 만난 적이 없으며 앞으로도 만날 일이 전혀 없다는 점을 고려할 때, 이는 매우 놀라운 일이 아닐 수 없다.

만약 길을 지나가는 낯선 사람이 당신에게 이렇게 사심 없는 행동을 베푼다면, 그것이 당신에게는 예사롭게 보이겠는가? 그렇다면 우리와 아주 멀리 떨어진 곳에 사는 사람들은 어떨까? 한 대규모 국제 연구단은 수렵생활을 하는 파푸아뉴기니Papua New Guinea의 아우족Au부터 농사를 짓는 니제르–콩고Niger-Congo의 쇼나족Shona에 이르기까지 산업화되지 않은 15개 부족을 조사한 바 있는데, 조사된 모든 사회에서 사람들은 종종 자신의 이익에 반하는 결정을 하는 것이 관찰되었다.**27** 결론적으로 말해 세계 어디를 가든 사람들은 종종 자신이 조금 덜 갖고 낯선 사람에게 조금 더 주는 행동을 기꺼이 하곤 한다.

이런 행동이 비합리적인 것이 아니라고 일단 가정한다면, 사람들이 그렇게 행동하는 이유는 다른 사람들이 잘되기를 진심으로 바라기 때문일까 아니면 그저 협력의 의무 때문일까? 어쩌면 사람들은 '무엇이든지 남에게 대접받고자 하는 대로 너희도 남을 대접하라'는 황금률을 무수히 들어왔기 때문에 원하든 원치 않든 타인을 잘 대접해야 한다고 생각하는 것일지 모른다. 또는 황금률을 어기면 다른 사람들이 자신을 얕잡아 볼 것이라 우려해 어쩔 수 없이 그렇게 행동하는 것일지도 모른다. 이와 유사한 설명으로, 과학자이자 철학자인 리처드 도킨스Richard Dawkins에 따르면 우리가 '관대함과 이타주의를 가르치려고 애쓰는 까닭은 우리가 이기적인 존재로 태어났기 때문이다.'[28]

뇌 연구는 이런 의문을 푸는 데 도움을 줄 수 있을 것이다. 우리는 사람들이 마지못해 규범대로 행동할 때와 진심으로 원해서 행동할 때 뇌의 모습이 어떻게 다른지 어느 정도 알고 있다.[29] 즉 첫 번째 경우에는 전전두피질의 외측 부위가 (다시 말해 우리의 욕망을 억제시키는 작용을 하는 뇌 부위가) 활성화되는 반면에, 두 번째 경우에는 복측 선조 같은 뇌의 보상체계가 활성화된다.

에모리대학교Emory University의 신경과학자이자 인류학자인 제임스 릴링James Rilling은 기능적 자기공명영상을 이용해 죄수의 딜레마 게임을 하는 사람들이 협력 또는 배신을 선택할 때 그들의 마음속에서 무슨 일이 일어나는지 들여다보았다.[30] 이때 만약 어떤 사람이 사회적 규범을 지키기 위해 마지못해 협력을 선택하는 경우가 빈번히 발생한다 하더라도, 그 사람의 보상체계를 관찰함으로써 그가 금전적 이익을 더 선호하는지 아닌지를 판단할 수 있을 것이다. 다시 말해 그 사람이 의무감 때문에 협력을 선택하는 경우가 모든 선택의 70퍼센트에 달한다 하더라도 그의 보상체계가 사익에 초점을 맞추고 있다면, 그가 이따금 배신을 선택해 더 많은 돈을 벌게 될 때 그의 보상체계는 더욱 강력한 반응을 보일 것이다.

그러나 실제로 릴링의 연구에서 사람들은 반대의 반응 형태를 보였다. 즉 상대방이 협력을 선택한 상황에서 실험 참가자가 배신 대신 협력을 선택했을 때 그의 복측 선조에서 더 많은 활동이 관찰되었다. 이는 이들의 금전적 수익이 줄어드는데도 보상체계가 활성화되었음을 의미한다. 이때 복측 선조는 실험 참가자 자신의 수익보다 게임을 벌인 두 사람 모두의 수익 총액에 더 민감하게 반응하는 것처럼 보였다. 나아가 실험 참가자들이 협력을 선택했을 때 외측 전전두 부위의 특별한 활동은 관찰되지 않았는데, 이는 피험자들의 협력이 의무감 때문에 억지로 이루어졌다기보다 진심으로 원해서 이루어진 것임을 시사한다.

릴링의 이 첫 번째 연구에서 한 가지 문제점은 이들 피험자들이 똑같은 상대와 여러 번에 걸쳐 게임을 벌였다는 점이었다. 이때 명성 쌓기가 중요한 요인으로 작용했을지도 모른다. 피험자들이 게임 초반에 협력을 반복 선택함으로써 나중에 더 큰 보상을 받겠다는 전략에 따라 행동했다면, 설령 그들의 보상체계가 사익에 초점을 맞추고 있더라도 초반의 협력 행동에 반응할 것이기 때문이다.

릴링은 몇 년 후 또 다른 연구 결과를 발표했는데, 이 연구에서는 같은 상대와 딱 한 번씩만 게임을 하게 함으로써 명성 쌓기 같은 장기적 전략이 개입할 여지를 없앴다.[31] 하지만 결과는 달라지지 않았다. 즉 이 연구에서도 복측 선조에서 가장 큰 활동이 관찰된 경우는 게임을 하는 두 사람이 모두 협력을 선택한 때였다. 또 릴링은 뇌영상 스캐너 안에 누워 있는 피험자들에게 게임의 상대가 컴퓨터라는 사실을 알려준 뒤 그들의 뇌를 관찰해보았다. 그러자 이 경우에는 양쪽이 모두 협력을 선택했을 때도 보상체계가 활성화되지 않았다. 결론적으로 말해 우리의 보상체계는 설령 우리 자신이 돈을 더 적게 벌게 되더라도 다른 사람과 합심했을 때 왕성한 활동을 보인 셈이었다.

'우리는 누구인가?'에 대한 일반적인 이론에 따르면, 우리가 때때로 다른 사람들과 협력하는 까닭은 결국 우리 자신에게 더 나은 결과가 돌아올 것이라고 믿기 때문이다. 그러나 우리는 인간 본성에 대한 이런 이론이 잘못되었음을 위에서 다시 한 번 확인할 수 있었다. 왜냐하면 이런 이론은 우리가 잘 아는 이기적인 동기 외에도 사회적 동기가 우리 본성의 중요한 일부를 이룬다는 점을 고려하지 않기 때문이다. 우리는 상호 협력이 우리의 보상체계를 활성화하는 목적 자체라는 점을 진지하게 고려할 필요가 있다.

이타주의를 둘러싼 논쟁

아이작 아시모프Isaac Asimov의 책 《영원의 끝The End of the Eternity》에서 시간 여행자 앤드류 할런Andrew Harlan은 미래에서 온 뇌이스Nöys라는 여인과 사랑에 빠진다.[32] 할런은 자신이 초래할 수밖에 없는 다음 변화 때문에 뇌이스가 죽을 것을 우려해 그녀를 아주 멀고 안전한 미래에 숨기려 한다. 그러나 이런 행동은 시간 여행자들 사이에서 매우 중대한 범죄로 간주된다. 할런의 계획을 들은 뇌이스는 그가 자신을 위해 큰 위험을 무릅쓰려는 데 충격을 받고 다음과 같이 묻는다. '나 때문에, 앤드류? 나 때문에 그러는 거야?' 그러자 할런은 다음과 같이 답한다. '아니야, 뇌이스. 그것은 나 때문에 그러는 거야. 너 없이는 살 수 없을 것 같거든.'

할런의 이런 행동은 과연 이기적인 것인가 아니면 이타적인 것인가? 역사적으로 사람들은 이런 물음을 자주 던졌으며, 이런 행동에 대해 회의론자들은 이타적인 행위가 아니라고 주장했다. 전통적으로 '이타주의'란 장기적인 관점에서 자신에게 불이익이 생기더라도 그것을 개의치 않고 남을 돕는 태도로 이해되었다. 예컨대 진화생물학자 마이클 기셀린Michael Ghiselin은 "이타주의자"를 할퀴면 "위선자"가 피를 흘리는 것을 보게 될 것이다'라고 말했다.**33** 다시 말해 '자세히 들여다보면 외견상 이타적인 행위들은 사실상 감추어진 이기주의에 지나지 않는다'는 것이다. 도움을 받는 사람은 기회만 되면 바로 보답하려 할 것이다. 또한 도움을 주는 사람 자신은 다른 사람들에게 자신에 대해 우호적인 인상을 심어줌으로써 나중에 더 많은 것을 얻게 될지 모른다. 이런 이유들 때문에 우리는 이타적인 행동을 하는 사람을 보면 과연 그 사람이 진심으로 무엇을 얻고자 하는 것일까 하는 의심의 눈초리를 보내곤 한다.

타인의 심리적 동기를 이해하기란 무척 까다로운 일이다. 흔히 타인의 주장과 우리의 주장이 맞서는 상황으로 치닫기 때문이다. 예컨대 어떤 실험에서 존이 전기충격을 받고 있는 일레인과 자리를 바꾸는 데 동의했다고 해보자. 존은 지금까지 전기충격을 받지 않았지만 이제 일레인을 대신해 받게 된다. 존과 일레인이 자리를 바꾸면 일레인은 곧장 실험실을 떠나서 두 사람이 다시 만날 일은 없을 것이다. 이런 상황에서 존의 행위는 이타적인 것이라고 말해야 하지 않을까?

심리학자 대니얼 뱃슨Daniel Batson에 따르면 아시모프의 이야기에 나오는 주인공과 마찬가지로 일레인 대신에 전기충격을 받기로 한 존의 행동에도 이기적 동기가 숨어 있을지 모른다.34 뱃슨은 기발한 연구를 고안해냈는데, 바로 한 사람(피해자)이 고통스러운 전기충격을 받는 모습을 다른 사람(관찰자)이 지켜보도록 한 것이다. 관찰자가 보기에 피해자는 전기충격 때문에 매우 괴로워했는데, 그러다 어느 시점이 되자 피해자는 실험자에게 전기충격을 그만 받으면 안 되겠느냐고 말했다. 그러자 실험자는 관찰자에게 피해자 대신 나머지 전기충격을 받을 의향이 있느냐고 물었다. 이때 일부 관찰자들은 피해자를 대신하는 것과 피해자가 전기충격을 받는 모습을 계속 지켜보는 것 중에서 하나를 선택해야 했고, 다른 관찰자들은 피해자를 대신하는 것과 (전기충격 장면을 더 이상 지켜보지 않고) 그냥 집으로 가는 것 중에서 하나를 선택해야 했다.

이런 상황에서 계속 지켜봐야 하는 처지에 있던 관찰자들은, 그냥 집으로 가도 되었던 관찰자들에 비해 피해자를 대신하는 쪽을 훨씬 더 많이 선택했다. 다시 말해 사람들은 불편한 상황을 벗어나기가 어렵지 않으면 벗어나는 쪽을 택하는 반면에, 그런 상황을 벗어나기가 어려우면 다른 사람이 전기충격을 받는 장면을 계속 지켜보기보다 차라리 '옳은 일'을 하는 쪽을 선택하는 경향이 있음을 의미한다. 이때 관찰자들은 자신이 지켜보지만 않는다면 피해자가 전기충격을 받아도 개의치 않겠다는 태도를 보였으므로, 이들이 피해자를 대신하려는 행동도 순수하게 이타적인 동기 때문만은 아니었던 셈이다.

이 연구에는 또 다른 변수가 있었다. 또 다른 두 집단의 관찰자들도 똑같이 '자리를 바꾸기/계속 지켜보기' 또는 '자리를 바꾸기/실험실을 떠나기' 중에서 고를 수 있었는데, 다만 이 경우 관찰자들에게는 전기충격 장면을 보기 전에 피해자와 공감을 형성할 기회가 주어졌다. 그러자 이 관찰자들 중에서 전기충격 장면을 계속 지켜보느니 피해자와 자리를 바꾸겠다고 응답한 사람들이 매우 많아진 것이다.

그런데 놀라운 점은 앞의 경우와 달리, 이들은 그냥 실험실을 떠나도 되는 상황에서도 피해자를 대신하겠다는 선택을 상당히 많이 했다는 사실이다. 실제로 네 집단의 관찰자들 가운데 피해자와 자리를 바꾸겠다는 선택을 가장 많이 한 집단(91퍼센트)은, 피해자와 공감을 형성했고 또 실험실을 떠나도 되는 선택권을 가지고 있던 관찰자들이었다. 이 경우 관찰자들은 그저 다른 사람이 전기충격 받는 장면을 계속 지켜봐야 했기 때문이 아니라, 정말로 다른 사람에 대한 관심 때문에 이런 선택을 한 것처럼 보인다. 이 연구 결과는 공감이 이타적 행동을 촉진하는 촉매가 될 수 있음을 시사하는데, 이에 대해서는 7장에서 다시 살펴보자.

이제 이타적 행동이 정말로 아무런 사심 없이 이루어지는 것인가라는 문제와 관련해 사람들이 좋아하는 성행위의 동기에 대해 잠시 생각해보고자 한다. 사람들이 성행위를 좋아하는 이유는 두 가지로 생각해볼 수 있다. 먼저 성행위에는 진화적 동기가 깔려 있다. 우리가 하나의 종으로서 성행위를 좋아하는 까닭은 종의 번식 때문이다. 우리의 조상 중 성행위에 대한 성향과 욕구가 상대적으로 더 강했던 사람들이 더 많은 번식의 기회를 가짐으로써 후손에게 성행위를 선호하는 자신의 유전자를 더 많이 물려주었을 확률이 높다.

그러나 번식에 대한 충동은 우리가 개인으로서 성행위를 좋아하는 유일한 동기도 아니고 첫 번째 동기도 아니다. 10대들은 어느 세대보다도 성에 집착하고 왕성한 성욕을 자랑한다. 그러나 이들에게 번식은 전혀 관심사가 아니다. 오히려 임신에 대한 두려움은 10대들로 하여금 성행위를 망설이게 만드는 대표적인 이유 중 하나다. 대다수 사람들이 성행위를 좋아하는 까닭은 그것이 신체적으로나 정서적으로 좋게 느껴지기 때문이다. 따라서 성행위를 하는 진화적 동기는 번식일지 몰라도, 우리의 심리적 동기는 쾌락이라 하겠다. 또 성행위를 상대적으로 더 강하게 즐기는 사람은 번식의 기회도 더 자주 가질 것이며, 그 결과 성행위를 즐기는 성향의 유전자를 후세에 물려줄 확률도 더 높을 것이다.

이런 식의 분석을 이타적 행동에도 적용할 수 있다. 서로 협력하기를 좋아하는 집단은 자신들의 유전자를 후손에게 물려줄 기회를 더 많이 갖게 될 것이다. 그러나 사심 없이 남을 돕도록 만드는 심리적 메커니즘은 우리가 그런 행동을 할 때 느끼는 내적 쾌감일 수도 있다.[35] 몇몇 사람들은 남을 도울 때 느끼는 쾌감을 가리켜 이타적 행동이 선사하는 '흐뭇한 기쁨'이라고 부르기도 하는데,[36] 이런 심리적 동기 때문에 이타적 행동이 생긴다면 그것은 이기적인 것인가 아니면 이타적인 것인가?

사람들은 외견상 이타적인 행동을 목격했을 때 그 배후에 있는 이기적인 동기를 찾으려 하는 경향이 있다. 다시 말해 사람들은 겉보기에 이타적인 행동을 하는 사람이 결국 주변 사람들에게 불이익을 초래하면서 어떤 물질적인 혜택을 얻게 될까라는 의문을 던진다. 하지만 어떤 행동의 이기적인 근원을 아무리 깊이 파헤친다 해도, 다음과 같이 결론짓는 사람은 없을 것이다. '그가 남을 돕는 까닭은 스스로 좋은 느낌이 들기 때문이야. 장담컨대 그는 도움을 받는 사람이 그에게 아무런 보답을 하지 않아도 개의치 않고 계속 남을 도울 거야. 그러니 그는 얼마나 이기적인 사람인가!' 설령 심리적인 만족감을 선사하는 이타적인 행동을 가리켜 이기적이라 말하는 것이 일리가 있다 해도, 이는 도덕적으로 정당화되기 어려운 전형적인 이기적 행동과 다른 것임에 틀림없다.

달라이 라마는 다음과 같이 말한 적 있다. '만약 당신이 이기적인 사람이 되고자 한다면 매우 지능적인 방법을 택해야 할 것이다. 이기적인 사람이 되는 어리석은 방법은 우리가 늘 그렇게 하듯이 우리 자신만의 행복을 추구함으로써 점점 더 비참해지는 것이다. 반면 이기적인 사람이 되는 지능적인 방법은 다른 사람들의 안녕을 위해 노력하는 것이다.'**37** 그렇게 함으로써 내적인 기쁨을 얻게 되기 때문이다.

죄수의 딜레마 게임을 이용한 여러 연구들은 우리 뇌의 보상체계가 우리 자신의 이익뿐만 아니라 타인의 이익을 소중히 여길 때도 반응한다는 사실을 처음으로 보여주었다. 물론 이런 연구들에서 참가자들은 협력을 선택했을 때도 비록 배신을 선택했을 때만큼은 아니지만 어느 정도의 이익을 얻었기 때문에, 이 연구들이 인간의 이타성에 대한 결정적 증거라고 보기에는 부족한 부분이 있다. 하지만 최근 우리의 보상체계가 타인의 안녕에 대해 민감하게 반응한다는 사실을 보여주는 더욱 결정적인 증거가 제시되었다.

미국 국립보건원National Institutes of Health의 조지 몰Jorge Moll과 그 동료들은 기능적 자기공명영상을 이용해 사람들이 자선단체에 기부할 때 뇌에서 어떤 활동이 일어나는지 관찰했다.**38** 이 연구에서 뇌영상 스캐너 안에 누운 실험 참가자들은 자신 또는 이런저런 자선단체에 금전적 이익이 돌아가는 여러 결정들을 해야 했다.

몇몇 참가자들은 자신이 5달러를 가지고 자선단체는 한 푼도 갖지 않는 결정에 동의하느냐는 질문을 받았다. 그러자 어찌 보면 당연하게도 참가자들은 매우 잽싸게 이런 종류의 보상을 받아들였다. 또 다른 몇몇 참가자들은 자신의 이익 일부를 포기하는 대신 (예컨대 2달러를 포기하는 대신) 자선단체가 5달러를 갖는 데 동의하느냐는 질문을 받았다. 그러자 놀랍게도 참가자들은 전반적으로 아무런 제약 없이 자신이 돈을 다 가질 때보다 다른 사람을 돕기 위해 일부를 포기하기로 결정했을 때, 뇌의 보상 영역 전반에 걸쳐 더 큰 활동을 보였다. 이 연구 결과에 비추어 볼 때 우리의 이른바 이기적인 보상체계는 무엇을 받는 것보다 주는 것을 더 좋아하는 것처럼 보인다.

나는 에바 텔저Eva Telzer, 앤드류 풀리그니Andrew Fuligni와 함께 이를 검증해보았다. 이때 우리는 지구 상에서 가장 이기적인 사람들이라 할 수 있는 10대들을 대상으로 심았다.[39] 우리는 10대 참가자들에게 자선단체 대신 자신의 가족을 위해 상당한 액수를 기부하겠느냐고 물었다. 10대 참가자들과 그 부모에게 만약 가족에게 기부된 돈이 그 돈을 기부한 10대 참가자를 위해 다시 쓰인다면 연구 참가 자격이 박탈된다고 말했다. 이런 조건에서 대다수 10대 참가자들은 평소 가족을 돕는 일에 기쁨을 느낀다고 말했을 뿐만 아니라 실제로 가족을 위해 돈을 기부했을 때 뇌의 보상체계가 증가된 활동을 보였다.

그런가 하면 트리스텐 이나가키와 나오미 아이젠버거는 연인 사이의 지원 행동에 대해 조사했다.[40] 실험에 참가한 여성들이 자기공명영상 스캐너 안에 누워 있는 동안 그녀의 남자친구는 스캐너 밖의 바로 옆에 앉아 있었다. 이때 몇몇 남자들에게는 전기충격이 가해진 반면,

다른 남자들에게는 전기충격이 가해지지 않았다. 이 두 경우 모두 스캐너 안의 여성은 자신의 남자친구에게 무슨 일이 일어나는지 알 수 있었다. 이때 몇몇 여성들에게는 손으로 남자친구의 팔을 잡고 있으라고 한 반면, 다른 여성들에게는 작은 공을 잡고 있으라고 했다.

연구자들은 연인과 신체적 접촉을 하고 있는 것이 공을 잡고 있는 것보다 여성의 보상체계를 더 자극할 것이라고 예측했는데, 실제로도 그러했다. 그런데 놀랍게도 남자친구가 전기충격을 받는 동안 그의 팔을 잡고 있던 여성의 보상체계가 가장 활발한 활동을 보였다. 다시 말해 연인에게 특별한 지원이 필요치 않은 상황에서 그의 팔을 잡고 있는 것보다, 연인이 괴로워할 때 신체적 접촉을 통해 그를 지원해준 것이 여성들의 보상체계를 더 자극한 셈이다. 이 경우 신체적 접촉은 연인의 고통을 더 생생하게 전달하는 역할을 했지만, 그럼에도 사회적 지원을 제공하는 행위는 뇌에서 강화 자극을 받았다. 다시 말해 우리가 아끼는 사람에게 도움을 주는 행위는 우리에게 좋은 느낌을 전달한다. 흔히 우리는 훌륭한 사회적 지원망이 있으면 생기는 혜택에 대해 상상해보라고 하면, 다른 사람으로부터 지원을 받는 수혜자가 되는 상황을 머릿속에 떠올린다. 그러나 이 연구 결과에 따르면 다른 사람을 지원하는 행위는 지원을 주는 사람의 안녕에도 상당한 기여를 하는 듯하다.**41**

우리 인간은 복잡한 존재다. 한편으로 우리는 자신의 이익을 추구하는 존재임에 틀림없다. 근대 경제학의 창시자 중 한 명인 애덤 스미스 Adam Smith는 예리한 통찰력을 발휘해 다음과 같이 말했다. '우리가 저녁상을 기대할 수 있는 것은 정육업자, 양조업자, 제빵업자 등의 자비심 덕분이 아니라 그들 자신의 사익에 대한 관심 덕분이다.'**42** 스미스가 간파한 것처럼 이런 사람들이 우리 식탁에 음식이 놓이도록 돕는 이유는 우리에게 요금을 청구하여 자신들의 식탁에 음식이 놓이게 하기 위해서다. 스미스는 한 걸음 더 나아가 다음과 같이 더욱 예리한 주장을 펼치기도 했다. '인간이 아무리 이기적인 존재라 하더라도 그의 천성 principles에는 타인의 운명에 관심을 갖고 타인의 행복을 필요로 하게 만드는 몇 가지가 존재함이 틀림없다. 이것은 타인의 행복을 바라보는 즐거움 외에 얻는 것이 아무것도 없는데도 그러하다.'[43]

우리는 보상을 (음식, 보금자리, 아이폰 같은) 물질적인 것으로 생각하고, 이런 것들이 객관적인 가치를 지닌다고 생각하는 경향이 있다. 10달러는 언제나 5달러보다 좋은 것이고 5달러는 언제나 한 푼도 없는 것보다 좋은 것이라고 생각한다. 그러나 물질적 보상이 보상인 까닭은 우리의 뇌가 이런 것들을 보상으로 경험하도록 진화했기 때문이다. 마찬가지로 우리는 다른 사람과 협력하고 다른 사람을 돕는 데서 기쁨을 느끼도록 진화했다. 이런 행위도 행위자에게 기쁨을 선사하므로 이것도 '이기주의'의 표현이라고 부를 수 있을지 모른다. 그러나 이 경우에 이기주의라는 개념은 더 이상 나쁜 것이 아니다.

협력과 자선 행위에 대한 신경과학적 연구들은 이타주의에 대한 전형적인 물음('우리는 정말로 이타적인가?')을 무의미하게 만들었으며 다음과 같은 두 질문으로 대체했다. 왜 우리는 이타적 행동을 즐기도록 진화했는가? 왜 우리는 이타적 행동이 내적 보상을 줄 수 있다는 사실을 깨닫지 못하고 있을까? 이제 이 두 질문을 차례대로 살펴보기로 하자.

사회적 보상의 힘

지금까지 살펴본 것처럼 사회적 보상에는 두 종류가 있다. 하나는 다른 사람이 우리를 좋아하거나 존중하거나 돌봐준다는 사실을 알게 될 때 생기는 사회적 보상이고, 다른 하나는 우리가 다른 사람을 돌보거나 잘 대해줄 때 생기는 사회적 보상이다. 이는 어미와 자식 간의 관계가 지니는 두 측면과도 유사한데, 결코 우연이 아니다. 낯선 사람이 나를 좋아한다는 이야기를 들으면 기분이 좋아지는 이유는 어머니의 보살핌을 받을 때 갖게 되는 긍정적인 감정이 일반화되기 때문이다.

여러 포유동물들은 어미나 또래 동물로부터 몸 손질을 받으면 뇌에서 오피오이드와 연결된 쾌락 반응을 보인다.[44] 그러나 인간의 경우 보살핌은 대부분 신체적이기보다 언어적인 형태를 띤다.[45] 만약 다른 사람이 우리를 언어적으로 보살피는 데 상당한 시간을 쓴다면, 이는 우리가 안전하며 타인의 보살핌을 받고 있다는 신호이다. 인간의 경우 미성숙 기간이 매우 길다는 점을 고려할 때, 이것은 매우 강력한 강화 효과를 지니는 신호임에 틀림없다.[46]

다른 사람으로부터 좋은 대우를 받는 것이 보상이 된다는 사실은 특별히 놀라운 일이 아니다. 다른 사람이 우리를 좋아하고 보살펴주면 기분이 좋아진다는 것은 우리 모두가 아주 잘 아는 사실이기 때문이다. 한편으로 이는 집단 내에서 나눠 가질 물질적 재화가 생기면 우리도 거기에 낄 수 있을 것임을 알려주는 신호이기도 하다.

그런데 우리가 때로는 아무런 물질적 혜택도 돌아오지 않는데 다른 사람, 특히 전혀 모르는 낯선 사람을 돕고자 하는 동기를 갖게 되는 것은 어떻게 설명해야 할까? 다시 말해 정말로 순수하게 이타적인 감정은 어떻게 설명해야 할까? 이에 대한 최선의 답변은 부모의 보살핌에 일어난 진화적 변화와 관련이 있다.

모든 포유동물의 어미들은 새끼를 낳으면 곧바로 보살핌의 행동 양태를 취한다.[47] 어미 쥐들은 새끼가 태어난 지 며칠 만에 새끼와 유대관계를 형성하면서 돌보기 시작한다. 어미 양들은 새끼가 태어난 지 두 시간 안에 새끼와 유대관계를 형성한다. 그리고 인간은 아기가 태어나기 몇 달 전부터 아기와 심리적으로 유대관계를 형성하기 시작한다. 그런데 이 모든 경우에 옥시토신oxytocin이라는 신경펩티드neuropeptide가 보살핌의 동기를 발달시키는 결정적 요인으로 작용한다. 옥시토신의 일차적인 생리적 기능은 출산기에 분만을 돕고 수유기에 젖의 흐름을 촉진하는 것이다.[48] 나아가 옥시토신은 뇌의 보상체계 안에서 우리가 아기에게 다가가 돌보도록 동기를 부여하고 어려움에 처한 사람에게 다가갈 때 흔히 느끼는 걱정과 불안을 감소시키는 역할을 한다.

이렇게 볼 때 두 종류의 사회적 보상은 서로 다른 종류의 신경화학적 과정에 기초하고 있다. 보살핌을 받는 것은 뇌에서 오피오이드에 기초한 쾌락 과정을 촉진한다. 반면 옥시토신의 효과는 다른 사람을 보살피기 위한 접근 행동을 촉진하는 도파민 작용성dopaminergic 과정을 조율하는 것으로 이해되어야 한다.[49] 우리가 초콜릿에 손을 뻗는 까닭은 먹으면 쾌감을 느낄 것이라는 도파민 작용성 신호가 뇌에서 발생하기 때문이다. 쉽게 말해 우리는 뇌가 도파민 작용성 방출과 연관시키도록 학습한 것들에 대해 심리적 끌림을 느낀다.

그런가 하면 포유동물의 뇌는 낯선 동물에게 접근하는 것을 일반적으로 꺼리는데, 낯선 동물은 자신에게 위협이 될 수 있기 때문이다. 어미 쥐에게는 갓 태어난 새끼가 실로 낯선 존재다. 그래서 포유동물들은 어떤 의미에서 매우 난처한 처지에 놓이게 된다. 어미 입장에서 새끼는 피해야 할 낯선 동물이지만, 다른 한편으로는 돌보지 않으면 이 새끼가 살아남을 수 없기 때문이다. 이런 상황에서 옥시토신은 자신의 새끼에 대한 포유동물의 도파민 작용성 반응을 변화시켜 회피 대신 접근 쪽으로 균형의 추가 기울도록 만드는 것 같다.

몇몇 사람들은 옥시토신을 가리켜 '사랑의 약물' 또는 '신뢰 호르몬'이라고 부르기도 하는데, 나는 '돌봄의 신경펩티드nurse neuropeptide'라고 하고 싶다. 대학을 졸업한 뒤 나는 뉴저지 뉴브런즈윅New Brunswick에 있는 성베드로병원St. Peter's Hospital의 외과에서 1년간 근무한 적이 있다. 당시 매일 간호사들과 함께 일했는데, 그들이 하는 일은 실로 대단했다. 일은 매우 고되었으며 부모의 보살핌이 흔히 그런 것처럼 특별한 보상이 따르는 것도 아니었다.

그들은 매일 힘든 시기를 보내고 있는 환자와 환자 가족들을 상대해야 했다. 보통 사람들은 다른 사람의 체액을 보면 속이 메스꺼워지고 치료할 상처를 보면 눈이 뒤집히기 마련인데, 이 간호사들은 서슴지 않고 환자들에게 다가가 필요한 일들을 했다. 그들이 환자를 사랑했거나 신뢰했기 때문은 아닐 것이다. 환자에 대해 거의 아는 것이 없을 때도 많았는데, 어떻게 그런 환자를 사랑하거나 신뢰할 수 있겠는가? 오히려 그들이 그렇게 행동한 까닭은 남을 도우려는 동기를 목적 자체로서 가지고 있었기 때문이라고 보아야 할 것이다. 옥시토신은 우리 자신의 아이를 돌봐야 하는 상황이 되면 우리를 범인에서 영웅으로 돌변시키는 역할을 한다. 간호사들은 그런 일을 매일같이 모든 사람들을 위해서

하고 있을 뿐이다.

동물의 경우 자신의 새끼를 향한 친사회적 감정은 옥시토신의 수준이 올라가는 것과 관련이 있는데, 이때 옥시토신은 뇌의 보상체계를 이루는 두 부위인 복측 선조와 복측 피개부ventral tegmental area에서 보상 반응을 조절하는 역할을 한다. 한 견해에 따르면 복측 피개부에서 분비되는 옥시토신은 복측 선조에서 도파민의 분비를 촉진하고 이것은 다시 보상을 얻고자 하는 동기의 강화로 이어진다.[50]

또한 두려움을 모르는 대담성은 복측 선조에 인접한 중격부septal region에서 전개되는 옥시토신 상호작용의 영향을 받는 것으로 보인다.[51] 옥시토신과 중격부는 모두 고통과 걱정의 생리적 지표를 감소시키는 데 관여하는데, 이것이 열악한 또한 험악한 상황에서도 서슴지 않고 타인을 돕는 행동을 촉진하는 듯하다.[52] 다시 말해 우리가 어려움에 처한 사람을 목격했을 때, 예컨대 피를 흘리며 쓰러진 사람을 목격했을 때, 옥시토신은 그 사람에게 다가가는 행동의 보상 가치를 높이는 동시에 걱정과 두려움을 감소시키는 역할을 하는 것처럼 보인다.

새끼를 돌보는 행동을 촉진하는 옥시토신의 작용 방식은 여러 포유류 종들이 상당히 비슷하지만, 영장류와 영장류 외의 포유류가 낯선 동물을 대하는 방식과 관련해 옥시토신은 상이한 작용을 한다.[53] 비영장류 동물의 경우 옥시토신의 증가는 낯선 동물을 향한 공격성의 증가와 관련이 있다. 이것은 일반적으로 어미가 자신의 새끼를 미지의 위험으로부터 보호하려는 행동으로 이해된다.

예컨대 어미 양은 자신이 낳지 않은 새끼 양이 자신의 젖을 먹으려고 하면 그 양을 공격할 것이다.[54] 그러나 옥시토신 과정이 차단되면 어미 양은 자신이 낳지 않은 새끼 양이 젖을 먹어도 그대로 놔둔다. 이처럼 비영장류 동물의 경우 옥시토신은 자신의 새끼를 직접 돌보고 다른 동물들로부터 자신의 새끼를 보호하는 행동을 촉진한다. 이렇게 함으로써 어미의 제한된 자원은 장차 후손에게 자신의 유전자를 전달하게 될 새끼들에게만 사용될 수 있다.

보살핌 행동과 공격 행동에 대한 옥시토신의 영향은 인간의 경우에도 모두 증명되있다. 죄수의 딜레마 같은 행동경제학적 게임을 할 때 사람들에게 옥시토신을 주입하면 관대함이 증가한다는 것은 이미 잘 알려진 사실이다.[55] 한편으로 네덜란드의 심리학자 카스텐 드 드류Carsten De Dreu의 여러 번에 걸친 실험에 따르면, 죄수의 딜레마 게임에서 옥시토신의 주입은 자신과 다른 인종집단에 속하는 사람들에 대해서는 공격적 반응을 증가시킨다.[56]

이처럼 옥시토신은 내집단 편애ingroup favoritism(즉 자신이 속한 집단에 대한 편애)와 내집단에 속하지 않는 사람들을 향한 적개심을 동시에 촉진할 수 있지만, 영장류와 그 외 포유류의 경우 친구와 적을 가르는 경계선은 결정적인 차이를 보인다. 비영장류 포유동물의 경우 옥시토신은 모든 외부자들을 잠재적 위협으로 간주하여 외부자들에 대한 공격성을 증가시킨다.

인간은 다른 사람들을 적어도 세 범주로 나누는데, 자신이 좋아하는 집단의 구성원들, 자신이 싫어하는 집단의 구성원들, 소속 집단이 불분명한 낯선 사람들이 바로 그것이다. 사람들에게 옥시토신을 주입하면 자신이 좋아하는 집단의 구성원들과 낯선 사람들을 보살피는 행동이 촉진되는 반면에, 자신이 싫어하는 집단의 구성원들에 대해서는 공격성이 촉진된다.**57** 인간의 경우 옥시토신이 촉진하는 이타적 성향은 자신이 속한 집단을 향한 것이 아니다(이는 엄밀한 의미에서 이타적 성향이라고 보기도 어려울 것이다). 또한 자신이 싫어하는 집단의 구성원들을 향한 것도 아니다. 옥시토신을 통해 증가될 수 있는 우리의 관대함은 완전히 낯선 사람들을 향한 것이다. 이는 매우 신기한 현상인데, 낯선 사람들이 서로에 대해 긍정적인 마음을 갖기 시작하면 집이나 학교의 건설 또는 그 밖에 사회를 떠받치는 여러 시설과 기관의 건설 같은 거대한 일들을 함께 도모할 수 있기 때문이다.

왜 우리는 이기적인 척할까?

당신이 캐러멜 아이스크림을 한 숟가락 떠먹을 때 나의 뇌를 스캐너로 관찰한다면 틀림없이 내 뇌의 보상체계 곳곳에서 왕성한 활동을 관찰할 수 있을 것이다. 혹은 기능적 자기공명영상 스캐너를 이용하는 데 드는 엄청난 비용을 아끼기 위해 그냥 내게 캐러멜 아이스크림을 좋아하는지 물어보아도 결과는 크게 다르지 않을 것이다. 그 이유는 아이스크림에 관한 한 우리의 의식적 경험과 우리의 뇌가 똑같은 이야기를 늘어놓기 때문이다.

그렇다면 왜 사회적 보상의 경우에는 그렇지 않을까? 왜 사회적 보상은 공정한 대우를 받으면 기분이 좋아지는 것처럼 자연스럽게 느껴지지 않을까? 왜 우리는 다른 사람을 돕는 행동이 물질적 혜택에 대한 기대와 상관없이 내적 보상이 된다는 사실을 깨닫지 못할까? 관련 연구에 따르면 그 이유는 우리가 (실제로는 그렇게 이기적이지 않은데도) 스스로 이기적인 존재임을 고백해야만 하는 것처럼 느끼고 있기 때문이다.

최근에 나는 내가 근무하는 사회심리학과 교수들 및 대학원생들과 회의를 가진 적이 있다. 이때 회의 대표가 지난 여름 관료적인 행정절차를 인터넷상으로 이전시켜 능률을 높이는 데 많은 시간을 투자한 대학원생 켈리 길더스리브Kelly Gildersleeve의 노고를 치하하는 말을 했다. 방 안에 있던 모든 사람들이 진심으로 박수갈채를 보내자 그녀는 붉게 달아오른 얼굴로 무심결에 말하길 행정 능률이 오르면 자신도 혜택을 입을 것이므로 대단한 일이 아니라고 했다. 그러나 이것은 완전히 거짓말이었다. 대학원 마지막 해를 보내고 있는 그녀가 앞으로 얻게 될 혜택은 그녀가 투자한 시간을 보상하기에 턱없이 부족할 것이었기 때문이다.

나중에 길더스리브는 내게 자신도 그런 말을 했을 때 사실이 아님을 알고 있었다고 했다. 그러나 어쨌든 그녀는 이렇게 이기적인 것처럼 들리는 말을 내뱉었다. 길더스리브가 우리를 도운 까닭은 그녀가 문제점을 발견했고 그녀 자신이 해결할 능력을 지닌 친절하고 사려 깊은 사람이었기 때문이다. 다시 말해 길더스리브가 우리를 도운 까닭은 주위 사람들을 돕는 것이 그녀에게 내적 보상이 되었기 때문이다. 하지만 무슨 이유에서인지는 몰라도 우리는 왜 남을 도왔느냐는 질문을 받으면 우리 자신이 실제보다 더 이기적인 존재인 것처럼 보이도록 이야기할 때가 종종 있다.

스탠퍼드대학교Stanford University의 사회심리학자 데일 밀러Dale Miller는 이렇게 이기적인 척하는 행동의 근본 원인을 밝혀냈다.**58** 그에 따르면 자신의 이익을 추구하는 것이 모든 인간 동기의 근원이라고 주장해온 홉스Hobbes, 흄Hume 등의 지적 전통 때문에 일종의 자기실현적 예언selffulfilling prophecy이 생겨났다는 것이다. 다시 말해 그들의 이론과 그것을 되풀이해온 모든 사람들의 주장이 우리의 행동 방식에 거꾸로 영향을 미쳐왔다는 말이다. 우리는 인간이 사익을 추구하는 존재라고 배워왔기 때문에 이런 문화적 규범을 따름으로써 쓸데없이 튀지 않으려고 노력하는 것이다.[59]

밀러의 여러 번에 걸친 실험 연구에 따르면 우리는 다른 사람들을 실제보다 훨씬 더 이기적인 존재로 간주한다. 한 연구에서 밀러는 사람들에게 대학생들 중 몇 퍼센트가 15달러를 받고 헌혈에 동의하겠는지, 또는 몇 퍼센트가 돈을 전혀 받지 않고 헌혈에 동의하겠는지 물었다. 그러자 응답자들은 공짜로 헌혈할 확률이 돈을 받고 헌혈할 확률의 절반쯤(각각 32퍼센트와 62퍼센트) 될 것이라고 예측했다. 그런데 실제 비율을 따져보자 공짜로 헌혈하겠느냐는 제안을 받은 사람들의 62퍼센트가 이에 동의했다. 이는 돈을 받고 헌혈하기로 동의한 사람들의 비율(73퍼센트)보다 살짝 낮을 뿐이었다.

이렇게 우리는 다른 모든 사람들이 이기적이라는 잘못된 가정을 지니고 있기 때문에, 우리 자신이 이타적으로 보이는 것을 피하려는 경향이 있다. 남들에게 괜히 으스대거나 도덕군자인 척하는 사람처럼 비치기를 원치 않기 때문이다. 대다수 사람들이 이타주의를 믿지 않는 것처럼 보이는 상황에서 만약 당신이 당신 자신의 행동을 이타적 동기에 의한 것이라고 주장한다면 지나친 자화자찬처럼 느껴질 것이다. 이런 이유 때문에 사람들은 왜 친사회적 행동을 했느냐는 질문을 받으면 어떤 사익 때문에 그렇게 행동한 것처럼 대답하는 경향이 있다[60](예컨대 '심심해서 지원했어요. 그러면 무언가 할 일이 생기잖아요'라는 식으로 둘러대곤 한다).

나아가 다른 사람들이 그들의 이타적인 행동에 대해 이기적인 것처럼 보이는 이유를 말하는 장면을 거듭 목격할 때마다, 모든 행동은 사익을 좇는다는 우리의 믿음은 더욱 강화될 것이며, 다시 우리 자신의 이타적 동기를 고백하기란 더더욱 어려워질 것이다. 그리고 이런 악순환이 상승작용을 일으켜 잘못된 가정은 시간이 흐를수록 점점 더 깊이 우리의 몸에 배게 될 것이다.

　밀러의 또 다른 연구는 이런 아이러니한 상황을 여실히 보여주었다.61 이 실험에서 연구자는 사람들에게 접근해 자선단체에 기부할 의향이 있는지 물었다. 그러자 단순히 기부 요청을 받은 사람들은 자신이 자선단체에 기부하는 것에 대해 이기적인 설명을 찾아내는 데 어려움을 느꼈다. 반면 다른 사람들에게는 기부를 하면 답례로 작은 양초 한 개를 주겠다고 말했다. 연구자는 이 양초가 사람들로 하여금 '저는 남을 돕기 위해 기부한 것이 아니라 양초를 샀을 뿐이에요'라고 말할 수 있게 해주는, 허구적인 교환의 상황을 만들어낼 것이라고 예측했다. 실제로 사람들은 아무 답례품도 없을 때보다 양초를 받을 때 더 자주 기부를 했다. 나아가 그들은 답례품이 있을 때 훨씬 더 많은 돈을 기부했다. 아이러니하게도 이 상황에서 사람들은 자질구레한 물건을 답례로 받음으로써 자신의 관대함을 비이타적인 설명으로 은폐할 수 있게 되었으며, 이로써 더 이타적으로 행동할 수 있는 자유를 얻은 셈이었다.

　미국에 관해 저술된 최초의 위대한 책《미국의 민주주의Democracy in America》를 1835년에 발표한 프랑스 지식인 알렉시스 드 토크빌Alexis de Tocqueville은 미국인들이 자신들의 선행에 대해 어떻게 생각하는지 알고는 깜짝 놀랐다고 한다. '미국인들은 자신들이 살면서 행한 거의 모든 행위를 사익의 원리로 설명하려 드는 버릇이 있다. 이 점에서 나는 그들이 자기 자신을 공정하게 평가하지 못할 때가 많다고 생각한다. 미국에서든 다른 어느 곳에서든 사람들은 때때로 인간의 자연적인 충동에 이렇게 사심 없이 자발적으로 굴복하곤 한다. 그러나 미국인들은 그들이 이런 종류의 감정에 굴복했다는 것을 좀처럼 인정하지 않는다.'[62]

진실은 우리가 이기적인 동기와 그렇지 않은 동기를 모두 가지고 있다는 것이다. 그리고 이것은 결코 우연이 아니다. 포유류의 뇌는 다른 동물들을 돌보도록 진화했기 때문이다. 영장류의 경우에 이런 돌봄은 투자한 만큼 물질적 혜택이 돌아오지 않는 상황에서도 혈연관계가 없는 일부 동물들에게까지 확장될 수 있다. 우리는 뇌의 특성 때문에 맛있는 케이크를 먹으면 배가 고프든 그렇지 않든 쾌감을 느낀다. 마찬가지로 우리 뇌의 특성 때문에 다른 사람을 도우면 보답을 기대하든 그렇지 않든 기분이 좋아진다.

만약 우리가 학교에서 이런 사실을 교육받고 나아가 이타적으로 남을 돕는 행위가 이기적인 행위만큼이나 자연스러운 것이라는 점을 이해한다면 세상이 어떻게 달라질지 상상해보라. 아마 무엇보다도 이타적 행동에 찍힌 이상한 낙인이 제거될 것이고 훨씬 더 친사회적인 행동들이 우후죽순 생겨날 것이다.

고통과 쾌감의 수명

이상 2부에서 우리는 모든 포유동물들로 하여금 사회적 세계에 대해 관심을 갖게 만드는 두 가지 진화적 동기를 살펴보았다. 고통과 쾌감은 우리의 동기 부여적인 삶을 추진하는 두 가지 원동력이다.[63] 동물의 왕국에서 많은 종들은 자신에게 해가 될 수 있는 위협들을 피하고 생존과 번식에 도움이 될 수 있는 잠재적 보상들에 이끌리면서 상당히 성공적인 삶을 살아간다. 포유동물이 자신을 잡아먹을지도 모르는 포식동물을 피하도록, 또 미로에서 마지막으로 치즈를 본 장소가 어디인지를 기억하도록 진화한 것은 특별히 놀라운 일도 아니다.

　놀라운 것은 고통과 쾌감의 이런 기본적인 동기들이 우리의 사회적 삶에도 기여하도록 진화 과정을 통해 선택되었다는 점이다. 새끼 포유동물이 지닌 가장 중요한 욕구는 어른 동물로부터 지속적인 보살핌을 받고자 하는 것이다. 만약 이런 보살핌이 없다면 새끼는 다른 모든 욕구들을 충족시킬 수 없을 것이며, 결국 죽음을 면치 못할 것이다. 그러므로 어떻게 사회적 관계를 형성하고 유지할 것인가 하는 것은 '포유류 진화의 핵심 문제'다. 우리의 뇌는 우리로 하여금 사회적 관계에 대한 위협을 정말로 고통스럽게 느끼도록 만듦으로써 이런 위협에 대한 적응적 반응을 산출한다(예컨대 아기의 울음은 보호자의 주의를 끄는 적응적 반응이다). 그리고 우리의 뇌는 자식을 돌보는 일이 내적 보상과 강화가 되도록 함으로써 아이가 우리를 필요로 하기도 전에 우리가 아이 곁에 있도록 만든다.

　때로는 진화적 적응이 뜻밖의 결과를 초래하기도 한다. 사회적 연결에 대한 욕구와 타인을 돌볼 때 생기는 쾌감이 과연 단순한 출산을 넘어서는 낭만적 관계의 진화에도 기여했을까? 이런 고통 또는 쾌감 반응은 주로 새끼를 돌볼 목적으로 진화한 것처럼 보이지만, 이것들은 평생 우리와 함께 있으면서 우리의 사고와 감정과 행동에 큰 영향을 미친다. 이런 사회적 동기들의 단점은 이것들이 충족되지 않을 경우 매우 해로운 결과를 초래할 수 있다는 점이다. (예컨대 오랫동안 맺어온 연인 관계가 파국을 맞이하거나 사랑하는 연인이 사망하여) 사회적 유대가 단절되는 것은 우울과 불안을 초래할 수 있는 가장 큰 위험 요인 중 하나다.**64** 물론 (음식, 물 같은) 신체적 욕구가 충족되지 않는 경우와 비교하면 사회적 욕구가 충족되지 않는 경우에 훨씬 더 오래 생명을 유지할 수 있지만, 사회적 유대가 수명에 영향을 주는 것도 사실이다. 실제로 빈약한 사회적 연결망 속에서 사는 것은 하루에 담배 두 갑을 피우는 것만큼이나 건강에 해롭다.**65**

사회적 연결을 추구하는 동기는 갓난아기 시절부터 우리 모두에게 존재한다. 이것은 매우 절박한 실제 욕구이다. 그리고 진화의 관점에서 볼 때 이런 사회적 욕구가 존재한다는 것은 사회적 고통을 최소화하고 사회적 쾌감을 최대화할 수 있는 사람들에게 큰 이점으로 작용할 것이다. 그런데 사회적 연결망을 형성하고 유지하는 것은 거저 되는 일이 아니다. 이 점은 CBS의 〈서바이버Survivor〉나 MTV의 〈리얼 월드Real World〉 같은 리얼리티 쇼만 보아도 쉽게 알 수 있다. 다행히 진화는 우리에게 주위 사람들을 이해하고 그들과 힘을 합쳐 일하는 데 유용한 신경망을 한 가지도 아니고 두 가지나 선사했다. 연결은 우리의 사회적 삶을 떠받치는 기초이다. 그러나 진화는 여기에서 그치지 않았으며 우리의 사회적 삶을 더욱 풍성하게 해줄 또 다른 적응이 기다리고 있었다.

마음 읽기

S O C I A L

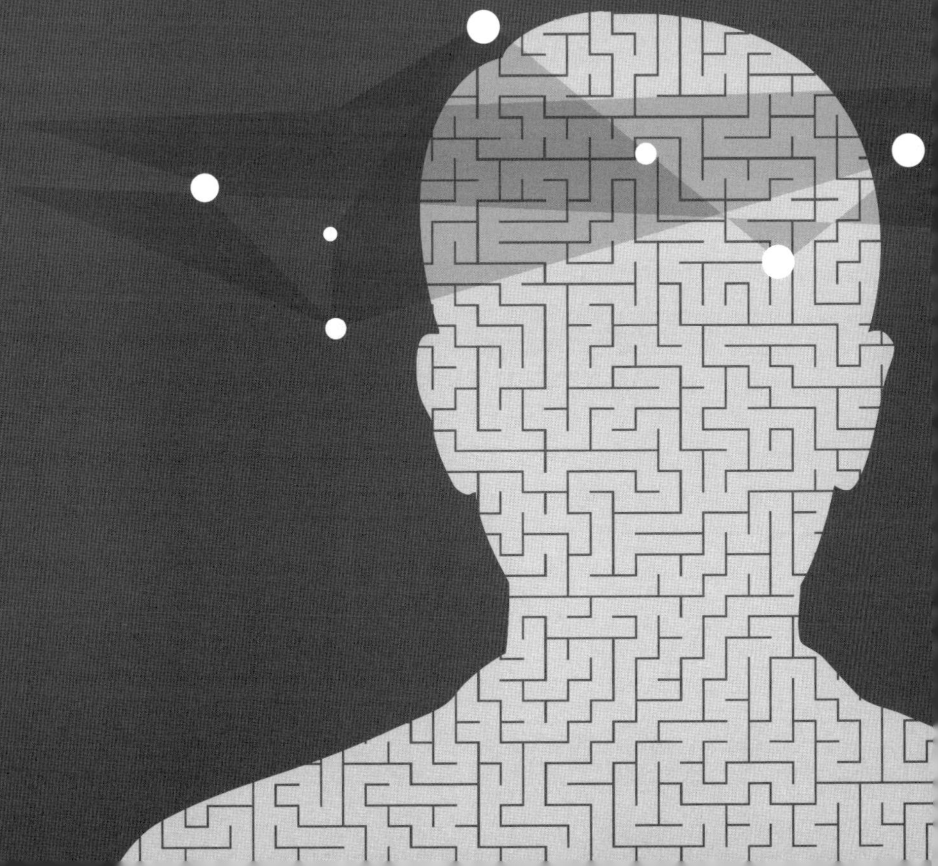

5장

심리화 체계

많은 사람들은 동전 던지기가 이러지도 저러지도 못하는 상황에서 문제를 푸는 빠르고도 공정한 방법이라고 생각한다. 고대 로마인들은 이를 가리켜 '배 또는 머리navia aut caput'라고 불렀는데, 그들의 동전 양면에 배와 머리가 새겨져 있었기 때문이다. 동전 던지기가 교착 상태를 푸는 합리적인 방법인 것처럼 여겨지는 까닭은 동전을 던져서 앞면 또는 뒷면이 나올 확률이 똑같아 보이기 때문이다. 그런데 실제로는 그렇지 않다.

몇 년 전 이루어진 한 연구에서는 병원 레지던트들에게 엄격한 실험 조건 속에서 동전을 300회 던져 앞면이 최대한 많이 나오도록 하라는 과제를 주었다.[1] 그들은 도박꾼이나 사기꾼도 아니었고 동전 던지기를 따로 연습할 시간도 많지 않았다. 그러나 이 과제를 수행한 모든 레지던트들은 동전을 300회 던져서 뒷면보다 앞면이 더 많이 나오는 결과를 얻었다. 심지어 한 레지던트는 200회 이상 앞면이 나오게 했는데, 이 68퍼센트의 적중률은 그저 우연으로 치부하기에는 너무 높은 수치였다.

동전 던지기의 물리학적 특성을 분석한 스탠퍼드대학교의 통계학자들은 동전을 던지는 사람에게 별다른 의도가 없다고 가정할 때 정상적인 동전이라면 던질 때의 면 그대로 떨어지는 경향이 있다고 결론지었다.2 비록 그 확률이 (51퍼센트 대 49퍼센트로) 그리 큰 것은 아니지만, 이것이 사실이라면 과연 누가 다시 동전 던지기를 하는 데 동의하겠는가?

실제로 미식축구팀 샌프란시스코 포티나이너스San Francisco 49ers의 조 네드니Joe Nedney는 동전 던지기의 이런 결과를 전해 듣고 어느 팀이 먼저 공을 찰 것인지를 결정하는 데 동전 던지기 대신 가위바위보를 하자고 제안했다. 그렇지만 또 가위바위보에서 지는 바람에 무서운 이웃집 안뜰에 떨어진 공을 되찾아오느라 진땀을 빼야 했던 아이들은 또 얼마나 많을까? 만약 동전 던지기 대신 가위바위보가 교착 상태를 푸는 공정한 방법이라면, 아마도 밥 쿠퍼Bob Cooper는 지구 상에서 가장 운 좋은 사람일 것이다. 그는 2006년에 496명의 경쟁자를 물리친 가위바위보 세계챔피언이기 때문이다.

다들 잘 아는 것처럼 이 게임의 규칙은 간단하다. 두 사람은 가위, 바위, 보자기 중에서 하나를 뜻하는 손동작을 동시에 내밀어야 한다. 이때 바위는 가위를 부술 수 있고 가위는 보자기를 자를 수 있으며 보자기는 바위를 덮을 수 있다. 다시 말해 이 게임을 하는 사람에게는 세 가지 선택권이 있다. 그중 하나는 다른 하나를 이기고 나머지 하나에게는 진다(만약 두 사람이 똑같은 손동작을 내밀면 무승부가 되어 게임을 다시 하게 된다).

런던에서 영업부장으로 일하고 있는 쿠퍼는 가위바위보 세계선수권대회 결승전에서 상대방의 가위에 바위를 냄으로써 5 대 2를 만들었다. 이제 우승까지는 단 한 번의 승리가 필요했다. 다음에 두 사람은 똑같이 보자기를 냈다. 그리고 바위, 다음은 가위를 똑같이 냈다. 세 번 연달아 무승부였다. 그리고 마침내 15번째 라운드에서 쿠퍼는 상대방의 보자기에 대해 가위를 냄으로써 가위바위보 세계챔피언의 자리에 올랐다.

이 경기는 유튜브YouTube에서 찾아볼 수 있는데, 비디오 바로 밑에 달린 첫 번째 댓글은 '동전 던지기 선수권대회는 언제 열리지?'라며 이를 비꼬기도 했다. 초보자에게 가위바위보는 두 사람의 이길 확률이 똑같은 무작위 게임처럼 보일 것이다. 만약 당신이 정말로 그렇게 믿는다면, 나는 기꺼이 당신과 큰돈이 걸린 가위바위보 게임을 하고 싶어 하는 게임 전문가를 소개시켜줄 수 있다. 이 게임을 가장 잘할 수 있는 사람은 다른 사람의 마음을 읽을 줄 아는 사람일 것이다. 마음을 읽을 줄 안다면 당신이 다음에 무엇을 내놓을지 미리 알 것이기 때문이다. 특히 초보자들은 상대에게 이용당하기 쉬운 뚜렷한 성향을 가지고 있다.

예컨대 가위바위보를 처음 하는 남성들은 게임을 시작할 때 보자기나 가위보다 바위를 더 자주 내는 경향이 있다. 이것은 아마도 바위가 힘을 연상시키기 때문일 것이다. 또 다른 경향은 두 번 연달아 똑같은 것을 낸 다음에는 손동작을 바꾼다는 것이다. 때문에 좀 더 경험이 많은 사람이라면 초보자들의 이런 경향을 이용해 자신의 승률을 획기적으로 높일 수 있을 것이다.

물론 선수권대회에서는 초보자가 존재하지 않는다. 그리고 노련한 선수들은 온갖 정교한 공격과 반격의 기술들을 구사하기 마련이다. 세계챔피언 벨트를 차지한 뒤 밥 쿠퍼는 기자에게 가위바위보 게임의 핵심은 '내가 무엇을 낼 것이라고 상대가 예측하는지를 예측하는 것'이라고 말했다.[3] 이는 상대의 머릿속으로 들어가 내가 낼 것이라고 생각하는 바를 조작하고 상대가 나를 이기기 위해 그 정보를 어떻게 이용할지를 이해함으로써 반격을 가하는 일이다. 다시 말해 이는 모두 다른 사람의 마음을 읽는 일이다.

옥스퍼드대학교University of Oxford의 수학 교수인 마커스 드 사토이Marcus du Sautoy는 마음 읽기에 의존하지 않고, 그래서 상대에게 마음을 읽힐 염려도 없는 전략을 시험해보기로 했다. 그는 원주율(3.1459…)의 연속된 숫자들을 이용해 완전히 무작위로 가위바위보 게임을 했다. 다시 말해 그는 매번 아예 전략을 세우지 않은 채 게임에 임함으로써, 자신의 마음을 조작할지도 모르는 상대의 능력을 무력화시키는 전략을 사용한 셈이었다. 이 '이길 수도 질 수도 없는' 전략이 때때로 행운을 가져다주기도 했지만, 사토이는 밥 쿠퍼를 당해낼 수가 없었다. 그는 쿠퍼에게 여덟 번이나 연달아 패했다. 아마도 쿠퍼는 통계적 지식에 의존하기보다 상대의 미묘한 표정과 몸짓 변화에서 그의 다음 선택을 암시하는 단서들을 찾아내는 듯했다. 이처럼 마음 읽기의 힘은 대단한 것이다.

일상적인 마음 읽기

독일 철학자 프란츠 브렌타노Franz Brentano는 20세기 가장 중요한 몇몇 철학자와 심리학자의 조상쯤 되는 인물이다. 그가 가르친 에드문트 후설Edmund Husserl은 나중에 마틴 하이데거Martin Heidegger를 가르쳤는데, 이 하이데거는 현대 현상학과 실존철학의 대가로 꼽힌다. 나아가 브렌타노가 가르친 카를 슈툼프Carl Stumpf는 나중에 1세대 형태심리학자들Gestalt psychologists('전체는 부분의 합보다 크다'는 원리로 유명)과 쿠르트 레빈Kurt Lewin(제2차 세계대전의 발발과 함께 독일에서 이주해 미국 사회심리학의 창시자 중 한 명이 됨)을 가르쳤다.

1874년 브렌타노는 오랫동안 사람들의 기억 속에서 사라져버린《경험적 입장에서의 심리학Psychology from an Empirical Standpoint》이라는 저서를 발표했는데, 이것은 같은 해 출판된 빌헬름 분트Wilhelm Wundt의 영향력 있는 책《생리심리학의 원리Principles of Physiological Psychology》와 함께 근대 심리학 최초 저서로 꼽힌다.4 이 책에서 브렌타노는 우리의 사고가 '지향적intentional'이라는 사실을 인간 심리의 핵심으로서 제시했다. 여기서 '지향적'이라는 용어는 아리스토텔레스와 사물의 '지향적 비존재intentional inexistence' 문제를 논의한 12세기 스콜라철학자들로부터 유래한 것이다. 한마디로 말해 '지향성intentionality'이란 우리가 사물에 관하여 어떤 생각, 신념, 목표, 소망, 의도 등을 지니고 있음을 의미한다.

우리가 지닌 생각은 이 세상에 있는 어떤 물체에 관한 것일 수도 있고, 호그와트 마법학교(《해리 포터Harry Potter》시리즈에 등장하는 학교-옮긴이)의 마법사들처럼 상상 속 존재에 관한 것일 수도 있으며, 또 다른 생각에 관한 것일 수도 있다. 그런데 무엇에 관한 것이든 언제나 우리의 생각은 그 생각 너머에 있는 다른 어떤 것에 관계하고 있다. 그리고 우리가 아는 우주의 어떤 다른 것도 이런 '관함aboutness'의 내적 특성을 지니고 있지 않다(예컨대 바위는 다른 어떤 것에 '관하여about' 존재하지 않는다. 바위는 그저 있을 뿐이다).

브렌타노 이후 반세기가 지난 뒤, 우리의 사회적 마음에 대해서도 비슷한 핵심적 사실이 확인되었다. 그것은 바로 우리가 다른 사람들을 바라보거나 이해할 때 그들의 지향적 정신 과정에 입각해 그렇게 할 수 있는 능력을, 더 정확히 말하자면 그렇게 할 수밖에 없는 성향을 지니고 있다는 사실이다. 우리는 다른 사람을 볼 때 그 사람이 무엇을 생각하고 있는지 또 그것에 관해 어떻게 생각하고 있는지 알고 싶어 한다.

우리가 일상적으로 다른 사람들의 마음을 읽으려는 성향을 갖고 있다는 사실을 최초로 증명한 사람은 프리츠 하이더Fritz Heider였다.[5] 그는 사람들에게 두 개의 삼각형과 한 개의 원이 이리저리 움직이는 짧은 동영상을 보여준 뒤에 무엇을 보았는지 물었다(그림 5.1 참조). 이때 사람들은 두 개의 삼각형과 한 개의 원이 이리저리 움직이는 모습을 보지 않았다. 대신 사람들은 다음과 같은 드라마를 보았다. '큰 삼각형은 작은 삼각형과 원을 괴롭히는 나쁜 놈이에요. 그리고 작은 삼각형과 원은 겁에 질려 도망 다니다가 결국에는 큰 삼각형을 속이고 탈출에 성공

[그림 5.1] 하이더Heider와 짐멜Simmel의 '싸우는 삼각형들Fighting Triangles'

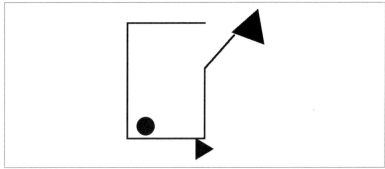

출처: Heider, F., & Simmel, M. (1944). An experimental study of apparent behavior. *American Journal of Psychology*, 57, 243~259.

했어요.' '큰 삼각형은 여자 원의 질투심 많은 남자친구에요. 그는 원이 작은 삼각형과 놀아나는 것을 보고 화가 났어요.' 결국 이 실험에 참가한 모든 사람들은 이 도형들에서 있지도 않은 사고와 감정, 의도를 본 셈이었다.

하지만 도형에는 당연히 마음이 없다. 우리는 우리 주변 곳곳에서 생각하고 느끼는 마음들을 본다. 우리가 사용하는 컴퓨터나 자동차, 심지어 날씨에 대해서도 마치 그것들에게 마음을 있는 것처럼 생각하고 행동한다. 우리가 이렇게 물리적인 세계에서 일어나는 사건의 배후에 마음이 있는 것처럼 지나치게 일반화하는 경향이 진화한 까닭은 아마 혹시라도 다른 사람들의 실제 마음을 간과하는 일이 없도록 하기 위해서일 것이다. 실제 마음도 감추어져 있기 때문에 만약 우리가 다른 사람들의 마음을 알아채도록 진화하지 않았다면 어쨌든 그것을 간과하는 일은 부지기수로 일어날 것이다.

브렌타노 이후 한 세기가 지난 1971년, 철학자 대니얼 데닛은 행동을 이끄는 마음의 관점에서 다른 사람들을 바라보는 우리의 성향을 명확하게 개념화했다.[6] 그에 따르면 우리는 다른 사람들의 마음이 존재한다는 가정이 정당화될 수 있든 없든 상관없이 다른 사람들이 지향적 존재라고 가정하는 성향을 가지고 있다. 데닛은 이런 성향을 가리켜 '지향적 태도intentional stance'라고 불렀다. 대피 덕Daffy Duck(워너브라더스 엔터테인먼트Warner Bros. Entertainment의 만화영화 〈루니툰Looney Tunes〉의 등장인물-옮긴이)이 '내가 안다는 것을 네가 안다는 것을 내가 알아'라고 말하며 벅스 바니Bugs Bunny와 맞서는 고급 코미디를 즐길 수 있는 것도, 우리의 마음이 다른 사람의 마음에 대해 생각하고 또 상대도 우리에 대해 생각하기 때문이다. 비록 벅스 바니와 대피 덕은 이것을 과장되게 하고 있긴 하지만, 이런 종류의 상호작용은 인간 사회가 협동작업을 통해 축구 리그, 학교, 고층 빌딩 같은 것을 만들어낼 수 있는 가장 중요한 토대 중 하나다.

지향적 태도는 도처에 존재하고 또 우리의 일상 속에 너무나도 자연스럽게 녹아 있기 때문에 우리는 이것이 얼마나 큰 성취인지를 좀처럼 깨닫지 못한다. 우리는 모두 어떤 의미에서 독심술사다. 당신은 이 글을 읽으면서 단순히 종이 위에 적힌 기호들을 보는 것이 아니라, 내가 이 글을 쓰면서 품었던 생각을 이해하고 있는 것이다. 마찬가지로 나는 이 글을 쓰면서 이 기호들이 당신의 마음속에서 어떻게 경험될지를 예측할 수 있어야, 비로소 내 생각을 더 쉽게 전달할 수 있을 것이다.

그렇다면 우리는 다른 사람들에게 이런 정신 과정이 존재한다고 가정하고 또 그것을 적절히 고려할 수 있는 기계를 만들어낼 수 있을까? 언뜻 불가능해 보이지만, 사실 우리 마음속에는 우리가 미처 깨닫지 못하지만 매일 이런 일을 하고 있는 기계가 구비되어 있다. 우리가 이런 능력을 지녔다는 사실을 깨닫기까지 매우 오랜 시간이 걸린 까닭도 아마 이런 연유에서일 것이다. 물고기가 자신을 둘러싸고 있는 물에 대해 별다른 생각을 하지 않듯이, 마음 읽기는 우리에게 너무나도 기초적인 것이어서 우리는 그것을 좀처럼 깨닫지 못한다.

만약 다른 사람들의 마음을 이해할 수도 없고 다른 사람들에게 당신의 마음을 설명할 수도 없다면, 당신의 하루가 어떻게 흘러갈지 상상해 보자. 아마도 가장 사소한 예를 들어보자. 나는 로스앤젤레스 집에 돌아가기 위해 비행기에서 내릴 때면 셔틀버스를 이용해 내 차가 주차된

곳까지 이동한다. 이때 셔틀버스가 터미널에 접근하면 나는 손을 흔든다. 그러면 운전수는 내가 버스를 타기 위해 차를 세워주길 원한다는 사실을 안다. 차가 서고 문이 열리면 나는 운전수의 의도가 무엇인지를 안다. 그는 나에게 버스에 올라탈 기회를 주고 있는 것이다. 이는 서로를 전혀 모르는 두 사람 사이에서 벌어지는 매우 간단한 상호작용이다. 그러나 우리 둘 중 한 명이라도 상대방의 행동에 담긴 심리적 의미를 정확히 이해하지 못한다면 우리는 이렇게 시시한 상호작용조차 제대로 완수할 수 없을 것이다.

그렇다면 회사의 새로운 고용 계획을 수립하기 위해 협력하고 있는 컨설팅 팀이나, 20여 명의 10대 학생들에게 사인sine과 코사인cosine의 미묘한 지점들에 대해 가르치고 있는 수학 교사의 경우는 어떠할까? 이경우 우리는 함께 작업하고 있는 사람들이 우리의 행동을 어떻게 이해할지에 대해 더욱 날카로운 통찰력을 발휘하지 않으면 안 될 것이다. 만약 우리가 다른 사람들의 마음을 이해하고 예측할 수 있는 능력을 어느 날 갑자기 상실해버린다면 현대 세계는 더 이상 작동하지 않고 그자리에 멈춰 설 것이다. 우리는 사고능력 덕분에 위대한 것들을 상상할수 있다. 그러나 우리에게 사회적으로 사고하고 계획을 다른 사람들과 공유할 수 있는 능력이 없다면, 우리는 우리의 계획을 실현시키기 위해 우리 자신의 능력에만 의존해야 할 것이다.

심리학에서는 어떤 사람이 다른 사람을 두고 이런저런 생각을 하는 존재이자 자신의 생각대로 행동하는 존재로 바라볼 때 그를 가리켜 일종의 '마음이론Theory of Mind'을 가진 사람이라고 말한다. 그리고 이렇게 다른 사람의 마음을 헤아리는 능력을 사용하는 것을 가리켜 '심리화

mentalizing' 작용이라고 부른다(다시 말해 다른 사람들의 심리 상태를 헤아릴 때 우리는 심리화 작업을 하고 있는 셈이다). 과학자들이 이론을 바탕으로 예측을 하고 증거에 기초한 결론을 도출하는 것처럼, 우리 성인들은 모두 마치 다른 사람들에게 마음이 있으며 이 마음은 특정 규칙에 따라 질서 있게 반응한다는 이론을 가지고 있는 것처럼 행동한다(예컨대 우리는 사람들이 게임에서 지면 기뻐하는 것이 아니라 슬퍼할 것이라는 이론을 가지고 있다). 바로 이런 능력 덕분에 우리는 우리의 생각을 다른 사람들의 생각과 조화시키고 공동의 목표와 협력을 추구할 수 있는 것이다.

누가, 언제 마음이론을 갖게 되는가

지난 30년 동안 마음이론 연구자들은 다음과 같은 서로 관련된 두 가지 물음에 초점을 맞추어왔다. 누가 마음이론을 가지고 있는가? 언제 마음이론을 갖게 되는가? 여기서 '누가'라는 질문은 주로 인간 외의 어떤 동물이 우리처럼 마음이론의 능력을 가지고 있는지를 확인하려는 데 목적이 있다. 우리 인간은 지구 상에서 다른 사람이나 동물의 마음을 읽을 수 있는 유일한 존재인가? 아니면 도구의 사용 같은 많은 능력들이 그렇듯이 인간과 나머지 동물들 간의 차이는 정도의 문제일 뿐인가?

데이비드 프리맥David Premack과 가이 우드러프Guy Woodruff는 이 문제를 풀기 위한 최초의 연구를 수행했다.[7] 일반적으로 침팬지는 인간과 가장 가까운 친척 동물로 간주되므로, 만약 인간 외의 어떤 동물이 마음이론을 가지고 있다면 침팬지가 가장 그럴듯한 후보일 것이다. 프리맥과 우드러프는 사라Sarah라는 이름의 침팬지를 상대로 연구를 수행했는데, 사라는 꽤 재주 있는 원숭이였다. 연구자들은 사라에게 비디오 몇 편을 보여주었는데, 한 비디오에서는 어떤 남자가 손이 닿지 않을 만큼 높이 있는 바나나를 잡으려고 바동거리고 있었다.

연구자들은 남자가 문제를 해결하는 장면이 나오기 전에 비디오를 멈춘 다음, 이 남자에게 벌어질 수 있는 상황을 담은 사진 네 장을 사라에게 보여주었다. 그러면 사라는 문제의 해답을 보여주는 사진(이 경우에는 남자가 상자를 가져다가 그 위에 올라서는 사진)을 일관되게 집어 들었다. 인간에게는 이것이 무척 쉬운 과제겠지만 침팬지도 할 수 있다는 점에서 주목할 만하다. 프리맥과 우드러프의 해석에 따르면 침팬지 사라가 이런 과제를 수행할 수 있으려면 침팬지는 비디오 속의 남자가 소망과 목표를 가지고 있다는 사실, 그리고 이 경우에는 (바나나를 집어서 배고픔을 달래려 한다는) 구체적으로 결부된 소망과 목표를 가지고 있다는 사실을 이해할 수 있어야만 한다.

그렇다면 정말로 침팬지가 마음이론을 가지고 있을까? 결론적으로 말해 사라의 재주는 논쟁을 끝냈다기보다 논쟁에 불을 지피는 격이었다. 데닛 같은 학자들의 주장에 따르면 사라의 재주가 매우 인상적일지 모르지만, 이는 굳이 타인의 마음에 대해 생각하지 않더라도 앵무새가 조건형성conditioning을 통해 특정 질문을 던지도록 훈련될 수 있는 것처럼 또는 문제를 혼자 힘으로 푸는 능력만 가정해도 ('나는 어떻게 하지?') 설명될 수 있는 것이다. 1978년 데닛은 펀치Punch와 주디Judy가 등장하는 18세기 인형극을 소재로 삼아 '틀린 믿음 과제false belief task'라는 좀 더 명확한 과제를 대안으로 제시했다.

펀치와 주디의 인형극을 보고 있는 아주 어린아이들은 펀치가 상자를 낭떠러지 아래로 던지려 하는 순간, 벌써부터 신이 나서 소리를 지른다. 왜냐고? 아이들은 '주디가 아직도 상자 안에 있다고' 펀치가 믿고 있다는 것을 알기 때문이다. 아이들은 펀치보다 더 잘 알고 있다. 왜냐하면 아이들은 펀치가 돌아선 사이에 주디가 탈출한 것을 보았기 때문이다. 우리가 보기에 이 아이들의 흥분은 그들이 상황을 제대로 이해하고 있음을 보여주는 대단히 훌륭한 증거다. 즉 그들은 펀치가 틀린 믿음을 바탕으로 행동하고 있다는 것을 이해하고 있다.[8]

데닛의 이런 비판은 마음이론의 두 번째 주요 물음으로 이어졌다. 그것은 인간이 발달 과정 중의 '언제' 이런 능력을 보이는지에 초점을 맞춘 것이다. 데닛의 예가 시사하는 것처럼 인간은 다른 사람이 틀린 믿음을 가지고 있다는 것을 이해할 수 있다. 그러나 이런 능력은 타고난 것이 아니다. 1980년대 중엽 많은 연구자들은 펀치와 주디를 소재로 한 데닛의 사고실험을 실제 실험으로 전환시키려고 노력했다.[9]

그중 가장 유명한 실험은 샐리-앤 과제Sally-Anne task라는 것이다. 이 실험에는 샐리와 앤이라는 두 인형 외에 바구니와 상자가 한 개씩 등장한다. 먼저 샐리가 구슬을 바구니에 넣은 뒤 무대를 떠난다. 그러면 샐리가 없는 동안 앤은 샐리의 구슬을 바구니에서 상자로 옮겨 넣는다. 그 뒤 샐리가 돌아오면, 연구자는 지금까지의 광경을 지켜보던 아이에게 샐리가 구슬을 찾기 위해 어디를 열어보겠느냐고 묻는다. 이 실험의 핵심은 이 미니 드라마를 지켜본 아이는 구슬이 어디에 있는지 옳은 믿음을 가지고 있는 반면, 샐리는 틀린 믿음을 가지고 있다는 것이다. 즉 샐리는 자신이 구슬을 넣었던 바구니에 아직도 구슬이 있을 것이라 생각하지만, 실제로는 그렇지 않다.

만약 이런 상황에서 아이들이 자기중심적인 관점을 가지고 있다면, 그래서 다른 사람들도 자신이 아는 대로 알고 있을 거라 생각한다면, 샐리가 상자를 열어볼 것이라고 대답할 것이다. 그러나 아이가 다른 사람들이 자신과 다른 믿음을 가질 수도 있고 또 그런 믿음이 사실과 다를 수도 있다는 것을 이해한다면 샐리가 바구니를 열어볼 것이라고 대답할 확률이 높다. 이와 비슷한 실험이 많은 연구자들에 의해 이루어졌는데, 그 결과는 강력하게 수렴되는 경향을 보였다.[10] 즉 세 살 된 아이들은 이 문제를 푸는 데 형편없는 실력을 보인 반면, 다섯 살 된 아이들은 매우 훌륭한 실력을 보여주었다.

또 다른 검사법들이 새롭게 고안됨에 따라, 점점 더 어린아이들이 이런 종류의 사회적 기술을 어느 정도 가지고 있다는 증거가 나오고 있다.[11] 그런가 하면 침팬지들도 이런 능력의 선행 형태에 해당하는 것을 보여주고 있는데,[12] 이들이 다른 사람 또는 동물의 틀린 믿음에 대해 생각할 수 있는 능력의 문턱을 넘어섰다는 것을 명백히 보여주는 증거는 아직 없다.[13] 이렇게 볼 때 인간은 지구 상에서 다른 사람의 마음을 충분히 이해할 수 있는 능력을 지닌 유일한 동물일지도 모른다.

그렇다면 아이들이 다른 사람의 심리 상태에 대해 생각할 수 있다는 것이 왜 그렇게 놀라운 일일까? 그 이유는 심리 상태라는 것이 눈에 보이지 않는 것이기 때문이다. 당신은 생각이나 감정 또는 소망 같은 것을 한 번이라도 본 적 있는가? 그러나 우리는 어떤 식으로든 다른 사람들의 머릿속에 있는 이런 보이지 않는 것들 때문에 사람들이 이러저러하게 행동하는 것이라고 추론하는 법을 배우게 된다. 우리는 바위가 언덕 아래로 굴러가는 것을 보면서 '바위가 아래로 내려가길 원한다'고 생각하지는 않는다. 그러나 어떤 사람이 언덕 아래로 달려가는 것을 보면 그런 식으로 생각한다.

시간이 흐르면서 우리는 상황이나 결과에 따라 사람들의 사고가 보통 어떻게 달라지며, 그래서 그다음에는 어떻게 행동하는지 등에 대해 매우 복잡한 이론을 발전시킨다. 예컨대 빌과 테드는 가장 친한 친구 사이였는데, 언젠가부터 테드가 조지와 훨씬 더 많은 시간을 보낸다고 해보자. 이때 우리는 빌이 어떤 감정을 가지게 될지 그리고 어떻게 반응할지 어느 정도 알 수 있다(즉 빌은 무시당했다는 느낌과 질투심을 느낄 것이다. 그래서 조지를 끌어들여 셋이 안정된 친구관계를 맺으려 하거나 아니면 테드의 감정을 되돌리기 위해 조지와 경쟁할 것이다). 아마도 당신은 내가 어떤 상황을 묘사하든 그 상황에서 사람들이 보통 어떻게 반응하는지 자신 있게 이야기할 수 있을 것이다.

이렇게 주위 사람들의 심리적 반응을 고려하거나 미리 상상할 수 있는 능력 덕분에 우리는 사회적 보상을 얻을 기회를 증대시키고 사회적 고통을 경험할 기회를 최소화할 수 있다. 예컨대 당신이 어떤 사람에게 이메일을 보내려는 데 그의 거절을 예측할 수 있다면, 당신은 더 요령 있게 의사가 전달되도록 이메일을 뜯어 고칠 것이다. 우리는 이런 일을 매일 크든 작든 수도 없이 되풀이하고 있다. 우리는 매일같이 다른 사람들의 마음을 읽는 능력을 사용해 사회적 연결의 욕구를 충족시키려고 노력한다.

일반지능을 위한 신경망

그렇다면 다른 사람들의 마음을 이해하는 재주는 어떻게 가능할까? 이에 대한 초기 설명들은 주로 전전두피질에서 일어나는 추상적 추론과 의도적 사고의 일반적인 능력에 초점을 맞추었다.**14** 이때 논리적 추론은 흔히 연역적 추론과 귀납적 추론으로 나뉜다.

연역적 추론에서는 몇몇 전제가 참이라고 가정하면 사실이 어떠할 수밖에 없는지를 따진다. 예를 들어 다음 전제들을 살펴보자.

1. 비가 오면 소풍은 취소될 것이다.
2. 비가 온다.

이 두 전제가 참이라면, 우리는 소풍이 취소될 것이라고 논리적으로 결론 내릴 수밖에 없다. 이것은 연역적 추론의 예인데, 이런 종류의 조건적if-then 추론은 우리의 비범한 문제 해결능력에서 핵심적인 역할을 하고 있다.

반면 귀납적 추론은 과거에 참이었던 것을 이용해 미래에 참일 것을 예측하는 방법이다. 예컨대 내일도 해가 뜰 것이라는 우리의 신념은 지금까지 살면서 매일 해가 떴다는 사실이 앞으로도 그럴 것임을 말해주는 강력한 증거라는 가정에 근거하고 있다. 연역적 결론과 달리 귀납적 추론은 그것이 반드시 참이라고 장담할 수 없다. 과거에 해가 떴다는 사실이 미래에도 그럴 것임을 보장하지 못하는 것은, 〈13일의 금요일 Friday the 13th〉이라는 영화가 12편이나 제작되었다는 사실이 13번째 〈13일의 금요일〉을 보장하지 못하는 것과 마찬가지다. 귀납적 추론은 이 세계의 여러 조건들이 변하지 않으면 보통 참으로 판명되는 결론들을 도출해낸다. 다시 말해 앞으로도 해가 뜰 것이고 〈13일의 금요일〉이라는 영화가 제작될 것이라는 예측이 의미 있는 까닭은 세계의 조건들이 적어도 지금까지는 변하지 않았기 때문이다.

우리가 귀납적 또는 연역적 추론을 할 때는 이런 종류의 추론이 포함되지 않은 과제를 수행할 때보다 (외측 전두두정피질lateral frontoparietal cortex이라고 함께 묶어 부르기도 하는) 외측 전전두피질과 외측 두정피질에서 더 많은 활동이 일어난다는 사실이 수많은 뇌영상 연구를 통해 증명되었다(그림 5.2 참조).**15** 뇌에 대한 몇몇 연구들은 이 두 종류의 추론 사이에 존재하는 차이를 보여주기도 했지만, 둘 사이에 존재하는 약간의 차이보다는 둘 사이의 신경해부학적 유사성이 훨씬 더 우리의 눈을 사로잡는다.

더 일반적으로 말하자면 이들 외측 전두두정 부위는 작업기억working memory이라는 과정을 통해 무수히 많은 종류의 의도적 사고 활동을 뒷받침하고 있다. 작업기억이란 여러 정보 조각들을 정신적으로 그대로

[그림 5.2] 지능, 추론, 작업기억 등과 관련이 있는 외측 전전두와 두정 부위

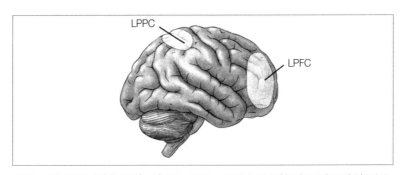

(LPFC = 외측 전전두피질lateral prefrontal cortex, LPPC = 외후측 두정피질lateral posterior parietal cortex)

보존하면서 다른 한편으로는 수시로 갱신하는 심리적 과정을 가리킨다. 예컨대 컴퓨터 화면에 (8675309 같은) 일곱 자리 숫자를 띄워 보여준 다음 그것이 화면에서 사라지고 10초가 지난 뒤에 그 숫자들을 기억해보라고 했을 때, 마음속에 그 숫자들이 생생하게 남아 있도록 작용하는 것이 바로 작업기억이다. 나아가 작업기억은 두 숫자 중에 어느 것이 더 큰지를 알아맞힐 때처럼 마음속에서 보존되고 갱신되는 대상들 사이의 관계를 살필 때도 사용될 수 있다.

작업기억이 일상 활동에서 얼마나 중요한 역할을 하는지 이해하기 위해 당신의 독서능력에 대해 생각해보자. 당신이 문장의 끝에 도달했을 즈음에 문장 전체 의미를 이해할 수 있는 까닭은 당신이 작업기억을 사용해 그 문장의 처음을 마음속에 그대로 간직하고 있었기 때문이다. 만약 각 단어를 읽는 바로 그 순간에만 단어 처리가 일어나고 그 뒤에는 처리된 정보가 마음속에서 사라져버린다면 어떻게 되겠는가? 그러면 당신은 문장 뒷부분의 의미를 분명히 하기 위해 필요한 맥락인 문장 앞부분을 기억하지 못할 것이다.

작업기억에 대한 기능적 자기공명영상 연구들은 셀 수 없을 정도로 많은데, 이들 연구에서는 주로 뇌의 외측 전두두정 부위가 관심의 대상이 되었다.[16] 작업기억의 부하량이 증가하면(예컨대 다섯 자리 숫자 대신 아홉 자리 숫자를 머릿속으로 계속 되뇌고 있으면) 이 뇌 부위의 활동도 증가한다. 따라서 이 부위의 일부가 논리적 추론과 작업기억에 관여할 거라 추측하는 것은 일리가 있다. 왜냐하면 논리적 추론은 정보 조각들을 마음속에 그대로 간직하면서 그것들을 서로 비교하는 작업을 포함하는데, 이런 종류의 사고는 바로 작업기억이 있어야 가능하기 때문이다.

작업기억과 추론능력은 모두 우리가 알고 있는 일반지능general intelligence 이라는 개념과 중첩된다. 더 많은 정보를 마음속에 간직하면서 이를 바탕으로 더 효과적으로 추론할 수 있는 사람들은 그렇지 않은 사람들보다 지능이 더 뛰어난 사람으로 흔히 간주된다. 때문에 지능의 신경적 기초를 밝히려는 연구들이 주로 작업기억과 추론에 관여하는 외측 전두두정 부위를 거론하게 되는 것은 어찌 보면 자연스러운 일이다.17 왜냐하면 유동성 지능fluid intelligence 검사(능동적 사고력 검사)에서 높은 점수를 얻는 사람들은 의도적 또는 능동적 사고를 포함하는 과제를 수행할 때도 이들 부위에서 더 왕성한 활동을 보이기 때문이다.

이 모든 종류의 사고와 추론에 대한 연구들이 거의 언제나 같은 뇌 부위를 거론했기 때문에, 마음이론에 대한 최초의 가설도 자연스럽게 이 부위에 초점을 맞추었다. 연구자들이 보기에 외측 전전두피질은 우리가 세금을 계산할 때, 체스를 둘 때, 머리 깎는 기계를 주문하려고 오래전에 텔레비전 광고에서 보았던 전화번호를 기억해낼 때 등에 쓰이는 뇌의 다목적 추상 추론 도구인 셈이었다. 이 부위가 추론 전반의 기초가 된다면, 다른 사람들에 대한 추론의 기초가 되지 못할 이유도 없지 않은가?18 그리고 일반적인 추론과 마찬가지로 사회적 추론의 구조도 연역적인 것과 귀납적인 것으로 나뉘지 않겠는가? 다음 샐리-앤 틀린 믿음 과제를 살펴보자.

1. 샐리는 구슬을 바구니에 넣는다.
2. 샐리는 앤이 구슬을 상자로 옮겨 넣는 것을 보지 못한다.

위의 두 전제로부터 우리는 다음과 같은 논리적 결론을 이끌어낼 수 있다. 샐리는 구슬이 옮겨진 것을 모르며 따라서 구슬의 위치에 대해 틀린 믿음을 가지고 있다. 이것은 표준적인 연역적 추론과 다를 바 없다. 또 이 문제를 풀면서 다른 종류의 연역적 추론과 특별히 다른 점을 찾기도 어렵다. 이와 비슷하게 우리는 사회적 환경 속에서도 과거 경험을 바탕으로 귀납적인 예측을 도출해낼 수 있다. 예를 들어 우리는 사람들이 시험 성적이 나빠서 실망하는 것을 여러 번 본 것을 바탕으로, 어떤 사람이 미래에 낮은 점수를 받으면 어떤 반응을 보일지 예측할 수 있다. 그러나 이런 설명이 언뜻 그럴듯해 보여도, 사회적 사고가 비사회적 사고와 다를 바 없다는 생각은 틀린 것으로 판명되었다. 그것도 완전히 틀린 것이다.

사회적 지능을 위한 신경망

사회적 사고와 비사회적 사고는 구조적으로나 경험적으로나 서로 비슷해 보이지만 실제로 뇌는 이 두 종류의 사고를 처리할 때 놀랍게도 서로 매우 다른 신경망들을 주로 사용한다.[19] 일찍이 크리스 프리스Chris Frith 와 우타 프리스Uta Frith는 이 점을 보여주는 뇌영상 논문을 발표한 바 있다. 이 연구에 참가한 사람들은 세 종류의 문장들을 읽었다. 그중 특정 문장들로 이루어진 몇몇 문단들은 심리화 작업을 거쳐야만 이해될 수 있었다. 한 문단은 경찰관 옆을 지나쳐 달려가다가 장갑을 떨어뜨린 도둑에 관한 이야기였다. 경찰관은 '거기, 잠깐만 서 봐요!'라고 외치며 장갑을 도둑에게 돌려주려 했다. 그런데 도둑은 경찰에게 들켰다고 잘못

판단하여 순순히 자수하고 말았다. 도둑의 이런 행동을 이해하려면 무엇보다도 경찰관이 범죄를 알아챘기 때문에 자신을 부른 것이라는 도둑의 틀린 믿음을 이해하는 것이 필요하다. 반면 이 연구에 사용된 다른 문장들은 어떤 이야기를 구성하지도 않았고 서로 무관했기 때문에 심리화 작업을 촉발할 가능성이 적었다. 예컨대 '그 공항의 이름이 바뀌었다' 또는 '루이스는 작은 기름병을 열었다' 같은 문장들이 제시되었다.

자기공명영상 스캐너 안에 누운 피험자들이 서로 무관한 문장들을 읽을 때는 기본 독해력에 대한 다른 연구들에서처럼 언어 및 작업기억과 관련이 있는 외측 전전두 부위에서 가장 왕성한 활동이 관찰되었다.[20] 그러나 문장들이 결합하여 심리화 작업을 촉발하는 이야기를 구성하자 외측 전전두 부위는 비교적 조용해졌다. 그 대신에 배내측 전전두피질dorsomedial prefrontal cortex, DMPFC, 측두두정 접합temporoparietal junction, TPJ, 후대상posterior cingulate, 측두극temporal poles을 포함하는 여러 부위가 더 활성화되었다(그림 5.3 참조).

[그림 5.3] 심리화 체계

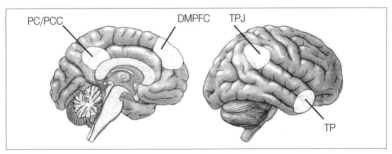

(DMPFC = 배내측 전전두피질dorsomedial prefrontal cortex, TPJ = 측두두정 접합temporoparietal junction, PC/PCC = 쐐기전소엽precuneus/후대상피질posterior cingulate cortex, TP = 측두극temporal poles)

앞서 삼각형 두 개와 원 한 개가 등장하는 하이더의 동영상을 기억할 것이다. 생명이 없는 도형들의 움직임을 보면서 이 도형들의 생각과 감정과 의도에 대한 생각이 자연스럽게 떠올랐던 것 말이다. 프리스 등은 또 다른 연구에서 사람들이 이 동영상을 볼 때도 앞의 연구에서처럼 배내측 전전두피질과 측두두정 접합에서 선택적인 활동이 일어난다는 사실을 발견했다.**21** 그러나 심리화 작업에 결함이 있는 자폐증 환자들은 정상적인 참가자들에 비해 이들 부위의 활동이 미미했다. 다시 말해 특별한 지시 없이도 사회적 활동으로 해석될 수 있는 기하학적 도형들을 보는 것도 심리화 작업과 결부된 부위들의 활동을 증가시킨다. 그러나 일상생활에서 다른 사람의 마음을 읽는 데 어려움을 겪는 사람들의 경우에는 이들 부위의 활동이 증가하지 않는다.

내가 특히 좋아하는 심리화 작업 연구 중 하나는 심리학자 로베르토 카베자Roberto Cabeza가 최근 수행한 것이다.**22** 그의 연구팀은 심리화 작업에 대해 좀 더 자연스러운 접근법을 취했다. 연구팀은 사람들에게 일정한 간격을 두고 자동으로 사진을 찍는 카메라를 가슴에 단 채 돌아다닐 것을 부탁했다. 그리고 이런 절차를 통해 각 참가자의 평범한 일상 경험이 담긴 사진 수백 장을 모을 수 있었다. 그런 다음 참가자들은 자기공명영상 스캐너 안에 누워서 자신이 모은 사진들을 차례로 보았다. 그리고 다른 사람이 모은 사진들도 보았다.

참가자들은 자신이 모은 사진들을 보았을 때 그 경험이 자연스럽게 되살아나는 것을 느꼈다. 반면 다른 사람이 모은 사진들을 볼 때는 단편적인 사진들을 의미 있게 연결시켜줄 그 사람의 경험을 상상하기 위해 심리화 작업을 수행해야만 했다('이 사람은 지금 어디로 가고 있는 것일까?' '그는 무엇을 하려는 것일까?'). 그 결과 다른 사람이 모은 사진들을 볼 때는 자신이 모은 사진들을 볼 때보다 심리화 작업과 연관된 부위들(즉 배내측 전전두피질과 측두두정 접합)에서 더 많은 활동이 관찰되었다.

지난 15년 동안 이와 비슷한 연구들이 수십 번이나 이루어졌는데, 대다수 연구들에서 꽤 일정하게 나타난 두 가지가 있다.[23] 첫째로 배내측 전전두피질과 측두두정 접합은 심리화 작업이 이루어질 때 거의 언제나 더 많은 활동을 보인다(그리고 후대상과 측두극의 활동도 꽤 규칙적으로 나타난다). 이런 발견을 근거로 나는 이들 부위를 '심리화 체계mentalizing system'라 부르고자 한다.

둘째로 이런 연구들에서 작업기억, 비사회적 추론, 유동성 지능 등에 관여하는 뇌 부위들의 활동 증가는 거의 한 번도 관찰되지 않았다. 이는 다시 말해 만약 우리가 우리 마음의 내적 작동 방식에 대해 그냥 생각만 했다면 결코 깨닫지 못했을 어떤 것을, 이 뇌영상 연구들이 말해주고 있음을 의미한다. 바로 사회적 사고와 비사회적 사고는 같은 종류의 과정인 것처럼 느껴지지만, 진화는 이 두 가지를 처리하는 별개의 체계를 만들어냈다는 것이다.

기본 값으로 작용하는 심리화 작업

심리화 체계를 접하게 된 것은 이번이 처음이 아니다. 나는 이미 2장에서 이것을 '기본 신경망'이라고 부른 바 있다. 다른 사람의 마음을 이해하는 데 관여하는 이들 부위는 뇌영상 스캐너 안에 누운 사람에게서 볼 수 있는 이런저런 인지 과제들 사이사이로 짬만 나면 활성화되는 부위들과 거의 동일하다.**24** 또한 이들 부위는 우리가 꿈을 꿀 때 활성화되는 부위들이기도 하다.**25** 이 부위들은 우리가 태어날 때부터 하나의 신경망으로서 함께 작동하기 시작한다. 나는 예전에 이 부위들이 사회적 세계에 대한 진지한 관심을 촉진할 것이라고 했다. 그러나 이제 이 신경망의 기능을 심리화 작업의 관점에서 보게 됨으로써 우리는 이 전문화된 신경망이 하는 일에 대해 훨씬 더 명확히 이해할 수 있게 되었다.

나는 로버트 스펀트, 메건 메이어와 최근 수행한 연구에서 우리가 휴식을 취할 때 무슨 일이 일어나는지 그리고 이것이 다른 사람의 마음에 초점을 맞추는 우리의 성향과 무슨 관련이 있는지 밝혀내고자 했다.**26** 이전 연구들에 따르면 기본 신경망과 심리화 신경망은 해부학적으로 중첩된다.**27** 다시 말해 이 두 신경망을 눈으로 직접 보면 이들이 상당 부분 동일한 것이라는 점을 분명히 알 수 있다. 중요한 문제는 사람들이 휴식을 취할 때 나타나는 활동이 실제로 사회적인 어떤 것을 하고 있는가, 또 그것이 과연 어떤 중요한 목적에 기여하는가 하는 점이다. 어쩌면 이 신경망은 심리화 과제를 수행할 때와는 다른 어떤 것을 휴식 중에 하고 있을지도 모른다. 하지만 이는 분명치 않다. 지금까지 기본 신경망의 기능을 설명하려 한 대다수 시도는 이것이 주로 우리에게 방해가 되고 실수를 더 유발시키는 어떤 것이라고 주장해왔다.**28**

나는 뇌가 기본 신경망을 통해 사회적 정보를 처리하는 수천 시간의 연습 기회를 제공받을 것이라고 주장했다. 만약 이것이 사실이라면, 지난 오랜 세월 동안 기본 신경망을 더 활발히 작동시켜온 사람들은 이제 사회적 사고에 더 능숙해져 있을 것이다. 왜냐하면 연습을 많이 할수록 더 나은 결과를 낳는 것이 일반적이기 때문이다. 이를 조사하기 위한 예비 단계로, 나는 로버트 스펀트, 메건 메이어와 함께 한 집단을 대상으로 그들이 휴식 중에 기본 신경망을 얼마나 활발히 작동시키는지 측정했다. 우리는 만약 어떤 사람이 현재 이 신경망을 활발히 작동시킨다면, 이는 그가 과거에도 휴식 중에 이 신경망을 활발히 작동시켜왔음을 의미할 것이며 따라서 현재 향상된 심리화 기술을 보일 것이라고 예측했다. 이를 검증하기 위해 우리는 참가자들의 기본 신경망 활동의 강도와 그들이 별개 과제를 수행하면서 보인 심리화 수행능력 사이의 상관관계를 조사했다.

그 결과 스캐너 안에서 휴식 중에 배내측 전전두피질의 활동이 더 활발했던 사람들은 나중에 심리화 과제를 수행할 때도 이 부위의 활동이 상당히 더 빨랐다. 실제로 배내측 전전두피질의 활동이 가장 왕성했던 사람들은 이 부위의 활동이 가장 미약했던 사람들보다 10퍼센트 더 빠르게 심리화 과제를 수행했다. 만약 당신이 다른 사람들과 주고받는 모든 사회적 상호작용에서 10퍼센트 더 나은 실력을 발휘한다면 어떻게 될지 상상해보라. 늘 남보다 한 발 앞서가는 것과도 같을 것이다. 이것은 기본 신경망 활동과 사회적 사고 사이에서 우리가 발견한 최초의 연결고리였다. 하지만 이 사람들을 장시간에 걸쳐 연구하지 않은 상태에서 휴식 중 기본 신경망 활동이 사회적 사고의 향상을 가져온다고 단정 지을 수는 없었다. 그래서 우리는 더 구체적인 두 번째 분석을 시도했다.

우리의 두 번째 가설은 기본 신경망이 사회적 사고를 위한 그때그때의 준비 상태에 영향을 미친다는 것이었다. 나는 이미 2장에서 휴식 기간 동안의 기본 신경망 활동이, 이후 자극을 물리적 관점 대신 사회적 관점에서 보도록 우리를 예비시키는 작용을 할지도 모른다고 주장한 바 있다. 여기서 좀 더 구체적으로 말하자면 기본 신경망은 다른 사람의 행동을 심리화의 렌즈를 통해 바라보도록 우리를 예비시키는 작용을 할지도 모른다.

이 가설을 검증하기 위해 우리는 실험 참가자들이 세 가지 과제를 수행하도록 했다. 그중 하나는 심리화 작업을 필요로 하는 것이었고 다른 두 가지는 심리화가 필요치 않은 과제였다. 우리는 이 세 가지 과제를 뒤섞어 어떤 종류의 과제가 다음에 나올지 참가자들이 짐작할 수 없게 했다. 또한 우리는 문제들 사이에 (2초에서 8초 길이의) 짧은 휴식 기간을 삽입했다. 그리고 이 짧은 휴식 기간 동안에 기본 신경망이 얼마나 활발히 활동하는지, 그것이 뒤이은 과제의 수행에 어떤 영향을 미치는지 조사했다.

그 결과 놀랍게도 기본 신경망 활동이 강했던 휴식 기간 바로 뒤에 한 심리화 과제의 수행 점수가, 기본 신경망 활동이 약했던 휴식 기간에 바로 뒤에 한 심리화 과제의 수행 점수보다 높았다. 반면 비심리화 과제의 경우에는 이런 차이가 나타나지 않았다. 다시 말해 비심리화 과제 바로 전 휴식 기간 동안에 관찰된 기본 신경망 활동의 정도는 이어진 과제의 수행 점수를 전혀 예측해주지 않았다. 이 연구는 기본 신경망 활동이 우리로 하여금 주변 사람들의 심리 상태에 입각해 세계를 바라보도록, 즉 사회적으로 생각하도록 예비시키는 작용을 한다는 (비록 최종 증거는 아니어도) 강력한 증거를 제공한다.

심리화 체계 덕분에 우리는 다른 사람들의 신체를 그저 신체로 보는 대신 마음의 명령을 따르는 지각력 있는 그릇sentient vessel으로 본다. 만약 진화가 다른 방향으로 흘렀다면, 우리가 휴식을 취할 때 뇌의 다른 체계가 활성화되었을지도 모르고, 그러면 세계를 사회적 관점에서 보는 대신, 예컨대 수학적 관점에서 보거나 다른 비사회적 렌즈를 통해 보는 성향이 더 강해졌을지도 모른다. 그러나 진화가 실제로 '선택'한 방향은 기회가 있을 때마다 비사회적 사고의 영향력을 줄이고 다시 사회적으로 사고하도록 뇌의 기본 값을 돌려놓는 것이었다.

사회적 사고는 사회적 삶을 위한 것이다

우리는 하루에도 수백 번씩 심리화 신경망을 가동해 다른 사람들의 마음속에서 무슨 일이 일어나는지 능숙하게 추측해낸다. 이따금 이런 추측은 그저 한가한 공상의 결과일 때도 있다. 왜냐하면 우리는 사람들이 왜 이렇게 또는 저렇게 행동하는지에 대해 자연스레 호기심을 갖기 때문이다. 위에서 언급한 심리화 작업 연구들에서는 실험 참가자들이 자신과 무관한 사람의 행동을 관찰하는 경우가 많았기 때문에 심리화 작용이 한가한 공상거리에 지나지 않는다는 인상을 받았을지도 모른다.

그런데 심리화 능력이 진화한 까닭이 그저 다른 사람들을 물끄러미 관찰하기 위해서는 아닐 것이다. 철학자이자 심리학자인 윌리엄 제임스William James의 유명한 말을 인용하자면 '나의 사고는 하나부터 열까지 언제나 나의 행위를 위한 것이다.'[29] 이것은 사회적 사고에도 그대로 적용된다. 우리의 성공은 종종 다른 사람이 얼마나 잘하느냐에 따라 또는 그 사람과 어떻게 상호작용을 주고받느냐에 따라 좌우되곤 한다. 이런 상황에서 상대방의 심리 상태를 이해하고 예측하는 것은 성공과 실패를 가르는 열쇠가 될 수 있다.

당신이 친구와 함께 비디오게임을 하고 있다고 상상해보라. 이 게임에서 당신과 친구는 미로 안에 있는 동물을 덫으로 잡아야 한다. 미로에는 막다른 골목이 없기 때문에 당신 혼자서 그 동물을 구석으로 모는 것은 불가능하다. 당신과 친구는 서로의 행동을 조정해서 동물이 빠져나가지 못하도록 길 양쪽에서 이를 에워싸야만 한다. 이때 당신과 친구가 같은 장소에 있는 것이 아니라 인터넷을 통해 함께 게임을 하고 있다고 상상해보라. 당신과 친구는 서로의 전략에 대해 의논할 방법이 없고, 다만 게임 화면을 통해 서로의 움직임을 볼 수 있을 뿐이다. 이런 상황이라면 당신은 친구가 어느 쪽으로 움직일지를 예측해서 당신의 다음 움직임을 결정해야만 할 것이다.

신경과학자 와코 요시다Wako Yoshida는 이런 종류의 '사슴 사냥Stag Hunt' 게임을 가지고 뇌영상 연구를 수행했는데, 그 결과 게임을 함께하는 친구의 다음 움직임을 예측하기 힘들수록 심리화 체계가 더 활발히 가동된다는 사실이 밝혀졌다.[30] 물론 우리는 일상생활에서 우리의 의도를 언어로 분명히 밝힘으로써 다른 사람과 공유하는 것이 가능하지만, 우리의 영장류 조상들은 협력을 촉진하기 위해 언어를 사용할 수 없었다는 점을 상기할 필요가 있다. 언어적 기술이 결여된 채 여럿이 무리를 이루어 함께 사냥을 하거나 포식동물을 물리쳐야 하는 상황이라면, 집단의 다른 구성원들이 제공하는 단편적인 행동 단서들에만 의존해 많은 일들을 해야 할 것이다.

우리는 다른 사람들과 협력해야 할 때도 많지만 경쟁해야 할 때도 적지 않다. 경쟁 상황에서는 다른 사람들이 고의로 우리를 잘못된 길로 인도할 수도 있기 때문에 그들의 목표와 의도를 정확히 간파하는 일이 더더욱 중요하다. 예컨대 초보자들은 포커 같은 카드 게임이 운에 의해 크게 좌우되며 지식은 그리 많이 필요하지 않다고 생각하기 쉽다(어떤 패가 어떤 패를 이기는지 또는 특정 카드를 뽑아 플러시flush나 스트레이트straight 가 될 확률이 얼마나 높은지 등에 대한 약간의 지식이 필요할 뿐이라고 생각하기 쉽다). 그러나 포커 프로선수들에게 물어보면 포커 게임은 거의 전부가 기술의 문제라고 답할 것이다.

포커에서 첫 번째로 중요한 기술은 인내다. 포커를 하는 사람들은 당연히 모든 판에 참여해서 모두 다 이기길 원한다. 포커는 옆에서 팔짱끼고 지켜보는 것보다 직접 하는 것이 더 재미있다. 그러나 들고 있는 패들이 변변치 않은 상황에서 성급히 행동을 취하고 싶은 충동을 적절히 제어하지 못하면 당신의 판돈은 금세 줄어들 것이다. 크게 따기 위해서는 언제 손실을 적당히 자를지 아는 것이 중요하다.

두 번째 기술은 허세 부리기다. 당신은 허접한 카드만 들고서도 풀하우스full house를 쥐고 있는 상대를 승복시킬 수 있는가? 당신은 당신이 허세를 부리고 있다는 사실을 다른 사람들이 눈치 채지 못하도록 하면서 카드를 엎게 만들 수 있는가?

세 번째 기술은 언제 다른 사람들이 허세를 부리고 있는지 또는 그렇지 않은지 알아차리는 것이다. 만약 포커를 하는 사람들이 첫 번째 기술에서 큰 차이를 보이지 않는다면, 게임의 승패는 주로 허세를 부리는 기술과 허세를 알아차리는 기술 사이의 싸움에 의해 결정될 것이다.

이런 심리화 싸움은 서로 상대의 허를 찌르기 위해 대응책을 만들고 그 대응책에 대한 대응책을 만드는 식으로 계속 확장될 수 있다. 예컨대 텔레비전 시리즈 〈매쉬M*A*S*H〉의 한 방송분에서 군 부대원들의 미움을 사고 있는 거만한 귀족 출신의 의사 윈체스터Winchester는 동료 의사 호크아이 피어스Hawkeye Pierce 등과 포커 게임을 벌인다. 게임에서 윈체스터가 매번 돈을 따자 다른 사람들은 점점 빈털터리가 되어 가면서 미칠 지경이 된다. 그러다 마침내 그들은 윈체스터가 언제 허세를 부리는지 말해주는 단서를 발견한다. 그들은 윈체스터가 나쁜 카드를 든 채 돈을 걸 때는 휘파람 소리가 더 커진다는 사실을 알게 된다. 결국 막판에 윈체스터는 모든 것을 잃고 만다. 이 드라마에서 윈체스터는 늘 조롱거리가 된다. 그러나 실제 세계에서라면 윈체스터는 다른 사람들이 자신의 전술을 간파했다는 것을 눈치 채고 이것을 역이용할 수도 있었을 것이다. 아주 좋은 패를 가지고 있을 때 오히려 휘파람 소리를 크게 내어 다른 사람들이 돈을 더 걸도록 만들 수도 있었을 것이다. 물론 이렇게 상대에게 적응하는 일은 무한히 계속될 수 있다.

조르지오 코리셀리Giorgio Coricelli는 이런 심리화 작용의 확장 현상에 초점을 맞춘 연구를 진행했다.**31** 참가한 사람들은 0에서 100 사이의 숫자 한 개를 추측하는 게임을 여러 번 벌였다. 이때 게임의 승리자를 결정하는 규칙은 매번 바뀌었는데, 이 규칙은 언제나 한 참가자의 추측이 다른 모든 참가자들의 추측과 어떤 관계에 있는가 하는 것과 관련이 있었다.

예컨대 한번은 참가자 평균 추측의 3분의 2에 가장 가까운 추측을 한 사람이 승리자가 되었다. 이것은 정답이 각 참가자의 추측에 따라 달라짐을 의미한다. 아무런 전략도 없이 게임을 벌이는 참가자라면 이런 규칙을 아예 무시하고 0에서 100 사이의 한 숫자를 닥치는 대로 추측할 것이다. 반면 다소 전략적인 참가자라면 이런 비전략적인 참가자들의 추측을 고려하여 그들의 평균 추측을 50으로 보고 그것의 3분의 2에 해당하는 33이 정답이라고 추측할 것이다. 그러나 좀 더 전략적인 참가자라면 대다수 사람들이 약간은 전략적인 사고를 할 것이라고 가정해 그들의 평균 추측을 33으로 보고 그것의 3분의 2에 해당하는 22를 정답으로 추측할 것이다. 결국 이런 전략적 사고를 계속 진전시키면 내시균형Nash equilibrium(미국의 수학자 존 내시John Nash가 제안한 개념으로, 게임 상대의 결정을 고려해 내릴 수 있는 최선의 결정을 의미한다-옮긴이)에 해당하는 0에 도달할 것이다.

그런가 하면 이 연구의 또 다른 추측 게임에서는 참가자들의 평균 추측의 다른 비율(예컨대 2분의 1이나 2분의 3)에 가장 근접한 추측을 한 사람이 승리자가 되었다. 코리셀리는 한 사람의 추측이 다른 사람들의 전략적 행동 가능성을 얼마나 고려하고 있는지를 계산하여 '전략적 지능지수strategic IQ'라는 척도로 표현했다. 이 전략적 지능지수는 배내측 전전두피질의 활동과 높은 상관관계를 보인 반면, 흔히 비사회적 지능지수와 관련이 있는 것으로 간주되는 외측 전두두정 부위의 활동과는 아무 상관관계가 없었다. 이렇게 볼 때 전략적 지능지수는 사회적 지능지수와 매우 비슷하며 뇌의 심리화 체계와 관련이 있는 듯하다.[32]

정보의 디스크자키

청소년 시절 나는 즐겨 듣던 라디오의 디스크자키에 대해 그리 많은 생각을 하지 않았다. 반면 나와 대학원을 함께 다닌 영국 친구들은 내가 어느 밴드에 푹 빠져 있는 것처럼 몇몇 디스크자키에게 푹 빠져 있었다. 그러다 나는 (비록 지금은 옛일이 되었지만) 로스앤젤레스의 몇몇 클럽에 다니기 시작하면서 몇몇 디스크자키들이 얼마나 위대한지를 마침내 깨달을 수 있었다. 세상에는 음악 장르별로 무수히 많은 곡들이 있다. 나로서는 다 훑어볼 엄두도 나지 않는 그 많은 양을 훌륭한 디스크자키들은 평소에 모두 검토하여 필요한 것들을 걸러낸다. 그들은 특정 청중이 모인 특정 장소에서 특정 저녁 시점에 어떤 곡을 틀어야 모든 사람들의 마음을 사로잡을 수 있는지를 아는 귀와 판단력을 가지고 있다. 대다수 사람들은 개인적으로 즐기기 위해 음악을 듣지만, 음악 디스크자키들은 누구와 어떻게 공유하면 좋을지를 알아내기 위해 음악을 듣는다.

어떤 의미에서 인터넷과 소셜미디어social media 서비스는 우리 모두를 정보의 디스크자키로 변모시켰다. 수백만 명의 사람들이 매일 페이스북이나 트위터에 글을 올리면서 자신에게 흥미로운 어떤 것이 다른 사람들에게도 흥미로울 것이라고 내심 기대한다. 나는 사회적 뇌에 관한 최신 연구나 정말로 대단한 기술에 관한 이야기를 기즈모도Gizmodo(디자인과 기술을 다루는 블로그-옮긴이)에서 우연히 발견하면 이를 트위터에 올리곤 한다. 내 트위터를 팔로우하는 많은 사람들에게 이런 것들이 흥밋거리가 된다는 것을 알고 있기 때문이다. 반면 내 아들이 웃긴 자세를 취하고 있는 사진들은 트위터에 올리지 않는데, 거기에 어울리지 않기 때문이다. 대신 그런 사진들은 내 가족이나 친구들이 즐겨 찾는 페이스북에 올린다(물론 어느 집 아이의 사진들을 보는 것을 달가워하지 않는 내 페이스북 친구들에게는 조금 미안한 일이지만 말이다). 이렇게 정보의 디스크자키가 된다는 것은 무엇을 공유할지를 적절히 선택할 수 있는 능력과 그것을 청중과 어떻게 공유할 것인지를 아는 능력을 필요로 한다.

몇 년 전 나는 에밀리 포크Emily Falk와, 우리가 다른 사람들에게 중요할 수 있는 정보를 처음 접했을 때 마음속에서 무슨 일이 일어나는지에 대해 관심을 갖게 되었다. 어떤 정보를 처음 접할 때 과연 사람들은 순전히 이기적인 태도로 그 정보가 자신에게 얼마나 유용한지 또는 흥미로운지만 따질까? 혹시 정보를 공유할 다른 사람들에게 얼마나 유용할지 또는 흥미로울지를 고려해 새로운 정보를 걸러내지는 않을까? 우리가 이에 관심을 갖게 된 이유는 무엇보다도 좋은 소식이나 이야기의 전달자가 되면 사회적 관계를 형성하고 유지하는 데 큰 도움이 될 것이라고 생각했기 때문이다.

이를 조사하기 위해 우리는 뇌영상 스캐너 안에 누운 실험 참가자들에게 텔레비전 시험방송용 쇼 프로그램들에 대한 정보를 보여주었다.33 우리가 직접 만든 이 시험방송용 프로그램 정보에는 프로그램의 제목, 설명, 대표적인 이미지 등이 포함되어 있었다. 실험 참가자들은 이런 정보를 본 뒤에 스캐너 밖으로 나와 어떤 프로그램이 유망하고 어떤 프로그램이 형편없는지를, 다른 사람에게 이야기해야 하는 과제를 부여받았다.

우리는 참가자들에게 자신이 텔레비전 방송국의 인턴으로 일하면서 접수된 시험방송용 아이디어들 중 좋은 것을 선별해 프로듀서에게 재검토를 의뢰하는 업무를 맡고 있다고 상상해보라고 했다. 그런가 하면 다른 참가자들에게는 프로듀서의 역할을 맡겼는데, 이들은 시험방송용 프로그램 정보를 직접 보지 않았으며 인턴을 통해 들은 것에 대해서만 알고 있었다. 우리는 이 프로듀서 역의 참가자들에게 인턴으로부터 들은 프로그램 아이디어들이 방송국 임원에게 다시 건의할 만큼 흥미로웠는지 물어보았다.

우리는 시험방송용 프로그램에 대한 정보를 처음 접한 인턴들의 뇌속에서 무슨 일이 일어나는지 살펴보았다. 이때 무엇보다도 인턴이 전달한 아이디어가 프로듀서를 통해 임원에게 전달될 수 있을 만큼, 인턴이 새로운 아이디어를 다른 사람과 성공적으로 공유했는지에 관심의 초점을 맞추었다. 그 결과 인턴의 심리화 체계는 나중에 프로듀서를 거쳐 임원에게까지 전달될 만한 아이디어를 접했을 때 마치 크리스마스트리처럼 환하게 빛났다. 반면 뇌의 나머지 부분은 거의 예외 없이 그 아이디어가 프로듀서를 거쳐 임원에게까지 성공적으로 전달될지 여부와 상관없이 별다른 반응을 보이지 않았다.

우리는 추론체계나 기억체계가 참신한 아이디어의 성공적 선달과 관련 있을 거라 예측할 수도 있었을 것이다. 왜냐하면 참신한 아이디어를 기억에 저장해둔다면 나중에 다른 사람과 그에 대해 이야기할 때 도움이 될 것이기 때문이다. 그러나 우리가 발견한 것은 심리화 체계의 활발한 활동이었다. 이는 우리가 새로운 정보를 처음 접할 때조차 누구와 그 정보를 공유할 것인지, 그리고 공유할 상대가 정해졌다면 그 사람과 어떻게 효과적으로 공유할 것인지를 함께 고려함을 시사한다. 그리고 이런 효과는 단순히 많은 사람들이 좋아할 만한 쇼 프로그램에 관련된 것이어서 나타난 것이 아니었다. 왜냐하면 인턴들은 시험방송용 프로그램들에 대해 매우 다양한 평점을 부여했기 때문이다. 따라서 여기서 관찰된 바는 인턴들이 특별히 선별한 프로그램에 대해 프로듀서와 효과적으로 의논하는 능력과 관련이 있다고 보아야 할 것이다.

나아가 우리는 인턴들 사이의 개인차에 대해서도 살펴보았다. 인턴들은 프로듀서가 시험방송용 프로그램에 대해 자신과 같은 견해를 갖고 떠나도록 만드는 데서 실력의 차이를 드러냈다. 말하자면 몇몇 인턴들은 다른 인턴들보다 더 나은 '판매원' 같았다. 그래서 우리는 인턴들이 시험방송용 프로그램에 대한 정보를 보고 있을 때 그들의 신경반응에서 일종의 '판매원 효과salesperson effect'가 나타나는지 살펴보았다. 그 결과 자신의 견해를 다른 사람에게 판매하는 데 전반적으로 더 나은 실력을 보인 참가자들의 뇌에서 더 활발한 활동이 관찰된 유일한 부위는 심리화 체계의 일부인 측두두정 접합이었다.

이런 연구 결과들에 비추어 볼 때 심리화 체계는 우리가 매일 접하는 수많은 정보들을 걸러내고 다른 사람들에게 전달할 정보를 선별하는 데 늘 관여하는 듯하다. 또 그럼으로써 우리의 사회적 연결을 향상시키는 데 예상 외로 큰 기여를 하는 것처럼 보인다. 그리고 이는 타인의 마음을 읽는 능력이 어떻게 사회적 연결을 촉진하는지 보여주는 또 하나의 예다.

심리화 작업이 언제나 완벽한 것은 아니다

심리화 신경망은 우리가 다른 사람들과 어울리는 데 엄청나게 큰 기여를 한다. 심리화 신경망 덕분에 우리는 주위 사람들의 마음속을 들여다볼 수 있으며 그들의 희망, 공포, 목표, 의도 등을 고려함으로써 그들과 훨씬 더 효과적으로 상호작용할 수 있다. 또한 덕분에 우리는 매일 마주치는 사람들의 심리적 특성을 파악하여 새로운 상황에서 그들이 어떻게 반응할지 더 잘 예측할 수 있고 불필요한 갈등을 피할 수 있다. 또 혼자서는 결코 해낼 수 없는 일들을 다른 사람들과 협력하여 달성하거나 주위 사람들과 전략적인 경쟁을 펼치는 데 이런 능력을 사용한다.

또한 심리화 체계 덕분에 우리는 우리의 경험을 걸러내어 다른 사람들과 공유할 최선의 정보를 선별하고 효과적으로 공유할 수 있다. 만약 이렇게 다른 사람들의 마음을 읽는 다목적 기계가 없다면 우리는 사회적 세계에서 완전히 길을 잃고 헤매게 될 것이다.

그렇다면 우리의 심리화 체계는 얼마나 자연스럽게 작동할까?[34] 이것도 작업기억체계와 마찬가지로 우리가 의식적으로 사용할 때만 작동할까?[35] 숫자를 17씩 빼면서 거꾸로 세어 나가기를(작업기억체계를 사용하는 과제를 말한다-옮긴이) 무의식적으로 또는 우연히 할 수 있는 사람이 과연 세상에 있을까? 아니면 심리화 작업은 우리가 눈을 뜰 때마다 우리에게 자동적으로 세상을 보여주는 시각과도 비슷하게 작동할까? 이 물음에 대한 답은 꽤 복잡한 편이다. 왜냐하면 심리화 체계는 자발적으로 작동하지만, 다른 한편으로 이 체계는 작업기억체계처럼 일종의 '사회적 작업기억체계social working memory system'로서 작동하기 때문이다.

나는 메건 메이어와 수행한 한 연구에서 실험 참가자들에게 작업기억 과제를 주었다. 이때 참가자들은 다른 비사회적 작업기억 과제들에서처럼 숫자나 글자 등을 기억하는 대신 자신의 여러 친구들이 얼마나 재미있는지, 끈기 있는지, 불안해하는지 등을 기억해야 했다. 그러자 비사회적 작업기억 과제에서처럼 문제가 어려울수록 참가자들은 그것을 제대로 기억해내지 못했으며 또 제대로 기억해낸 경우에도 더 많은 시간을 필요로 했다. 그러나 비사회적 작업기억 과제의 경우에는 문제가 어려울수록 심리화 체계가 작동을 멈추는 반면, 이 연구에서는 문제가 어려울수록 심리화 체계의 활동이 증가했다.**36** 그리고 후속 연구에서 우리는 사회적 작업기억 과제의 수행 점수가 전통적인 작업기억 과제의 수행 점수와 실질적으로 아무런 상관관계가 없다는 사실을 발견했다.**37** 이렇게 볼 때 이 두 종류의 작업기억체계는 사실상 별개의 심리적 과정인 듯하다.

위 연구에 비추어 볼 때 심리화 체계는 대부분의 맥락에서 의식적인 노력이 수반되어야 효과적으로 작동하는 것처럼 보인다. 이것은 중요한데, 왜냐하면 사람들은 노력하기를 싫어하므로 일상생활에서 심리화 체계의 사용을 게을리하는 경우가 종종 생길 수도 있기 때문이다. 우리는 대부분 노력을 피할 수만 있다면 기꺼이 그렇게 할 것이다. 마찬가지로 힘든 작업을 피할 수 있는 정신적 요령이라는 것이 있다면 우리 대부분은 그 길을 택할 것이다. 심리학에서는 이런 요령을 가리켜 '약식 발견술heuristics'이라고 부르는데, 우리는 늘 이런 방법을 사용해 신속한 의사결정을 하곤 한다. 이런 발견술이 진화한 까닭은 이것이 대다수 상황에서 충분히 좋은 결과를 가져오기 때문이며 정확성과 노력의 적당한 절충에 해당하기 때문이다. 그러나 다른 한편으로는 이 때문에 때때로 곤란해질 수도 있다.

약식 발견술은 사회적 사고에서도 흔히 찾아볼 수 있다. 성인 중 자신이 검사를 받고 있다는 사실을 아는 사람이라면 각종 마음이론 검사 Theory of Mind test들을 별 어려움 없이 통과하겠지만, 일상적으로 성인들이 이 능력을 언제나 완벽하게 발휘하는 것은 아니다. 왜냐하면 어떤 것을 할 수 있는 능력을 가지고 있는 것과 실제로 그 능력을 자발적으로 발휘하는 것은 별개의 문제이기 때문이다.**38**

일상생활에서 우리는 심리화의 정확성을 기하기 위한 힘든 작업 대신에 노력이 덜 드는 약식 발견술을 사용하곤 한다. 우리는 종종 자신의 마음을 타인의 마음의 대리물로 간주하여, 마치 다른 사람들도 우리가 보는 것을 보고 믿는 것을 믿으며 좋아하는 것을 좋아하는 것처럼 행동한다.**39** 우리는 친구가 과거에 좋아했거나 싫어했던 영화들을 주의 깊게 따져봄으로써 그가 특정 영화를 좋아할지 또는 싫어할지 추측하는 대신, 종종 내가 그 영화를 좋아하면 친구도 그럴 것이라고 그냥 가정한다. 만약 당신이 역사상 가장 성공적인 영화라는 〈아바타Avatar〉에 대해 이런 약식 발견술을 사용했다면 큰 곤란에 빠지는 일은 거의 없을 것이다. 그러나 만약 당신이 나처럼 〈아이즈 와이드 셧Eyes Wide Shut〉을 훌륭한 영화라고 생각하는 소수의 사람에 속한다면, 다른 사람들도 당신과 같은 취향을 가지고 있을 것이라고 가정하는 것은 결코 현명한 일이 아닐 것이다.

시카고대학교University of Chicago의 심리학자 보아스 케이사Boaz Keysar는 성인의 심리화 작업의 한계를 보여주기 위해 '감독의 임무director's task'라는 정교한 연구 방법을 고안한 바 있다.**40** 당신이 다른 한 명의 참가자와 함께 탁자에 둘러앉아 있다고 상상해보자. 그리고 두 사람 사이에는 격자 모양의 선반이 하나 서 있다(그림 5.4 참조). 이 선반의 몇몇 칸에는 장난감 자동차나 사과 같은 작은 물건들이 놓여 있는데, 몇몇 칸은 한 면이 막혀 있어서 그 칸에 무엇이 있는지 당신은 볼 수 있지만 상대편

[그림 5.4] 감독의 임무

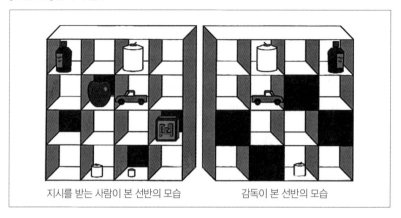

지시를 받는 사람이 본 선반의 모습　　　감독이 본 선반의 모습

출처: Keysar, B., et al. (2000). Taking perspective in conversation. *Psychological Science*, 11(1), 32~38.

은 볼 수 없다. 선반에는 모두 16개의 칸이 있는데, 당신은 그것을 모두 볼 수 있는 반면 다른 참가자는 12개의 칸만 볼 수 있다.

　당신이 해야 할 일은 ('감독' 역할을 맡은) 다른 참가자가 시키는 대로 선반 위의 물건들을 옮기는 것이다(이때 연구자는 감독 역할을 맡은 사람에게 물건을 어떻게 옮길지 미리 각본을 건넨 상태였다). 만약 '감독'이 당신에게 장난감 자동차를 아래로 한 칸 옮기라고 지시했다면 어떨까? 이것은 아주 쉬운 일이다. 사과를 오른쪽으로 두 칸 옮기라는 지시도 문제될 것이 없다. 그러나 어떤 지시는 당신을 곤란하게 만들 수도 있다.

　여기서 선반의 서로 다른 칸에 양초가 세 개 있다는 점에 주목하라. 그중 가장 작은 양초는 당신에게는 보이지만 상대편에게는 보이지 않는다. 이런 상황에서 상대편이 '작은 양초'를 옮기라고 말하면 당신은 어떻게 하겠는가?**41**

　이로이즈 두몬타일Iroise Dumontheil과 사라 제인 블레이크모어Sarah-Jayne

Blakemore는 어린아이, 10대, 성인을 대상으로 이 과제를 시켜보았다. 그 결과 작은 양초를 옮기라는 지시를 받았을 때 80퍼센트에 가까운 어린 아이들이 엉뚱한 양초를 옮겼다. 아이들은 대부분 가장 작은 양초를 옮 겼는데, 이는 상대편이 볼 수 없어서 지시할 수도 없는 양초를 옮겼음 을 의미한다. 이런 행동은 자기중심적이라고 말할 수 있다. 이때 아이 들은 상대편의 시각을 고려하는 대신 마치 자신이 본 것을 상대편도 볼 수 있는 것처럼 행동했기 때문이다.

성인들은 아이들보다 이 과제를 훨씬 잘 수행한다. 성인들의 심리화 능력이 훨씬 더 발달했다는 점을 고려하면, 이는 당연한 일이다. 그러 나 성인들도 생각만큼 그렇게 잘하지는 못한다. 보통 이 까다로운 과제 를 제대로 풀려면 고려할 것이 더 많아서 약간 더 시간이 필요하겠지만 어쨌든 거의 매번 제대로 해낼 수 있을 것이라고 생각하기 쉽다. 상대 편이 가장 작은 양초를 보지 못한다는 것을 뻔히 아는데, 왜 굳이 그 양 초를 옮기는 어리석은 행동을 하겠는가? 그러나 두몬타일과 블레이크 모어의 연구에서 성인들의 45퍼센트는 이 까다로운 과제를 제대로 풀 지 못했다.

성인들은 심리화 작업을 잘할 수 있는 능력을 가지고 있지만, 위 연 구가 보여주는 것처럼 이 능력을 일관되게 사용하지는 않는다. 그 이유 는 아마도 정확한 심리화 작업을 지원하는 뇌 부위가 제대로 작동하려 면 노력이 필요한 반면, 우리는 기회만 있으면 정신적인 게으름을 피우 려 하기 때문일 것이다. 우리는 심리화 작업을 매우 잘할 수 있을 것이 다. 그러나 실제로 언제나 그렇게 잘하는 것은 아니다. 그렇지만 우리 는 학습을 통해 심리화 작업을 더 잘할 수도 있다.

심리화 작업의 기적

다른 사람들이 우리 자신과 다른 시각과 신념을 가질 수 있다는 사실을 이해하는 능력은 미취학 아동기 때부터 발달하기 시작하지만, 성인들이라고 이 능력을 언제나 효과적으로 발휘하는 것은 아니다. 그렇지만 심리화 능력은 우리 인간을 다른 모든 동물들로부터 구별하게 만드는 인간 마음의 대표적인 성취 중 하나임에 틀림없다. 심리화 능력은 언어 및 추상적 사고의 능력과 함께 우리가 냉난방 시설이 갖춰진 집에서 살면서 작은 무선 장치들로 통신할 수 있게 된 원동력이라 하겠다. 만약 기적과도 같은 이런 정신적 과정이 없다면 우리는 사업, 학교 수업, 우정 같은 것을 지금처럼 발전시킬 수 없을 것이다.

우리는 심리화 작업 덕분에 다른 사람들이 현재 무엇을 생각하고 느끼는지뿐만 아니라 그들이 미래의 이런저런 사건에 어떻게 반응할지에 대해서도 상상할 수 있다. 나아가 이런 작업 덕분에 우리는 다른 사람들의 발달 과정, 관심, 주변 여건 등이 변화함에 따라 그들의 반응이 어떻게 변화할지에 대해서도 생각할 수 있다.

애플Apple의 공동 창립자인 스티브 잡스Steve Jobs는 제품 디자인에 대한 자신의 견해가, 헨리 포드Henry Ford의 다음 유명한 말과 무척 비슷하다고 한 바 있다. '만약 내가 고객들에게 무엇을 원하느냐고 물었다면, 그들은 '더 빠른 말'이라고 내게 답했을 것이다.' 포드의 이 말은 사람들이 원하는 것을 그것이 존재하기도 전에 알아내는 것이 성공적 발명의 열쇠라는 이야기다. 스티브 잡스는 우리가 무엇을 원하는지 우리 자신보다도 더 잘 파악한 인물이다. 아이팟iPod이 2001년도에 처음 출시되었을 때 사람들은 그것이 시장에 나오자마자 실패할 것이라고 했다. 그러나 아이팟은 2011년까지 3억 개 이상이 팔렸으며, 아이폰iPhone과 아이패드iPad, 나아가 수많은 경쟁 제품들에게 영감을 제공했다. 스티브 잡스는 아이팟의 아이디어가 대다수 사람들을 감동시키지는 않았지만, 실제로 경험하면 그것을 사랑하게 될 것이라는 자신의 믿음에 애플 사 전체의 미래를 걸었다.

우리는 매일 다른 사람들의 마음을 읽는 능력을 소박하게나마 발휘해 주위 사람들의 소망과 걱정을 미리 알아차리고 그들의 삶을 조금이라도 더 낫게 만들기 위한 행동을 취한다. 우호적인 상황이라면 다른 사람들도 우리를 위해 똑같은 일을 하고 있다. 심리화 작업은 사회적 고통과 쾌감이 우연히 발생하는 경우와 그것이 우리의 지향점 또는 회피 대상이 되는 경우의, 차이를 만들어내는 우리의 핵심 능력이다.

6장
거울체계

내 친구는 언젠가 자신이 만약 영화 〈트루먼 쇼The Truman Show〉
의 짐 캐리Jim Carrey처럼 위조된 세계에서 살고 있다는 사실을
깨닫게 된다면 자신의 첫 반응은 다음과 같을 것이라고 우
스갯소리를 했다. '비행기라니? 어떻게 나는 300톤이나 되는 철제
버스가 정말 하늘을 날 수 있다고 믿었을까?'

누군가에게는 비행이 불가능할 만큼 어려운 일로 보일지 몰라도, 현
대 세계에서 비행기는 하루에도 수천 번씩 이륙과 착륙을 밥 먹듯이 되
풀이하고 있다. 비행은 가장 안전한 여행 방법 가운데 하나이며, 구글
어스Google Earth를 이용해 세계를 둘러보는 것보다 약간 더 위험할 뿐이
다. 물론 비행기 여행이 과거에도 이렇게 안전했던 것은 아니다. 시간
당 수백 킬로미터의 속도로 하늘을 난다는 것은 기계에 중요한 고장이
라도 생기면 대형 참사로 이어질 수도 있다는 것을 의미하기 때문이다.
하지만 비행기가 대량 중복성massive redundancy을 띠도록 제작되기 시작한
후로는 꼭 그렇지만도 않다. 한 비행기 안에는 엔진, 조종 장치, 통신

장비 등이 모두 두 개씩 설치되어 있어서 한 개가 고장 나더라도 다른 한 개를 이용해 목적지까지 안전하게 도달할 수 있다. 비행은 큰돈이 걸린 사업이기 때문에 치명적인 고장을 대비해 상당한 추가 비용을 지출할 가치가 있는 것이다.

물론 타인의 마음속에서 일어나는 일을 이해하는 능력이 비행기 추락만큼이나 생사를 좌우하는 결과를 초래하지는 않을 것이다. 그러나 일생을 살면서 다른 사람들의 생각과 의도를 제대로 이해하는 일은, 우리가 행복과 사회적 연결의 촉진을 경험할지 아니면 고독과 좌절의 심화를 경험할지를 가르는 열쇠가 될 수 있다. 때문에 우리의 뇌가 타인을 이해하기 위한 중복 체계를 갖추도록 진화했다는 사실은 그리 놀라운 일이 아니다.

이 장에서는 타인의 이해와 관련 있는 두 번째 신경체계를 살펴볼 것이다. 이 두 번째 체계는 심리화 체계와 근본적으로 다른 구조를 지니고 있으며, 우리 인간이 다른 영장동물들과 공유하는 것이다. 타인을 이해하는 데 관여하는 이 두 가지 체계 중에서 어느 것이 더 우세한지에 대해서는 엇갈린 주장이 제기되고 있다. 그런데 학계에서 종종 그렇듯이 각 체계의 옹호자들은 자신이 선호하는 체계의 역할을 최대화하고 다른 체계의 역할을 최소화할 수 있는 조건에서 연구를 진행하는 경향이 있다. 그러나 실제로 이 두 체계는 대부분 상호 보완관계에 있는 상이한 기능을 수행하고 있으며, 이 기능들은 모두 우리 인간이 엄청나게 사회적인 동물로 활동하는 데 결정적으로 중요한 것들이다.

이 두 체계는 모두 우리가 일상생활 속에서 타인의 평범한 행위들을 이해하는 데 기여한다. 그리고 두 체계 모두 우리가 타인과 공감을 나누고 타인의 불행에 대해 동정심을 느끼는 데 결정적으로 기여한다. 그런가 하면 타인의 마음을 쉽게 이해하지 못하고 중요한 사회적 유대를 형성하고 유지하는 데 어려움을 겪는 자폐증 환자들의 경우에는 이 두 체계가 모두 제대로 작동하지 않는다.

원숭이가 보는 것과 하는 것

이탈리아 파르마대학교의 지아코모 리촐라티Giacomo Rizzolatti는 영장류 신경생리학의 전문가다. 그의 연구실은 1980년대 전반에 걸쳐 짧은꼬리원숭이macaque monkey들이 어떤 행동을 할 때 개별 뉴런들이 어떻게 반응하는지를 중점적으로 연구해왔다. 예컨대 원숭이가 어떤 물체를 손으로 움켜잡으면 전운동피질premotor cortex에 있는 몇몇 뉴런들만이 선택적으로 반응했다. 그런가 하면 다른 몇몇 뉴런들은 원숭이가 물체를 입에 넣으면 반응을 보였다. 또 몇몇 뉴런들은 원숭이가 손으로 쥘 수 있는 물체를 보면 설령 그것을 당장 손으로 움켜잡지 않더라도 반응을 보인 반면에, 또 다른 몇몇 뉴런들은 원숭이가 물체에 대해 어떤 행동을 취할 때만 반응을 보였다.[1] 한마디로 말해 영장류 동물이 아주 단순한 행동을 취할 때도 그것에 관련된 여러 기능을 담당하는 다수의 상이한 뉴런들이 존재했다.

이런 연구들을 수행하던 연구자들은 어느 날 뜻밖의 것을 발견했다. 그리고 이 행운의 발견은 인간이 사회적 동물이 되기까지의 과정에 대한 기존 시각을 근본적으로 바꾸는 계기가 되었다.[2] 예컨대 원숭이가 땅콩을 손으로 잡을 때 반응을 보인 뉴런들 가운데 일부는, 연구자가 땅콩을 손으로 잡는 광경을 원숭이가 지켜볼 때도 반응을 보였다. 그러나 이 뉴런들은 어떤 행동도 없이 원숭이가 땅콩을 바라보기만 할 때는 아무런 반응도 보이지 않았다. 또 이 뉴런들은 연구자가 땅콩이 없는 곳에서 집는 시늉을 하는 광경을 원숭이가 지켜볼 때도 반응하지 않았다.

이런 결과는 깜짝 놀랄 만한 것이었는데, 왜냐하면 지금까지 신경과학자들은 지각과 사고와 행동을 담당하는 뇌 부위들이 따로따로 나뉘어 있을 것이라고 생각했기 때문이다. 그러나 이 '거울뉴런mirror neuron'들의 경우에는 지각과 행동이 똑같은 뉴런에서 처리되었다. 다시 말해 땅콩을 집는 것과 다른 사람이 땅콩을 집는 것을 보는 것이 이 뉴런들에게 똑같은 영향을 미쳤다. 비록 이전에도 이렇게 지각과 운동이 중첩되는 현상에 대해 주장했던 몇몇 심리학자들이 있었지만,[3] 이것은 대다수 연구자들에게 정말 충격적인 발견이었다. 왜냐하면 지금까지 행동에 반응하는 뉴런들은 지각에 관여하지 않는 것으로 간주되어왔지만, 리촐라티의 연구는 행동과 지각에 모두 관여하는 뉴런들이 있음을 보여주었기 때문이다.

거울뉴런의 발견을 둘러싼 학계의 흥분은 점점 더 커져서 급기야 이 뉴런들이 심리학의 많은 난제들을 단번에 풀어줄 만능 해결책으로까지 간주되기에 이르렀다. 이런 희망을 품었던 저명한 신경과학자 V. S. 라마찬드란Ramachandran은 거울뉴런이야말로 '지난 10년 동안 일어난 유일하게 가장 중요한 이야기'라면서 다음과 같이 주장했다. '거울뉴런이 심리학에 미칠 영향은 DNA가 생물학에 미친 영향과도 같을 것이다. 거울뉴런은 통일된 설명의 틀을 제공할 것이며 지금까지 실험하기 어렵고 불가사의하게 남아 있던 많은 정신능력들을 설명할 수 있도록 도와줄 것이다.'**4** 실제로 그의 예측대로 거울뉴런은 언어, 문화, 모방, 마음 읽기, 공감 같은 많은 정신 현상들의 신경적 기초로 간주되었다.**5** 그러나 인류의 이 모든 기적 같은 업적들을 단 한 가지의 뉴런으로 설명하려는 것은 정말로 무모한 시도라 하지 않을 수 없다.

많은 사람들을 흥분의 도가니로 몰아넣는 새로운 과학적 발견은 종종 헤겔식의 3단계 행보를 보이곤 한다. 즉 처음에는 이 발견이 수수께끼로 남아 있던 어떤 현상을 100퍼센트 설명해줄 것이라는 밝은 전망이 우세하다가(1단계의 정립), 이 발견이 설명하는 것이 거의 없다는 믿음의 상실로 이어지고(2단계의 반정립), 마침내는 이 발견이 무엇을 설명하고 무엇을 설명하지 못하는지에 대한 현실적인 평가로 마무리되는(3단계의 종합) 3단계의 지그재그 행보를 보이는 것이다.

이런 관점에서 볼 때 거울뉴런은 현재 1단계와 2단계 사이의 어느 지점에 와 있는 듯하다. 한편으로는 여전히 이것이 일종의 만병통치약처럼 선전되고 있고, 다른 한편으로는 이것에 대한 반박의 목소리가 점점 더 커지고 있는 것이다. 솔직히 말해 나는 애당초 이 두 번째 진영에 더 가까웠지만, 3단계가 완전히 무르익을 즈음이 되어야 비로소 내 마음도 편해지지 않을까 싶다. 결론적으로 말해 나는 거울뉴런이 두 가지 매우 중요한 일을 한다고 생각한다. 거울뉴런은 첫째로 우리가 다른 사람들을 모방할 때 중요한 역할을 한다. 둘째로 우리가 다른 사람들의 마음을 읽을 때 결정적인 어떤 역할을 한다. 그러나 나는 이 두 번째 경우에 거울뉴런이 하는 일은 흔히 이야기되는 것보다 좀 더 배후의 역할에 그친다고 믿는다.

모방

인간의 뇌가 현대인의 뇌 크기에 도달한 것은 약 20만 년 전의 일이다. 그러나 (복잡한 도구, 언어, 종교, 예술 같은) 고등 문명이 존재했다는 증거는 5만 년 전까지 거슬러 올라가야 한다. 때문에 일부 학자들은 5만 년 전 즈음에 인류 진화의 어떤 임계점을 넘게 만드는 몇몇 작은 유전적 변화들이 일어나 문명 발달의 선순환적 과정이 급속도로 전개되었을 것이라는 가설을 제기했다. 이런 유전적 변화로 말미암아 우리의 작업 기억체계가 향상되었고, 그 결과 우리가 더 많은 추상적 관념들을 마음속에 동시에 간직할 수 있게 되었다는 것이다.[6] 그런데 라마찬드란은 이에 반대하면서 이 모든 것을 가능케 한 것은 오히려 거울뉴런과 관련된 유전적 변화일 것이라고 주장했다. 그에 따르면 거울뉴런이야말로 '인류 진화의 "대약진"을 가능케 한 원동력'이다.[7]

기술과 습관의 문화적 발달은 우리의 모방능력에 상당히 의존하고 있다. 따라서 어떤 행동과 그 행동의 지각 모두에 반응하는 거울뉴런을 바탕으로 우리의 행동을 지각에 따라 섬세하게 조정하는 것이 가능하다고 가정할 때, 거울뉴런은 모방과 모방에 기초한 학습을 지원하는 이상적인 메커니즘인 듯 보인다. 특히 언어가 아직 발달하지 않은 사회에서 모방을 통한 학습능력은 새로운 것이 한 사람에게서 다른 사람에게로 또는 한 세대에서 다른 세대로 전파되는 중심 수단이었을지 모른다. 그래서 사냥이나 집짓기 같은 작업에 작은 혁신이 이루어지면, 그것이 모방을 통해 다른 사람들에게 전파되고 다른 사람들은 그것에 또 다른 작은 혁신을 추가하는 식으로 선순환이 일어났을지 모른다.

그렇다면 정말로 거울뉴런이 우리의 지식을 소리 내어 말하거나 또는 트위터나 클라우드cloud 같은 곳에 올리는 것이 가능해지기 이전에 우리의 지식을 다른 사람들과 공유하기 위해 사용된 최초의 소셜미디어였을까? '그렇다'고 답할 수 있는 가능성은 점점 더 높아지는 듯하다. 왜냐하면 거울뉴런이 우리가 다른 사람들을 모방할 때 핵심적인 역할을 하는 것처럼 보이기 때문이다.

내 동료이기도 한 마르코 이아코보니Marco Iacoboni는 1999년 인간에게도 거울뉴런체계가 있다는 것을 보여주는 최초의 증거를 발표했다.[8] 이때 그는 원숭이를 대상으로 한 이전 연구들이 행동과 관찰에 초점을 맞춘 것과 달리, 관찰과 모방에 초점을 맞추었다. 이 연구에 참가한 사람들은 뇌영상 스캐너 안에 누워 손가락의 움직임을 보여주는 영상을 보았다. 이때 사람들은 영상을 그냥 물끄러미 바라보거나 또는 영상 속의 손가락 움직임을 흉내 내야 했다. 이 연구를 통해 이아코보니는 리촐라티가 원숭이에게서 관찰되었던 부위와 비슷한 곳에서 참가자들이 무엇을 관찰할 때와 모방할 때 모두 활성화되는 것을 발견했다. 즉 측전두와 측두정 부위에 위치한 이 영역들은 원숭이의 거울뉴런들에서 관찰된 것과 비슷하게 반영의 속성을 지니고 있는 듯하다(그림 6.1 참조).

물론 기능적 자기공명영상은 개별 뉴런들의 활동을 보여주지 않기 때문에 위와 같은 연구를 통해 인간의 거울뉴런 자체가 발견되었다고 말하기는 어렵다. 때문에 전두엽의 전운동피질, 전두정간구anterior intraparietal sulcus, 하두정소엽inferior parietal lobule을 포함하는 이들 영역은 인간의 '거울뉴런체계'라기보다 '거울체계mirror system'라고 흔히 불린다. 거울체계와 작업기억체계는 모두 측전두 부위와 측두정 부위에 있지만 이 부위들 안에서 서로 다른 곳에 위치하고 있다.

[그림 6.1] 짧은꼬리원숭이의 거울체계(왼쪽)와 인간의 거울체계(오른쪽)

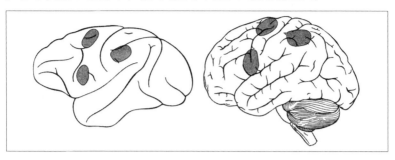

이 뇌영상 연구는 거울체계가 모방 행동에 관여한다는 것을 보여주는 첫 번째 증거였지만 결정적인 증거로 간주되기에는 아직 부족한 면이 있었다. 그래서 이아코보니는 거울체계가 잠시 제 구실을 못하게 된 상황에서 모방 행동에 어떤 변화가 일어나는지를 살펴보았다. 그의 연구팀은 경두개 자기 자극transcranial magnetic stimulation, TMS이라는 기법을 사용했는데, 이것은 뇌 피질의 특정 지점에 전자기장을 형성시켜 해당 뉴런들을 잠시 '기진맥진하게' 만듦으로써 그 영역의 작동을 사실상 멈추게 할 수 있다.[9] 얼핏 무시무시한 기법처럼 보이지만, 건강한 사람에게 적당히 사용되면 무해하고 일시적인 영향을 줄 뿐이다.

이 연구에서 참가자들은 경두개 자기 자극을 받고 있는 상태에서 일련의 단추 누르기 동작을 모방하라는 과제를 부여받았다. 참가자들은 거울체계 부위에 경두개 자기 자극을 받았을 때 다른 사람의 행동을 모방하는 데 더 많은 실수를 범했다. 반면 거울체계 외의 부위에 경두개 자기 자극을 주었을 때는 실수의 비율이 증가하지 않았다. 이것은 거울체계가 모방 행동에 인과적으로 핵심적인 역할을 한다는 것을 시사한다.

이런 연구들은 거울체계가 초보적인 형태의 모방, 즉 모방해야 할 행동이 낯설지 않은 모방에 관여한다는 사실을 보여준다. 왜냐하면 성인들은 이런 연구에 참가하기 전부터 손가락을 두드리는 데 아주 익숙하기 때문이다. 따라서 모방에 기초한 학습에 (다시 말해 새로운 행동 방식의 전파에) 거울뉴런이 기여하는지 알기 위해서는 모방을 통해 새로운 행동을 획득할 때도 거울체계가 관여한다는 것을 보여주는 증거가 필요했다.

리촐라티의 연구팀은 음악을 전공하지 않은 사람들이 기타 코드 운지법을 모방할 때 관여하는 신경체계를 조사했다.[10] 그 결과 연구자들의 예측대로 참가자들이 몰랐던 복잡한 손동작을 모방할 때도 거울체계가 관여한다는 사실이 밝혀졌다. 이렇게 볼 때 다른 인지적 능력들도 여러 종류의 모방 행동에서 중요한 역할을 함에 틀림없지만, 적어도 모방에 관한 한 거울체계가 사람들의 흥분 섞인 기대에 걸맞은 역할을 하는 것처럼 보인다.

마음을 읽는 거울

거울뉴런 연구자들의 두 번째 주요 주장은 거울체계가 타인의 마음을 이해하는 데도 결정적인 역할을 한다는 것이다. 이것은 마음의 사회적 본성을 이해하고자 하는 우리에게 가장 흥미로운 주장이다. 거울뉴런이 타인의 마음을 읽고 의도를 해석하는 데 기여하는지 그 여부는 '마음 읽기' '목표' '의도' 같은 단어들의 정확한 의미가 무엇이냐에 따라 좌우될 소지가 크다. 따라서 거울체계와 마음 읽기의 관계를 살펴보기에 앞서 우리가 타인의 마음을 어떻게 아는지를 둘러싸고 벌어졌던 철학적 논쟁을 잠시 되돌아볼 필요가 있다.

1980년대 초엽 발달심리학자들은 너나 할 것 없이 모두 '마음이론'이라는 것을 입에 달고 살았다. 이 접근법에 따르면 우리는 타인에게 마음이 존재한다는 이론적 가정을 하고 있으며 이 이론을 바탕으로 여러 상황 속에서 타인의 생각, 신념, 소망 등을 논리적으로 추론한다. 대니얼 데닛과 (나의 대학생 시절 스승이기도 한) 스티븐 스티치Stephen Stich 를 포함해 많은 철학자들은 우리가 어떻게 타인의 행동을 예측하는지에 대해 이런 종류의 설명을 지지해왔다. 그리고 몇 년 동안 이런 마음이론이 학계의 거의 유일한 설명 방식이었다. 그러나 1986년에 철학자 로버트 고든Robert Gordon이 우리가 타인의 마음을 이해하는 방식에 대해 대안적인 설명을 제시했다.

고든의 핵심 주장은 우리가 특정 상황에서 타인의 의도를 예측할 수 있는 방식은 여러 가지가 있다는 것이다. 그중 하나인 마음이론 접근법에서는 우리가 마음의 작동 방식에 대한 일반 이론을 가지고 있으며 그것을 바탕으로 조건문 형식의 논리적 추론을 통해 타인의 의도를 추측할 수 있다고 말한다. 예컨대 어떤 사람이 여덟 시간 동안 아무것도 먹지 않았다는 사실을 알고 있다면, 우리는 그가 배고플 것이라고 추론할 수 있다. 그리고 그가 배고플 것이라고 추론할 수 있으면, 더나아가 그가 현재 무언가 먹을 것을 찾으려는 의도를 가지고 있다고 추론할 수 있다.

타인의 마음을 이해하는 또 다른 방식은 우리 자신이 타인과 같은 상황에 처했다면 어떠할지를 상상함으로써 이에 대한 우리 자신의 자연스러운 반응을 바탕으로, 다른 사람이 어떻게 생각하고 느끼고 행동할지를 추측하는 것이다. 예컨대 어떤 사람이 연인으로부터 이별을 통보하는 메일을 받았을 때 어떤 느낌이 들지를 이해하고자 한다면, 머릿속으로 그 상황을 그려보면서 내가 당사자라면 어떤 느낌이 들었을까 하고 상상해볼 수 있을 것이다. 그리고 그런 상황 속에서 내가 자연스럽게 보였을 반응은 다른 사람이 비슷한 상황에서 어떻게 반응할지를 이해하는 데 도움이 될 것이다.

타인의 마음을 이해하기 위한 이 두 방식은 종종 같은 결론에 도달하지만, 중요한 것은 거기까지 도달하는 과정이 다르다. 첫 번째 경우에 나는 특정 상황에 '대해' 그리고 그런 상황에서 사람들이 일반적으로 어떻게 반응할지에 대해 논리적으로 따져보고 있다. 반면 두 번째 경우에 나는 나 자신이 특정 상황 '안에' 있다고 상상함으로써 그 상황에서 나의 반응이 어떠할지를 헤아려보는 것이다.

첫 번째 경우에 내 추론의 정확성은 내가 사용하는 논리의 질적 수준에 따라, 그리고 추론의 대상이 되는 사람의 마음이 내가 가정하는 일반적인 마음과 얼마나 비슷한가에 따라 결정될 것이다. 반면 두 번째 경우에 내 추론의 정확성은 상황을 얼마나 정확히 재현하느냐에 따라, 그리고 추론의 대상이 되는 사람의 마음이 내 마음과 얼마나 비슷한가에 따라 결정될 것이다. 고든이 예로 든 이 두 번째 추론 방식은 흔히 '모의이론Simulation theory'이라고 불리는데,**11** 실제로 우리가 일상생활에서 자신의 경험을 바탕으로 타인의 경험을 헤아릴 때가 종종 있다는 것은 의심의 여지가 없어 보인다.

여기서 중요한 물음은 거울뉴런이 이 두 가지 추론 방식 중 어느 것과 실제로 관련이 있느냐 하는 것이다. 이와 관련해 거울뉴런을 처음 발견한 연구자 중 한 명인 비토리오 갈레세Vittorio Gallese는 이 거울뉴런이 모의이론을 신경적으로 구현하고 있다고 주장했다.**12** 나아가 그는 이 것이야말로 우리가 정상적인 상황에서 타인의 마음을 알게 되는 '유일한' 방식이라고 주장하면서 다음과 같이 덧붙였다. '우리로 하여금 타인의 마음을 직접 경험을 통해 파악할 수 있게 해주는 근본 메커니즘은, 개념적 추론이 아니라 관찰된 사건을 거울 메커니즘을 통한 직접 모의direct simulation다.'**13**

그러나 고든 등이 일반적으로 묘사하는 종류의 정신적 모의는 결코 쉽지 않은 작업인 것처럼 보인다. 그들은 정신적 모의가 비행기 날개의 성능을 검사하기 위해 모의 비행 조건에서 바람 터널을 제작하거나, 실제 상황을 디지털 방식으로 재현하기 위해 무수한 변수들을 고려하는 복잡한 컴퓨터 시뮬레이션과도 비슷하다고 말한다. 그들은 사회적 모의에 대해 논의할 때 흔히 모의 상황에 직접 뛰어 들어 그들 자신이 어떻게 반응할지를 살피기보다는 특정 상황의 모든 주요 측면들을 정신적으로 재구성하는 일에 대해 먼저 이야기한다. 그런데 이것은 많은 노력을 필요로 하는 일처럼 보인다. 만약 갈레세의 주장처럼 타인을 그냥 지각하는 것만으로도 타인의 경험을 직관적이고도 자동적으로 이해하는 것이 가능하다면, 거울체계가 모의이론의 신경적 구현이라는 주장은 더 설득력 있게 보일 듯하다.

이와 관련해 갈레세의 주장을 좀 더 자세히 살펴보자. 그에 따르면 어떤 사람이 무엇을 향해 '손을 뻗는' 광경을 보는 순간에 당신의 '손을 뻗는' 뉴런들이 활성화된다는 사실은, 당신이 관찰하고 있는 사람의 신경 상태와 당신 뇌 안의 그 뉴런들이 말 그대로 일치함을 의미한다. 다시 말해 어떤 사람이 컵을 향해 '손을 뻗는' 것을 보는 순간에 당신의 '손을 뻗는' 뉴런들과 그 사람의 '손을 뻗는' 뉴런들은 똑같이 활성화되어 있다.

갈레세 같은 연구자들은 이것을 당신과 그 사람 사이의 '운동공명 motor resonance'이라고 부른다. 그래서 만약 당신이 그 사람과 똑같은 운동 상태를 경험하고 있다면, 당신의 뇌는 본질적으로 그 사람 뇌의 핵심 측면들을 모의하고 있는 셈이고, 따라서 당신은 손을 뻗는 그 사람의 심리 상태를 자동적으로 이해할 수 있다는 것이다. 다시 말하자면 나의 뇌가 당신의 뇌를 거울처럼 반영하고 있으므로, 나는 나 자신이 처한 상태를 아는 것만으로도 당신의 마음까지 알 수 있다는 것이다.[14] 이렇게 볼 때 거울뉴런은 우리가 타인을 이해하려고 노력하든 노력하지 않든 자동적으로 작동하는 거의 신비에 가까운 마음 읽기 장치인 것처럼 보인다.

거울의 균열

한편 거울뉴런 진영이 제시한 증거로는 인간의 거울체계가 마음 읽기에 핵심적 역할을 한다는 것을 증명하기에 충분치 않다는 비판의 목소리도 점점 더 커지고 있다. 그런가 하면 또 다른 비판자들은 관련 연구가 이미 충분히 이루어졌으며 거울체계가 마음 읽기에 핵심적 역할을 하지 '않는다'는 결론이 이미 분명히 내려졌다고 주장한다. 그러면서 이들은 거울체계의 역할에 대한 자신들의 견해가 옳다는 것을 보여주기 위한 개념적 또는 경험적 연구를 손수 수행하고 있는데, 이것은 과학적 민주주의의 자연스러운 현상이라 하겠다.

거울뉴런 연구자들의 주장에 따르면 마음 읽기와 관련해 거울뉴런의 한 가지 핵심 성질은 이 거울뉴런이 타인의 행동에 담긴 추상적 의미에 반응한다는 것이다. 예컨대 어떤 사람이 땅콩 껍질을 까는 모습을 당신이 보고 있다고 상상해보자. 그러면 이런 행동을 보는 것과 관련된 원래의 시각 정보가 있을 것이다. 또 관련된 소리도 존재할 것이다. 그러나 당신이 이런 행동을 보고 있든 듣고 있든 상관없이 당신이 수행하는 마음 읽기의 초점은 이 행동의 의미, 즉 어떤 사람이 땅콩 껍질을 벗겨서 그 안에 있는 땅콩을 먹으려 한다는 점에 맞추어져 있다.

만약 어떤 뉴런이 이런 행동의 시각적 광경에는 반응하지만 소리에는 반응하지 않거나, 소리에는 반응하지만 시각적 광경에는 반응하지 않는다면, 그 뉴런은 이를 그저 감각적으로(다시 말해 감각의 수준에서) 반영하고 있을 뿐이다. 반면에 만약 어떤 뉴런이 어떤 행동의 의미에 반응한다면, 이때 우리가 그 행동을 눈으로 보는가 아니면 귀로 듣는가 하는 것은 중요치 않을 것이다. 리촐라티의 연구팀은 2002년에 바로 이런 속성을 보여주는 거울뉴런들을 발견했다.[15] 즉 이 연구에서 일부 거울뉴런들은 어떤 행동의 소리와 광경 둘 다에 반응했는데, 이것은 이들 뉴런의 증가된 활동이 그 행동의 단순한 광경이나 소리 대신에 그 행동의 의미에 반응하고 있음을 말해주는 것처럼 보인다.

한편 거울뉴런 진영을 가장 신랄하게 비판하는 사람 중 한 명인 그렉 히콕Greg Hickok은 이런 광경-소리 연구의 중요한 한계를 지적한 바 있다.[16] 그에 따르면 이런 연구는 우선 거울뉴런의 표준적인 속성들을 보여주는 뉴런들(즉 어떤 행동을 시각적으로 관찰할 때와 그 행동을 직접 수행할 때 모두 반응하는 뉴런들)을 찾는 일에서부터 시작했다. 그런 다음 이렇게 찾은 뉴런들 가운데 어느 것이 그 행동의 소리에도 반응하는지를 조사했다. 그 결과 애당초 거울뉴런으로 확인된 뉴런들 가운데 겨우 15퍼센트만이 행동의 소리에 반응을 보였다. 이는 다시 말해 해당 거울뉴런들의 85퍼센트가 행동의 시각적 특성에만 반응했음을 의미한다. 그렇다면 이 뉴런들은 행동의 의미에 반응하는 것으로 간주될 수 없는 셈이다. 결론적으로 말해 짧은꼬리원숭이의 일부 거울뉴런들은 단순히 행동의 시각적 광경에 반응하는 것이 아니라 행동의 의미에 반응하는 것처럼 보이는 것이 사실이다. 그러나 대다수 거울뉴런들은 그렇게 반응하지 않는다.

이 약 1 대 5의 비율은 중요한 의미를 지니는데, 왜냐하면 기능적 자기공명영상으로는 개별 뉴런들의 활동을 관찰하는 것이 불가능하기 때문이다. 기능적 자기공명영상이 보여주는 것은 수많은 뉴런들의 합산된 효과일 뿐이다. 따라서 누가 기능적 자기공명영상 연구를 바탕으로 거울체계가 행동의 의미를 표상한다고 주장한다면, 과연 이런 효과가 의미를 표상하는 거울뉴런들 때문에 나타난 것인지를 확인할 방도가 없는 셈이다. 히콕의 이런 지적은 거울뉴런이 인간의 마음 읽기를 지원할 가능성이 없다는 말이 아니라, 기능적 자기공명영상으로 이런 가능성을 밝혀내기가 매우 어려울 것이라는 말이다.

거울뉴런이 단순히 행동의 감각적 측면만을 표상하는 것이 아니라 행동의 추상적 의미를 표상한다는 두 번째 증거는 거울뉴런이 감춰진 물체를 향한 행동에 대해서도 반응한다는 사실이다.[17] 리촐라티의 연구팀은 원숭이에게 어떤 물체를 보여준 뒤에 이 물체와 원숭이 사이에 담을 세워서 원숭이가 이를 더 이상 보지 못하게 했다. 그러자 실험자가 보이는 물체를 향해 손을 뻗는 것을 보면 반응하던 거울뉴런들이, 실험자가 감춰진 물체를 향해 손을 뻗는 것을 볼 때도 반응했다. 리촐라티는 이런 결과를 토대로 만약 거울뉴런들이 행동의 시각적 속성에만 반응한다면 감춰진 물체를 향해 누가 손을 뻗을 때는 반응하지 않을 것이라고 주장했다.

그러나 히콕은 이런 주장에도 결함이 있다고 말한다. 왜냐하면 원숭이가 작업기억을 사용해 감춰진 물체의 이미지를 머릿속에 간직하고 있을지도 모르기 때문이다. 인간의 경우 어떤 물체를 본 뒤에 그것이 시야에서 사라져도 마음속에서 계속 시각화할 수 있는 능력이 있다는 사실은 이미 경험적으로 증명된 바 있다.[18] 그렇다면 원숭이들이 이와 비슷한 능력을 가지고 있을 수도 있는 것 아닌가? 만약 정말로 그렇다면 거울뉴런은 행동의 의미에 반응했다기보다 원숭이의 뇌 속에 간직된 시각적 표상에 반응했다고 해석될 수 있을 것이다.

그런가 하면 옥스퍼드대학교의 심리학자 세실리아 헤이스Cecilia Heyes는 거울뉴런의 마음 읽기 능력에 대해 다른 비판을 제기한다. 그녀에 따르면 거울뉴런의 목적은 운동공명에 기초한 타인의 이해가 될 수 없다.[19] 왜냐하면 애당초 이들 뉴런은 수행된 행동을 바탕으로 관찰된 행동과 관찰된 의미를 표상하기 위해 발달한 것이 아니기 때문이다. 내가 직접 손을 뻗을 때와 누가 손을 뻗는 것을 볼 때 '손을 뻗는' 뉴런들이 활성화되는 까닭은 본질적으로 반영의 기능 때문이라기보다 과거 경험 때문이다. 헤이스에 따르면 거울뉴런들은 실제로 운동뉴런들에 지나지 않으며, 이것이 우리 자신의 행동이 보일 때도 반응하도록 시간이 흐르면서 조건화되었을 뿐이다(그리고 이렇게 조건화된 뉴런들이 다른 사람이 똑같은 행동을 하는 것을 볼 때도 반응하도록 일반화된 것일 뿐이다).

예컨대 나는 내 손이 숟가락을 향해 뻗는 광경을 어렸을 때부터 무수하게 보아왔다. 거울뉴런이 특별히 운동공명을 위해 발달한 것이든 아니면 그저 어떤 행동과 그 행동의 광경을 연관시키도록 조건화된 것이든, 누가 숟가락을 사용하는 것을 보면 나의 '숟가락을 향해 손을 뻗는' 거울뉴런들이 활성화될 것이라는 점은 헤이스든 거울뉴런 진영이든 모두 동의할 것이다. 이것은 다시 말해 헤이스와 거울뉴런 진영이 서로 다른 결과를 예측하게 만들기 위해서는 특별한 상황을 고안할 필요가 있다는 이야기다.

헤이스는 자신의 설명을 검증하기 위해 특정 행동의 수행을 그것과 '다른' 모습의 광경과 연관시키는 '역반영counter-mirroring' 절차라는 것을 고안했다.[20] 만약 내가 어떤 사람의 손동작을 볼 때마다 발을 움직이라는 지시를 받았다면 그리고 거울체계가 진정한 운동공명의 메커니즘이라면, 거울체계는 이런 행동에 대해 반응을 보이지 말아야 할 것이다. 그러나 헤이스의 연구에서 관찰된 행동과 다른 행동으로 반응하도록 학습된 참가자들의 거울체계는 관찰된 행동을 그대로 흉내 낼 때와 마찬가지로 활성화되었다. 이것은 비록 거울체계가 어떤 행동의 수행과 그 행동의 관찰 모두에 대해 종종 반응하곤 하지만, 이런 반응이 거울체계에 본질적인 것은 아니라는 점을 말해준다. 왜냐하면 거울체계는 어떤 행동을 볼 때와 그것과 다른 행동을 할 때 모두 반응하도록 학습될 수 있기 때문이다. 만약 거울뉴런이 나의 발동작을 당신의 손동작과 연관시킨다면, 어떻게 이런 반응이 운동공명의 기초가 되고 마음 읽기를 촉진한다고 말할 수 있겠는가?

그런가 하면 또 다른 연구에서는 참가자들이 관찰한 행동을 그대로 흉내 내는 대신 그것과 보완 관계에 있는 행동을 수행할 때 거울체계가 어떻게 반응하는지 살펴보았다.[21] 예컨대 탁자 위에 두 물체가 놓여 있다고 상상해보자. 하나는 엄지손가락과 집게손가락을 함께 사용해 들어 올릴 수 있는 각설탕 같은 작은 물체이고, 다른 하나는 컵을 움켜쥐듯이 하여 들어 올릴 수 있는 수프 깡통 같은 좀 더 큰 원통형 물체다. 몇몇 참가자들은 비디오에 나오는 사람의 손동작을 그대로 흉내 내라는 요청을 받았다. 또 다른 참가자들은 비디오에 나오는 사람을 도와주기 위해 그 사람과 다른 손동작을 사용해 그가 집으려는 것과 다른 물체를 집을 준비를 하라는 요청을 받았다. 이 경우 비디오에 나온 사람이 각설탕을 집기 위해 엄지손가락과 집게손가락을 오므리면 참가자는 수프 깡통을 집기 위해 움켜쥐는 동작을 취해야 한다. 그러자 참가자들의 거울체계는 다른 사람의 행동을 그대로 모방할 때보다 보완하는 행동을 취할 때 오히려 더 활발하게 반응했다.

그러나 관찰된 것과 다른 행동을 취할 때 운동공명 메커니즘이 왜 더 활성화되는지 거울뉴런 진영이 답하기란 쉽지 않아 보인다. 그리고 앞의 연구와 마찬가지로 이는 거울체계가 단순히 우리의 내적 상태를 다른 사람의 내적 상태와 일치시키기 위해 발달한 것이 아니라는 점을 말해주는 듯하다.

거울체계와 심리화 체계

오늘날 학계에서는 인간의 마음 읽기 능력과 관련해 모의이론 접근법을 따르는 거울체계 연구들이 수십 가지 존재하고, 다른 한편으로는 마음이론 접근법을 따르는 심리화 체계 연구들이 수십 가지 존재한다. 이두 연구 프로그램은 모두 우리가 타인의 심리 상태를 어떻게 이해하는가라는 물음에 초점을 맞추고 있다. 따라서 바닥에 깔린 이론이 무엇이든 모든 연구자들이 뇌라는 똑같은 대상을 관찰하고 있으므로, 연구 결과와 결론도 비슷할 것이라고 추측할 수도 있을 것이다. 비록 서로 다른 이론에서 출발했다 하더라도 뇌는 연구자의 이론에는 관심이 없으므로 결국 종착역은 같아야 하는 것이 아닐까? 뇌는 우리에게 진실만을 말하지 않을까?

그러나 거울 진영과 심리화 진영에서 지금까지 수많은 기능적 자기공명영상 연구가 이루어졌음에도 그들의 결과는 거의 한 번도 수렴된적이 없다. 심지어 두 진영에서 내놓은 뇌영상만 보아서는 그들이 마음 읽기라는 똑같은 주제를 연구하고 있다는 사실을 짐작조차 하기 어렵다. 두 진영에서 내놓은 결과는 해부학적으로 중복되지 않을 뿐만 아니라 관찰된 뇌 부위들이 서로 역으로 상관관계를 보이기까지 한다. 예컨대 휴식을 취하고 있는 뇌의 경우, 심리화 체계의 활동이 왕성할수록 거울체계의 활동은 미약해지는 경향을 보인다.[22] 이렇게 볼 때 두 진영은 단순히 이론적으로만 대립하고 있는 것이 아니라, 마치 서로 대립적인 신경체계를 연구하고 있는 것처럼 보이기까지 한다. 이런 상황에서 두 진영은 각자 자신이 연구하는 신경체계가 마음 읽기에 핵심 역할을 수행하며 상대 체계는 아무런 역할도 하지 않는다고 주장한다.

이렇게 두 진영이 겉으로는 똑같은 뇌를 연구하면서도 각각 선호하는 뇌 부위의 활동에만 주목하게 되는 이유는 적어도 두 가지가 있을수 있다. 첫째로 두 진영은 마음 읽기를 매우 다른 방식으로 연구하고있다. 심리화 진영은 주로 언어적 자료와 만화 같은 그림들을 연구 자료로 이용하는 경향이 있다. 그런데 이런 자료들은 꽤 추상적인 것이다. 거울체계가 실제 행동을 볼 때 활성화된다는 점을 고려할 때, 실제행동의 관찰을 포함하지 않는 심리화 연구에서 거울 영역들이 활성화되지 않고 그 결과 이 영역들이 마음 읽기에 기여하는 바를 간과하게되는 것은 어찌 보면 당연한 귀결이다.

반면 심리화 연구의 주요 강점은 다른 사람의 마음을 이해하려는 참가자들의 태도를 다양하게 조작할 수 있다는 점이다. 심리화 연구에서참가자들은 종종 타인의 심리 상태를 암시하는 구절을 읽은 뒤에 그 사람의 신념, 동기, 성격 등을 추측하라는 요청을 받는다. 그런데 이것은적절한 수준의 심리주의적mentalistic(심리화 능력을 사용함을 의미한다-옮긴이) 추론이 수행되어야만 제대로 답할 수 있는 질문들이다. 반면 거울체계 연구에서는 참가자들에게 타인의 심리 상태에 대한 질문을 던지는 일이 거의 없다. 그 이유는 아마도 신체와 분리된 팔의 움직임만 관찰한 참가자들에게 그 팔 주인의 신념이나 성격 등에 대해 묻는 것이그다지 의미를 갖지 않기 때문일 것이다. 어쨌든 이런 방식으로 거울체계 연구들은 심리화 체계의 작용이 개입할 여지를 최소화하고 있다.

둘째로 커다란 문제는 단어들의 미세한 의미 차이가 결과를 좌우하는 것처럼 '목표'나 '의도' 같은 단어들의 정확한 의미가 무엇인가에 대한 것이다. 예컨대 한 친구가 오전 8시에 싱글몰트single malt 스카치위스

키를 한 잔 마시는 것을 당신이 목격했다고 상상해보자. 당신이 그 이유를 묻자 친구가 '한잔 하고 싶어서'라고 답했다면 어떠할까?[23] 어찌 보면 이것도 당신의 질문에 대한 답변이라고 할 수 있다. 그는 '한잔 하고 싶어서'라고 자신의 행동의 목표를 밝혔기 때문이다. 그러나 다른 한편으로 그의 답변은 전혀 만족스럽지 못하다. 왜냐하면 그가 한잔 하고 싶어서 한 잔 하는 것은 너무나도 당연한 이야기이기 때문이다.

당신이 정말로 알고 싶은 것은 그에게 무슨 특별한 동기가 있기에 평소와 달리 이른 아침부터 독주를 한 잔 하고 싶다는 목표를 가지게 되었을까 하는 점이다. '한잔 하고 싶어서'라는 말과 '일자리를 잃어서 쓰라린 가슴을 달래려고'라는 말은 모두 당신의 질문에 대한 답변으로 간주될 수 있지만, 이 두 답변은 '목표'라는 단어가 얼마나 다르게 사용될 수 있는지를 잘 보여준다.

1980년대 로빈 발레처Robin Vallacher와 대니얼 웨그너Daniel Wegner는 이런 차이를 체계적으로 연구했다.[24] 그들이 수행한 일련의 연구는 우리가 같은 행동을 얼마나 다른 방식으로, 그러면서도 똑같이 올바르게 이해할 수 있는지 잘 보여준다. 예컨대 내가 지금 컴퓨터 자판 앞에서 하고 있는 행동은 '내 모든 손가락들을 위아래로 조금씩 움직이고 있다'라고 기술될 수도 있고 '자판으로 입력하고 있다'라고 기술될 수도 있으며, '책을 쓰고 있다'라거나 '내가 알게 된 것을 다른 사람들과 공유하려 하고 있다'라고 기술될 수도 있을 것이다. 그리고 내가 방금 열거한 문장들 사이에는 일종의 위계가 존재한다. 즉 맨 처음 답변은 나의 구체적인 동작에 대해 낮은 수준의 기술을 하고 있는 반면, 그다음 것들은 점점 더 높은 수준에서 더 큰 의미를 지니는 장기적인 목표들을 언급하고 있다.

어떤 사람이 죽음을 앞둔 상황에서 '내 손가락을 위아래로 좀 더 움직일 수 있다면 얼마나 좋을까?'라고 말하지는 않을 것이다. 반면 죽음을 앞둔 사람이 '내가 알게 된 것을 다른 사람들과 좀 더 공유할 시간이 있다면 얼마나 좋을까?'라고 말하는 것은 충분히 의미 있어 보인다. 우리는 의미 있는 행위들의 세계에서 살고 있다. 그리고 그런 행위들은 낮은 수준에서 기술될 수도 있고 높은 수준에서 기술될 수도 있다. 그러나 우리는 보통 그때그때의 관심에 따라 한 번에 한 수준에만 초점을 맞춘다. 풋내기 타자수typist라면 어떤 손가락을 움직여 어떤 글자를 쳐야 하는지에 집중할 것이다. 반면 노련한 타자수라면 손가락의 움직임보다는 그것을 통해 전달하려는 자신의 생각에 좀 더 집중할 것이다.[25]

거울뉴런 연구자들과 심리화 연구자들 사이에서 발견되는 가장 큰 차이점 중의 하나는 그들이 설명하고자 하는 목표의 종류가 다르다는 점이다. 거울뉴런 진영은 주로 낮은 수준의 운동과 관련해 우리가 타인의 의도를 어떻게 이해하는가에 초점을 맞춘다(예컨대 '그는 불을 켜기 위해 스위치를 올리고 있다'). 반면 심리화 진영은 더 높은 수준의 의도에 초점을 맞추는 경향이 있다(예컨대 '그는 시험공부를 하기 위해 불을 켜고 있다'). 이때 두 진영은 모두 타인의 의도를 기술하고 있지만, 우리가 일상생활에서 더 관심을 갖는 것은 대개 두 번째 종류의 목표라 말할 수 있다.

운동공명에 기초한 설명은 우리가 낮은 수준의 운동과 관련된 의도를 어떻게 이해하는지를 설명하기에 적합하다. 당신이 스위치를 올리는 것을 보자마자 내 머릿속에서는 '스위치를 올리는' 거울뉴런들이 활성화될 것이다. 그러나 이 뉴런들은 당신이 불을 켜고자 하는 더 높은 수준의 이유를 설명하기에는 적합하지 않다.[26] 왜냐하면 당신이 불을 켜고자 하는 이유는 무한히 다양할 수 있으며 그중 많은 것들은 당신의 신념에 따라 좌우되기 때문이다(예컨대 '한밤중에 아래층에서 무슨 소리가 들려서 누가 있나 확인하기 위해 불을 켜고자 한다', 또는 '자다가 갑자기 흥미로운 아이디어가 떠올라 그것을 적어두기 위해 불을 켜고자 한다'처럼). 하지만 이처럼 높은 수준의 이유가 다르다고 해서 불을 켜는 동작까지 다른 것은 아니다. 따라서 운동공명을 바탕으로 더 높은 수준의 의도를 헤아리기란 불가능한 일이다. 반면 뇌의 심리화 체계는 더 높은 수준에서 전개되는 타인의 의도를 알아내기 위해 반드시 필요한 것이다. 따라서 여기서 중요한 물음은 우리가 더 높은 수준에서 타인의 동기를 이해하려 할 때 거울체계가 과연 어떤 역할을 하는가라는 점이다.

무엇을 어떻게 왜

우리가 다른 사람의 행동을 관찰할 때 흔히 세 종류의 물음에 관심을 갖는다. 이 세 가지 물음은 발레처와 웨그너의 연구에서 언급된 상이한 분석 수준에 상응하는 것이기도 하다. 우리가 다른 사람을 관찰할 때 가장 쉽게 떠오르는 첫 번째 물음은 그 사람이 '무엇'을 하고 있는가라는 것이다. 이 물음에 대해 우리는 아주 일반적인 행동언어로 답할 수 있다. '그는 길을 건너고 있다'거나 '그는 자판을 두드리고 있다', 혹은 '그 고양이는 내가 먹다 남긴 것을 먹고 있다'처럼 말이다. 우리는 다른 사람의 행동을 너무나도 자주 이런 식으로 해석하기 때문에 우리가 이렇게 해석한다는 사실조차 좀처럼 깨닫지 못한다. 그러다 어느 순간에 이런 해석이 갑자기 눈에 들어올 때가 있는데, 그것은 다른 사람이 정말로 특이한 행동을 할 때다(예컨대 '그가 건물 벽을 기어오르고 있다고?').

이어 우리는 우리의 목표와 관심에 따라 두 가지 물음을 더 던질 수 있다. 만약 우리가 그 사람에 대해 충분히 큰 관심을 가지고 있다면, 우리는 그 사람이 '왜' 그런 일을 하고 있는지 알고 싶어 할 것이다. '그는 직장에 가기 "위해" 길을 건너고 있다', 또는 '그는 마지막 논문을 마치기 "위해" 자판을 두드리고 있다'처럼 말이다. 하지만 때때로 우리의 관심은 그 사람보다 그의 행동 자체에 쏠리기도 한다. 예컨대 기타 수업 시간에 선생이 기타를 '어떻게' 연주하는지 유심히 지켜보는 학생의 경우처럼 우리는 종종 특정 행동을 '어떻게 수행하는지' 알고 싶어 할 때가 있다.

밥 스펀트와 나는 일련의 연구를 통해 우리가 다른 사람이 무엇을 어떻게 왜 하는지를 알아내려 할 때 거울체계와 심리화 체계가 각각 어떤 역할을 하는지 살펴보았다.[27] 이 두 체계는 과연 서로 다른 종류의 물음들을 처리할까? 우리는 흔히 시각과 청각이 뇌의 서로 다른 부위에서 처리될 것이라고 직관적으로 생각하는데, 그 이유는 보는 것과 듣는 것의 경험이 근본적으로 서로 다르게 느껴지기 때문이다. 그러나 과연 다른 사람의 한 가지 행동을 바라보면서 '무엇을, 어떻게, 왜'라는 질문을 던지는 것이 뇌의 상이한 부위들을 필요로 할 만큼 서로 다른 것인지에 대해서는 나로서도 선뜻 답하기가 어렵다. 그러나 바로 그렇기 때문에도 이에 대해 실제로 조사해볼 가치가 있는 것이다.

이 연구를 수행하면서 우리는 다음과 같이 예측했다. 만약 참가자들이 어떤 행동을 보면서(예컨대 한 여자가 빈 병을 분리해 버리는 것을 보면서) '그는 왜 그런 행동을 할까?'라는 질문을 던진다면, 이 질문에 대한 답은 뇌의 심리화 체계를 필요로 하는 높은 수준의 의미 있는 답변일 것이다(예컨대 '그는 양심적인 사람이니까' '그는 환경을 보호하고자 하니까' '재활용하는 것을 좋아하는 한 남자에게 좋은 인상을 심어주려고'처럼). 반면 만약 당신이 그 행동을 그대로 흉내 내길 원해서 '어떻게 그렇게 하지?'라고 묻는다면, 이것은 심리화 체계가 아니라 (신체 동작을 표상하는) 거울체계의 활동을 필요로 하는 낮은 수준의 답변을 포함할 것이다 (예컨대 '그는 유리와 플라스틱을 파란색 쓰레기통에 따로 버린다'처럼). 그리고 우리는 실제로 여러 번에 걸친 '왜-어떻게' 연구를 통해 바로 이런 차이를 발견했다. 즉 참가자들이 일상적인 행동을 보든 아니면 어떤 사람이 강렬한 감정에 휩싸인 광경을 보든 상관없이, '왜'라는 질문은 언제나 심리화 체계를 활성화시킨 반면 '어떻게'라는 질문은 거울체계를 활성화시켰다.

나아가 또 우리는 참가자들이 '무엇'에 관한 질문을 던질 때 뇌에서 무슨 일이 일어나는지 살펴보았다. 이때 우리는 '왜'나 '어떻게'의 질문과 마찬가지로 참가자들에게 '무엇'에 관한 질문에 답해달라고 할 수도 있었다. 그렇지만 사람들은 보통 일상생활에서 '무엇'에 관한 질문에 대해 의식적으로 따져보고 답변하지 않으므로, 이 질문을 노골적으로 던져서 따로 생각할 시간을 주는 것은 실제의 자연스러운 과정을 왜곡할 가능성이 있어 보였다. 그래서 우리는 이 문제를 해결하기 위해 참가자들이 '왜' 또는 '어떻게'에 관한 질문에 답하기 전에, '무엇'에 관한 질문을 자연스럽게 던질 필요가 있는 경우와 그렇지 않은 경우를 조작하는 방법을 사용했다.

즉 몇몇 참가자들에게는 어떤 사람이 과제를 수행하는 모습이 담긴 비디오를 보여주었다(예컨대 한 여자가 교과서의 주요 구절들에 줄을 치는 모습을 보여주었다). 그리고 다른 몇몇 참가자들에게는 비디오를 보여주는 대신에 비디오에 나오는 것과 똑같은 행동을 기술하고 있는 문장을 제시했다(예컨대 '한 여자가 교과서의 주요 구절들에 줄을 치고 있다'는 문장을 제시했다).

참가자가 답해야 할 물음이 '왜'에 관한 것이든 '어떻게'에 관한 것이든 상관없이, 타인의 행동을 시각적으로 접한 경우에는 참가자들이 물음에 답하기 전에 비디오에서 '무슨 일'이 벌어지고 있는지를 먼저 파악할 필요가 있었다. 반면 같은 행동이 문장으로 제시된 경우에는 그 행동의 묘사 속에 '무엇'에 관한 질문의 답변이 이미 담겨 있었다. 그 행동의 묘사 자체가 '무엇'에 관한 기술이기 때문이다. 이렇게 우리는 같은 행동의 시각적 제시와 언어적 제시를 비교함으로써 '무엇'에 관한 암묵적 처리 과정을 지원하는 뇌 부위를 확인할 수 있었다.

이런 절차를 통해 똑같은 행동을 언어적으로 제시할 때보다 시각적으로 제시할 때 더 활성화되는 영역을 찾아본 결과, 우리는 두 가지 사실을 확인할 수 있었다. 첫째 뇌 뒤편의 시각피질에서 많은 활동이 이루어지는 것을 확인할 수 있었다. 이것은 충분히 예측할 수 있었는데, 왜냐하면 비디오는 문장보다 훨씬 많은 시각 정보를 담고 있기 때문이다. 둘째 거울체계의 활동이 증가되는 것을 확인할 수 있었다. 참가자들의 과제가 '왜'에 관한 질문을 포함하든 '어떻게'에 관한 질문을 포함하든 상관없이, 행동이 시각적으로 제시되었을 때 거울체계는 더 많은 활동을 보였다.[28] 그리고 이런 효과는 참가자들이 과제를 수행하던 도중에 일곱 자리 숫자를 복창하라는 요청을 받았을 때도 똑같이 나타났다.[29]

이런 식으로 참가자들에게 또 다른 과제를 주어 주의를 산만하게 만드는 것은, 참가자들이 한곳에 집중하지 못할 때 자동적으로 전개되는 과정을 찾으려 할 때 흔히 사용되는 기법이다. 이런 방해 요인이 있는 상황에서도 거울체계가 행위의 시각적 제시에 대해 반응했다는 사실은, '무엇'이 일어나고 있는가에 대한 처리 과성이 상당히 자동적으로 이루어짐을 시사한다. 반면 심리화 체계의 활동은 사람들의 인지적 부하가 큰 상황에서 상당히 감소했는데, 이는 사람들의 주의가 산만하면 심리화 체계가 제대로 작동하지 않음을 시사한다.

사회적 세계는 어떻게 가능한가?

'왜'와 '어떻게'에 관한 질문 연구는 마음 읽기와 관련해 거울체계가 무엇을 하고 무엇을 하지 않는지에 대해 많은 것을 말해준다. 우선 거울체계는 그 자체로 높은 수준의 마음 읽기 능력을 제공하지 않는다. 왜냐하면 거울체계는 어떤 사람이 오전 8시에 싱글몰트 위스키를 마시는 것과 같은 특정한 행동을 하는 이유를 설명하기 위해 성격이나 동기 같은 것들을 고려하지 않기 때문이다. 반면 심리화 체계는 어떤 사람이 왜 어떤 일을 하는지에 대해 만족스러운 답변을 산출하는 데 결정적으로 중요한 역할을 한다.

그런데 거울체계는 일상적인 맥락에서 심리화 작용의 결정적인 선행 형태라고 할 만한 일을 한다. 일련의 신체 동작들을 몇 개 단어로 특징지을 수 있는 통일된 행동으로 지각할 수 있는 것은 뇌의 주목할 만한 성취라 하겠다. 일찍이 윌리엄 제임스는 우리가 '형형색색의 와글거리는 혼란' 대신에 물체들의 질서 있는 세계를 보는 것이 얼마나 놀라운 일이냐고 말한 바 있다.**30** 객관적인 세계의 어느 것도 한 물체가 어디서 끝나고 다른 물체가 어디서 시작하는지를 우리에게 명확하게 말해주지 않는다('내 앞에 있는 것은 탁자와 그 위에 놓인 컵 한 개인가, 아니면 컵 모양의 돌출 부위가 있는 탁자 한 개인가?'). 그런데도 우리가 이런 일들을 식은 죽 먹기처럼 한다는 사실은 놀라운 일이 아닐 수 없다. 마찬가지로 지각력 있는 존재들의 세계를 그들의 단순한 운동 대신에 그들의 행동과 행위의 관점에서 보는 것도 놀라운 일이 아닐 수 없다.

우리는 우리가 보는 모든 운동들을 각도, 방향, 회전력, 가속도 등의 거의 무한히 많은 매개변수들로 기술할 수도 있을 것이다. 그러나 이런 매개변수들이 아무리 많더라도 그것들이 모여 의식적인 이해를 산출하지는 않을 것이며 운동의 배후에 있는 마음에 대해 무언가를 말해주지도 않을 것이다. 그러나 이런 다수의 운동들이 통일된 행위로 종합될 때 비로소 다른 사람의 목표, 의도, 소망, 공포 등에 대한 심리적 분석이 가능하다. 운동 자체는(예컨대 손가락을 위아래로 움직이는 것 자체는) 심리적인 것이 아니며 따라서 어떤 구체적인 의미도 갖고 있지 않다. 반면 (자판으로 입력하기 같은) 행동은 심리적인 것이다. 그리고 이런 행동 자체에도 높은 수준의 의미가 들어 있지는 않지만, 행동은 행동 배후에 있는 의미와 동기를 찾도록 우리를 자극한다.

어떤 사람이 '무엇'을 하고 있는지 알아차리는 능력은 그가 '왜' 그렇게 하는지를 이해하기 위한 첫 걸음이 된다. 다시 말해 거울체계는 심리화 체계가 '왜'에 관한 질문의 답을 찾기 위해 수행하는 논리적 추론의 전제를 제공한다. 우리는 거울체계 덕분에 운동이 아니라 행위의 세계에서 살고 있다. 그리고 이런 행위의 세계에서 살고 있기 때문에 더 나아가 의미의 세계에서 살 수 있다.

결론적으로 말해 우리는 거울체계 덕분에 이 세계를 다른 사람들의 심리적으로 채색된 행위들로 가득 찬 사회적 세계로 경험한다. 물론 우리의 심리화 체계는 거울체계의 도움 없이도 글로 적힌 문장들을 바탕으로 마음 읽기를 수행할 수 있다. 그러나 이렇게 단어들에 기초한 마음 읽기는 진화의 역사에서 매우 최근에 이루어진 것이다. 반면 일상생활 속에서 그리고 언어가 아직 발달하지 않은 아이들의 경우에 거울체계는 마음 읽기를 위한 예비 작업을 꾸준히 수행하고 있다. 거울체계는 살아 있는 운동의 세계를 조각조각 자른 뒤에 그것들을 심리적 요소들로 재포장함으로써 심리화 체계의 작업을 지원한다. 이 과정은 마치 대통령의 업무를 지원하느라 배후에서 분주한 수석 보좌관의 활동처럼 쉽게 눈에 띄지 않는다.

영장류는 이미 오래전부터 거울체계를 가지고 있었다. 반면 오직 인간만이 더욱 발달한 심리화 체계를 가지고 있는 듯하다. 영장류는 다른 동물들이 '무엇'을 하고 있는가의 세계에서 살고 있다. 반면 오직 인간만이 온갖 의미와 해석으로 주위 사람들의 행위를 설명하는 '왜'의 세계에서 살고 있는 듯 보인다.

7장
사회적 마음의 작동 여부

1992년에 대학을 졸업한 나는 세계의 정상에 있었다. 당시 나에게는 멋진 친구들이 있었고 나는 일류 박사과정에 입학허가를 받았으며, 3년 전부터 진한 사랑을 하고 있었기 때문이다. 그러나 그로부터 몇 달 뒤 나는 어떻게 이 모든 것이 이렇게 빨리 나빠질 수 있을까 속상해하면서 기숙사 방에서 홀로 쓸쓸한 시간을 보내게 되었다. 대학원 진학은 내게 결코 간단한 일이 아니었다. 다른 대학원생들은 모두 나보다 훨씬 더 똑똑하고 창의적인 것처럼 보였으며, 교수들은 나를 잘못 입학한 학생쯤으로 여기는 것 같았다. 내게는 진정한 친구도 없었으며 한동안은 기숙사의 다른 대학원생들과 어울리질 못해서 학교식당 가기를 피하기도 했다. 게다가 내 연애는 파탄 직전에 있었고 나는 거의 빈털터리 상태였다.

당시는 정말로 내 일생에서 가장 힘들었던 시기 중의 하나였고, 나는 이 힘든 시기를 버티기 위해 텔레비전 재방송과 광고방송을 끼고 살다시피 했다. '〈스타 트렉: 넥스트 제너레이션Star Trek: The Next Generation〉을 새벽 4시까지 연달아 방송한다고? 당연히 봐야지. 조지 포먼 그릴George Foreman Grill(왕년의 권투 세계챔피언 조지 포먼이 광고한 물건-옮긴이) 광고방송을 다시 한다고? 이번엔 놓치지 말아야지….'

이렇게 힘들고 외로운 밤을 보내던 어느 날, 나는 우연히 아프리카에서 굶주림과 질병에 시달리는 어린이들의 생활 개선을 위한 기금을 모금하는 반 시간짜리 프로그램을 보게 되었다. 당신도 이런 프로그램을 여러 번 본 적 있을 것이다. 나 역시 그랬다. 그러나 무슨 이유에서인지 그날 밤 나는 눈물을 줄줄 흘리면서 기부를 하기 위해 한밤중에 수화기를 들었다. 나처럼 불행하고 빈털터리인 아이들을 보면서 내 마음이 움직였는지, 나는 지구 반대편에 사는 낯선 사람들에게 조금이나마 도움이 될 만한 일을 하고 싶었다. 인생에 대한 자기 연민에 빠져 있던 나는 고통받는 아이들의 모습을 보면서 무언가를 깨달았고 나보다 훨씬 더 열악한 조건에서 살고 있는 사람들에 대해 공감을 느낄 수 있었다.

나의 이런 행동은 어찌 보면 비합리적인 것이었다. 나도 돈이 없어 쩔쩔매는 판에 남을 돕겠다고 나섰으니 말이다. 나는 기부금이 전달될 사람들을 한 번도 만난 적이 없고 앞으로도 만날 일이 없을 것이었다. 나아가 그들이 내게 고마움을 표시하거나 보답하는 일도 생기지 않을 것이 분명했다. 나는 내 기부행위에 대해 다른 사람들에게 이야기한 적도 없고, 내가 매우 선한 인간이라고 자찬하면서 특별히 뿌듯해하거나 보상의 기쁨을 느끼지도 않았다. 당시 나는 딱 한 번 기부했을 뿐이고 그다음 해에 또다시 기부하지도 않았는데, 이를 보더라도 당시의 일회성 선행이 나의 미덕을 증명한다고 보기도 어렵다. 당시를 회상해보면 나는 그저 그렇게 해야만 될 것처럼 느꼈다고 말할 수 있을 뿐이다. 어려움에 처한 사람들에 대한 공감이 나로 하여금 그런 어려움을 조금이라도 덜어주기 위해 무언가를 하도록 만든 셈이었다.

타인의 고통 느끼기

영어 단어 '공감empathy'은 1세기 전에 독일어 단어 '아인퓔룽Einfühlung'의 번역어로 도입되었다.[1] 글자 그대로 번역하면 '들어가 느낌feeling into'이라는 뜻의 '아인퓔룽'은 19세기 심미철학에서 예술작품이나, 자연 속에 몰입하여 마치 그것 자체의 관점에서 경험하는 것처럼 느낄 수 있는 능력을 기술하기 위해 사용되었다.[2] '공감'이라는 단어에는 '들어가 느낌'이라는 의미가 여전히 남아 있지만, 오늘날 이 단어는 주로 어떤 사물 '안으로 들어감'보다는 타인의 경험에 연결됨을 의미한다.

우리는 이미 타인을 돕는 것이 사회적 보상의 느낌을 선사한다는 점에 대해 논의한 바 있다. 그러나 공감은 우리로 하여금 다른 사람들을 돕도록 마음의 준비를 갖추게 만드는 좀 더 복잡한 과정이다. 공감은 우리를 특정한 방향으로 몰아가는 동기 과정인 데 반해, 사회적 보상은 그런 행동의 결과로서 느끼는 것이다.

공감 상태의 산출에 기여하는 적어도 세 종류의 심리 과정이 있는데, 마음 읽기, 정서적 일치affect matching, 공감적 동기empathic motivation가 바로 그것이다.[3] 상황에 따라 거울체계 또는 심리화 체계를 통해 들어온 입력(인풋)은 우리의 공감 심리 상태에 시동을 거는 역할을 한다. 6장에서 살펴본 것처럼 거울체계 덕분에 우리는 관찰된 행동을 심리적 사건으로 이해할 수 있으며, 더 나아가 우리가 본 광경이 곧바로 사건 파악을 가능케 할 만큼 분명할 때는 관찰된 행동을 정서적 사건으로까지 이해할 수 있다. 다른 사람에게서 포착되는 정서적 단서에 대해 거울체계가 민감하게 반응한다는 사실은, 우리가 다른 사람의 정서적 단서를 반영해 그 사람의 경험과 일치하는 운동 반응을 보이는 경향이 있다는 데서도 알 수 있다.

예컨대 누가 팔뚝에 전기충격을 받는 모습을 본다면 당신은 아마도 주먹을 움켜쥐면서 고통스러운 표정을 지을 것이다. 한 연구에서 참가자들은 다른 사람이 손이나 발에 전기충격을 받는 모습을 지켜보았다.[4] 그러자 참가자들의 손이나 발에서 전기 반응이 나타났는데, 이는 그들이 본 장면을 반영하는 것이었다. 즉 다른 사람의 손에 전기충격이 가해지는 것을 볼 때 참가자들의 뇌는 그들의 손에 신호를 보냈으며, 다른 사람의 발에 전기충격이 가해지는 것을 볼 때는 참가자들의 발로 신호를 보냈다. 마찬가지로 우리가 다른 사람의 정서적 표현을 볼 때 우리 얼굴의 근육은 다른 사람의 표정을 미세하게 흉내 낸다.[5] 나아가 만약 최근에 보톡스 주사를 맞아서 안면 근육이 말 그대로 마비된 사람이라면 다른 사람의 얼굴 표정을 흉내 낼 수 없기 때문에 그 사람의 정서 상태를 인식하는 능력도 덩달아 나빠진다.[6]

다시 말해 다른 사람의 정서적 표현을 볼 때 모방 반응이 일어나는 것은 다른 사람의 경험을 즉각적으로 이해하는 데 실질적인 기여를 한다. 그리고 거울체계가 다른 사람의 움직임에 담긴 심리적 의미를 이해하고 다른 사람의 움직임을 모방하는 데 관여한다는 사실을 고려할 때[7] 공감과 정서적 모방에 대한 연구에서 거울체계가 종종 관심의 초점이 되는 것은 결코 놀라운 일이 아니다.

그러나 다른 사람의 정서적 표현을 보는 것만으로 언제나 그 사람의 경험을 충분히 이해하고 공감을 느낄 수 있는 것은 아니다. 예컨대 누가 환한 미소를 지으며 당신에게 다가오고 있다고 상상해보라. 그러면 당신은 거울체계 덕분에 그 사람이 '무엇'을 느끼고 있는지 즉각 알아차릴 수 있을 것이다. 그러나 그 사람이 '왜' 그런 감정을 느끼는지 모른다면 그 사람의 기쁨에 공감하고 그것을 함께 나누기는 어려울 것이다. 그 미소는 시험 성적이 좋게 나왔기 때문인가 아니면 최근에 연인과 약혼을 했기 때문인가? 이처럼 많은 경우에 다른 사람이 어째서 특정한 감정을 경험하고 있는지를 이해하기 위해서는 결국 심리화 체계의 도움이 필요하다.[8]

나아가 심리화 체계는 매우 융통성 있게 작동하기 때문에 우리는 우리가 직접 관찰하거나 경험하지 않은 사건에 대해서도 공감을 느낄 수 있다. 예컨대 당신의 삼촌이 그렇게 열망했던 승진의 기회를 놓쳤다는 이야기를 어머니로부터 들었다고 상상해보라. 이럴 때 심리화 체계는 삼촌의 경험을 이해하는 데 또는 더 나아가 소설 속 가상 인물의 경험을 이해하는 데 핵심적인 역할을 할 것이다. 실제로 소설을 즐겨 읽는 사람들은 그렇지 않은 사람들보다 더 강력한 심리화 능력을 보이는 경향이 있는데, 이렇게 볼 때 허구적 인물의 마음을 이해하려는 노력은 심리화 체계의 강화를 가져오는 듯하다.

그러나 거울체계나 심리화 체계를 통해서 또는 둘 다를 통해서 타인의 경험을 이해하는 것은, 공감 상태라는 복잡한 과정의 한 조각에 지나지 않는다. 나는 아무 감정 없이 다른 사람을 모방하거나 이해할 수도 있다. 또 나는 어느 독재자의 권력이 무너져 내리는 것을 보면서 그가 경험할 공포를 이해할 수도 있을 것이다. 그러나 이런 나의 이해는 공감을 촉진하기보다 일종의 고소함을 불러일으킬 것이다. 그러므로 진정한 공감은 우리 뇌가 거울체계나 심리화 체계를 통해 입수한 정보가 정서적 일치와 공감적 동기로 이어질 때만 일어난다.

공감의 신경적 메커니즘을 연구한 학자들은 공감의 한 요소인 정서적 일치를 연구하는 데 많은 노력을 기울였다. 실제로 공감에 대한 가장 유명한 신경과학적 연구는 공감의 정서적 일치에 초점을 맞춘 것이다.

논문 발표 당시 런던대학교University College of London 소속이었던 타냐 싱어Tania Singer는 원숭이를 대상으로 한 거울뉴런 연구를 본떠 공감 연구를 수행했다. 여기서 싱어는 실험 참가자들이 땅콩을 향해 손을 뻗을 때 또는 다른 사람이 땅콩을 향해 손을 뻗는 것을 볼 때 일어나는 신경 반응을 관찰하는 대신, 참가자들이 전기충격을 받을 때 또는 다른 사람이 전기충격을 받는 것을 볼 때 일어나는 뇌의 반응을 조사했다. 이 실험에 참가한 여성들이 뇌영상 스캐너 안에 누워 있는 동안 이들의 남자친구는 스캐너 밖 바로 옆에 앉아 있었다. 그리고 실험자는 경우에 따라 스캐너 안의 여성 또는 스캐너 밖의 남자친구에게 팔에 부착된 전극을 통해 충격을 가했다. 이때 스캐너 안의 여성들은 남자친구에게 전기 충격이 가해질 때 그들의 팔을 볼 수 있었다. 그리고 거울뉴런 연구에서처럼 싱어와 동료들은 여성들이 고통스러운 충격을 받을 때와 그들에게 중요한 타인이 똑같은 충격을 받는 것을 볼 때 모두 활성화되는 뇌 부위가 어디인지 살펴보았다.

그 결과 누가 고통스러운 자극을 받고 있건 상관없이 여성 참가자 뇌의 배측 전대상피질과 전측 섬엽 부위에서(그림 3.2 참조) 고통 스트레스 체계pain distress network가 활성화된다는 사실이 확인되었다. 이런 상황에서 한 여성이 남자친구에게 '나는 당신의 고통을 느끼고 있어요'라고 말한다면, 결코 빈말이 아닐 것이다. 타인의 마음을 공감한다는 주장은 이미 오래전부터 제기되어왔다. 그러나 이런 주장이 과연 수사적인 표현 이상의 것을 담고 있는지는 분명치 않았다. 이런 상황에서 싱어의 연구는 사랑하는 사람이 고통스러워하는 광경을 보는 것이 말 그대로 고통스러울 수 있다는 사실을 증명해 보였다. 이는 그저 비유적인 의미에서 고통스러운 것이 아니라 우리가 직접 신체적 고통을 느끼는 것과 비슷한 의미에서 고통스러운 것일 수 있다.

인간 본성의 선한 측면들

정서적 일치는 우리의 존재 자체를 뒤흔들 수도 있는 비범한 능력이라 하겠지만, 그것만 가지고는 공감의 완전한 상태에 이를 수 없다. 공감에 대한 신경과학적 연구들은 주로 고통스러운 경험의 정서적 일치 현상에 대한 신경적 기초를 찾는 데 초점을 맞추어왔다. 이는 어찌 보면 자연스러운 것이었는데, 왜냐하면 우리는 다른 사람의 고통에 대해 매우 강력한 반응을 보이기 때문이다. 그러나 연구의 초점이 고통에 대한 공감에 쏠림으로써 생기는 몇 가지 한계도 무시할 수 없다.

첫째로 타인의 고통을 관찰함으로써 정서적 일치가 발생한다고 하더라도 그것이 언제나 친사적인 공감적 반응으로 이어지는 것은 아니라는 것이다. 이 장의 도입부에서 나는 어떻게 내가 아프리카의 불행한 아이들을 돕기 위해 기부를 하게 되었는지 이야기한 바 있다. 그때 내가 언급하지 않은 것은 내가 이전에도 비슷한 방송을 수도 없이 보았지만 그때마다 보고 있기가 너무 힘들어 채널을 돌려버리곤 했다는 사실이다. 다시 말해 그때에도 나는 정서적 일치 상태에 있었지만 (즉 다른 사람들이 겪는 괴로움이 내게 괴로운 감정을 불러일으켰지만) 나의 관심은 그 사람들의 괴로움을 더는 일보다 나 자신의 괴로움을 더는 일에 더 쏠려 있었다.

이처럼 정서적 일치는 때때로 상대를 도우려는 공감적 동기 대신에 회피 행동으로 이어질 수 있다.[9] 나아가 내가 나의 괴로움에 초점을 맞추든 타인의 괴로움에 초점을 맞추든 상관없이 내 뇌의 스트레스 체계는 똑같이 활성화될 것이다. 대체로 우리는 우리에게 적절한 정서적 반응이 일어날 뿐만 아니라 (즉 정서적 일치가 생길 뿐만 아니라) 우리의 초점이 우리 자신보다 타인의 상황에 어느 정도 지속적으로 맞추어져야 비로소 진정한 의미의 공감이 일어났다고 말하는 듯 보인다.[10] 이런 관점에서 볼 때 공감은 정서적 일치 이상의 것을 포함하고 있다.

뇌영상 연구들이 고통에 대한 공감에 거의 전적으로 몰두함으로써 생기는 두 번째 한계는 어떤 종류의 정서가 일치되기에 이르는가에 따라 정서적 일치의 바탕이 되는 신경체계가 다를 수 있다는 점이다. 싱어의 선구적인 연구에 뒤이은 연구들이 거의 모두 신체적 고통의 공감에 초점을 맞춘 상황에서,[11] 이런 연구들을 토대로 배측 전대상피질과 전측 섬엽이 모든 종류의 공감을 지원하는 핵심 메커니즘이라는 성급한 결론이 내려질 수 있다. 그러나 과연 정말로 그러한지 아니면 대부분의 연구가 고통에 초점을 맞추어왔고 이들 부위가 고통에 관여하기 때문에 특별히 부각된 것에 지나지 않는지는 따져보아야 할 문제다.

마지막으로 이제껏 수행된 거의 모든 연구들에서는 공감 상태에 나타나는 신경 반응과 실제로 남을 돕는 행동을 연결시키려는 시도가 이루어지지 않았다는 것이다.**12** 공감이 중요한 의미를 지니는 이유 중 하나는 공감을 바탕으로 우리가 어려움에 처한 다른 사람들을 도우려는 동기를 갖게 되기 때문일 것이다. 그러나 타인에 대한 우리의 이해와 정서적 일치가 어떤 신경 과정을 통해 타인을 도우려는 공감적 동기로 이어지는지에 대해서는 밝혀진 것이 거의 없다.

나는 실비아 모렐리Sylvia Morelli, 라이언 레임슨Lian Rameson과 함께 수행한 기능적 자기공명영상 연구에서 공감의 세 요소인 이해, 정서적 일치, 공감적 동기를 모두 포착하고자 했다.**13** 이를 위해 우선 핵심 사건의 이해를 위해 맥락 정보가 추가로 필요한 경우와 그렇지 않은 경우를 구별했다. 우리는 몇몇 실험 참가자들에게 고통스러워하는 사람의 사진을 보여주었는데, 이때 이 사진에는 관련 사건을 곧바로 파악하는 데 필요한 모든 정보(예컨대 자동차 문이 세게 닫힐 때 거기에 손이 낀 모습 등)가 담겨 있었다. 또 다른 몇몇 참가자들에게는 행복해 보이거나 불안해 보이는 사람의 사진을 보여주었는데, 이때 이 사진을 제대로 이해하려면 맥락 정보(예컨대 '이 사람은 지금 의료검진 결과가 나오길 기다리고 있다'와 같은)가 추가로 필요했다.

그 결과 첫 번째 종류의 사건은 거울체계를 활성화시킨 반면, 맥락의 존적인 두 번째 종류의 사건은 심리화 체계를 활성화시켰다. 나아가 행복한 사건과 불안한 사건은 모두 맥락 정보를 필요로 하면서도 다른 종류의 정서적 사건을 포함하고 있으므로 다른 종류의 정서적 일치로 이어졌다. 즉 불안한 사건과 고통스러운 사건은 모두 고통 스트레스 체계를 활성화시킨 반면, 행복한 사건은 흔히 보상 경험과 관련이 있다고 여겨지는 복내측 전전두피질의 특정 부위를 활성화시켰다.

우리의 가장 큰 관심은 우리가 다룬 세 종류(즉 고통, 불안, 행복)의 공감 사건 모두에 걸쳐 공통적으로 활성화되는 영역이 없는지를 찾아보는 것이었다. 우리의 추측에 따르면 이해와 정서적 일치는 공감의 내용에 따라 달라질 수 있겠지만 타인을 도우려는 공감적 동기라는 최종 결과에서는 세 경우 모두 일치할 것이었다. 그리고 이 세 종류의 공감 사건 모두에 걸쳐 활성화된 영역은 중격부가 유일했다(그림 7.1 참조). 중격부는 세 조건 모두에서 두드러진 활동을 보였을 뿐만 아니라 공감적 동기의 표지 역할을 하는 것처럼 보였다.

뇌영상 스캐너 안에 누웠던 실험 참가자들은 그들이 매일 경험한 또는 경험하지 않은 일들에 대해 2주 동안 매일 설문조사에 응했다. 그 가운데는 그날 다른 사람을 도운 적이 있는지를 묻는 질문도 있었다. 우리는 참가자들이 2주 동안 작성한 응답들의 평균을 냄으로써 어떤 사람들이 일상생활 속에서 더 빈번하게 다른 사람을 돕는 경향이 있는지를 측정할 수 있었다. 그 결과 뇌영상 스캐너 안에서 공감 과제를 수행하는 동안에 중격부의 활동이 더 많았던 사람들은 스캐너 밖에서도 다른 사람들을 더 자주 돕는 경향이 있었다. 이는 중격부가 공감에 관여하는 다른 뇌 부위들로부터 오는 입력들을 모아서 남을 돕고자 하는 충동으로 변환시킨다는 견해와 일치하는 것이다. 내가 모금방송을 보다가 채널을 돌렸던 수많은 날들과 아프리카 아이들을 돕기 위해 기금을 냈던 날의 차이는 무엇이었을까? 어쩌면 그것은 중격부 활동의 차이였을지 모른다.

[그림 7.1] 중격부

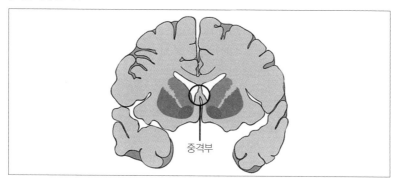

중격부

중격부의 역할

사회신경과학 분야에서 지금까지 가장 무시되었지만 앞으로 10년 동안 뜨거운 관심의 대상이 될 뇌 부위를 말하라면, 나는 서슴없이 중격부를 들 것이다.[14] 이 구조물은 영장류의 진화 과정 중에 유난히 커졌으며 뇌 심리화 체계의 대장이라 할 배내측 전전두피질과 직접 연결되어 있다.[15] 지금까지 중격부에 대한 대다수 연구는 인간이 아니라 설치류 동물을 대상으로 한 것이었는데, 그 이유는 인간의 중격부가 너무 작아서 기능적 자기공명영상으로 관찰하기가 쉽지 않기 때문이기도 하다. 설치류를 대상으로 한 연구의 단점은 설치류 동물이 어떤 경험을 하고 있는지를 측정할 수 없을 뿐만 아니라 도대체 무슨 경험을 하기는 하는지조차 확인할 방도가 없다는 점이다. 반면 장점은 좀 더 침입적인 invasive(건강한 조직에 상해를 입히는 것을 의미한다-옮긴이) 연구를 통해 중격부의 개별 뉴런들이 어떻게 반응하는지를 살피거나 중격부를 외과적으로 제거하면 행동에 어떤 변화가 일어나는지 등을 조사할 수 있다는 점이다.

동물 연구는 중격부의 기능을 이해하는 데 소중한 단서를 제공할 수 있지만, 이런 단서들은 우리를 엉뚱한 길로 이끌 수도 있다. 중격부에 대한 몇몇 초기 연구들은 동물의 쾌락과 보상에 초점을 맞추었다. 실제로는 복측 선조가 쾌락의 중추로 확인된 연구들이 훨씬 더 많지만, 복측 선조 근처에 있는 중격부는 보상 과정과 관련이 있는 곳으로 가장 먼저 확인된 뇌 부위이기도 하다.

뇌의 보상체계는 1950년대에 처음 발견되었는데, 당시 연구자들은 쥐의 뇌 곳곳에 전극을 심은 뒤 전극을 지렛대에 연결시켰다. 그리고 쥐가 지렛대를 누르면 뇌의 한 부위에 전기 자극이 가해지도록 했다.[16] 쥐는 전극이 중격부에 심어졌을 때 미친 듯이 지렛대를 눌렀다. 어떤 쥐는 지렛대를 시간당 2,000번 가까이 눌렀는데, 이는 2초에 한 번 이상씩 한 시간 동안 쉬지 않고 누른 것에 해당했다. 그로부터 20년 뒤 한 남성을 대상으로 비슷한 실험이 이루어졌는데, 이때 연구자들은 이 남성의 뇌 세 부위에 전극을 심은 뒤 이 남성에게 단추가 달린 상자를 건네 각 부위에 자극을 가할 수 있도록 했다.[17] 그러자 이 남성은 쥐와 마찬가지로 중격부를 자극하는 단추를 쉬지 않고 눌렀는데, 이는 그곳의 자극이 그에게 강력한 쾌감을 주었음을 말해준다. 심지어 그는 실험이 끝나 단추 상자를 회수하자 불평을 늘어놓기까지 했다.

이렇게 연구자들이 중격부를 보상과 관련시켜 연구하던 시기에, 또 다른 연구자들은 중격부가 공포, 더 정확히 말해 공포 행동의 감소와 관련이 있다는 것을 증명했다.[18] 불안 또는 공포를 측정하는 가장 좋은 척도 중 하나는 놀람 반응startle response이라고 불리는 것이다. 만약 누가 당신 머리 뒤에서 갑자기 큰 소리로 손뼉을 친다면, 이 소음을 잠재적 위협으로 부호화하여 상황에 재빨리 대처하도록 당신을 준비시키는 일련의 신경적, 생리적, 행동적 반응들이 연달아 일어날 것이다. 이것은 고전적인 '싸움 또는 도주 반응fight or flight response'이다. 이때 아마도 당신은 벌떡 일어나 몸을 돌릴 것이며 심장이 두근두근 뛰는 것을 느낄 수 있을 것이다. 이런 일련의 반응들은 뇌의 편도체amygdala에 의해 전체적으로 조율되는데, 계통발생적으로 오래된 구조물인 이것은 흔히 정서적 반응과 관련이 있는 것으로 간주된다. 중격부가 외과적으로 제거된 쥐들은 훨씬 더 큰 놀람 반응을 보이며 그 밖에도 위협에 더 민감하다는 것을 말해주는 행동 특성들을 보인다. 이렇게 볼 때 온전하게 작동하는 중격부는 위협에 대한 반응으로 생기는 스트레스를 약화시키는 작용을 하는 듯하다.

그런가 하면 또 다른 연구자들은 중격부가 어미의 보살핌 행동에 결정적 역할을 한다고 주장한다. 쥐, 생쥐, 토끼 등을 대상으로 한 외상 연구에 따르면 중격부가 손상된 동물들은 가혹한 어미처럼 행동한다.[19] 이런 동물들은 새끼를 보호하기 위한 보금자리를 만들지도 않고 젖도 덜 주는데, 따라서 이런 동물들의 새끼 사망률은 비교 집단에 비해 훨씬 높다.

이처럼 중격부는 보상, 공포 조절, 어미의 보살핌 행동 같은 다양한 기능에 관여하는 것처럼 보이는데, 이것을 우리는 어떻게 이해해야 할까? 트리스텐 이나가키와 나오미 아이젠버거의 최근 연구에 따르면 이런 다양한 연구 결과들을 통합적으로 이해하는 한 방법은, 중격부가 타인에 대한 적극적 보살핌을 촉진하는 방향으로 우리의 접근 동기와 회피 동기 사이의 균형추를 이동시키는 역할을 한다고 보는 것이다.[20]

물론 인간의 경우에는 아기가 태어나기 몇 달 또는 몇 년 전부터 아기를 맞을 준비를 하기도 하지만, 대다수 포유동물들의 경우에는 어미가 갓 태어난 새끼에 대해 이런 식의 논리적 이해를 갖고 있지는 못할 것이다. 때문에 이런 지식이 결여된 대다수 포유동물들의 어미에게 시끄럽게 울어대는 새끼들은 말 그대로 골칫거리가 된다. 당신이라면 이런 상황에서 새끼에게 황급히 다가가 돌보겠는가 아니면 멀리 내빼겠는가? 포유동물들은 시끄럽고 불확실한 물체에 대해 공포를 느끼는 성질을 가지고 있다. 그러나 중격부가 이런 공포심을 진정시키고 어려움에 처한 상대를 도우려는 동기를 증가시키는 역할을 하는 것으로 보인다. 사람들은 때때로 이기적으로 몸을 사리는 대신 총알이 난무하는 곳에 사심 없이 뛰어든다. 이렇게 중격부는 우리의 정서적 반응을 이타적 동기로 전환시키는 핵심 고리의 역할을 하는 것처럼 보인다.

중격부에 대한 이런 이해는 우리가 사회적 보상에 대해 논의하면서 옥시토신을 돌봄의 신경펩티드라고 불렀던 것과 일맥상통한다. 중격부에는 다수의 옥시토신 수용체oxytocin receptor가 존재하며, 몇몇 포유류의 경우 뇌에서 옥시토신 수용체의 밀집도가 가장 높은 부위가 바로 중격부이기 때문이다.[21] 그런데 흥미롭게도 이 밀집도는 어릴 적에 어미의 돌봄을 얼마나 많이 받느냐에 따라 달라진다. 즉 설치류의 경우에 어미의 보살핌을 많이 받은 새끼들은 나중에 자랐을 때 중격부의 옥시토신 수용체 밀집도가 높은 반면, 어미와 분리된 상태에서 자란 새끼들은 중격부의 옥시토신 수용체 밀집도가 상대적으로 낮은 것을 관찰할 수 있다.[22]

공감은 우리의 사회인지적 성취들 가운데 최고의 것이라 할 수 있다.

다시 말해 공감은 사회적 뇌의 정점에 해당한다. 공감은 우리로 하여금 타인의 정서적인 내면세계를 이해하고 타인에게 또는 타인과 우리의 관계에 이로운 방향으로 행동하도록 부추긴다. 공감은 우리에게 타인의 고통을 감소시키려는 또는 타인의 행복을 함께 축하하려는 동기를 제공할 수 있다.

이런 놀라운 일이 가능하기 위해서는 우리가 지금까지 언급한 모든 신경 메커니즘들이 서로 조화롭게 작용해야만 한다. 즉 상황에 따라 우리는 타인의 경험을 이해하기 위해 거울체계나 심리화 체계의 작용을 필요로 한다. 나아가 타인의 경험을 그저 아는 데 그치지 않고 정서적 일치 상태에서 느낄 수 있으려면 사회적 고통과 쾌감을 지원하는 신경 메커니즘의 작용도 있어야 한다. 그리고 끝으로 우리가 타인의 삶을 위해 실제로 사심 없이 뛰어들 수 있으려면 어미의 보살핌 행동에 결정적 역할을 하는 중격부의 작용이 있어야 한다. 이 모든 신경 메커니즘들이 제대로 작동할 때 비로소 우리는 가장 선한 우리가 될 수 있을 것이다.

사회적 외계인

나는 러트거스대학교Rutgers University를 졸업한 1992년에 내 삶에서 가장 힘든 시기를 보내고 있었다. 나는 마음이 현실을 어떻게 구성하는지에 대해, 또 대체현실alternate reality 작품들로 유명한 필립 K. 딕Philip K. Dick 같은 공상과학 소설가들에 대해 오랫동안 관심을 가져왔기 때문에, 혈기 왕성하던 그때 내가 마음 상태를 변화시키는 약물에 손댄 것은 어찌 보면 당연한 일이었다. 만약 우리의 마음이 정말로 매우 가변적이라면,

마음과 함께 현실도 변할 수 있다면 그것을 직접 시험해볼 기회를 내가 어떻게 마다할 수 있겠는가? 여기서 그날 오후에 내가 복용한 약물이 구체적으로 무엇인지는 중요치 않다. 말해봐야 그것이 무엇인지 당신은 정확히 알 수 없을 것이기 때문이다. 나는 내 룸메이트와 러트거스 대학교를 졸업하기 몇 주 전 쿡 캠퍼스Cook Campus에서 대낮에 열린 기념식에 참석했다. 우리는 그곳으로 가던 길에 다 같이 똑같은 약물을 복용했는데, 그것은 우리가 이전에도 복용한 적이 있는 것이었다. 그래서 모두들 황홀한 기분을 만끽할 수 있었지만 나는 그럴 수 없었다. 이른바 '무서운 환각 체험'을 했기 때문인데, 그저 속수무책으로 그 끔찍한 상태를 버틸 수밖에 없었다.

그 후 나는 당시의 경험을 머릿속에 여러 번 떠올려보면서 어째서 약물과 친구가 될 수 없었는지를 깨닫게 되었다. 당시의 끔찍했던 기억을 되살릴 때마다 내가 주위 사람들에게 어떻게 보였을지는 한 번도 생각해본 적이 없다. 그들은 내가 속으로 어떤 경험을 하고 있는지 알 도리가 없었다. 대다수는 내가 형편없는 생맥주보다 강력한 어떤 것을 먹었다는 사실을 전혀 눈치 채지 못했으며, 그 사실을 알았던 친구들도 노는 데 정신이 팔려 나를 돌볼 겨를이 없었다. 나는 주위 사람들에게 매우 이상하고 주변머리도 없으며 반사회적인 듯한 인상을 풍겼을 것이다(바라건대 내가 다른 때에도 이런 인상을 풍기지는 않았을 것이다). 나는 사람들로부터 어느 정도 거리를 유지했으며 말을 해야 하면 매우 짧게 했고 사람들과 눈이 마주치지 않도록 노력했다. 아마도 그날은 내가 약간 자폐증이 있는 것처럼 보였을지 모른다.

자폐증은 인구의 1퍼센트 정도에 해당하는 사람들이 앓고 있는 심각한 장애다. 대표적인 증상은 사회적 상호작용과 언어 소통의 장애 및 반복적인 행동이다. 아스퍼거증후군Asperger's syndrome도 마찬가지로 사회적 상호작용의 장애를 보이지만 언어적 결함은 보이지 않는다. 현재의 임상 진단에 따르면 이것들은 모두 자폐범주 장애autism spectrum disorder, ASD에 해당한다. 공감이 사회적 마음의 꼭대기라면 자폐증은 사회적 마음의 한 골짜기에 해당한다. 자폐증 환자들이 사회적 세계에 적응하는 데 왜 그렇게 큰 어려움을 겪는지에 대해 오랜 세월 동안 많은 이론이 제기되었다. 그러나 앞으로 보게 되듯이 실제 사건은 겉보기와 거의 정반대일 때가 간혹 있다.

마음이론의 존재를 확인하기 위한 샐리-앤 검사가 최초로 이루어진 지 2년 뒤에, 영국의 심리학자 사이먼 바론 코헨Simon Baron-Cohen, 앨런 레슬리Alan Leslie, 우타 프리스는 자폐범주 장애를 앓는 사람들에게 마음이론이 결여되어 있을 수 있다는 주장을 제기했다.[23] 당신은 사람들의 행동이 그들의 신념, 목표, 감정 등에 입각해 해석되지 않는 세계를 상상이라도 할 수 있는가? 아마도 당신은 다른 사람들의 행동을 그들의 신념, 목표, 감정 등에 입각해 해석하지 않을 수 없을 것이며, 마음 읽기 능력이 우리의 근본적인 작업체계에 얼마나 필수적인 요소인지를 깨닫게 될 것이다.

만에 하나 당신이 다른 사람들의 마음을 읽지 않고 그들의 행동만을 바라볼 수 있다면, 아마도 당신은 외계인 같은 느낌이 들 것이다. 이때 당신 주위에서 움직이는 신체들은 눈에 들어오는 표면적 특징들 외에 아무 의미도 갖지 않을 것이다. 만약 그런 행동들 뒤에 놓인 마음을 '보지' 못한다면 행동들은 우연적이고 예측 불가능하게 보일 것이다. 이런 식으로 세계를 보면서 직장생활을 유지하고 친구를 만나며 장기적인 인간관계를 맺는 것이 과연 가능하겠는가? 이렇게 볼 때 마음이론의 결여는 자폐증 환자들이 일상 속에서 겪는 많은 어려움들을 설명해주는 듯하다.

바론 코헨과 그의 동료들은 세 집단의 참가자들을 대상으로 샐리-앤검사를 실시했다. 첫 번째 집단은 자폐증이 있는 (11세의) 아이들이었고, 두 번째 집단은 나운증후군이 있는 (10세 또는 11세의) 아이들이었으며, 세 번째 집단은 정상적인 발달 과정을 보인 (4세 또는 5세의) 아이들이었다. 발달심리학자들은 정신연령mental age이라는 것을 측정하는데, 이것은 생물학적으로 다양한 연령의 아이들을 그들의 전반적인 정신능력을 바탕으로 비교하는 척도다. 자폐증이 있는 아이들은 대체로 5세 수준의 정신연령을 가지고 있기 때문에, 이 연구에서는 그들보다 훨씬 어린 나이의 정상 아이들을 비교집단으로 포함시켰다.

이전 연구에서처럼 정상적으로 발달한 5세 아이들은 샐리-앤 검사에서 85퍼센트가 정답을 말할 정도로 성적이 좋았다. 반면 자폐증 아이들의 20퍼센트만이 이 검사를 통과했는데, 이것은 정상 아이들의 결과와 현격한 차이를 보이는 것이다. 혹시 자폐증 아이들의 검사 결과가 좋지 않은 까닭은 그들이 과제의 일반 인지적인 측면에서 어려움을 느끼기 때문이 아닐까? 만약 그렇다면 다운증후군이 있는 아이들의 경우에도 형편없는 결과가 나왔어야 할 것이다.

그런데 다운증후군이 있는 아이들은 사실상 정상 아이들과 똑같은 비율로 검사를 통과했다. 나아가 세 집단의 아이들은 모두 샐리-앤 과제를 수행하는 동안에 일어난 사실들을 회상하는 데 비슷한 능력을 보였다. 이렇게 볼 때 자폐증 아이들은 사실에 대한 기억력이 나쁜 것이 아니었다. 이 연구 결과는 자폐증 아이들의 심리화 능력 중에서도 꽤 특수한 결함과 관련된 것이다. 후속 연구들에서는 이 집단의 아이들이 심리화 능력의 다른 측면들인 허세, 반어법, 비꼼, 무례함 등을 제대로 이해하는 데도 어려움을 겪는다는 사실을 보여주었다.[24]

자폐증이 있는 사람들은 5장에서 언급한 하이더와 짐멜의 '싸우는 삼각형들'(그림 5.1 참조)을 신념, 감정, 성격 같은 심리적 특성들로 기술하는 것에서도 정상인과 큰 차이를 보인다.[25] 예일대학교Yale University 의 심리학자 아미 클린Ami Klin은 정상적으로 발달한 아이들과 자폐증이 있는 아이들이 이 그림에 대해 기술한 것을 보고했는데, 이는 마음이론 의 결함이 어떤 결과를 초래하는지를 매우 구체적으로 보여주고 있다. 우선 정상적으로 발달한 한 아이는 이 동영상에 대해 다음과 같이 기술 했다.

> 무슨 일이 일어났느냐 하면 큰 삼각형은 큰 아이나 깡패 같았는데, 그는 혼자 지내다가 새로 두 아이가 함께 왔다. 어린아이는 좀 더 수줍어하고 겁이 많았으며 작은 삼각형은 좀 더 독립적이고 작은 아이를 보호해주 었다. 큰 삼각형은 이 둘에게 질투심을 느꼈고 밖으로 나와 작은 삼각형 을 괴롭히기 시작했다. 그러자 작은 삼각형은 흥분해서 '무슨 일이야?' 또는 '왜 그러는데?'라고 말하는 것 같았다.

당신은 이 글을 읽으면서 어떤 사회적 사건이 벌어지고 있는지 또 이 드라마 속의 인물들이 각각 어떻게 느끼고 있는지 어렵지 않게 상상할 수 있을 것이다. 이 글은 심리 상태를 가리키는 언어들로 가득 차 있으며, 때문에 살아 있는 것처럼 움직이는 도형들의 마음에 관한 내면의 이야기를 전달해주고 있다. 이 장면을 이런 식으로 기술하는 것은 자연스러운 일이며 누가 이런 식으로 기술하는 것을 듣는 것도 마찬가지로 자연스러운 일이다. 반면에 자폐증이 있는 한 아이는 다음과 같이 기술했다.

> 큰 삼각형은 직사각형 안으로 들어갔다. 거기에는 작은 삼각형과 원이 있었다. 큰 삼각형은 밖으로 나갔다. 도형들은 서로 튕겼다. 작은 원은 직사각형 안으로 들어갔다. 큰 삼각형은 원과 함께 상자 안에 있었다. 작은 삼각형과 원은 서로의 주위를 몇 번 돌았다. 그것들은 아마도 자기장 때문에 서로의 주위를 왕복하는 것 같았다. 그런 다음에 그것들은 화면에서 사라졌다.

만약 이 두 번째 이야기만 읽는다면 당신은 여기서 어떤 드라마가 전개되고 있다는 느낌을 전혀 받지 못할 것이다. 왜냐하면 이 아이는 이리저리 돌아다니는 도형들에 대해 사회적이든 또는 다른 차원에서든 아무런 의미도 부여하지 않은 채 상황을 기술하고 있기 때문이다. 그러나 엄밀히 말하면 이 글은 정상적인 아이의 기술보다 훨씬 더 정확한 면이 있는 것도 사실이다. 삼각형은 깡패도 아니고 질투심을 느끼지도 않는다. 작은 원은 수줍어하지도 않고 겁이 많지도 않다. 이것들은 아무 생각도 느낌도 성격도 없는 도형들일 뿐이다.

이렇게 자폐증이 있는 아이의 기술은 훨씬 더 정확하지만 다른 한편으로는 훨씬 덜 유용하다. 이것은 우리 모두가 갈구하는 심리적 드라마에 대한 통찰을 제공하지 않으며 다음 장면을 짐작하는 데도 전혀 도움이 되지 않는다(과연 다음 장면은 소송일까 아니면 단호한 결별의 선언일까 아니면 눈물겨운 재결합일까?). 세계를 심리 상태의 관점에서 보지 못하는 것은 다른 모든 사람들이 자연스럽게 그렇게 보는 상황에서 큰 불이익이 될 수 있다. 자폐증이 있는 사람들은 똑같은 움직임을 심리적 관점에서 보지 않을 뿐만 아니라, 이 때문에 똑같은 사건을 근본적으로 다른 시각에서 보고 있는 다른 사람들과 관계를 맺고 생각을 공유하는 데도 어려움을 겪는다.

자폐증과 마음이론의 결핍

자폐증이 마음이론 능력의 결함과 관련이 있다는 점에 대해서는 과학자들 사이에 거의 이견이 없다. 그것은 사실이다. 다만 논란이 되고 있는 점은 다음과 같다. 첫째로 이런 결함은 자폐증 환자들이 실생활에서 보이는 여러 증상들의 일차적 설명이 될 수 있는가? 둘째로 마음이론의 결핍은 자폐증의 원인인가 아니면 마음이론과 직접 관련이 없는 어떤 다른 발달 과정 때문에 생긴 결과인가? 간단히 말해 마음이론의 결핍은 자폐증의 원인인가 결과인가?

아직까지는 자폐증에 대한 마음이론적 설명이 매우 단순할 뿐만 아니라 자폐증 환자들이 연구실 밖 실제 세계에서 부딪히는 문제들과 마음이론 능력을 결부시켜 살핀 연구들도 거의 없는 실정이다. 게다가 마음이론의 결핍이 자폐증의 전모를 밝혀줄 수는 없음을 보여주는 증거들이 늘어나고 있다.

마음이론의 결핍만으로 자폐증을 충분히 설명할 수 없는 몇 가지 이유는 다음과 같다. 우선 자폐증이 있는 아이들의 20퍼센트만이 샐리-앤 검사를 통과했다는 사실에 다시 주목해보자. 바꿔 말하면 적어도 일부 아이들은 이 검사를 통과할 수 있지만 여전히 자폐증이라는 진단은 유효하다는 이야기가 된다. 만약 마음이론만으로 자폐증을 충분히 설명할 수 있다면, 자폐증이 있는 모든 사람들에게서 마음이론의 결핍이 나타나야 할 것이다. 샐리-앤 검사는 마음이론의 존재를 확인하기 위한 유일한 검사도 아니고 통과하기 가장 어려운 검사도 아니다.[26] 그러나 실생활에서 사회적 결함을 보이는 일부 자폐증 환자들은 샐리-앤 검사보다 더 어려운 마음이론 검사들도 통과할 수 있는데, 이는 자폐증이 있으면서도 마음이론의 결핍이 나타나지 않는 경우가 있음을 말해준다.

둘째로 자폐증 환자들은 마음이론의 결핍과 거의 무관한 또 다른 종류의 지각적 인지적 문제들을 가지고 있다. 우타 프리스는 자폐증 아이들과 정상적으로 발달한 아이들을 대상으로 그림 7.2와 같은 숨은 도형 검사embedded-figures test를 실시했다.[27] 이 검사에서 아이들은 유모차 왼쪽의 삼각형과 크기, 모양, 방향이 모두 같은 도형을 오른쪽 그림에서 찾아내야 한다. 당신이 이 검사를 직접 해본다면 도형을 찾기까지 꽤 시간이 걸린다는 것을 확인할 수 있을 것이다(힌트를 하나 주자면 이 도형은 햇빛을 가리는 유모차 덮개 안에 파묻혀 있다). 그런데 만약 당신이 자폐증이 있는 사람이라면 도형을 '더 빨리' 찾을 것이다. 다시 말해 자폐증이 있는 사람들은 그렇지 않은 사람들보다 이 과제를 일관되게 '더 잘' 수행한다. 많은 경우에 수행 점수가 높은 것은 장애로 간주되지 않지만, 이 경우에는 일종의 인지적 또는 지각적 불균형과 관련이 있다.

숨은 도형 찾기

자폐증이 없는 대다수 사람들이 이런 종류의 과제를 더 늦게 수행하는 까닭은, 그림의 세부 항목들에 초점을 맞추기보다 그것들이 통합되어 생겨나는 고차원의 전체적인 형태 의미Gestalt meaning에 초점을 맞추도록 마음이 설계되어 있기 때문이다. 예컨대 우리는 잔디의 잎 하나하나를 보는 대신에 잔디밭을 본다. 숨은 도형 검사의 수행 점수는 그림의 전체 의미를 무시한 채 그 안에 무의미하게 파묻혀 있는 요소들을 찾아내는 능력에 의해 좌우된다. 자폐증이 있는 사람들은 물체 지각이나 언어에서 고차원의 의미에 초점을 맞추는 데 어려움을 보인다.**28** 그래서 전체 대신에 세부 항목에 초점을 맞춰야 하는 과제에서는 자폐증이 있는

[그림 7.2] 숨은 도형 검사Embedded-Figures Test의 한 예

(검사를 받는 사람은 왼쪽 삼각형과 크기, 모양, 방향이 모두 똑같은 도형을 유모차 안에서 찾아야 한다.)
출처: Shah, A., & Frith, U. (1983). An islet of ability in autistic children. *Journal of Child Psychology and Psychiatry*, 24(4), 613~620.

사람들이 그렇지 않은 사람들보다 종종 더 뛰어난 능력을 보이곤 한다.

어찌 보면 지각된 물체에서 고차원의 의미를 추출하는 것과 타인의 행동 배후에 있는 목표와 동기를 추론하는 것 사이에 무언가 유사점이 있는 듯하다. 그러나 자폐증의 경우에 이 두 결함이 언제나 함께 나타나지는 않는다.**29** 그리고 어떤 사람이 왜 그렇게 행동했는지 아는 것과 어떤 물리적 사건이 왜 일어났는지 아는 것은 똑같은 신경 회로를 바탕으로 하지 않는다. 따라서 이 둘은 별개의 과정으로 보아야 할 것 이다.

그렇다면 혹시 마음이론의 결핍은 자폐증 환자의 사회적 장애를 설명해주는 일차 요인이고, 형태Gestalt 처리의 결함은 자폐증 환자의 다른 비사회적 장애를 설명해주는 요인이지는 않을까? 만약 이것이 사실이라면 자폐증 환자들이 심리화 작업을 더 잘하도록 훈련받을 경우에 사회적 장애의 감소 효과가 나타나야 할 것이다. 그런데 여러 연구에 따르면 자폐증 환자들은 훈련을 통해 심리화 능력의 상당한 향상을 이룰 수 있지만, 불행하게도 이런 향상이 실생활에서 실제로 요구되는 사회적 기술들의 향상으로까지 이어지지는 않는다.**30**

원인인가 결과인가?

지금까지의 연구들에 따르면 자폐증 환자들이 마음이론 능력의 결함을 보이는 것은 분명하지만, 다른 한편으로 이런 결함이 자폐증 환자들이 겪는 사회적 장애의 원인은 아닌 것처럼 보인다. 따라서 마음이론의 결핍이 자폐증의 근본 원인이라기보다는 자폐증의 고유한 어떤 핵심 결함의 부차적인 결과로 보는 것이 더 설득력이 있어 보인다.

이 차이를 비유적으로 설명하기 위해 어떤 육상선수가 훈련 중에 왼쪽 무릎을 다쳤다고 가정해보자. 그러면 이 선수는 일주일 안에 오른쪽 엉덩이에서도 통증을 느끼게 될 가능성이 크다. 왜냐하면 이 선수는 왼쪽 무릎의 통증 때문에 다리를 절면서 오른쪽 다리를 더 많이 쓰게 될 것이고, 그 결과 오른쪽 다리 관절에 무리한 압력이 가해져 다친 무릎의 반대편 엉덩이에 통증이 생기는 경우가 종종 있기 때문이다. 이 경우에 무릎 통증은 원래 부상의 근본적인 것이고 엉덩이 통증은 신체가 무릎 통증을 보완하는 과정에서 부차적으로 발생한 것이라 하겠다.

마음이론이 우리 성인들에게는 매우 기본적인 것이지만, 이 능력은 우리가 젊었을 때 적절한 종류의 경험을 해야만 획득되는 듯하다. 우리 자신의 이런 능력을 발전시키는 데는 다른 사람들이 심리화 능력을 사용해 세계와 상호작용하는 것을 보고 듣는 것이 도움이 된다. 이는 귀머거리로 태어난 아이들이 자폐증 아이들과 마찬가지로 마음이론 검사를 통과하는 데 애를 먹는다는 데서도 알 수 있다.[31] 귀가 먹은 아이들은 특별한 정신적 결함을 가지고 있지 않으며 사회적 접촉을 기피하지도 않는다. 그러나 이런 아이들은 사람들이 이야기하는 것을 듣지 못하므로, 이들이 접하는 환경은 심리 상태에 관한 대화 또는 심리 상태의 언어를 촉발하는 대화가 결여된 사회적으로 빈곤한 환경이다.

그렇다면 자폐증 아이들의 경우에도 이와 비슷한 일이 일어나는 것은 아닐까? 자폐증 아이들의 사회적 결핍은 일반적으로 아이들이 마음이론을 갖기 시작하는 가장 이른 연령대보다도 시기적으로 앞선다는 상당한 증거가 존재한다. 이렇게 볼 때 아주 어린 시절의 이런 변화 때문에 자폐증 아이들이 접하게 되는 입력에 변화가 생기는 것일지 모른다.

역사적으로 볼 때 자폐증 진단은 보통 세 살 이후의 아이들에게 내려졌다. 그러나 오늘날 우리는 홈비디오 분석을 통해 이런 아이들이 자폐증 진단을 받기 전에, 즉 한 살이나 두 살 때 어떻게 행동했는지 살필 수 있다. 이때 과학자들은 주의 깊고 체계적인 부호화coding 방법을 통해 장차 자폐증 진단을 받게 될 아이들과 그렇지 않은 아이들의 차이를 확인할 수 있다. 나중에 자폐증 진단을 받게 될 아이들의 경우에는 한 살 미만의 연령에서도 이미 빈약한 사회적 상호작용과 타인에 대한 적절한 반응의 결핍을 보여주는 증거들이 발견되며, 이런 아이들이 두 살이 되면 타인을 무시하고 혼자 있기를 선호하는 경향이 있으며 사회적 기술들이 여전히 빈약함을 확인할 수 있다.[32]

이런 아이들이 사회적 고립을 선호하게 되면 귀가 먹은 아이들의 경우처럼 정상적인 발달단계대로 심리화 능력이 성숙하는 데 필요한 사회적 입력을 충분히 받지 못하게 되는 상황이 발생할 수도 있을 것이다. 만약 이런 추측이 사실이라면 우리는 심리화 체계보다 훨씬 일찍 성숙하는 신경체계를 살펴볼 필요가 있다.

깨진 거울 가설

진화의 관점에서 볼 때 거울체계는 심리화 체계보다 더 원시적인 체계다. 이것은 원숭이들에게 거울뉴런은 있지만 마음이론 뉴런은 발견되지 않은 데서도 알 수 있다. 거울체계는 태어난 지 일주일 된 새끼들이 모방 행동을 보일 때도 이미 작동하고 있는 것으로 여겨진다. 만약 우리가 마음이론의 결핍에 선행하고 나아가 이런 결핍의 원인이 될 만한 결핍을 찾는다면, 거울체계야말로 여기에 딱 맞는 후보일 것이다.

거울뉴런이 자폐증의 결정적 요인일 수 있다고 추측케 만드는 첫 번째 단서는, 잘 알려져 있듯이 자폐증이 있는 아이들이 다른 사람을 흉내 내는 데 어려움을 겪는다는 사실이다. 연구자들은 40년 이상 아이들에게 다양한 행동과 손동작을 흉내 내도록 하는 여러 연구들을 수행해 왔다.33 자폐증 진단을 받은 아이들은 이런 연구에서 정상적인 발달 과정을 보이는 아이들보다 일관되게 더 엉망인 수행을 보인다.34 거울체계가 모방 행동과 관련이 있다는 것이 분명해지자, 자폐증 아이들의 모방 행동 결핍에 대한 몇몇 뇌영상 연구들을 바탕으로 거울체계의 손상이 자폐증의 근본 원인일지 모른다는 '깨진 거울 가설broken mirror hypothesis'이 제기되었다.35

초기 연구 결과들은 비록 그 자체로는 흥미로울지 몰라도 깨진 거울 가설을 얼마나 강력히 지지하는지는 분명치 않다. 예컨대 초기의 한 연구에서는 거울체계의 활동 수준을 보여주는 생체지표인 뮤 억제mu suppression에 주목했다(뇌전도electroencephalogram, EEG로 측정하는 뇌파의 일종인 알파파alpha wave는 주로 시각피질이 쉬고 있을 때 관찰되는 반면, 뮤파mu wave는 신체가 쉬고 있을 때 운동피질에서 가장 뚜렷이 관찰되며, 사람이 어떤 운동 동작을 하거나 그런 동작을 관찰할 때는 뮤파의 억제 현상이 일어난다-옮긴이). 이 연구에서 정상적으로 발달한 사람들은 손동작을 관찰할 때와 손동작을 직접 수행할 때 모두 뮤 억제를 보였다. 반면 자폐증이 있는 사람들은 손동작을 직접 수행할 때만 뮤 억제를 보였고 손동작을 관찰할 때는 뮤 억제를 보이지 않았다.36 그런데 이상하게도 이 연구자들은 이 두 집단 사이에 어떤 중요한 차이가 있는지에 대해 보고하지 않았다.

어찌 보면 이것은 사소한 실수처럼 보일 수도 있지만, 이런 분석 없이는 자폐증이 있는 표본집단에서 거울체계의 활동이 다르게 나타났다는 결론을 정당화하기 어렵다.[37]

초기에 수행된 두 개의 기능적 자기공명영상 연구에서도 자폐증 환자의 거울체계가 특이하다는 결론을 내렸지만 이를 자폐증의 여러 증상들에 명확히 대응시킬 수는 없었다. 거울체계는 전두엽 부분(후측 하부 전두회posterior inferior frontal gyrus와 전운동피질)과 뇌의 더 뒤편에 있는 두정엽 부분(전두정간구와 문측 하두정소엽)으로 구성되어 있다(그림 6.1 참조). 한 기능적 자기공명영상 연구에 따르면, 자폐증이 있는 사람들은 다른 사람의 표정을 흉내 낼 때 거울체계의 전두엽 부분에서는 활동이 감소된 반면에 두정엽 부분에서는 활동이 증가했다고 한다.[38] 또 다른 연구에 따르면 자폐증이 있는 사람들은 손동작을 흉내 낼 때 거울체계의 두정엽 부분에서는 활동이 감소한 반면에 전두엽 부분에서는 활동이 증가했다고 한다.[39]

이 두 연구에서 자폐증이 있는 사람들과 그렇지 않은 사람들이 모방행동을 할 때 뇌가 하는 일은 분명히 달랐다. 즉 이 두 집단 모두 거울체계의 한 부분에서는 활동이 증가하고 다른 부분에서는 활동이 감소하는 혼합된 반응이 나타났는데, 이 혼합의 방향은 서로 정반대였다. 또 이 두 연구에서 자폐증이 있는 사람들은 그렇지 않은 사람들만큼이나 다른 사람을 잘 흉내 낼 수 있었다. 이렇게 볼 때 이들 연구에서 관찰된 신경 활동의 차이가 자폐증 환자들이 실생활에서 겪는 행동적 문제에 어떤 영향을 미치는지는 분명치 않았다.

이런 초기 연구들 이후로 많은 다른 연구들은 이와 반대되는 결과를 보여주었다. 즉 많은 연구들을 통해 자폐증이 있는 사람들과 그렇지 않은 사람들의 뮤 억제 수준이 거의 같다는 것이 입증된 것이다.**40** 나아가 많은 기능적 자기공명영상 연구들에서는 자폐증이 있는 사람들의 거울체계 활동이 그렇지 않은 사람들과 같거나 오히려 더 활발하다는 결과가 나왔다.**41** 그렇다면 왜 이렇게 혼란스럽고 일관성 없는 결과가 나온 것일까? 자폐증 환자들이 다른 사람을 흉내 내는 데 결함을 보인다면 그들의 거울체계에서도 결함이 발견되어야 하는 것이 아닌가? 아니면 반드시 그럴 필요는 없는 것인가?

빅토리아 사우스게이트Victoria Southgate와 안토니아 드 해밀턴Antonia de Hamilton은 자폐증 환자들의 모방 행동이 왜 그들의 거울체계 활동과 단순히 등치될 수 없는지에 대해 설득력 있는 설명을 제시했다.**42** 그들에 따르면 실생활이나 실험실에서 성공적인 모방이란 모방 이상의 것을 요구한다. 성공적인 모방이 되려면 무엇을 언제 모방할지를 알아야 한다. 만약 연구자가 '이렇게 하세요!'라고 말하면서 탁자 위의 볼펜을 집어 든다면, 이때 따라 해야 하는 것은 정확히 무엇일까? 핵심은 볼펜을 집어 드는 것일까? 아니면 연구자가 사용한 손과 똑같은 손으로 볼펜을 집어 드는 것일까? 또는 연구자와 똑같은 팔 움직임과 쥐는 법을 사용해 볼펜을 집어 드는 것일까? 연구자는 이런 것들을 똑같이 따라 하지 않으면 모두 불완전한 모방으로 간주할 수 있을 것이다.

이처럼 모방을 잘하기 위해서는 무엇을 모방해야 하는지 알아야 하고 나아가 그것을 정확히 수행할 수 있어야 한다. 특히 실험실 상황에서 무엇을 모방해야 할지 아는 것은 다른 사람이 당신에게 무엇을 요구하는지를 이해하는 것과 관련이 있다. 이는 마음이론을 바탕으로 한 심

[그림 7.3] 자동 모방 과제에서 사용된 손동작들

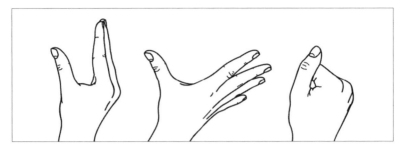

(왼쪽은 엄지손가락과 다른 손가락들로 U자 만들기, 가운데는 손을 넓게 펴기, 오른쪽은 주먹 쥐기.)

리화 과제인데, 자폐증 환자들의 경우 이런 능력에 결함을 보인다는 사실은 이미 살펴본 바 있다.

　이런 문제를 해결하는 한 방법은 모방 과정에서 심리화 요소를 빼는 것이다. 과학자들은 이를 위해 불수의적 모방involuntary imitation이라는 것을 조사했다. 때때로 우리는 모방하려는 의도 없이 또는 심지어 모방해서는 안 된다는 것을 알면서도 다른 사람을 모방할 때가 있다. 예컨대 당신이 누가 엄지손가락과 다른 손가락들로 U자 모양을 만드는 것을 보고 있다고 상상해보라(그림 7.3 참조). 이제 그 사람이 엄지손가락과 다른 손가락들을 모아 주먹을 쥐면 당신은 그것을 똑같이 따라 해야 한다. 다시 U자 모양의 손이 최대한 넓게 펴지는 것을 보면 이번에도 당신은 그것을 똑같이 따라 해야 한다. 지금까지 당신은 아무런 문제도 느끼지 않았을 것이다. 이것은 매우 쉬운 모방 과제이기 때문이다. 이제 좀 더 흥미로운 과제를 해보자. 이제 당신은 본 것을 그대로 흉내 내거나(즉 상대방이 주먹을 쥐는 것을 보면 당신도 주먹을 쥐어야 한다), 본 것과 정반대의 것을 해야 한다(즉 상대방이 주먹을 쥐는 것을 보면 당신은 손을 넓게 펴야 한다).

이때 당신이 본 것과 정반대의 것을 하기는 결코 쉽지 않은데, 본 것을 그대로 따라 하는 것이 훨씬 자연스럽기 때문이다. 자폐증이 없는 사람들은 본 것을 그대로 따라 할 때보다 본 것과 정반대의 동작을 취해야 할 때 더 많은 시간을 필요로 한다.[43] 그리고 이것은 우리의 자동적인 모방 성향의 강도를 보여주는 지표로 간주될 수 있다.

자폐증이 있는 사람들에게 이런 과제를 요구한 첫 연구에서, 이런 자동 모방의 효과는 자폐증이 있는 사람들의 경우 그렇지 않은 사람들보다 거의 50퍼센트 더 강력하게 나타났다. 그리고 이런 효과는 이 연구에서만 나타난 것도 아니었다. 다른 방식의 자동 모방 과제를 사용한 또 다른 연구팀도 자폐증 환자들에게 과잉 모방의 성향이 있다는 것을 보여주었다.[44] 심리화 요소를 배제하자 자폐증이 있는 사람들은 모방에 어려움을 겪기보다 오히려 과잉 모방의 성향을 드러낸 셈이었다.

깨진 거울 가설은 아직 비교적 최신 이론으로 장차 이것이 어떤 판정을 받을지는 분명치 않다. 그러나 현재로서는 이 가설을 반박하는 쪽으로 증거들의 무게 중심이 쏠리는 듯하다. 특히 가장 최근의 몇몇 데이터들에 따르면 자폐증이 있는 사람들이 과잉 모방의 성향을 지니고 있으며, 다만 모방을 명시적으로 요구받았을 때 언제 정확히 무엇을 모방해야 하는지 잘 모르는 것 같다.

어찌 보면 이런 결론은 자폐증 환자들에게 마음이론이 결핍되어 있다는 이전 연구 결과로 되돌아간 느낌이다. 그러나 자폐증 환자들의 경우에 마음이론 능력의 발달 이전에도 사회적 장애가 발견된다는 점을 고려할 때, 우리는 여전히 그들에게 마음이론의 결핍이 나타나는 원인을 제대로 밝혀내지 못하고 있다. 귀가 먹은 아이들에 대한 연구에서 볼 수 있는 것처럼 마음이론의 발달 장애는 아이의 빈약한 경험 때문만으로도 발생할 수 있는 것이다. 그러나 다행히도 우리에게는 아직 한 가지 가능한 설명 가능성이 남아 있으며, 어쩌면 그것이 모든 문제를 밝혀줄지도 모른다.

강렬한 세계 가설

러트거스대학교에서 내가 겪은 '무서운 환각 체험' 이야기를 기억하는가? 나는 아직 이 이야기의 절반을 이야기하지 않았는데, 바로 나의 내면세계에 관한 것이다. 앞에서 나는 내 행동에 대해, 다시 말해 주위 사람들이 나를 어떻게 보았을지에 대해 이야기했을 뿐이다. 당시에 나는 근본적으로 다른 사람들로부터 거리를 두고 있었기 때문에 주위 사람들에게 무관심한 인물이라는 인상을 풍겼다. 물론 그렇다고 해서 내가 잠시라도 자폐증에 걸린 적은 없다. 그러나 당시의 경험으로부터 소중한 교훈을 얻을 수 있었다. 나는 그것을 '헤드앤숄더 효과 Head & Shoulders effect'라고 부르고 싶다.

1980년대 텔레비전에서 흔히 볼 수 있었던 헤드앤숄더(비듬 방지용 샴푸 브랜드-옮긴이) 광고에서는 언제나 어떤 사람이 다른 사람의 비듬을 발견하는 장면이 나온다. 상대방의 비듬을 발견하고 지적한 사람은 '이봐, 내 헤드앤숄더를 한번 써봐!' 같은 말을 하면서 마침 손에 들고 있던 샴푸 병을 그에게 건넨다. 그러면 친구는 언제나 '너는 비듬도 없는데, 왜?'라는 식으로 반응하고, 샴푸를 건넨 사람은 '그렇지?'라고 말하며 매력적인 미소를 지어 보인다. 이 광고가 의미하는 바는 그가 헤드앤숄더 샴푸를 쓰기 때문에 그에게 비듬이 있다는 사실을 아무도 눈치 채지 못한다는 것이다. 이것을 심리학적으로 바꿔 말하면 어떤 사람의 겉모습은 종종 그 사람의 내면과 정반대일 수 있다는 것이다. 사람들은 흔히 겉과 속이 일치할 것이라 가정하는 경향이 있다.[45] 그러나 우리는 우리가 처한 상황에 반응하고 문제점을 보완하려 하기 때문에 종종 겉과 속이 일치하지 않는다.

러트거스대학교에서의 그 끔찍한 날에 사람들은 나의 겉으로 드러난 행동만 본 상태에서 나의 내적인 경험을 짐작할 수 없었다. 물론 나의 행동과 경험은 긴밀하게 연결되어 있었지만, 그 연결의 방식은 다른 사람들이 쉽게 눈치 챌 수 없는 것이었다. 즉 나의 겉으로 드러난 행동은 반사회적인 것이었지만, 그것은 내가 사회적 세계에 대해 관심이 없기 때문이 아니었다. 오히려 나는 사회적 세계에 압도당한 처지였다. 좀 더 정확히 말하자면 그날 나는 모든 것에 압도당한 상태였지만, 그 모든 압도적인 경험들 가운데서도 가장 압도적인 것은 바로 사회적 세계였다.

그날 내가 복용한 약물은 나의 모든 감각들을 고양시켰다. 보통 이런 경험은 진짜 근사하게 느껴진다. 그런데 그날 내 감각은 너무 극단적으로 고양되어 있었다. 너무 많은 자극들이 한꺼번에 몰려 들어와 도저히 감당할 수가 없었다. 평상시 배경에 머물렀던 모든 지각들이 갑자기 너무나도 강렬하게 앞으로 불쑥 튀어나왔다. 만약 주위가 얼어붙은 듯 고요했다 하더라도 그날 나는 충분히 많은 자극을 받았을 것이다. 그러나 그날 내 주위는 왁자지껄하게 떠들면서 온갖 표정과 몸짓과 예측하기 힘든 동작들을 보이는 사람들로 가득 차 있었다. 이 모든 것이 내게는 너무 강렬했고 놀라울 정도로 예측 불가능했으며, 솔직히 말해 끔찍했다. 그날 내가 반사회적인 태도를 보인 까닭은 내가 그 사람들을 싫어했기 때문이 아니라 그들이 그냥 사람이었기 때문이다. 즉 그날의 내가 처리하기에는 너무 많은 자극들을 제공하는 원천이었기 때문이다.

그렇다면 혹시 자폐증이 있는 아이들은 사회적 세계에 대해 둔감한 것이 아니라 오히려 너무 민감한 것은 아닐까? 혹시 이런 아이들은 한두 살 때 너무 강렬한 사회적 상호작용을 경험해서 그 후로는 사회적 접촉보다 고립을 선호하게 된 것은 아닐까? 만약 강렬한 경험이 사회적 고립을 촉진한다면, 이런 아이들은 그 후 10여 년 동안 무수한 사회적 상호작용을 통해 사회적 전문가가 되도록 훈련받을 기회를 놓치게 되는 것은 아닐까? 자폐증이 있는 아이들이 종종 수업을 빼먹곤 하는 까닭은 어쩌면 교실에 앉아 있는 것만으로도 너무 고통스럽기 때문일지 모른다. 아마도 당신은 언젠가 극장에서 영화를 상영하기 전 음향장치를 점검할 때 시끄러워서 귀를 막았던 경험이 있을 것이다(내 아내와 아들은 늘 그렇게 한다). 만약 당신의 삶이 하루 종일 이와 같다면 더 조용한 곳을 찾으려 하는 것은 당연하지 않을까?

적어도 몇몇 측면에서는 자폐증이 있는 성인들이 사회정서적으로 덜 민감하다고 말할 수도 있을지 모른다. 설령 그렇다 하더라도 중요한 것은 과연 그들이 유전적 소질 때문에 언제나 사회적 세계에 대해 둔감한 것인지 아니면 어린 시절 사회적 세계에 대한 과잉 민감성에 대한 합리적 반응의 결과로서 사회적 참여의 결핍이 획득된 것인지 하는 점이다. 이것은 자폐증에 대한 '강렬한 세계 가설intense world hypothesis'이 제기하는 핵심 질문이기도 하다.**46** 이 가설에 따르면 자폐증이 있는 아이들은 어린 시절의 스트레스 때문에 사회적 세계를 회피하게 되었으며, 이로써 심리화 체계의 정상적인 성숙에 필요한 사회적 입력들을 제대로 받지 못하는 결과가 초래되었다고 할 수 있다.

이 강렬한 세계 가설은 비교적 최근에 나온 것이며 반직관적인 측면을 가지고 있다. 그렇다면 이 가설을 지지하는 증거가 존재하는가? 자폐증이 있는 사람들 중에는 이런 식의 느낌을 보고한 사람들이 적지 않았다. 자폐증이 있는 제이 존슨Jay Johnson이라는 블로거는 왜 자신이 다른 사람들과 눈을 마주치지 않는지를 설명하면서 이런 종류의 경험에 대해 다음과 같이 쓴 적이 있다.

> 사람들은 시끄럽고 혼란스러운 동물이다. … 게다가 그들은 내가 눈까지 마주치기를 기대한다? 당신에겐 그것이 어떻게 느껴지는지 나는 정말 모른다. 그러나 나에겐 다른 사람의 눈을 들여다보는 것이 그리고 그 사람이 다시 내 눈을 들여다보는 것이 '마치 내가 뜨거운 난로를 만지고 있는 것처럼 느껴진다.' 나는 불에 타고 있다. 이것은 나를 압도하는 또 하나의 입력(인풋)과도 같다.**47**

강렬한 세계 가설과 관련해 우리는 이런 종류의 일화적인 경험뿐만 아니라 상당한 양의 경험적인 근거도 찾아볼 수 있다. 그러나 실제로 이 반직관적인 이론을 지지하기 위해 수행된 연구는 별로 없는 실정이다. 이것은 우리 모두가 확증 편향confirmation bias, 즉 우리가 보고 싶어 하는 것만 찾으려는 성향을 지니고 있다는 사실을 고려할 때, 이 가설에 유리한 정황이라고 볼 수도 있을 것이다.

과거 연구자들은 자폐증이 있는 사람들이 정서적으로 덜 민감하며 그 원인은 편도체의 민감도 감소와 관련 있을 것이라고 추측했다. 이 장의 앞부분에서 설명했듯이 편도체는 주위 사건에 대한 우리의 정서적 반응 강도를 처리하는 작은 구조물이다. 인간의 경우에 편도체는 특히 타인의 정서적 표현 같은 사회적 입력에 민감하게 반응하는 듯하다.[48] 그리고 편도체가 주위 환경에서 발견되는 긍정적 단서와 부정적 단서에 모두 반응하는 것은 사실이지만, 여러 증거를 고려할 때 편도체는 공포나 불안 같은 부정적인 정서 경험에 더 민감하게 반응하는 듯하다.[49] 예컨대 사람들에게 무서운 얼굴 자극을 의식 수준 아래에서 제시하면 사람들은 얼굴을 보았다는 사실조차 알아차리지 못하지만, 편도체는 이런 자극에 대해서도 반응을 보인다.[50]

편도체와 자폐증 사이의 연관성을 보여주는 최초의 훌륭한 증거는 자폐증이 있는 성인들과 그렇지 않은 성인들을 대상으로 공포나 분노 같은 감정을 표현하고 있는 얼굴에 대한 신경 반응을 비교한 연구들에서 찾아볼 수 있다.[51] 이런 연구들이 가장 일관되게 보여주는 결과는 자폐증이 있는 사람들이 공포나 분노의 표현 같은 위협적인 사회적 단서에 대해 더 미약한 편도체 반응을 보인다는 점이다. 나아가 인간 외의 영장류 동물들 역시 편도체에 상해를 입으면 자폐증과 비슷한 몇몇 특징들이 나타난다는 사실을 고려할 때, 자폐증이 있는 사람들이 사회적 세계에 대해 둔감한 반응을 보이는 까닭은 편도체가 제대로 작동하지 않아 사회적 세계에 주의를 기울이지 못하기 때문일지 모른다.[52]

그러나 자폐증이 있는 성인들 대신 아이들에 초점을 맞춘 더 최근의 연구 결과들은 편도체와 자폐증의 관계에 대해 극적으로 다른 해석을 가능케 한다. 자폐증이 있는 아이들은 일반적인 발달 과정을 보이는 아이들보다 사실상 '더 큰' 편도체를 가지고 있다.[53] 이런 사실은 2세부터 4세까지의 어린아이들과 12세가량의 아이들 모두에게서 관찰된 바 있다.[54] 따라서 이런 아이들은 사회정서적으로 민감하게 반응하는 확장된 메커니즘을 지닌 채 매우 오랜 기간을 살아온 셈이다. 나아가 이는 아이들의 사회화 과정에서 가장 중요한 시기에 편도체의 확장이 이루어졌음을 의미한다.

만약 어떤 사람의 뇌 특정 부위가 다른 사람들보다 더 크다면, 우리는 보통 그가 이 부위가 하는 일을 더 잘할 것이라고 생각한다. 알버트 아인슈타인Albert Einstein은 비정상적으로 큰 두정엽을 가지고 있었는데,[55] 이곳은 공간 능력과 수학적 능력에 결정적으로 중요한 부위라고 알려져 있다. 따라서 우리는 이런 사실을 바탕으로 그가 다른 사람들보다 더 크고 더 좋은 컴퓨터를 뇌에 장착하고 있었기 때문에 그렇게 뛰어난 능력을 발휘했다고 생각하게 된다. 물론 뇌의 특정 부위의 부피가 증가했다고 해서 그 부위가 평상시 하던 일을 항상 더 잘하게 되는 것은 아니다. 그러나 자폐증 아이들의 경우에 편도체가 더 크다는 사실은 더 큰 두정엽을 가진 아인슈타인의 경우와 마찬가지로 더 큰 성능을 의미한다.

자폐증 아이들은 더 큰 편도체를 가지고 있는 만큼 사회적 상황에서 더 불안해하는 경향을 보일 것이며, 이는 그들이 사회적 환경에 의해 압도당하고 있다는 것을 보여주는 신호로 간주될 수 있을 것이다.[56] 또한 자폐증 아이들은 보통 아이들보다 위협을 더 잘 탐지하는데, 그들의 편도체는 보통 아이들의 경우처럼 얼굴 자극에 익숙해지는 경향을 보이지 않는다(다시 말해 같은 얼굴 자극에 되풀이해서 노출되어도 편도체의 반응이 줄어들지 않는다).**57** 나아가 어떤 아이가 세 살 때 더 큰 편도체를 가지고 있다는 사실을 근거로 그 아이가 여섯 살 때 사회적 적응에 어려움을 겪을 것이라는 점을 예측하는 것이 가능하다.**58** 그리고 무엇보다도 중요한 사실은 무서운 표정의 얼굴 자극을 편도체에 전달하는 시각경로도 자폐증 아이들의 경우에 과잉 활동을 보인다는 점이다.**59**

자폐증 아이들에게서 관찰되는 이런 비정상적인 시각 처리는 그림 7.2의 숨은 도형 검사 같은 지각 과제를 수행할 때 장점으로 작용할 수도 있지만, 이것은 평소에 지나치게 강렬한 입력(인풋)이 편도체에 도달하게 만드는 원인일지도 모른다. 나아가 몇몇 증거에 따르면 자폐증이 있는 사람들은 시각 입력에 대해서 뿐만 아니라 소리나 촉각 자극에 대해서도 과민한 반응을 보이는 듯하다.**60**

이런 다양한 증거들이 함께 그려내는 모습은 강렬한 세계 가설을 뒷받침하고 있다. 물론 자폐증 성인들이 감정적인 얼굴을 볼 때 왜 편도체의 반응이 더 약하게 나타나는지는 아직도 풀어야 할 숙제로 남아 있다. 이와 관련해 자폐증이 있는 사람들이 얼굴 사진을 볼 때 어떤 안구 운동을 보이는지가 중요한 단서가 될 수 있다. 보통 사람들은 다른 사람의 얼굴을 볼 때 그 사람의 눈과 입을 바라보면서 대부분의 시간을 보내는데, 특히 눈을 쳐다보면서 많은 시간을 보낸다.**61** 이 두 지점은 표정이 풍부하고 다른 사람의 감정 상태에 대해 많은 정보를 제공하기 때문이다. 반면 자폐증이 있는 사람들이 얼굴 사진을 볼 때 안구 운동을 관찰해보면 그들이 다른 사람의 얼굴을 우리와는 매우 다른 방식으로 보고 있음을 알 수 있다. 자폐증이 있는 사람들은 다른 사람의 얼굴 여기저기를 거의 완전히 불규칙하게 쳐다보며 읽어낼 정보가 거의 없는 얼굴 부위를 종종 바라보곤 한다. 이와 달리 보통 사람들은 자폐증이 있는 사람들에 비해 거의 두 배나 많은 시간을 상대의 눈을 바라보는 데 할애한다.**62**

사회적 응시 행동(즉 다른 사람의 얼굴을 보는 방식)에서 나타나는 이런 차이를 고려할 때, 자폐증이 있는 사람들이 다른 사람의 얼굴을 볼 때 편도체의 활동이 더 적게 관찰되는 까닭은 그들이 편도체의 강한 활동을 촉발하는 얼굴의 정서적 부분을 제대로 보지 못하기 때문일 수 있다.**63** 위스콘신대학교University of Wisconsin의 리치 데이비슨Richie Davidson 연구팀은 이런 가설을 검증하기 위한 연구를 수행했다. 그 결과 감정을 표현하고 있는 얼굴의 눈을 바라보도록 조치한 상황에서, 자폐증이 있는 성인들은 그렇지 않은 성인들보다 더 큰 편도체 활동을 보였는데, 이는 실험 참가자의 안구 운동을 따로 통제하지 않았던 이전 연구들과 뚜렷한 대조를 이룬다. 이렇게 볼 때 자폐증이 있는 사람들은 발달 과정에서 스트레스를 유발하는 감정 정보의 원천에 주의를 기울이지 않도록 학습된 것일지도 모른다. 그래서 성인이 된 후에는 이런 대처 방식을 익숙하게 사용하기 때문에 다른 사람의 감정 표현에 덜 민감한 것일 수 있다. 나아가 이는 자폐증이 있는 사람들이 의식적으로 선택한 결과라기보다 조건형성을 통해 학습된 자기방어 전략이며, 본인도 자신이 이런 전략을 사용하고 있다는 사실을 눈치 채지 못하고 있을 가능성이 크다.

자폐증은 다수의 잠재적 원인과 발달 경로가 개입된 매우 복잡한 심리 장애다. 그러나 강렬한 세계 가설은 꽤 희망적으로 보인다. 이 가설은 자폐증이 있는 사람들이 겉으로는 사회적 세계에 둔감해 보이지만 실제로는 세계를 매우 다르게 경험하고 있다고 주장하기 때문에, 우리의 직관적 이해에 반하는 면이 있다. 이 가설에 따르면 자폐증이 있는 사람들이 사회적 세계를 기피하는 것은 이 세계의 가장 강렬하고 예측하기 어려운 부분으로부터 (즉 사람들로부터) 자신을 보호하기 위한 대처 메커니즘의 결과이다. 왜냐하면 그들은 이런 자극을 접할 때마다 말 그대로 압도당하는 느낌을 받기 때문이다. 그 결과 이런 아이들은 어릴 때부터 무수한 사회적 상호작용의 기회를 놓치게 되는데, 이는 뇌 발달의 결정적 시기에 심리화 능력을 강화할 기회의 상실을 의미한다. 결국 이런 아이들은 사회적 마음의 성숙에 필요한 여러 대리경험들을 보거나 듣지 못한 채 자라는 셈이다.

사회인지

이상 3부에서 우리는 사회적 마음이 도달할 수 있는 정점과 그것이 제대로 작동하지 않았을 때 생길 수 있는 문제점 등을 포함해 사회적 마음의 경이로운 여러 측면들을 살펴보았다. 공감은 타인이 어떤 경험을 하고 있는지 그리고 어떤 종류의 도움이나 위안을 필요로 하는지를 이해하고 타인의 감정을 우호적으로 공유하며, 나아가 자신에게 돌아올 혜택이나 손해를 굳이 따지지 않은 채 타인을 위해 행동하려는 친사회적 동기가 완벽하게 어우러진 상태라 하겠다. 마찬가지로 자폐증도 매우 복합적인 현상인데, 이것은 사회적 자극에 압도당한 어린아이들이 현재의 자신을 보호하기 위해 사회적 접촉을 회피함으로써 다른 사람들과 효과적으로 상호작용하는 데 필요한 정신적 능력과 기술의 훈련

기회를 놓치게 되는 비극적인 현상이라 하겠다.

지금까지 우리는 사회적 고통과 쾌감이 실제적인 것이며 모든 포유동물들에게 존재한다는 점, 그리고 이것이 부분적으로는 신체적 고통이나 쾌감과 똑같은 신경회로에 기초하고 있다는 점을 살펴보았다. 이런 사회적 고통과 쾌감은 어린 시절의 생존과 성인의 성공적인 삶을 위해 중요한 의미를 지니는 다른 사람들과 관계를 맺고 유지하려는 동기로 이어진다. 나아가 우리는 사회적 연결을 향한 동기를 바탕으로 친구 사이의 우정, 연인 사이의 사랑, 동료 사이의 협력 같은 사려 깊고 지속적인 관계를 발전시키는 데 필요한 사회인지적 능력과 기술에 대해서도 살펴보았다.

예컨대 마음 읽기 능력 덕분에 우리는 다른 사람들의 행동에 대해 늘 한 발 늦게 방어적으로만 반응하는 대신에 다른 사람들과 좋은 관계를 유지하기 위해 미리 계획을 세우고 적극적으로 대처할 수 있다. 또 거울 뉴런체계를 바탕으로 다른 사람들의 심리적 행위를 이해하고 그런 행위를 흉내 낼 수 있는 능력이 있는데, 이는 적어도 원숭이나 유인원에게서도 발견된다. 반면 정교하고 논리적인 심리화 능력은 유인원에게서도 발견되지만 또 다른 면에서 보면 우리 인간의 고유한 것이라 하겠다.

이제 우리는 진화의 세 번째이자 가장 놀라운 선택에 대해 살펴볼 것이다. 사회적 연결을 향한 충동과 타인의 생각이나 감정을 이해하는 능력은 효과적인 사회적 관계를 형성하는 데 결정적으로 중요한 것들이다. 문제는 과연 어떻게 우리가 주위 사람들과 자연스럽게 어울리면서 그들이 원하는 종류의 사람이 될 수 있는가 하는 점인데, 이 점에서 진화의 작용은 교활하기까지 하다.

4부

조화

8장

트로이의 목마를 닮은 '자기'

데카르트는 1641년에 발표한 《제1철학에 관한 성찰*Meditations on First Philosophy*》에서 심신이원론mind-body dualism에 대한 견해를 피력했다. 나중에 데카르트의 이원론Cartesian dualism이라고 간단히 불리게 된 이 견해에 따르면, 마음은 물질의 세계 및 모든 물질적 과정들과 구별되는 비물질적 영혼에 의해 작동한다. 그에 따르면 정신적인 것과 물질적인 것은 각각 존재하며 이 둘은 결코 만나지 않는다.

그로부터 몇십 년 뒤에 베허J. J. Becher라는 의사가 발표한 《지하의 물질*Physica Subterranea*》에서도 마찬가지로 눈에 보이지 않는 실체가 관심의 대상이 되었다.[1] 이 책에서 베허는 모든 가연성 물질에 (색깔, 냄새, 맛, 무게 같은 지각 가능한 성질이 없는 가설적 실체인) 플로지스톤phlogiston이 들어 있기 때문에 불이 붙는다고 주장했다. 베허는 마음에 대한 데카르트의 설명과 비슷하게 불이 활기를 띠는 이유가 어떤 비물질적 실체 덕분이라고 믿었다. 이 두 견해는 당시 널리 전파되었으며 많은 사람들의 지지를 받았다.

그러나 그사이 세월이 흘렀고 이 두 이론의 운명도 바뀌었다. 심신이원론은 지난 20세기까지도 사람들이 지니고 있는 가장 굳건한 고정관념 중 하나로 남아 있으며, 유전자 복제, 낙태, 동물실험 등의 윤리와 정책을 둘러싼 논쟁에도 결코 적지 않은 영향력을 발휘했다. 반면 플로지스톤은 학계에서 아주 간헐적으로만 언급될 뿐인데, 그것도 비과학적 이론화의 위험성을 경고하기 위한 나쁜 사례로 언급된다. 이런 상황에 대해 데카르트의 이원론은 과학적 지지를 받기 때문에 계속 영향력을 발휘하는 반면, 플로지스톤 이론은 과학적으로 반박되었기 때문에 학자들의 관심 밖으로 밀려난 것이라고 생각하는 사람도 있을지 모른다. 그러나 이것은 전혀 사실이 아니다.

비록 (나를 포함해) 대다수 과학자들은 여전히 마치 몸과 마음이 따로따로 존재하는 것처럼 이원론적 언어를 사용해 연구 결과들을 발표하고 있지만, 실제로 이 두 이론을 과학적으로 반박하기란 거의 불가능하다. 마음을 바라보는 현대 과학의 가장 근본적인 입장 중 하나는 그것이 철저하게 생물학적인 실체이며 따라서 물질적인 실체라고 보는 것이다. 그러나 일상생활을 영위하는 사람들은 데카르트가 주장한 것과 같은 단순하면서도 받아들이기 어려운 형태의 심신이원론에 대해 뿌리 깊은 믿음을 가지고 있다.

예컨대 다음과 같은 딜레마에 대해 생각해보자. 만약 당신의 몸은 그대로 있는데 마음만 사라져버렸다면 어떠할까? 그러면 당신의 몸은 당신이 행동하는 대로 계속 작동하겠지만, 세계를 경험하는 '당신'은 사라져버릴 것이다. 그리고 당신에게 생각, 감정, 기억 같은 것은 더 이상 존재하지 않을 것이다. 또 반대로 당신의 마음은 그대로 있는데 몸만 사라져버렸다면 어떠할까? 그러면 당신은 여전히 이런저런 경험을 하 겠지만 세계와 상호작용을 주고받는 몸은 더 이상 존재하지 않을 것이 다. 그런데 이런 딜레마에 대해 당신이 어떤 선택을 하건 그것은 심신 이원론을 암묵적으로 인정하는 꼴이 될 것이다. 이런 선택보다는 차라 리 우리가 따로따로 존재하는 몸과 마음을 둘 다 가지고 있다고 생각하 는 편이 훨씬 수월할 것이다.

거울 속의 나

우리가 몸과 마음을 따로따로 지니고 있는 이원적 존재라는 데카르트 의 믿음은 자연의 작동 방식에 대한 커다란 오해지만, 다른 한편으로는 우리의 뇌가 세계를 표상하는 방식을 정확히 반영하고 있다. 실제로 데 카르트는 신경 활동의 증거들이 발견되기 수백 년 전에, 우리의 '자기 self' 지각을 구성하는 두 요소인 몸과 마음 사이에 커다란 분열이 존재 한다는 사실을 깨달았다. 그렇다면 우리는 두 개의 자기를 가지고 있는 것일까? 만약 그렇다면, 우리가 거울에 비친 자신의 모습을 바라볼 때 인식하게 되는 자기는 어떤 자기일까?

1970년 고든 갤럽Gordon Gallup은 침팬지들에게 거울을 보여주었다.[2] 만약 침팬지들에게 자기라는 것이 존재한다면 이들이 자기를 인식할 수 있는지 알아보기 위해서였다. 갤럽은 비록 침팬지들이 말은 할 수 없지만, 그들이 거울에 비친 자신의 모습에 대해 어떻게 반응하는지를 살펴보면 침팬지들에게 일종의 자기의식이 존재하는지 판단할 수 있 을 것이라고 생각했다. 나아가 침팬지는 유전적으로 인간과 가장 가까운 친척 관계에 있으므로 인간의 자기의식과 비슷한 어떤 것을 가지고 있을 가능성이 가장 큰 동물이라고 그는 생각했다.

갤럽의 침팬지들은 거울 앞에서 시간을 보내면서 두 가지 행동 방식을 보였는데, 이것은 침팬지들이 거울에 비친 상의 의미를 점점 깨닫게 되는 과정처럼 보였다. 처음에 침팬지들은 거울에 비친 자신의 모습에 대해 마치 또 다른 침팬지가 곁에 있는 것처럼 행동했다. 그러다 대략 3일째 되는 날부터는 이런 행동이 극적으로 줄어든 대신 자기에게 초점이 맞춰진 행동들이 나타났다. 예컨대 침팬지들은 거울에 비친 사신의 모습을 보면서 이빨에 낀 음식물을 빼내곤 했다.

그리고 열흘째 되는 날에 갤럽은 이 침팬지들을 대상으로 결정적인 검사를 실시했다. 갤럽은 침팬지들이 잠든 사이에 냄새가 없는 빨간색 물감으로 그들의 이마에 점을 찍어놓았다. 그리고 나중에 잠에서 깨어난 침팬지들에게 다시 거울을 보여주자 침팬지들은 거울에 비친 빨간 점을 발견한 뒤 그것을 살피기 위해 자신의 이마를 손으로 더듬었다. 이것은 침팬지들이 자기를 인식하고 있다는 것을 보여주는 분명한 증거라 하겠다. 나아가 갤럽은 인간의 사회적 상호작용과 자기인식 사이의 밀접한 관계를 보여주는 연구들과 비슷하게, 고립된 상태에서 자란 침팬지들의 경우 거울을 통한 자기인식의 증거가 나타나지 않는다는 사실도 밝혀냈다.[3]

연구자들은 여러 종의 동물들을 대상으로 이와 같은 연구를 수행했으며, 그 결과 논란이 전혀 없는 것은 아니지만 대체로 침팬지, 돌고래, 코끼리 등은 자기를 인식할 수 있다는 점이 학계에서 널리 인정받게 되었다.[4] 그리고 몇십 년 뒤에 기능적 자기공명영상을 이용한 연구 기법

[그림 8.1] 시각적 자기인식과 관련이 있는 우반구의 부위들

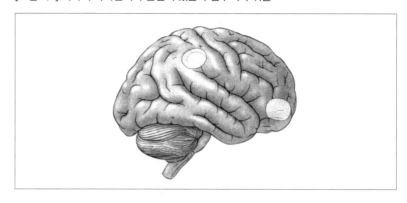

이 도입되면서 과학자들은 자기인식의 신경적 기초를 찾으려는 연구를 하게 되었다. 우리는 10여 개의 이런 연구들에서 공통적으로 나타나는 결과를 확인할 수 있는데, 그것은 사람들이 친구, 유명 인사, 낯선 사람 등의 사진을 볼 때와 달리 자기 자신의 사진을 보고 인식할 때 뇌의 측면에 위치한 우측 전전두피질과 두정피질의 몇몇 부위들이 더 활발한 반응을 보인다는 점이다(그림 8.1 참조). 또 자신의 얼굴을 볼 때 반응을 보이는 두정엽 부위는 자신의 신체 움직임을 주시할 때도 반응을 보인다.[5]

신경적 이원론자

지난 40년 동안 우리는 거울을 통한 자기인식이 타인의 자기인식을 보여주는 결정적 증거라고 여겼으나, 진실은 좀 더 복잡하다. 데카르트의 관점에서 보자면 이 검사는 우리가 우리의 신체를 우리 자신의 신체로 인식하는가에 초점을 맞추고 있다. 데카르트는《제1철학에 관한 성찰》

에서 우리 마음의 환원불가능성irreducibility을 근거로 '나는 생각한다. 고로 존재한다cogito ergo sum'라는 유명한 원칙을 이끌어냈다. 그리고 데카르트보다 훨씬 이전에 고대 그리스 델포이 신전의 예언자들은 사람들에게 '너 자신을 알라'로 타일렀으며, 소크라테스는 '반성하지 않는 삶은 살 가치가 없다'고 가르쳤다.**6**

적어도 서양에서는 이런 원칙이 지난 20세기까지도 매우 진지하게 받아들여졌다. 그런데 우리가 사람들에게 너 자신을 알라고 말할 때, 이것이 거울에 비친 내 모습이 나 자신이라는 것을 아는 지식과 같은 종류의 지식일까? 거울을 통한 자기인식도 일종의 자기인식임에는 틀림없으나, 과연 이것이 많은 사람들이 추구하는 심오한 자기이해를 대표한다고 말할 수 있을까?

다트머스대학교Dartmouth College의 유명한 사회신경과학자들인 빌 켈리Bill Kelley, 토드 헤더튼Todd Heatherton, 닐 매크래Neil Macrae는 이에 대해 분명한 답을 줄 수 있는 간단하면서도 정교한 실험을 수행했다.**7** 이 기능적 자기공명영상 연구에서 그들은 실험 참가자들에게 '공손한' '수다스러운' 같은 형용사들을 보여주었다. 몇몇 과제에서 참가자들은 이런 형용사가 당시 미국 대통령이었던 조지 W. 부시George W. Bush를 적절히 묘사하고 있는지 판단해야 했다. 또 다른 과제에서는 이런 형용사가 참가자 자신을 적절히 묘사하고 있는지 판단해야 했다. 이때 연구자들은 어떤 형용사가 조지 W. 부시에게 적절한지 판단할 때보다 참가자 자신에게 적절한지 판단할 때 더 활발히 반응하는 뇌 부위가 있는지를 살펴보았는데, 오직 두 부위만이 이런 방식의 반응을 보였다.

거울을 통한 자기인식 연구에서처럼 이 연구에서도 전전두피질과

[그림 8.2] 개념적 자기인식과 관련이 있는 뇌 부위들

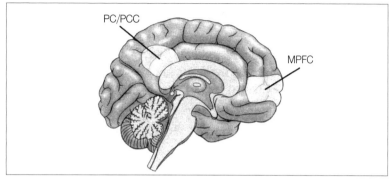

(MPFC = 내측 전전두피질medial prefrontal cortex, PC/PCC = 쐐기전소엽precuneus/후대상피질posterior cingulate cortex)

두정피질에서 활발한 반응이 관찰되었다. 그런데 거울을 통한 자기인식의 경우와 달리 이런 반응은 두개골에 인접한 뇌의 외측면이 아니라 두 반구가 만나는 뇌의 중앙선에 위치한 내측 전전두피질medial prefrontal cortex, MPFC과 쐐기전소엽에서 나타났다(그림 8.2 참조). 이것은 거울에 비친 자신의 모습을 인식하는 것과 자신에 대해 개념적으로 생각하는 것이 매우 다른 신경회로에 기초하고 있음을 말해준다. 나를 보는 것과 나를 아는 것은 별개의 일이다. 자기관찰과 자기인식 사이의 이런 구별은 적어도 두 가지 측면에서 중요한 의미를 지닌다.

첫째로 이 구별은 동물들이 거울을 통한 자기인식 검사를 통과한다는 사실의 의미를 분명히 밝혀준다. 침팬지, 돌고래, 코끼리 같은 동물들은 모두 일종의 신체적 정체성을 지니고 있다. 다시 말해 이런 동물들은 거울을 통해 보이는 신체가 자신의 신체라고 느낄 수 있다. 그러나 기능적 자기공명영상 데이터에 비추어 볼 때 설령 몇몇 동물들이 이런 검사를 통과했다고 하더라도, 우리 인간처럼 자기성찰을 하면서 자

신이 어떤 성격 특성을 지니고 있는지 또는 10년 후에 자신이 어떻게 변할지 등에 대해 생각할 수 있는 능력을 가지고 있지는 않다. 또한 이런 동물들은 자신이 과거에 내린 이런저런 결정들이 과연 현명했는지 되돌아볼 능력도 지니고 있지 않으며 내적인 성찰을 통해 개념적인 자기이해에 도달할 수도 없음에 틀림없다.

둘째로 자신의 신체를 표상하는 것과 자신의 마음을 표상하는 것의 신경적 분리는 왜 우리가 데카르트의 심신이원론으로부터 자유로울 수 없는지를 설명해준다. 여러 정황을 고려할 때 심신이원론은 우리의 정체성에 대한 잘못된 설명일 가능성이 크지만, 그럼에도 불구하고 우리 대부분은 철저한 이원론자처럼 행동한다.

우리가 그렇게 행동할 수밖에 없는 까닭은 우리의 신경회로가 서로 분리된 몸과 마음의 관점에서 세계를 바라보도록 조직되어 있기 때문이다. 다시 말해 우리의 뇌에는 우리 자신의 마음에 대해 생각하기 위한 체계와 우리 자신의 신체를 인식하기 위한 체계가 따로따로 존재한다. 몸과 마음은 현실 속에서 따로따로 존재하는 영역이 아닐 것이다. 그러나 우리가 이 둘을 인식하는 방식은 뇌 안에서 따로따로 존재한다. 그리고 신경회로상의 이 커다란 간격을 메우기 위해 우리가 할 수 있는 것은 그리 많지 않다. 우리의 몸과 마음은 색채와 숫자가 뇌에서 서로 분리된 체계들에 의해 처리되기 때문에 근본적으로 다른 것으로 경험되는 것과 마찬가지로 영원히 쪼개져 있는 셈이다.

제삼의 나

빌 켈리의 연구에서 관찰된 내측 전전두 부위는 그 후로도 자기성찰에 대한 수많은 연구에서 거듭 관찰되었다.**8** 이런 연구들은 자기에 대한 개념적 이해가 내측 전전두피질과 밀접히 관련되어 있음을 보여주었다. 한 검토 논문에서 내가 언급한 것처럼 내측 전전두피질의 활동은 자기성찰을 다룬 연구들의 94퍼센트에서 관찰되었다.**9** 내측 전전두피질은 '내가 누구인가'에 대해 사람들이 생각할 때 매우 일관되게 반응이 나타난 유일한 부위이기도 했다.

우리 인간이 자기 자신에 대해 개념적으로 생각할 수 있는 능력을 지닌 유일한 동물이라고 가정할 때, 이런 능력의 기초가 되는 내측 전전두피질에는 무언가 특별한 것이 있을까? 우선 이 부위의 해부학적 특징에 대해 간단히 살펴보자. 독일의 해부학자 코르비니안 브로드만 Korbinian Brodmann은 20세기 초엽에 인간의 뇌 전반에 걸쳐 세포들의 구조와 조직을 조사한 바 있다. 그 결과 그는 피질에서 약 50개의 다른 부위들을 확인했으며 이 부위들 하나하나를 가리켜 '브로드만 영역Brodmann area'이라고 불렀다. 이것은 1세기가 지난 오늘날에도 여전히 사용되고 있는 분류법이다.

이에 따르면 전전두피질의 내벽은 세 부위로 나뉠 수 있다(그림 8.3 참조). 앞에서 뇌의 보상체계와 관련해 언급한 바 있는 복내측 전전두피질은 브로드만 영역 11번에 해당한다. 심리화 체계의 핵심 마디인 배내측 전전두피질은 브로드만 영역 8번과 9번으로 구성되어 있으며, 브로드만 영역 10번(BA10)에 해당하는 내측 전전두피질은 복내측 전전두피질과 배내측 전전두피질 사이에 위치한다.

[그림 8.3] 전전두피질 내벽의 여러 부위들

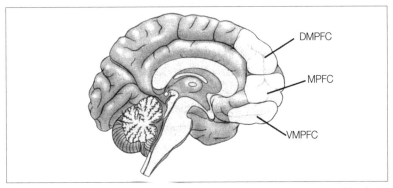

(DMPFC = 배내측 전전두피질dorsomedial prefrontal cortex, MPFC = 내측 전전두피질medial prefrontal cortex, VMPFC = 복내측 전전두피질ventromedial prefrontal cortex)

만약 당신이 이마 위의 '제삼의 눈'을 손으로 짚는다면, 바로 그 자리가 '나'에 대한 느낌의 생성에 관여하는 내측 전전두피질이 있는 곳이다. 설치류에게 전전두피질 같은 것이 얼마나 있는지에 대해서는 학자들 사이에서 여전히 의견이 분분하지만, 설치류에게 브로드만 영역 10번과 같은 것이 없다는 데는 이견이 존재하지 않는다. 이 영역을 가지고 있는 동물은 우리와 가까운 친척 관계에 있는 원숭이나 유인원 같은 영장류뿐이다.[10]

신경해부학자 카트리나 세멘데페리Katerina Semendeferi는 인간을 포함한 여섯 종의 영장류 동물들을 대상으로 브로드만 영역 10번의 크기를 조사했다.[11] 그 결과 침팬지, 보노보, 고릴라, 오랑우탄, 긴팔원숭이의 이 영역 크기는 3,000세제곱밀리미터 이하인 반면에, 인간은 1만 4,000세제곱밀리미터 이상이었다. 그러나 앞에서 언급한 것처럼 크기의 단순 비교는 별 의미가 없다. 왜냐하면 인간의 뇌는 다른 영장류 동물들에 비해 대체로 훨씬 크기 때문이다.

크기의 단순 비교보다 더 의미 있는 것은 전체 뇌에서 브로드만 영역 10번이 차지하는 비율이다.[12] 인간 외의 영장류 동물들에서 브로드만 영역 10번이 전체 뇌 부피 가운데 차지하는 비율은 대략 0.2퍼센트에서 0.7퍼센트 사이다. 반면 인간의 경우에 이 영역은 전체 뇌 부피의 약 1.2퍼센트를 차지한다. 다시 말해 인간 뇌에서 브로드만 영역 10번은 침팬지 뇌에서 그것이 차지하는 비율보다 두 배나 큰 공간을 차지하고 있다. 브로드만 영역 10번은 다른 영장류 동물들에 비해 인간 뇌에서 유난히 더 큰 것으로 확인된 몇 안 되는 부위들 가운데 하나다. 또한 세멘데페리는 피질의 다른 부위들에 비해 브로드만 영역 10번의 뉴런 밀도가 낮다는 사실도 발견했다. 이렇게 밀도가 낮다는 것은 브로드만 영역 10번에 있는 각각의 뉴런이 더 많은 수의 다른 뉴런들과 연결될 수 있는 공간이 확보되어 있음을 의미한다.

내측 전전두피질은 다른 영장류 동물들과 달리 인간에게 특별한 어떤 것임에 틀림없다. 인간이 자기에 대한 개념적 이해의 능력을 지니고 있다고 확인된 유일한 종이라는 점을 고려할 때, 이 능력이 인간에게 특징적인 어느 뇌 부위와 관련 있을 것이라 추측하는 것은 자연스러운 일이다. 그렇다면 이 부위가 하는 일은 무엇일까? 적어도 서양인들은 자기 자신에 대해 많은 생각을 하면서 시간을 보내며, 심지어 몇몇 사람들은 자기에 사로잡혀 있다고 말해도 지나치지 않을 것이다.

우리는 흔히 자기라는 것이 개인적인 신념과 목표, 가치 같은 사적인 것들로 가득 차 있다고 믿는다. 자기에는 우리 자신만이 알 수 있는 개인적인 희망과 꿈이 담겨 있다고 믿는다. 2,000여 년 전에 중국의 철학자 노자老子는 자기를 진리의 원천으로 간주하면서 다음과 같이 썼다.

'당신의 존재 중심에 해답이 있다. 당신은 당신이 누구인지 알고 있으며 당신이 무엇을 원하는지도 알고 있다.' 그런가 하면 노벨문학상 수상자 헤르만 헤세Hermann Hesse는 각각의 자기가 독특하다는 점을 강조하면서 '(각각의 자기는) 세계의 여러 현상들이 결코 반복되지 않는 딱 한 번의 방식으로 교차되는 독특하고도 매우 특별하며 언제나 의미 있고 주목할 만한 지점'이라고 말했다.**13** 만약 자기가 이렇게 우리의 독특한 본성을 대표한다면, 내측 전전두피질은 우리 자신의 숨은 진실을 깨닫기 위한 왕도이자 개인의 행복을 확보하기 위한 최선의 길일지도 모른다. 그러나 지금까지 보아온 것처럼 사건의 본질은 겉보기와 다를 때가 종종 있다.

트로이 목마 자기

베르길리우스와 호메로스가 전하는 신화에 따르면 기원전 13세기에 그리스의 헬레나는 트로이의 왕자 파리스에 의해 납치되었다. 그러자 헬레나의 시아주버니이자 그리스의 왕족인 아가멤논은 군대를 이끌고 트로이를 공격했고, 이 전쟁은 10년이나 계속되었다. 이때 트로이의 군대는 그리스의 정면 공격을 잘 버텨내면서 그리스 군대가 도시 안으로 들어오는 것을 결코 허락하지 않았다. 이런 상황에서 그리스 군대는 유명한 트로이의 목마 전술을 이용해 마침내 전세를 뒤집을 수 있었다. 그리스 군대는 거대한 목마를 남겨둔 채 황급히 퇴각하는 것처럼 꾸몄는데, 트로이 사람들은 이 목마를 전리품 삼아 도시 안으로 끌고 들어왔다. 그런데 목마 안에는 그리스 군인들이 몰래 숨어서 해가 지기만을 숨죽여 기다리고 있었다. 밤이 되자 목마에서 빠져나온 군인들은 트로이 군대를 불시에 덮쳤으며 문을 열어 그리스 군대가 들어오게 했고, 이로써 이 기나긴 전쟁은 순식간에 끝을 맺고 말았다.

아마도 당신은 내가 왜 이 이야기를 하는지 궁금할 것이다. 트로이의 목마는 겉보기와 전혀 다른 것이었다. 이 목마는 승리의 전리품이 아니라 그리스 군대의 영리한 위장술이었으며, 덕분에 그리스 군대는 트로이에 침입해 점령할 수 있었다. 이런 의미에서 나는 우리의 자기의식이 일종의 '트로이 목마 자기Trojan horse self'와도 같다고 주장하고자 한다. 우리는 흔히 자기가 우리를 특별하게 만드는 어떤 것이라고 생각하며, 이것 덕분에 각자의 개인적인 목표를 추구하면서 자기실현을 이루고자 하는 각자의 독특한 운명이 형성된다고 믿는 경향이 있다. 우리는 자기가 (다시 말해 우리의 정체성이) 마치 신비하게 밀봉된 보물 상자라도 되는 것처럼 또는 오직 우리 자신만이 접근할 수 있는 견고한 요새라도 되는 것처럼 생각하는 경향이 있다.

그런데 만약 자기가 실제로 그러하다면 이런 자기에 대한 논의는 사회적 뇌를 다루는 이 책에서 다루어질 수 없을 것이다. 실제로 자기는 집단적 삶의 성공을 보장하기 위해 진화가 꾸며낸 가장 교활한 책략과도 같다. 나는 자기가 적어도 부분적으로는 사회적 세계가 우리 안으로 '침입'하여 미처 눈치 채지도 못하는 사이에 우리를 '점령'하기 위해 고안된 교묘한 위장술이라고 믿는다.

이 트로이 목마 자기를 가장 냉소적인 시각으로 바라본 19세기의 철학자 프리드리히 니체Friedrich Nietzsche는 다음과 같이 말했다.

그들이 '이기주의egoism'에 대해 어떻게 생각하고 무슨 이야기를 하든 상관없이 대다수는 자아ego를 위해 평생 동안 아무것도 하지 않는다. 그들이 하는 것은 그들 주위 사람들의 머릿속에서 형성되어 그들에게 전달된 자아의 환영幻影을 위한 것이다.

니체에 따르면 우리의 자기의식은 원래부터 우리에게 내재하는 어떤 것도 아니고 우리가 살면서 점차 깨닫게 되는 우리 존재의 진정한 핵심도 아니다. 니체에게 자기의식이란 대개 우리 주위의 사람들에 의해 구성되는 것이며 우리 자신보다는 주위 사람들을 위해 더 봉사하는 비밀 요원과도 같은 것이다. 따라서 '자기'의 목적이 우리 자신의 정체성을 깨달아 개인적 보상과 성취의 최대화를 꾀하는 데 있다고 믿는 사람들은, '자기'가 실제로는 우리의 기대와 매우 다른 일을 하고 있다는 사실을 알게 되면 무척 실망할지도 모른다.

우리는 이런저런 문화적 경향에 대한 사람들의 반응 속에서 이런 과정의 작동 방식을 엿볼 수 있다. 예컨대 사람들은 새롭게 유행하는 스타일의 옷을 처음 접할 때는 '무언가 우스꽝스럽네'라는 반응을 보이다가도, 몇 달만 지나면 그 스타일이 자신에게 꼭 들어맞는다고 생각하곤 한다. 대표적인 예로 유아용품들의 색깔을 들 수 있다. 유아용품을 파는 가게에 가면 옷이나 그 밖의 물품들이 남아용은 파란색, 여아용은 분홍색인 것을 흔히 볼 수 있다. 나는 남자 아이와 여자 아이가 태어날 때부터 이런 식으로 구별되는 것을 좋아하지 않는다. 그러나 다른 한편으로는 나도 결국 그런 것들을 별 거부감 없이 구매한다. 왜냐하면 남자 아이에게는 파란색이, 여자 아이에게는 분홍색이 잘 어울리는 것처럼 느껴지기 때문이다. 이성적으로는 바람직하지 않을 수도 있지만, 육감적으로는 딱 알맞아 보인다.

만약 몇몇 상점에서 이런 관습을 바꾸기 위해 남아용 분홍색 물품들과 여아용 파란색 물품들을 진열해놓는다면 어떨까? 아마도 인기를 얻지 못할 것이다. 그런데 실제로 그랬던 적이 있다. 100년 전에 유아용품의 색깔은 현재와 정반대였다. 예컨대 1918년의 한 상업지에는 다음과 같은 논평이 실렸다.

> 일반적인 규칙에 따르면 분홍색은 남자 아이를 위한 것이고 파란색은 여자 아이를 위한 것이다. 왜냐하면 분홍색은 좀 더 단호하고 강력한 색깔이어서 남자 아이에게 더 적합한 반면, 파란색은 좀 더 섬세하고 우아해서 여자 아이에게 더 어울리기 때문이다.[14]

이렇게 볼 때 우리의 육감적 반응은 1918년과 현재 시점 사이에 무슨 이유에서인지 완전히 뒤바뀐 셈이다. 만약 1920년대에 유행을 선도하는 몇몇 사람들이 남자 아이에게 파란색을 입히고 여자 아이에게 분홍색을 입히려는 시도를 했다면 어떻게 되었을까? 아마도 이런 시도는 처음에는 사람들의 비웃음거리가 되었다가 무슨 연유에서인지 점차 유행을 타기 시작했을 것이다. 다시 말해 오랜 시간에 걸쳐 사람들의 연상이 천천히 바뀌어서 결국에는 남아용 파란색이 너무나 이상해 보이던 것에서 딱 알맞아 보이는 것으로 변화했을 것이다.

그렇다면 이런 변화는 개개인의 사적인 결정에 의한 것일까? 아니면 우리로 하여금 사물을 주위 사람들의 관점과 일치하게 보도록 만드는 어떤 과정이 존재하는 것은 아닐까? 우리가 가지고 있는 대다수 신념들이 그렇듯이, 유아용품의 색깔에 대한 우리의 육감적 반응도 사실상 우리가 우리 자신도 모르는 사이에 외부로부터 받아들인 것이라 보아야 할 것이다. 물론 이런 과정이 언제나 모든 사람들에게 똑같이 일어나는 것은 아닐 것이다. 그러나 우리의 태도가 우리 주위 대다수 사람들의 태도와 일치하는 방향으로 얼마나 자주 그리고 쉽게 변하는지를 살펴보면 신기할 정도다.

내가 보기에 진화는 우리를 협력의 성과가 최대화될 수 있는 상호의존적인 사회적 삶의 형태로 점점 더 몰아가고 있다. 만약 이런 상황에서 다양한 신념과 가치를 외부로부터 우리 내부로 몰래 주입시키는 '비밀 작업'이 존재한다면, 집단의 구성원들 사이에 더 큰 '조화'가 산출될 것이며 사회적 고통과 쾌감의 균형 잡힌 관리가 가능할 것이다. 이런 비밀 작업이 필요한 까닭은 우리가 다양한 충동을 지닌 존재이기 때문이다. 만약 이런 충동이 부적절한 시점에 부적절한 장소에서 부적절한 사람들을 대상으로 표출된다면, 시민사회는 제대로 작동할 수 없을 것이기 때문이다.

자기는 기본적으로 우리가 몸담고 있는 (우리의 가족, 학교, 국가 같은) 사회적 집단 안에서 우리의 자연적 충동들이 사회적으로 파생된 충동들로 보완되도록 만드는 연결 고리 역할을 하고 있는 듯하다. 사회적 세계는 우리 자신 또는 도덕성이나 바람직한 삶이 어떤 것인지에 관해, 수많은 신념들을 우리에게 전달하고 있다. 그런데 우리는 자기의 작동 방식에 현혹되어 마치 우리 스스로 이런 신념들을 갖게 된 것처럼, 다시 말해 마치 우리 내면의 목소리에 따라 이런 신념들이 형성된 것처럼 행동한다. 집단의 신념과 가치가 우리의 행동을 인도하도록 만들기 위해서는 그냥 아는 것만으로는 부족하며 우리가 그것을 우리 자신의 것으로 받아들일 필요가 있다. 다시 말해 우리의 자기의식을 구성하는 대다수 요소들은 어둠을 틈타 몰래 우리 안으로 기어 들어온 트로이의 목마와도 같다. 우리는 흔히 외부의 압력에 굴하지 않으면서 결심한 바를 끝까지 밀고 나가는 사람을 가리켜 자기가 강한 사람이라고 말하곤 한다. 그러나 자기에 대한 이런 견해는 우리의 뇌가 외부의 힘들을 이용해 자기를 구성하고 끊임없이 갱신하는 과정을 간과하고 있다.

타인의 눈에 비친 나

당신이 어떤 방 안에서 20명의 다른 사람들과 함께 앉아 있다고 상상해 보자. 이때 방 안에 있는 모든 사람들에게 게임용 카드 한 장씩이 건네졌는데, 정작 본인은 그 카드를 볼 수 없으며 대신에 다른 모든 사람들이 볼 수 있도록 카드를 이마에 붙이고 있다. 테이블에 둘러앉은 사람들의 과제는 자신이 누구와 짝이 되면 가장 높은 패가 될지를 결정하는 것이다. 당신은 이런 상황에서 처음에는 다른 모든 사람들의 '가치'는 볼 수 있지만 당신 자신의 가치에 대해서는 짐작조차 하기 어려울 것이다. 그러나 시간이 조금만 흐르면 당신은 당신 자신의 가치에 대해서도 꽤 그럴듯하게 추측할 수 있을 것이다. 하트 에이스를 가진 여성이라면 선택을 바라는 많은 구애자들에게 둘러싸일 것이며, 스페이드 2를 가진 남성이라면 왜 아무도 자신의 눈짓에 응답하지 않는지 재빨리 알아차리게 될 것이기 때문이다.

1900년대 초엽의 유명한 심리학자 조지 허버트 미드George Herbert Mead
와 찰스 쿨리Charles Cooley의 주장에 따르면, 실제 세계에서 우리 자신에
대해 알게 되는 과정은 이 간단한 카드 게임과 크게 다르지 않다.**15** 많
은 경우에 우리의 내면을 들여다봄으로써 우리가 정말로 어떤 존재인
지 깨닫기란 결코 쉬운 일이 아니다. 그래서 우리는 의도하든 의도하지
않든 우리 자신을 알기 위해 다른 사람들을 바라보는 경향이 있다. 미
드와 쿨리는 이런 과정을 면밀히 논의했는데, 이것은 나중에 반영평가
의 산출reflected appraisal generation이라 불리게 되었다. 반영평가란 간단히 말
해 '네가 나를 어떻게 생각하는지에 대한 나의 생각'이다.

일상 속에서 우리는 다른 사람들이 우리를 어떻게 생각하는지에 대
해 무수히 많은 정보를 제공받고 있다. 그것은 때때로 말의 형태로 전
달되기도 하고, 더 빈번하게는 다른 사람들의 비언어적 행동이나 말투
를 통해 전달되기도 한다. 미드와 쿨리에 따르면 우리는 이런 정보를
바탕으로 우리가 누구인지를 알게 된다. 다시 말해 우리는 종종 자신의
내면을 들여다보는 대신 타인의 눈을 통해 자신을 깨닫게 된다. 만약
개념화된 자기의식의 형성으로 이어지는 이런 반영평가의 산출 과정
을 심리학적으로 연구하고자 한다면, 자기가 아직 미완성된 상태에서
이런 일에 많은 시간과 노력을 쏟아붓는 청소년들이 그 대상으로 제격
일 것이다. 나는 내 연구실의 대학원생이었던 제니퍼 파이퍼Jennifer Pfeifer
의 제안으로 바로 이런 연구를 해보기로 마음먹었다.

나와 파이퍼는 13세의 어린 청소년들과 성인들에게 그들 자신에 대
한 직접적인 평가(예컨대 '나는 내가 매우 똑똑하다고 생각한다')와 반영평
가(예컨대 '내 친구들은 내가 매우 똑똑하다고 생각한다')를 내려달라고 했

다.16 우리는 이 연구를 준비하면서 몇 가지를 자연스럽게 예측할 수 있었다. 첫째로 우리는 빌 켈리 등의 연구자들이 10여 차례의 연구를 통해 보여준 것처럼 직접 평가가 내측 전전두피질을 활성화시킬 것이라고 예측했다. 그리고 실제로 이런 반응은 청소년과 성인 모두에게서 관찰되었다(다만 성인보다 청소년에게서 더 큰 활동이 관찰되었는데, 이는 청소년들이 자기에 관심이 아주 많은 시기에 있다는 사실과 부합하는 것이다). 둘째로 우리는 반영평가가 심리화 체계를 활성화시킬 것이라고 예측했는데, 그 이유는 반영평가가 다른 사람들의 생각을 헤아리는 과정을 포함하기 때문이다. 이것도 청소년과 성인 모두에게서 그대로 관찰되었다.

이런 결과가 더욱 흥미로워진 것은 우리가 미지의 영역으로 발걸음을 옮겼을 때였다. 우리 이전에 13세 청소년의 뇌에서 자기의식이 어떻게 형성되는지를 조사한 사람은 없었다. 우리가 조사한 청소년들은 자신에 대한 직접 평가를 내릴 때도 심리화 체계 전반에 걸쳐 왕성한 활동을 보였다. 그러나 성인들은 그렇지 않았다. 여기서 심리화 체계가 보통 타인의 심리 상태에 관해 생각하는 것과 관련이 깊다는 사실에 주목할 필요가 있다. 이런 연구 결과는 청소년들에게 스스로 자신에 대해 어떻게 생각하는지 물었을 때도 이들은 반영평가, 즉 '네가 나를 어떻게 생각하는지에 대한 나의 생각'을 자연스럽게 머릿속에 떠올린다는 것을 말해준다. 이렇게 볼 때 청소년들은 자신에 관한 질문에 답변할 때도 자신의 내면을 차분히 들여다보는 대신 자신도 모르게 타인의 마음을 헤아리는 듯하다.

이 연구는 외부에서 들어온 정보를 바탕으로 자기에 대한 이해가 구성된다는 견해를 뒷받침하는 또 하나의 흥미로운 결과를 보여주었다.

이 연구에 참가한 청소년들은 직접 평가나 반영평가를 내릴 때 모두 내측 전전두피질의 활동을 보였다. 이것이 중요한 의미를 지니는 까닭은 직접 평가와 반영평가가 표면적으로는 매우 다른 심리 과정인 것처럼 보이기 때문이다. 반영평가는 네 생각에 대한 나의 평가이므로 전형적인 심리화 과제에 해당하며 나 자신의 내적 경험과는 별 관계가 없어 보인다. 반면 직접 평가는 오직 나만이 접근할 수 있는 개인적인 진실을 파헤치는 작업처럼 느껴진다. 그러나 우리는 이 연구에서 내측 전전두피질이 이 두 가지 평가 모두에 관여하는 것을 볼 수 있다.

아마도 내측 전전두피질은 심리화 체계와 협력하면서 우리에 대한 다른 사람들의 견해에 대한 우리의 평가를, 우리에 대한 우리 자신의 견해의 대리물로 취급하는 듯하다. 그리고 만약 이것이 사실이라면, 내측 전전두피질은 개인적 진실의 깨달음으로 나아가는 왕도라기보다 우리의 자기이해를 형성하는 원천이 되는 다양한 정보들, 즉 한편으로는 일부 개인적이고 내적인 관찰의 결과와 다른 한편으로는 주위 사람들이 우리를 어떻게 생각하는지에 대한 우리의 평가를 함께 반영하고 있다고 보아야 할 것이다. 이는 다시 말해 내측 전전두피질이 자기의 사회적 구성에 관여함을 의미한다. 그렇다면 내측 전전두피질은 우리가 다른 사람의 영향을 받아 신념을 바꾸게 되는 과정에 실제로 어떻게 관여하고 있을까?

신념의 변화

20대 청년 시절 나는 블루맨 그룹Blue Man Group의 무대공연을 광적으로 좋아하는 팬이었다(그리고 요즘도 여전히 대단한 팬이다. 하지만 더 이상 광적이지는 않다). 나는 뉴욕, 보스턴, 라스베이거스, 할리우드 등지를 돌며 그들의 공연을 최소 열 번 이상 보았으며, 함께 즐기기 위해 수백 명의 사람들을 공연장으로 데려갔다. 심지어 대학원에서 일이 잘 풀리지 않던 시기에는 블루맨 그룹의 일원이 되기 위해 오디션에 참가하기도 했는데, 이는 현재와 아주 다른 곳에서 새 삶을 찾아보려는 내 나름의 시도였다. 만약 당신이 이 공연을 본 적이 없다면, 한번 가서 보기 바란다. 블루맨은 한마디로 말해 지구에 불시착한 외계인들이다. 그들은 인간이란 생물을 이해하려고 애쓰면서 관객과 소통하기 위해 여러 가지 수단을 동원한다. 그러나 다른 한편으로 그들은 말을 하지 못하는데, 그들만의 독특한 방식으로 여러 가지 퍼포먼스를 보여준다.

이 공연에서 내가 특히 좋아하는 부분은 블루맨이 한 여성 관객을 무대 위로 데려오는 장면이다. 이때 블루맨은 언제나 젊고 예쁜 여성을 고른다. 그리고 이렇게 선택된 여성은 대개 흰색 스웨터를 입고 있다. 한번은 무대에 오른 여성이 블루맨들과 함께 긴 탁자에 앉았는데, 이때 블루맨들은 그림의 가구 사진들을 진공청소기로 빨아들이는가 하면 트윙키Twinkie 과자를 먹은 뒤 각자 가슴에 달린 밸브를 통해 먹은 음식을 모두 '토해'내는 등의 기행을 벌였다. 이 블루맨들은 그들만의 독특한 방식으로 추파를 던지면서 서로 그 여성의 호감을 사려고 다투었다.

이렇게 블루맨들의 다양한 비언어적 행동은 여성 참여자의 반응과 맞물려 매우 익살맞은 장면을 연출해낸다(앞서 말했듯이 그들은 말을 할 줄 모른다). 그리고 이런 상호작용들은 서로 절묘하게 조화를 이루고 있다. 그래서 많은 사람들은 이들 여성이 미리 블루맨들과 짜고 객석에 앉아 있다가 무대 위로 올라왔을 것이라고 추측한다. 왜냐하면 언어적인 사전 약속도 없이 그 여성이 무대 위에서 매번 상황에 꼭 들어맞게 행동하기란 거의 불가능해 보이기 때문이다. 블루맨들은 우리가 모르는 특별한 재주를 지닌 자들이 아니다. 한번은 내가 무대 위로 끌려간 적이 있는데, 그들은 은밀하게 내 귀에 헤드폰을 꽂아 내게 이런저런 지침을 일러주곤 했다. 그로부터 몇 년 뒤에 나는 블루맨들(즉 크리스 윙크Chris Wink, 매트 골드먼Matt Goldman, 필 스탠턴Phil Stanton)을 개인적으로 만나는 영광을 누릴 수 있었는데, 그때 그들의 답변에 따르면 트윙키 먹는 장면에 등장하는 여성은 언제나 진짜 관객 중 한 명이라고 한다.

이런 익살맞은 장면이 적절히 연출 가능한 까닭은, 아마도 우리 인간에게 주위 사람들의 영향을 받아서 그들이 이끄는 대로 따라가는 성향이 있기 때문일 것이다. 다시 말해 우리는 주위의 영향력에 대해 생각보다 훨씬 더 취약하다. 그렇기 때문에 블루맨들의 행동 하나하나가 아무것도 모르는 여성 참여자로부터 마치 미리 약속이라도 한 것처럼 상황에 꼭 들어맞는 반응을 이끌어낼 수 있었을 것이다. 서양 사람들은 이렇게 상황에 순응하는 반응을 덜 가치 있는 것으로 여기는 경향이 있다. 그러나 동양에서는 이런 행동을 가리켜 조화로운 행동이라고 부르며 성공적인 집단생활을 위해 반드시 필요한 것으로 간주한다.

피암시성suggestibility과 타인의 설득에 넘어가는 과정에 대해 연구자들은 지금까지 몇 가지 상이한 방식으로 기능적 자기공명영상 연구를 수행해왔다. 만약 내측 전전두피질이 우리의 자기의식을 표상할 뿐만 아니라 주위 사람들이 우리에게 영향을 미치도록 '트로이 목마 자기'의 문을 활짝 여는 역할도 하는 것이 사실이라면, 내측 전전두피질은 피암시성과 설득의 과정에도 관여할 것이다. 다시 말해 우리 자신을 아는 것이 사회적 세계의 부당한 영향으로부터 우리를 지키는 길이라는 직관적 이해와 달리, 내측 전전두피질은 우리 자신을 아는 것과 우리가 타인의 영향을 받는 것 모두에 핵심적으로 관여할 것이다.

당신은 몸소 최면에 걸린 적은 없을지 몰라도 다른 사람이 최면에 걸리는 장면은 본 적이 있을 것이다. 대다수 사람들은 최면에 깊게 걸리지 않지만, 그래도 최면 상태란 실제로 존재하는 것이다. 최면에 깊게 걸리는 소수 사람들의 경우에는 이런저런 색깔의 물체를 말 그대로 무색의 물체로 보이게 만들 수 있고 마취제 없이도 수술을 할 수 있으며 평생의 흡연 습관을 한 시간이면 지워버릴 수도 있다.**17**

아미르 라즈Amir Raz는 기능적 자기공명영상을 이용해 피암시성이 높은 사람들과 그렇지 않은 사람들이 최면에 걸렸을 때 어떤 신경적 차이를 보이는지 조사했다. 그는 사람들에게 스트룹 과제Stroop task를 하게 했는데, 이 과제에서는 ('빨간색' 같은) 색깔의 이름이 그 이름과 같은 색깔로 제시되거나 그 이름과 다른 색깔로 제시된다. 이때 참가자들은 시각적으로 제시된 색깔의 이름을 그대로 읽는 대신, 그 단어에 실제로 사용된 잉크의 색깔을 말해야 한다. 이 과제에서 사람들은 '파란색'이라는 단어가 파란색 잉크로 제시되었을 때 '빨간색'이라는 단어가 파란색 잉크로 제시되었을 때보다, 그 잉크의 색깔을 더 빨리 알아맞힌다는 것은 잘 알려진 사실이다.

그런데 라즈의 연구에서는 피암시성이 높은 사람들에게 색깔 단어가 무의미 단어라고 믿도록 최면을 걸자, 색깔 이름과 그것의 잉크 색깔이 불일치하는 문제에 대한 응답 속도가 더 높아지는 결과가 나왔다.

다시 말해 라즈는 파란색 잉크로 제시된 단어가 '빨간색'을 의미한다고
보지 않으면 응답 속도를 늦추는 갈등도 생기지 않을 것이라는 가설을
검증한 셈이었다. 그 결과 색깔 이름과 그것의 잉크 색깔이 불일치하
는 문제에 대해 피암시성이 높은 사람들은 그것이 낮은 사람들보다 훨
씬 빠르게 응답했다. 나아가 라즈는 이 두 집단의 어떤 뇌 부위가 다른
반응을 보이는지 살펴보았는데, 그 결과 두 집단 사이에 신경적 차이가
나타난 핵심 부위 중의 하나가 바로 내측 전전두피질이었다.

　비록 일상생활 속에서 사람들에게 최면으로 영향을 주기란 쉽지 않
지만, 다른 수단으로 영향을 끼치는 시도는 도처에서 찾아볼 수 있다.
예컨대 우리는 어디를 가든 우리를 설득하려는 메시지들에 둘러싸여
있다. 광고는 온갖 형태의 매체를 통해 우리를 겨냥하고 있다. 나는 에
밀리 포크와 일련의 연구를 통해, 다른 사람들의 의견이 우리의 뇌 속으
로 들어와 우리로 하여금 이런 의견에 부합하는 행동을 하도록 만드는
과정을 살펴보았다. 이때 우리가 특히 관심을 가진 문제는 사람들이 의
식적으로 보고하기 어려운 설득 과정에 대한 정보가 과연 뇌에 담겨 있
는가 하는 점이었다. 이런 정보가 뇌에 담겨 있다면, 이는 트로이 목마
자기가 우리도 모르는 사이 은밀하게 우리에게 영향을 미치고 있음을
말해주는 것으로 해석될 수 있기 때문이다.

　첫 번째 연구에서 우리는 캘리포니아대학교 로스앤젤레스 캠퍼스
UCLA에 다니는 학생들을 대상으로 자외선 차단제를 더 자주 사용하도
록 설득하는 작업을 벌였다.[18] 로스앤젤레스는 엄밀히 말해 사막이므
로 이곳에서 매일 자외선 차단제를 사용하는 것은 결코 엉뚱한 일이 아
니다. 우리는 학생들을 뇌영상 스캐너가 있는 방으로 부른 뒤에 그들의

여러 가지 태도나 최근 행동에 관련된 질문들에 답해달라고 했다. 그리고 이런 질문들 사이에는 그들이 지난주에 자외선 차단제를 얼마나 많이 사용했는지, 다음 주에는 얼마나 많이 사용할 계획인지, 또 자외선 차단제를 규칙적으로 사용해야 한다는 주장에 대해 얼마나 공감하는지를 묻는 질문들이 섞여 있었다.

응답을 마친 참가자들은 스캐너 안에 누워 미국피부과협회American Association of Dermatology 같은 곳에서 제작한 자외선 차단제 사용 권장 메시지를 보았다. 그 뒤 참가자들은 스캐너 밖으로 나와서 다시 질문지에 응답하는 시간을 가졌는데, 이 질문지에는 그들이 다음 주에 자외선 차단제를 얼마나 많이 사용할 계획인지와 자외선 차단제의 규칙적 사용에 대한 일반 견해를 묻는 질문들이 포함되어 있었다. 그리고 일주일 뒤에 우리는 예고 없이 참가자들에게 연락을 취해 그들이 지난주에 자외선 차단제를 며칠이나 사용했는지 조사했다.

일부 참가자들은 스캐너 안에서 자외선 차단제에 대한 메시지를 보고 나온 뒤에 마치 새 종교라도 찾은 듯이 흥분하면서 앞으로는 매일 자외선 차단제를 사용해야겠다고 말한 반면, 다른 참가자들은 메시지가 그럴듯하긴 하지만 앞으로도 자외선 차단제를 사용할 계획은 없다고 말했다. 이때 사람들이 앞으로 어떻게 하겠다고 말한 것과 그들이 실제로 한 것 사이의 관계는 우리에게 큰 관심거리가 아니었다. 왜냐하면 사람들이 자외선 차단제 사용을 권하는 메시지를 본 뒤에 그들의 계획을 바꾸었다고 하더라도, 그것은 그들의 행동이 실제로 바뀔 것을 예측케 해주는 좋은 지표가 될 수 없기 때문이다. 현실이 늘 계획대로 되지는 않는다는 사실은 새해 결심이 얼마나 자주 흐지부지되는지를 한

번만 생각해보아도 쉽게 알 수 있을 것이다.

우리의 연구에서 일부 참가자들의 경우에는 자외선 차단제의 사용이 증가한 반면, 다른 참가자들의 경우에는 그렇지 않았다. 그러나 참가자들의 실제 행동과 그들이 말한 계획 사이에는 거의 아무런 관계가 없었다. 그들이 스스로 밝힌 계획과 그들의 행동만을 살펴보면 모든 것이 거의 우연처럼 보일 정도였다.

반면 우리는 자외선 차단제 사용 권장 메시지를 보는 동안의 내측 전전두피질 활동을 근거로, 참가자들이 다음 주에 자외선 차단제를 얼마나 많이 사용할지를 꽤 정확하게 예측할 수 있었다. 즉 메시지를 보는 동안에 내측 전전두피질의 반응이 활발했던 참가자일수록 그다음 주에 자외선 차단제를 더 많이 사용했으며, 이는 그들이 어떻게 하겠다고 말한 것과는 무관했다. 다시 말해 참가자들이 의식적으로 말했던 것보다 특정 뇌 부위의 활동이 그들의 다음 주 행동을 예측하는 데 더 좋은 지표의 역할을 했다.

이를 앞서 이야기했던 트로이 목마 자기와 연관 지어보면, 이 연구를 통해 자외선 차단제 사용의 필요성에 대한 사람들의 정신적 표상이 바뀜으로써 그들의 행동도 그에 맞게 변화되었지만, 정작 본인은 이런 정신적 표상의 변화를 의식하지 못할 수도 있다는 것을 알 수 있다. 다시 말해 사람들은 자신의 뇌 안에서 실제로 일어난 변화를 깨닫지 못한 셈이다. 그리고 이런 변화가 일어난 곳은 다름 아니라 바로 내측 전전두피질이었다. 따라서 이것은 우리가 '자기'라고 부르는 것이 우리가 생각하는 것만큼 그렇게 사적이고 외부 세계의 접근이 봉쇄된 은밀한 어떤 것이 아니라는 점을 말해준다. 그리고 앞으로 보게 되듯이 내측 전전두피질이 광고에 어떻게 반응하는지를 살펴보면 개인의 행동 변화뿐 아니라 집단 전체의 행동 변화를 예측하는 것도 가능하다.

신경적 표적집단

19세기 소매 영업의 선구자 존 워너메이커John Wanamaker는 우스갯소리로 다음과 같이 말했다. '내가 광고 예산의 절반을 낭비하고 있다는 것은 나도 잘 안다. 다만 어느 쪽 절반인지는 잘 모르겠다.' 워너메이커 이후로 사람들은 광고비를 실제로 지출하기 전에 어떤 광고가 성공을 거둘지 또는 실패할지 예측하려고 노력해왔다. 그러나 이를 예측하기란 결코 쉬운 일이 아니다. 보통 우리는 이른바 '표적집단focus group'에 속하는 사람들의 의견을 묻는 방식으로 이를 예측하려 들기 때문이다. '이 광고를 보면 제품을 구매하고 싶은 마음이 드나요?' '이 광고를 보면 다른 사람들도 이것을 사고 싶은 마음이 들까요?' '이 두 모델 가운데 누가 더 제품을 갖고 싶게 만드나요?' 이런 식의 질문을 던지는 표적집단 조사는 제대로 작동할 수가 없는데, 사람들은 이런 질문에 대한 답에 자기성찰적으로 접근할 수 있는 특별한 능력을 지니고 있지 않기 때문이다.[19] 표적집단 조사는 어두운 방에서 과녁판에 다트 화살을 던지는 것보다는 낫겠지만 그 이상은 아니다.

자외선 차단제에 대한 연구를 바탕으로, 나와 에밀리 포크는 광고에 대한 사람들의 신경 반응을 통해 어떤 광고가 텔레비전에 방송되면 성공을 거둘지 예측할 수 있을 것이라는 생각을 품게 되었다. 이를 검증해보기 위해 우리는 앞의 자외선 차단제 연구와 똑같은 방법을 사용했는데, 다만 이번에는 당장 담배를 끊을 계획을 가지고 있는 사람들을 대상으로 금연 광고를 보여주었다.[20] 우리는 실험 참가자들의 뇌영상을 촬영한 날(다시 말해 그들이 아직 담배를 끊기 전)과 한 달 후에, 각각 폐에 있는 일산화탄소 양을 측정하여 그들이 측정 시점에 담배를 얼마나 많이 피우고 있었는지에 대한 생물학적 지표로 삼았다. 실험 결과는 앞서 우리의 자외선 차단제 연구 결과를 멋지게 재현하는 것이었다. 즉 금연 광고를 보는 동안 참가자들의 내측 전전두피질이 보인 반응의 정도는 참가자들이 스스로 밝힌 신념이나 향후 계획보다 흡연량 감소를 더 잘 예측케 해주었다.

그다음 단계의 실험에서는 그해 미국의 서로 다른 주에서 서로 다른 시기에 전파를 탄 A, B, C, 세 개의 금연 광고를 구별해 조사해보았다.[21] 우리는 표적집단 조사 방법을 흉내 내어 실험 참가자들에게 어떤 광고가 사람들의 금연을 돕는 데 가장 효과적일 것 같은지 물었다. 그 결과 참가자들은 광고 B가 가장 좋다고 말했으며, 광고 A와 C가 차례로 뒤를 이었다. 그러나 각각의 광고에 대해 참가자들의 내측 전전두피질은 매우 다른 반응 양상을 보였다. 즉 참가자들의 내측 전전두피질은 광고 C에 대해 가장 강력한 반응을 보인 반면, 광고 A에 대해 가장 미약한 반응을 보였다. 다시 말해 실험 참가자들의 입은 광고 C가 가장 형편없다고 말한 반면, 그들의 뇌는 광고 C가 가장 효과적일 것이라고 말한 셈이었다.

그렇다면 과연 어느 쪽이 진실을 말하고 있을까? 사람들의 입일까 아니면 그들의 내측 전전두피질일까? 아니면 혹시 둘 다 틀리지는 않았을까? 다행히 세 편의 금연 광고들은 모두 '1-800-QUIT-NOW로 전화주세요'라는 말로 끝을 맺고 있었는데, 이것은 미국 국립암연구소 National Cancer Institute의 금연 상담 전화번호였다. 우리는 공중보건 당국의 협조를 얻어 각각의 금연 광고를 본 후에 얼마나 많은 사람들이 이 번호로 전화를 걸었는지 알아낼 수 있었다.

그 결과 사람들의 내측 전전두피질은 확실히 선견지명을 가지고 있는 것으로 밝혀졌다. 이 금연 광고들은 모두 나름대로 성공적이었지만, 얼마나 성공적이었는가라는 점에서는 차이를 보였다. 즉 실험 참가자들이 가장 효과적일 것이라고 평가한 광고 B는 금연 상담 전화의 양을 10배 증가시키는 효과를 거두었다. 사람들이 그다음으로 좋게 평가한 광고 A는 전화의 양을 2배로 증가시켰다. 그러나 사람들이 가장 비효과적일 것이라고 평가한 반면 그들의 내측 전전두피질은 가장 효과적일 것이라고 '말했던' 광고 C는 전화의 양을 자그마치 30배 이상 증가시켰다. 다시 말해 광고 C는 그다음으로 효과적이었던 광고보다도 3배 이상 성공을 거둔 셈이었다.

이 연구는 사람들이 자신의 행동이나 다른 사람들의 행동을 예측하는 데 특별히 능숙하지 않다는 기존의 연구 결과를 재확인시켜줄 뿐만 아니라, 사람들의 예측에 흔히 담겨 있는 잘못된 정보를 교정하는 데 도움이 될 만한 것들을 제시하고 있다. 사람들은 그들 자신이나 다른 사람들이 앞으로 무엇을 할 것인가에 대해 언제나 의식적으로 이야기할 수 있는 것은 아니다. 이럴 때 그들의 내측 전전두피질은 그들의 의식적인 이야기보다 더 정확한 예측을 제공할 수도 있을 것이다.

뇌에는 우리가 다양하게 활용할 수 있는 지혜가 감추어져 있다. 우리가 그것을 제대로 관찰할 수만 있다면 마케팅, 거짓말 탐지, 주식시장의 일일 변동 예측 같은 다양한 상황에 적지 않은 도움이 될 것이다. 우주에서 가장 복잡한 컴퓨터에 해당하는 우리 뇌의 주름들 속에는 설령 우리 자신은 의식하지 못하더라도 각종 사건의 진단에 도움이 되는 소중한 정보들이 우리의 발견을 기다리고 있을 것이다.

이 연구의 두 번째 수확은 우리의 '자기'가 우리를 다른 사람들과 구별 짓게 만드는 독특한 어떤 것이라는 견해의 근거가 이 연구를 통해 더욱 취약해졌다는 데서 찾을 수 있을 것이다. 앞서 언급한 최면 연구와 자외선 차단제 연구에서 자기에 대한 우리의 개념적 이해와 밀접한 연관이 있는 뇌 부위는, 우리의 신념과 행동이 타인의 영향력에 집중적으로 노출되는 부위이기도 했다. 그리고 우리의 신경적 표적집단 연구에서 내측 전전두피질은 타인과 구별되는 우리 자신만의 개성을 대표하기보다 오히려 무수히 많은 타인들이 특정 자극에 대해 어떻게 반응할지를 엿볼 수 있게 해주었다.

우리는 그렇게 이기적이지 않다

주위 사람들의 가치와 신념이 우리의 것으로 동화되는 과정이 내측 전전두피질에서 일어나는 것이 사실이라면, 우리의 '자기'는 사실상 사회적 세계의 메커니즘 또는 사회적 세계를 위한 메커니즘이라고 부를 수 있을 것이다. 사회적 뇌의 어떤 다른 메커니즘보다도 내측 전전두피질의 존재는 장기간 지속하는 공동체에서 대다수 구성원들이 공통된 가치체계를 공유하는 데 결정적으로 기여할 것이다. 그리고 내측 전전두피질에 기초한 우리의 '자기'는 문화적 규범과 가치의 확산을 위한 메커니즘으로 작용할 것이다. 왜냐하면 문화적 규범과 가치는 내측 전전두피질을 통해 우리의 머릿속에 지속적으로 머물면서 우리도 모르는 사이에 우리의 정체성과 신념 속으로 스며드는 공통의 배경으로 작용할 것이기 때문이다.

설령 청소년기가 특별히 자기에 몰두하는 시기라 하더라도, 대다수 사람들은 결국 성인이 되었을 때 다른 사람들과 맺는 우정이나 사랑에 초점을 맞추고 나아가 자신이 속한 (종교, 정치, 체육 집단 같은) 여러 집단에 초점을 맞추는 정체성을 받아들이게 된다. 그리고 이렇게 자신의 독특한 개성만을 고집하려는 태도를 버리고 좀 더 균형 잡힌 사회적 정체성을 받아들일 때 사람들은 마침내 제자리를 찾은 것 같은 감회에 젖곤 한다. 철학자 알랭 드 보통Alain de Botton은 '타인을 위한 삶을 살 때 비로소 우리는 자기 자신을 만족시키려는 결코 이루어질 수 없는 과제로부터 해방될 수 있다'고 말했다.**22** 알버트 아인슈타인도 수십 년 전에 비슷한 취지로 다음과 같이 말했다. '타인을 위해 산 삶만이 가치 있는 삶이다.'**23** 그런가 하면 코미디언 루이스 C.K.Louis C.K.는 한 인터뷰에서 자식이 생긴 뒤에 자신의 정체성이 어떻게 변화했는지 다음과 같이 설명했다.

전에는 어땠는지 정말 기억도 안 나요. 그동안 제가 한 것은 모두 어리석고 허튼짓이었어요. 모두 쓸데없는 짓이었죠. 그러나 아빠가 된다는 것은 정말 멋진 일이에요. 이제 저의 정체성은 모두 아이들에 관련된 것이에요. 제가 아이들을 위해서 무엇을 할 수 있는지가 중요한 것이죠. 그리고 그러면서 제 자신의 삶에 대한 압력 같은 것은 사라져버렸어요.**24**

나도 예외가 아니었다. 내게 아내가 생기고 아들이 생기면서 내 삶의 중심은 근본적으로 변화했고 내 삶에서 진정으로 중요한 것이 무엇인지도 분명해졌다. 나는 지금까지 몇십 년을 살아오면서 이렇게 확실하고 안정된 정체성을 느껴본 적이 없다. 현대 사회는 청소년들에게 오랫동안 자기발견에 몰두할 수 있는 기회를 제공하고 있다. 우리는 자신만의 개성을 찾으려는 노력을 아주 자연스러운 것으로 간주한다. '자기'라는 것이 마릴린 맨슨Marilyn Manson이나 레이디 가가Lady Gaga 같은 사람들이 최대한 특이하게 굴어서 먹고살라고 신화하지는 않았을 것이다.

현대 이전에 사람들은 겨우 몇 년 동안만 아이로서 부모의 보살핌을 받았고, 이미 10대에 노동 세계에 발을 들여 놓았으며 종종 타인에 대한 책임을 떠안기도 했다.**25** 그래서 대다수 사람들에게 영혼 탐색을 위한 시간 같은 것은 존재하지 않았으며, 인생은 처음부터 끝까지 누군가의 보살핌을 받거나 또는 누군가를 보살피는 일의 연속이었다.

물론 우리는 공통성과 개성, 공유하는 것과 독특한 것의 두 측면을 모두 가지고 있다. 그러나 우리는 흔히 삶을 대중에 휩싸이지 않으면서 참된 자기를 유지하는 것과 자신의 의지에 반하더라도 주위 환경에 순응할 필요가 있는 것 사이에서 치열한 싸움을 벌여야 하는 것처럼 이해하곤 한다. 스티브 잡스는 한 졸업식 연설에서 사회 초년병들을 향해 '당신 내면의 목소리가 타인의 의견들이 빚어내는 소음 속에 파묻히지 않도록' 주의하고 '당신의 심장과 직관을 따르는 용기를 가지라'고 했다.**26**

그러나 내측 전전두피질에 관한 데이터는 이것이 반드시 진실이 아닐 수 있음을 말해준다. 내가 보기에 우리의 자기의식, 다시 말해 우리의 '심장과 직관'은 우리로 하여금 오히려 집단 규범에 순응하고 사회적 조화를 꾀하도록 만드는 메커니즘의 일부인 듯하다. 우리의 '자기'는 우리가 집단 안에서 잘 적응하도록 도와주는 기능을 한다. 어쩌면 이것은 스티브 잡스 같은 사람들에게는 해당하지 않는 이야기일지도 모른다. 그러나 대다수 사람들에게는 타당한 이야기다. 우리는 한편으로 이기적인 충동들도 지니고 있지만, 다른 한편으로는 사회 안에서 형성되어 자기의 일부로 내면화된 신념들과 가치들도 지니고 있다. 때로는 이 둘 사이에 싸움이 벌어질 수도 있을 것이다. 그러나 이것은 우리와 타인들 사이의 싸움이 아니라, 우리와 우리 사이의 싸움이다. 즉 우리의 정체성을 구성하는 두 부분이 싸우고 있는 것이다. 그러나 다행스럽게도 진화는 사회적으로 내면화된 충동이 자기중심적인 충동을 이기도록 도와주는 마지막 장치를 우리에게 선사했다.

9장

전방위적인 자기통제

연구실 안에 있든 밖에 있든 나는 심리학자다. 나는 심리학이라는 필터를 통해 삶을 바라보고 책을 읽으며 리얼리티 쇼를 시청한다. 따라서 내가 이따금 다른 사람들보다 더 적극적으로 내 아들의 사회적 뇌 발달 과정을 살펴보는 것은 그리 놀라운 일이 아닐 것이다. 물론 그렇다고 해서 아들을 기능적 자기공명영상 스캐너 안에 넣었다거나 그의 머리가죽에 뇌전도 전극을 붙였다는 이야기는 아니다. 적어도 지금까지는 그렇다. 그러나 나는 내 아들을 대상으로 사회적 뇌가 성숙하기까지 중요한 이정표가 되는 지점들을 확인해볼 수 있었다.

대다수 아기들은 거의 태어나자마자 부모를 흉내 내는 행동을 보인다.1 그런데 내 아들 이안은 거의 돌이 다 될 때까지 누구를 흉내 내지 않았다. 보통 아기들은 두 살쯤 되었을 때 거울을 통한 자기인식 검사를 통과하는 데 비해, 이안은 생후 6개월째부터 거울에 비친 자기 모습에 홀딱 빠졌다.2 그리고 두 살 반이 되었을 때 샐리-앤 틀린 믿음 과제를 변형시킨 배트맨-아이언맨 과제를 통과했지만, 그 후 여러 번에 걸친 추가 검사에서는 마음이론의 이런 증거가 다시 나타나지 않았다. 이 안의 사회적 뇌 발달 과정에 대한 여러 검사 가운데서 내가 가장 좋아 한 것은 아이스캔디 검사Popsicle test였다.

우리는 캘리포니아 남부의 디즈니랜드에서 약 한 시간 떨어진 곳에 살았다. 덕분에 이안은 아주 어릴 때부터 디즈니랜드를 자주 드나들었다. 이안이 두 살이었을 때 우리는 다 함께 디즈니랜드에 갔는데, 아침 8시에 거의 제일 먼저 입장하여 밤 11시가 되어서야 겨우 아이를 달래서 놀이공원을 빠져나올 수 있었다. 아마도 그날은 이안이 그때까지 800일가량을 살면서 경험했던 가장 멋진 날이었을 뿐만 아니라 그의 남은 모든 일생을 고려해도 가장 신났던 날 중의 하나로 기억되리라고 나는 확신한다. 디즈니랜드가 내세운 '지구 상에서 가장 행복한 곳'이라는 표어는 바로 이안 같은 아이들을 위해 만들어진 것이었다.

이안의 세 번째 생일을 한 달 앞두고 우리는 아이에게 생일 파티를 여는 것과 1박 2일 코스로 디즈니랜드를 놀러가는 것 중에서 어느 것이 더 좋으냐고 물었다. 그러자 이안은 1초도 머뭇거리지 않고 디즈니랜드라고 답했다. 생일 전날 밤에 아이는 흥분에 들떠 있었다. 내일 디즈니랜드에 놀러가는 것보다 더 신나는 일은 그에게 없는 것처럼 보이는 상황에서, 나의 아이스캔디 검사는 시작되었다. 이안은 저녁식사를 마친 뒤에 디저트로 아이스캔디를 먹고 싶다고 했다. 아내가 냉동고에서 아이스캔디를 꺼내 포장을 벗긴 뒤 이안에게 막 건네려는 순간, 나는 아내를 제지하며 말했다.

'이안, 우리 내일 어디 가지?'

'디즈니랜드!!!!'라고 이안은 두 팔을 번쩍 들며 외쳤다.

나는 아이스캔디를 뚫어져라 쳐다보고 있는 아이에게 곧이어 두 번째 질문을 던졌다. '이안, 만약 이 두 가지 중에서 하나만 가질 수 있다면 어느 것을 갖겠어? 지금 당장 이 아이스캔디를 먹을래 아니면 내일 디즈니랜드에 갈래? 이 둘 중에서 하나만 골라야 한다면 너는 무엇을 고를래?' 우리는 당시의 상황을 비디오로 촬영해놓았는데, 내가 이 질문을 던진 순간 가장 먼저 눈에 들어오는 것은 이안의 얼굴에 드리운 일종의 실존적 근심이었다. 아이는 이 두 가지를 모두 간절히 원했지만 오직 하나만 가질 수 있는 상황에 처했기에 정말로 고민스러운 표정을 지었다. 그러나 고민은 그리 오래가지 않았으며 이내 쾌활한 목소리로 '아이스캔디!!!'라고 외쳤다.

디즈니랜드는 이안이 지구 상에서 가장 좋아하는 곳임에 틀림없었지만 그리고 아이스캔디가 줄 수 있는 기쁨은 매우 짧고 그리 대단한 것도 아니었지만, 이안은 지금 눈앞에 아른거리는 유혹 때문에 내일 디즈니랜드에서 하루 종일 노는 것을 포기하려 한 것이다. 그는 당장 눈앞에 있는 쾌락이 내일 그것 대신에 얻게 될 기쁨에 비하면 매우 미미한 것이었음에도 저항할 수 없었다. 물론 우리는 다음 날 이안을 데리고 디즈니랜드에 갈 작정이었다(우리는 그렇게 잔인한 부모가 아니다). 그리고 실제로 그것은 아이스캔디보다 훨씬 신나는 일이었다.

이 검사는 당장의 작은 보상과 나중의 더 큰 보상을 경쟁시키는 월터 미셸Walter Mischel의 유명한 마시멜로 검사marshmallow test를 나름대로 변형시킨 것이다. 1970년대에 미셸은 세 살부터 다섯 살까지의 미취학 아동들을 대상으로 덜 바람직한 보상을 곧바로 손에 넣을 수 있는 상황에서 더 바람직한 보상을 위해 기다릴 수 있는 능력을 검사했다.[3] 여러 형태로 이루어진 이 실험들 가운데 가장 잘 알려진 것은 마시멜로와 종을 이용한 실험이다. 이 실험에서 책상 앞에 앉아 있던 아이들은 선택의 기로에 놓였다. 하나는 실험자가 방 밖으로 나갔다가 다시 돌아올 때까지(약 15분) 기다리는 것이었는데, 그러면 아이들은 마시멜로 두 개를 얻을 수 있다는 말을 들었다. 다른 하나는 아무 때나 책상 위의 종을 울리는 것이었는데, 그러면 아이들은 곧바로 돌아온 실험자로부터 마시멜로 (두 개가 아니라) 한 개를 얻을 수 있다는 말을 들었다.

이렇게 의지력 게임이 시작되었는데, 다이어트 중인 아이는 없었으므로 마시멜로는 당연히 많을수록 더 좋은 것이었다. 다시 말해 아이들은 모두 마시멜로를 한 개보다는 두 개 얻기를 원했다. 아이들은 모두 실험자가 되돌아올 때까지 기다리려 했지만, 실제로 끝까지 기다린 아이들은 전체의 3분의 1도 되지 못했다. 그만큼 마시멜로를 당장 먹고 싶은 충동이 강했던 셈이다. 평균적으로 아이들은 5분 정도를 기다리다 포기했다.

그 후 여러 해에 걸쳐 미셸은 아이들이 어떤 조건에서 더 많은 마시멜로를 얻기 위해 더 오래 기다리는지 살펴보았다. 예컨대 실제 마시멜로 대신 마시멜로 사진을 보여주자 더 많은 마시멜로를 위해 기다리는 시간은 극적으로 늘어났다.[4] 결론적으로 말해 아이들은 실제 마시멜로보다 마시멜로에 대한 관념에 더 잘 저항했다(하지만 두 경우에 모두 아이들이 얻는 보상은 당연히 실제 마시멜로였다). 상징적 대리물은 실제 대상만큼 아이들을 유혹하지 못했다. 또 미셸은 아이들이 기다림의 상황에 정신적으로 어떻게 대처하는가에 따라 더 오래 기다릴 수도 있고 그러지 못할 수도 있다는 것을 발견했다.

아이들은 마시멜로가 탁자 위에 놓여 있을 때도 그것을 어떻게 생각하느냐에 따라 놀라울 정도로 오래 기다리는 능력을 보여주곤 했다. 예컨대 마시멜로의 특징들 가운데 먹는 것과는 아무 상관이 없는 특징(예컨대 마시멜로의 색이 구름과 똑같다는 점)에 주의를 집중하면 아이들은 훨씬 더 오래 기다릴 수 있었다.[5] 또한 바로 앞에 놓여 있는 마시멜로가 실제로 거기에 있는 것이 아니라 그림일 뿐이라고 상상한 아이들은, 마시멜로 그림을 보면서 그것이 진짜인 것처럼 상상하라는 지시를 받은 아이들보다 놀랍게도 세 배나 더 오래 기다릴 수 있었다.[6] 이처럼 마음이란 조건만 잘 갖춰지면 놀라운 힘을 발휘하곤 한다.

자제력과 학업 성취도

미국에서 앞날이 창창한 청소년들이 어느 대학에 들어가느냐 들어가지 못하느냐는 그들의 미래를 결정하는 데 무엇보다 중요한 영향을 미친다. 예컨대 그린데일대학교 대신 조지타운대학교에 입학한 학생은 더 많은 기회와 더 높은 명예를 얻게 될 것이며, 대개 더 많은 봉급을 받는 일자리를 구하게 될 것이다. 그러면 다시 더 멋진 상대와 데이트를 할 수 있으며 더 좋은 집을 마련할 수 있고, 휴가도 더 멋지게 보낼 수 있다. 대다수 학생들의 경우 이렇게 중요한 대학입학에 무엇보다 큰 영향을 미치는 것은 고등학교 내신 성적grade point average, GPA과 수학능력시험Scholastic Aptitude Test, SAT 점수이다.

그런데 욕구 충족을 미룰 수 있는 능력은 내신 성적과 수능시험 점수 모두에 상당한 영향을 미친다. 미셸은 자신이 조사했던 미취학 아동들이 나중에 자라서 대입 수능시험을 치르게 되었을 때 그들을 한 번 더 조사했다.[7] 그 결과 네 살 때 더 오래 기다렸던 아이들은 수능시험에서도 더 높은 점수를 받았다. 특히 실험자가 알아서 제 발로 돌아올 때까지 기다렸던 아이들은, 30초밖에 못 기다렸던 아이들보다 수능시험에서 200점 이상 높은 점수를 받았다.[8] 그리고 좀 더 최근에 안젤라 덕워스Angela Duckworth가 조사한 바에 따르면, 내신 성적은 지능지수보다 욕구 충족을 미룰 수 있는 능력에 의해 더 잘 예측되는 것으로 나타났다.[9]

이렇게 자제력self-control(이 책에서는 문맥에 따라 '자기통제'로도 번역했다-옮긴이)과 학업 성취도 사이의 연관관계를 보여주는 연구들이 발표된 이후로 유사한 연구들이 많이 이루어졌는데, 이것들은 한결같이 자제력이 행복한 삶을 영위하는 데 결정적으로 중요하다는 사실을 보여주었다. 즉 자제력이 강한 사람들은 그렇지 않은 사람들보다 수입도 더 많았고 신용평점도 더 높았으며, 신체적으로 더 건강했고 어렸을 때나 성인이 되어서나 더 나은 사회적 기술을 발휘했으며, 자신의 삶에 대해 더 만족한다고 말했다.[10]

이렇게 자제력은 우리의 삶을 좌우하는 소중한 자산임에 틀림없다. 그렇다면 자제력은 사회적 뇌와 어떤 관계가 있을까? 이 점을 살펴보기에 앞서 자제력이 무엇인지에 대해 좀 더 자세히 살펴볼 필요가 있다. 자제력은 보통 우리가 멈추고자 하는 또는 미리 예방하고자 하는 어떤 충동이나 반응과 관련이 있다. 한편으로 충동과 정서적 반응은 우리가 살면서 바람직한 결과를 얻고 위험을 멀리하도록 우리를 인도해주는 역할을 한다.[11] 그러나 다른 한편으로 이것들은 고유한 역동성을 가지고 있기 때문에 종종 억제될 필요가 있다. 예컨대 야밤에 피자 한 조각을 먹고 싶은 유혹을 떨쳐버려야 할 때, 직장 상사에게 자신의 생각을 무턱대고 말하지 말아야 할 때, 런던에서 차를 길 오른쪽으로 몰고 싶은 충동을 이겨내야 할 때처럼, 우리는 종종 우리의 습관적 반응을 억제해야 할 상황에 처한다.

이렇게 바람직하지 않은 또는 적절하지 않은 반응을 억제하려고 노력하는 것이 바로 자제력이다. 그렇다면 이런 자제력이 어째서 내신 성적과 관련이 있을까? 그 이유는 아마도 숙제를 마칠 때까지 놀고 싶은 충동을 억제할 수 있는 아이가 학교에서도 당연히 더 좋은 성적을 거두기 때문일 것이다. 그렇다면 자제력이 어째서 수능시험 점수를 향상시킬까? 그 이유는 아마도 수능시험을 치를 때나 시험 공부를 할 때 경험하는 엄청난 지루함을 이겨내는 데, 자제력이 도움을 주기 때문일 것이다. 그리고 아마도 자제력이 강한 학생은 시험을 빨리 끝내고 싶은 충동에 사로잡혀 문제를 읽은 뒤 가장 먼저 머릿속에 떠오르는 답을 답안지에 적고 곧바로 다음 문제로 옮아가는 대신에, 한 문제 한 문제에 대해 가능한 최선의 해답을 찾았다는 확신이 들 때까지 한눈을 팔지 않기 때문일 것이다.

자제력의 중요한 특징 중 하나는 이것이 제한된 자원이라는 점이다. 다시 말해 우리는 한 번에 오직 한 종류의 자제력만을 발휘할 수 있다. 예컨대 피자의 유혹 떨쳐버리기와 수업 준비를 위해 시 한 편 외우기를 동시에 하려고 덤비면, 그중 하나 또는 둘 다를 제대로 이루기가 어려울 것이다. 더욱 놀라운 것은 두 종류의 자제력을 하나씩 차례차례 발휘하기도 마찬가지로 어렵다는 점이다. 예컨대 당신이 웃긴 장면을 보면서도 웃지 않기 위해 온 힘을 쏟다가 약 5분 뒤에 시험 문제에 주의를 집중하려고 하면, 이것이 결코 쉽지 않다는 것을 깨달을 것이다.

지금 자제력을 발휘하면 잠시 후에 그것이 약해진다는 사실을 설명하기 위해 사회심리학자 로이 바우마이스터Roy Baumeister, 토드 헤더튼Todd Heatherton, 캐서린 보스Katherine Vohs는 자제력을 근육에 비유했다.**12** 그들의 주장에 따르면 이런 현상이 일어나는 까닭은 '자제 근육self-control muscle'이 피로를 회복할 시간을 필요로 하기 때문이다. 근육이 한 번에 한 가지 일만 할 수 있는 것과 마찬가지로, 자제력도 강력하지만 제한된 것이다. 나아가 이렇게 자제력을 근육에 비유하는 것은 자제력도 근육처럼 연습을 통해 강화될 수 있을 것이라는 주장으로 이어졌다. 즉 역기를 들면 단기적으로는 근력이 소모되지만 장기적으로는 근력이 더욱 강해지는 것처럼 '자제 근육'도 연습을 통해 강화될 수 있다는 것이다.

뇌의 억제체계

두 종류의 자제력을 하나씩 차례차례 발휘하기도 쉽지 않다는 사실이 무척 놀랍게 느껴지는 이유는, 우리가 자제하려고 애쓰는 것들이 서로 너무 다른 종류의 것들이어서 과연 이것들이 정말로 뇌의 똑같은 신경회로에서 처리될까 하는 의문이 들기 때문이다. 익살맞은 코미디를 보면서 웃음을 참는 것과 시험문제를 풀기 위해 주의를 집중하는 것이 도대체 무슨 상관이 있단 말인가? 런던에서 사업회의에 참석하기 위해 차를 도로 오른쪽이 아닌 왼쪽으로 모는 것이 회의가 뜻대로 진행되지 않을 때 냉정을 잃지 않는 능력에 무슨 영향을 미친다는 말인가?

실제로 우리가 발휘하는 자제력의 종류에 따라 뇌의 다양한 메커니즘들이 관여하는 것은 사실이지만, 거의 모든 종류의 자제력에 관여하는 하나의 메커니즘이 존재하는 듯하다. 특히 뇌 우반구의 복외측 전전두피질은(그림 9.1 참조) 우리가 여러 종류의 자제력을 발휘할 때 일관되게 활성화되는데, 이때 우리가 발휘하는 자제력의 종류는 경험적으로 매우 다르게 느껴지는 것들이다. 또한 이곳은 전전두피질 중에서 좌반구보다 우반구에서 더 큰 면적을 차지하고 있는 유일한 부위이기도 한데, 좌우의 이런 비대칭은 자제력이 뚜렷이 향상되는 청소년 후기에나 비로소 나타난다.[13] 때문에 우반구의 복외측 전전두피질이 뇌의 억제 체계braking system의 중추를 이룰 것이라고 추측하는 것은 자연스러운 일이다.[14] 그렇다면 우리가 다양한 방식으로 자제력을 발휘할 때 복외측 전전두피질이 어떻게 관여하는지 좀 더 자세히 살펴보기로 하자.

먼저 운동의 자제력이다. 운동의 자제력을 살펴보기 위해 심리학자들이 즐겨 사용하는 방법은 시작-정지 과제다(3장에서 언급한 바 있는 정지신호 과제는 이를 변형시킨 것이다). 이때 실험자는 참가자들에게 이런저런 글자들을 대략 초당 1개씩 끝없이 연속적으로 보여주는데, 참가

[그림 9.1] 자제력의 발휘에 관여하는 복외측 전전두피질

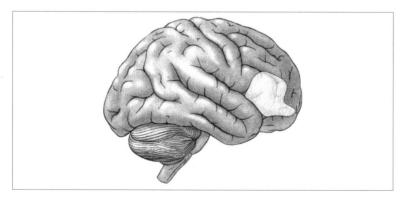

자들은 각 글자가 나타날 때 최대한 빨리 단추를 눌러야 한다. 화면에 나타나는 글자들 중에는 '정지'라는 글자가 딱 한 개 포함되어 있다. 이 글자가 화면에 나타나면 실험 참가자들은 아무것도 하지 말아야 한다. 이는 결코 쉽지 않은데, 왜냐하면 정지 글자는 전체의 15퍼센트 내지 20퍼센트 정도만 나타나기 때문에 참가자들은 1초마다 한 번씩 단추를 누르는 데 익숙해지기 쉽고, 그 결과 가끔 정지 글자가 나타날 때마다 이렇게 우세해진 운동 반응을 억제하기가 만만치 않기 때문이다. 그래서 참가자들에게는 다른 글자가 나타났을 때 단추를 누르기보다 정지 글자가 나타났을 때 단추를 누르지 않기가 더 많은 노력을 필요로 하는 일처럼 느껴진다.

이와 관련된 무수한 연구들에서는 실험 참가자들이 정지 글자를 보고 단추 누르기를 성공적으로 억제했을 때 우반구의 복외측 전전두피질(우측 하부 전두회right inferior frontal gyrus라고도 불림)에서 활동의 증가가 일관되게 관찰되었다.**15** 그리고 뇌의 다양한 부위에 손상을 입은 환자들을 대상으로 한 연구에서는 우반구의 복외측 전전두피질에 손상을 입은 환자들만이 정지 과제에서 결함을 보인다는 사실이 확인되었다.**16**

그런가 하면 미셸은 미취학 아동들을 대상으로 마시멜로 검사를 수행한 지 몇십 년 후에 이제는 성인이 된 그들 중 일부를 다시 실험실로 불러 자기공명영상 스캐너 안에서 시작-정지 과제를 수행하게 했다.**17** 그 결과 네 살 때 욕구 충족을 미루는 데 가장 뛰어난 능력을 보였던 사람들은 성인이 되어서도 우반구의 복외측 전전두피질에서 가장 왕성한 활동을 보였는데, 이렇게 볼 때 이 부위야말로 그들이 수십 년에 걸쳐 실생활에서 성공적으로 자제력을 발휘할 수 있었던 신경적 기초인 듯하다.

나는 엘리엇 버크먼Elliot Berkman과 이 운동 자제력 과제에서 관찰된 우반구 복외측 전전두피질의 활동이 실생활에서 발휘되는 자제력을 대표할 것이라는 가정을 확인해보기로 했다.**18** 이를 위해 담배를 끊기로 결심한 흡연자들을 연구 대상으로 택했다. 우선 그들이 금연을 시작하기로 정한 날 하루 전에 이들을 실험실로 불러서 시작-정지 과제를 수행하는 동안의 뇌 활동을 촬영했다. 원치 않는 강력한 습관과 자제력 사이의 싸움은 충동과 자제력이 하루에도 몇 번씩 충돌하는 작은 전투들이 끊임없이 이어지는 방식으로 전개되는데, 과연 이때 우반구 복외측 전전두피질의 활동은 자제력에 유리한 방향으로 영향을 미칠까?

우리는 수시로 벌어지는 충동과 자제력 사이의 갈등에 접근하기 위해, 실험 참가자들에게 매일 수차례 휴대전화로 문자를 보내 바로 그 순간에 담배를 피우고 싶은 욕망을 얼마나 강하게 느끼는지, 그리고 이전 문자를 받은 때부터 현재까지 담배를 피운 적이 있는지를 물었다. 그런 다음에 우리는 이 두 가지 정보를 다음과 같이 활용했다.

예를 들어 당신이 오후 2시에 문자를 받았는데, 바로 그때 정말로 담배를 피우고 싶은 욕망을 느껴서 그렇다고 답장을 보냈다고 치자. 그리고 오후 4시에 다시 문자를 받았는데, 그때 당신은 지난 두 시간 동안 담배를 피우지 않았다고 답장을 보냈다. 그렇다면 이 경우에 당신은 담배를 피우고 싶은 충동을 억제하면서 지난 두 시간 동안의 작은 싸움에서 승리를 거두었다고 말할 수 있을 것이다. 이런 식으로 우리는 각각의 전투에서 자제력이 승리했는지 아니면 충동이 승리했는지를 기록했다.

연구 결과 참가자들은 오후 2시에 담배를 피우고 싶은 충동을 강하게 느꼈을수록 2시부터 4시 사이에 담배를 피운 경우도 많았는데, 이는 누구나 쉽게 예측할 수 있는 것이었다. 그러나 우반구 복외측 전전두피질의 활동은 흡연의 충동과 실제 흡연 사이의 관계에 중대한 영향을 미쳤다. 즉 금연을 실천하기 하루 전에 수행했던 시작-정지 과제에서 우반구 복외측 전전두피질의 반응이 가장 약했던 사람들은 흡연 충동에서 곧바로 흡연으로 옮아가는 경향이 강했다. 반면 시작-정지 과제에서 우반구 복외측 전전두피질의 반응이 가장 강했던 사람들은 흡연 충동이 그다음 문자 확인 시점까지 좀처럼 실제 흡연으로 이어지지 않았다. 이 사람들의 경우에도 담배를 피우고 싶은 욕망은 여전히 남아 있었다. 그러나 이 사람들은 이 싸움을 성공적으로 이끌기 위한 채비를 더 잘 갖추고 있었던 셈이다. 이러한 연구 결과는 우반구 복외측 전전두피질이 뇌영상 스캐너 안에서 자제력 과제를 잘 수행하는 것과 관련이 있을 뿐만 아니라, 실생활에서 자제력을 성공적으로 발휘하는 데에도 중요한 역할을 한다는 점을 보여주는 듯하다.

다음은 인지적 자제력이다. 아래와 같은 삼단논법에서 결론은 바로 위 두 전제로부터 논리적으로 도출된 것이라 볼 수 있을까?

중독성 물질 중에 비싸지 않은 것은 없다.
일부 담배는 비싸지 않다.
그러므로 일부 담배는 중독성 물질이 아니다.

이 경우 실험 참가자들이 받은 질문은 '만약' 두 전제가 참이라면 결론도 참인가라는 것이다. 정답은 '그렇다'이다. 다시 말해 이 결론은 논리적으로 타당한 것이다. 그러나 이 질문에 제대로 답변하는 참가자들은 보통 전체의 절반도 되지 않는다.[19] 왜 그럴까? 그 이유는 '신념 편향belief bias' 때문이다. 우리는 위의 결론이 참이 아니라는 것을 알고 있기 때문에 이를 결론으로서 인정하지 않으려는 편향을 가지고 있다. 위의 결론이 참이 아닌 까닭은 삼단논법의 첫 번째 전제가 틀렸기 때문이다. 그러나 그렇다고 해서 결론이 논리적으로 부당한 것은 아니다. 이 경우처럼 고려해야 할 전제들이 참인 세계를 상상하기 위하여 현실에 대한 우리의 지식을 무시할 수 있으려면, 일종의 정신적 자제력이 필요하다. 비록 우리는 우리의 생각, 다시 말해 우리의 인지적 과정에 대해 원하는 만큼 통제력을 발휘할 수 없지만, 그래도 어느 정도는 통제할 수 있으며, 이때 주로 관여하는 뇌 부위는 복외측 전전두피질이다.[20]

인지적 자제력의 신경적 기초를 연구하기 위하여 신경과학자 비노드 고엘Vinod Goel과 레이 돌란Ray Dolan은 사람들에게 자기공명영상 스캐너 안에 누운 채 여러 삼단논법을 논리적으로 판단하는 과제를 주었다.[21] 이때 일부 삼단논법은 우리의 신념 편향을 자극하는 것이었고 일부는 그렇지 않았다. 연구자들은 사람들이 신념 편향에 이끌려 오답을 말할 때와 달리 신념 편향을 이겨내 정답을 말할 때, 뇌의 어떤 부위가 더 활성화되는지 살펴보았다. 그 결과 이런 양상의 활동을 보인 유일한 부위는 우반구의 복외측 전전두피질이었다.

신념 편향에 대한 또 다른 연구에서는 우반구 복외측 전전두피질의 활동 강도를 바탕으로 과제 수행의 정확도를 예측하는 것이 가능했다.[22] 이때 좌반구 복외측 전전두피질의 활동 강도는 그런 예측과 무관했다. 또한 과제를 수행할 때 주의가 산만해지면 과제 수행의 정확도뿐만 아니라 우반구 복외측 전전두피질의 활동도 감소한다는 사실이 관찰되었다. 이는 우반구 복외측 전전두피질이 노력을 요하는 자제력 발휘의 신경적 기초일 것이라는 견해와 일치하는 것이다.

끝으로 세 번째 연구에서는 6장에서 논의한 바 있는 경두개 자기 자극 기법을 사용해 실험 참가자들의 우반구 또는 좌반구에 있는 복외측 전전두피질의 활동을 약 20분 동안 정지시켰다.[23] 이때 연구자들은 실험 참가자들에게 경두개 자기 자극을 주기 전과 후에 각각 신념 편향을 자극하는 삼단논법과 그렇지 않은 삼단논법이 모두 포함된 과제를 제시했다. 그 결과 우반구의 복외측 전전두피질에 경두개 자기 자극을 받아 그 부위가 잠시 무력해진 참가자들은 신념 편향을 자극하는 문제들을 제대로 풀지 못했다. 이런 결과에 비추어 볼 때 우반구 복외측 전전두피질이 손상되면 자제력도 손상되는 듯하며, 그 결과 논리적으로 옳은 답변을 내놓기 위해 자신의 신념을 무시할 수 있는 능력도 감소되는 듯하다.

이와 비슷한 효과는 노벨상 수상자인 대니얼 카너먼Daniel Kahneman과 아모스 트버스키Amos Tversky가 처음으로 발견한 프레이밍 효과framing effect(틀 짜기 효과)를 통해서도 증명된 바 있다.[24] 예컨대 다음과 같은 경우를 생각해보자. 만약 당신이라면 아무런 조건 없이 10달러를 갖는 것과, 동전을 던져서 앞면이 나오면 20달러를 갖고 뒷면이 나오면 한 푼도 못 갖는 것 중에서 어느 쪽을 선택하겠는가? 이때 대다수 사람들은 동전 던지기보다 확실한 쪽을 택한다. 그렇다면 다음과 같은 경우는 어떠한가? 이번에는 실험자가 당신에게 먼저 20달러를 건넨다. 그런 다음에 실험자는 당신에게 10달러를 다시 실험자에게 돌려주는 것과,

동전을 던져서 20달러를 모두 잃거나 또는 한 푼도 잃지 않는 것 중에서 선택하라고 말한다. 그러면 대다수 사람들은 동전 던지기를 택한다.

그런데 여기서 흥미로운 점은 이 두 상황이 금전적으로 보면 전혀 차이가 없다는 것이다. 즉 두 경우 모두 확실한 쪽을 선택하면 당신은 실험실에 처음 왔을 때보다 10달러를 더 갖게 된다. 그리고 동전 던지기를 선택하면 20달러를 더 갖거나 한 푼도 못 갖게 된다. 이 두 경우에 사람들이 상이한 선택을 하는 까닭은 첫 번째 상황은 돈을 딴다는 식(즉 10달러를 따거나 아니면 20달러를 딸 수도 있는 기회를 잃는 식)으로 틀이 짜인 반면, 두 번째 상황은 돈을 잃는다는 식(즉 10달러를 잃거나 아니면 20달러를 잃을지도 모르는 위험을 감수하는 식)으로 틀이 짜였기 때문이다. 우리는 잃는 것에 대해 심리적으로 더 민감하기 때문에 확실한 손실처럼 느껴지는 것을 되도록 피하려 하는데, 이런 현상을 가리켜 카너먼과 트버스키는 '손실 혐오loss aversion'라고 불렀다.

기능적 자기공명영상을 이용한 한 연구에서는 뇌의 어느 부위가 이런 종류의 틀 짜기에 더 민감한지 살펴보았다.[25] 그 결과 변연계limbic system에 있는 부위들은 선택과 관련된 실제 사실보다 전체 틀에 더 민감하게 반응한다는 것이 관찰되었다. 반면 사실의 틀보다 사실 자체에 더 민감하게 반응한 부위는 단 두 군데뿐이었는데 그중 하나가 우반구 복외측 전전두피질이었다. 즉 우반구 복외측 전전두피질의 활동은 신념 편향 연구에서와 마찬가지로 인지적 충동의 극복과 관련이 있었다.

그다음은 관점 채용이다. 5장에서 우리는 타인의 마음을 읽어내는 데 중요한 역할을 하는 심리화 체계에 대해 살펴본 바 있다. 그런데 타인의 마음을 읽을 수 있는 능력은 상당 부분 타인의 관점을 채용할 수 있는 능력과 동일하다. 예컨대 샐리-앤 틀린 믿음 과제에서 아이들의 성공 여부는 아이들이 자신의 관점 대신에 샐리의 관점에서 사물을 바라볼 줄 아느냐에 전적으로 달려 있다. 심리화 작용에 대한 기능적 자기공명영상 연구들의 대다수에는 우반구 복외측 전전두피질의 활동에 대한 보고가 포함되어 있지 않다.**26**

그러나 WBA라는 코드명으로 불린 한 환자에 대한 연구는 이 부위가 타인의 관점을 채용하는 일과 관련이 있음을 시사한다. WBA라는 환자는 뇌졸중으로 인해 우반구 복외측 전전두피질에 손상을 입었으나 뇌의 다른 부위들에는 손상이 거의 없었다. 연구자들은 이 환자에게 틀린 믿음 과제를 변형시킨 두 과제를 수행토록 했는데, 하나는 이 환자에게 매우 쉬운 것이었고 다른 하나는 그에게 거의 불가능한 것이었다.

첫 번째 과제에서 이 환자는 방 안에 함께 있던 남자가 똑같이 생긴 두 개의 상자 중 한 곳(예컨대 왼쪽 상자)에 공을 넣는 모습을 지켜보았다. 그리고 이 환자는 방 안에 함께 있던 여자도 공 넣는 모습을 지켜보고 있는 것 역시 볼 수 있었다. 이 시점에서는 공이 어디에 놓이는지(즉 공이 왼쪽 상자 안에 놓이는 것)를 모두가 보았다. 그러다 여자가 방을 나갔고, 그사이 남자는 두 상자의 위치를 맞바꾸어 이제 공은 오른쪽 상자 안에 있게 되었다. 잠시 후 여자가 다시 방으로 들어왔을 때 연구자는 이 환자에게, 만약 여자에게 공을 찾으라고 한다면 이 여자는 어디를 찾아보겠느냐고 물었다. 이 질문에 대해 환자가 정답을 말하려면 왼쪽의 빈 상자를 가리켜야 할 것이다. 왜냐하면 여자가 마지막으로 공을 본 곳이 바로 그곳이었기 때문이다.

두 번째 과제에서 이 환자는 남자가 두 상자 중 한 곳에 공을 넣고 있다는 것을 알았지만, 어느 상자에 넣는지는 볼 수 없었다. 그러나 방 안에 있던 여자는 공이 어느 상자에 놓이는지를 볼 수 있었으며, 환자는 그 사실을 알고 있었다. 첫 번째 과제에서와 마찬가지로 여자가 방을 나간 사이에 남자는 상자의 위치를 맞바꾸었다. 그런 다음 연구자는 환자에게 공이 어디에 있는지 직접 맞혀보라고 했다. 이때 방으로 돌아온 여자가 환자에게 공의 위치에 대한 자신의 생각, 즉 아마도 공이 오른쪽 상자 안에 있을 것이라고 말해주었다. 환자는 공이 어디에 놓이는지 직접 보지 못했지만 여자가 가리킨 상자가 틀린 상자일 거라고 추론할 수 있을 것이다. 왜냐하면 여자는 두 상자의 위치가 서로 바뀐 것을 보지 못했기 때문이다. 따라서 여자가 오른쪽 상자에 공이 있을 것이라고 생각했다면, 환자는 왼쪽 상자에 공이 있을 것이라고 답해야 했다.

언뜻 보면 이 두 과제는 매우 비슷해 보인다. 그러나 WBA라는 환자의 과제 수행능력은 한 과제에서는 매우 뛰어났으나 다른 한 과제에서는 형편없었다. 그렇다면 환자가 쩔쩔맨 과제는 과연 어느 과제였을까? 바로 첫 번째 과제였다. 첫 번째 과제에서 환자는 공이 어디에 놓이는지 자기 눈으로 똑똑히 볼 수 있었지만, 과제를 제대로 풀지 못했다. 두 과제 모두에서 환자는 여자가 방을 비운 사이 두 상자의 위치가 바뀜으로써 여자가 속아 넘어갔다는 사실을 잘 알고 있었다. 그리고 두 번째 과제에서처럼 이것이 환자가 아는 모든 것일 때는 자신의 마음이론을 사용해 여자의 믿음이 틀렸다는 것을 판단하는 데 전혀 문제가 없었다. 그러나 첫 번째 과제에서처럼 환자가 공의 실제 위치에 대하여 직접적이고도 개인적인 지식을 가지고 있을 때는 이 직접 경험이 그의 논리적 지식을 압도했다. 그래서 그는 여자도 자신이 알고 있는 바로 그곳에서 공을 찾으려 할 것이라고 답했다. 우반구 복외측 전전두피질이 정상이 아니었던 이 환자는 자기 자신의 당사자 관점first-person perspective을 넘어설 수 없었다. 그는 자기가 보는 대로 다른 사람들도 보고 자기가 믿는 대로 다른 사람들도 믿는다고 생각하는 두 살배기처럼 자기중심적으로 행동했다.

나는 이와 비슷한 현상을 최근에 실험실에서 관찰할 수 있었다. 만약 당신이 다음과 같은 두 질문을 받는다면 어떻게 답하겠는가? 첫째로 만약 당신이 한 레스토랑 앞에서 '여기서 식사하세요!'라고 쓰인 커다란 간판을 몸에 걸친 채 한 시간 동안 서 있으면 당신에게 60달러를 주겠다. 당신은 이 제안을 받아들이겠는가? 둘째로 만약 내가 이와 똑같은 제안을 여러 사람들에게 했다면, 당신은 그들 중 몇 퍼센트가 이 제안을 받아들일 것이라고 생각하는가?

대다수 사람들의 경우 이 두 질문을 받으면 첫 번째 질문에 어떻게 답하느냐에 따라 두 번째 질문에 대한 답변이 한쪽으로 극적으로 치우치는 경향을 보인다. 이는 심리학에서 이미 오래전부터 잘 알려진 현상이다. 즉 만약 당신이 간판을 몸에 걸치겠다고 답한다면, 아마도 당신은 대다수 사람들도 그렇게 할 것이라고 답할 것이다. 또 만약 당신이 간판을 몸에 걸치기를 거절한다면, 아마도 당신은 대다수 사람들도 이 제안을 거절할 것이라고 답할 것이다. 이는 허위 합의 효과false consensus effect(거짓 여론 효과)라고 불리는데, 왜냐하면 우리는 대다수 세상 사람들이 실제 이상으로 자신과 같은 신념이나 관점을 가지고 있다고 믿는 경향이 있기 때문이다.[27] 달리 말하자면 우리는 우리 자신의 관점을 다른 사람들이 세상을 바라볼 때 취할 것으로 여겨지는 관점의 대체물로 사용하는 경향이 있다. 이런 경향은 간혹 이치에 맞을 때도 있지만 사회적 상호작용에서 우리를 곤란에 빠뜨릴 때도 많다.

허위 합의 효과의 신경적 기초를 조사하기 위해 나와 대학원생 제자인 로크 웰본Locke Welborn은 캘리포니아대학교 로스앤젤레스 캠퍼스UCLA에 다니는 대학생들을 대상으로 자기공명영상 스캐너 안에 누운 채 다음에 특정 이슈(예컨대 '학교 예배'나 '낙태의 권리' 같은 논란거리)에 대해 전형적인 UCLA 학생들이 어떤 태도를 취할 것 같은지를 1에서 100까지의 점수로 추측해보라고 했다. 이때 우리는 사전 조사를 통해 각 이슈에 대한 실험 참가자들 개개인의 견해뿐 아니라 UCLA 학생들의 실제 평균적인 반응에 대해서도 이미 알고 있었다. 이런 정보를 바탕으로 우리는 전형적인 UCLA 학생들의 태도에 대한 실험 참가자들의 추측이 현실에 근접한 것인지, 아니면 참가자들의 개인적인 견해 쪽으로 치우친 것인지 평가할 수 있었다. 평가 결과 참가자들의 추측은 우리의 예측대로 허위 합의 효과를 보였다. 즉 대다수 참가자들은 전형적인 UCLA 학생들이 실제보다 더 참가자 개인의 태도와 비슷한 태도를 취할 것이라고 추측했다.

여기서 주목할 것은 자신의 개인적인 태도를 다른 사람들에게 투사하고 싶은 충동을 억제하는 데 몇몇 참가자들은 뛰어난 능력을 보인 반면, 몇몇 참가자들은 그렇지 못했다는 점이다. 그렇다면 이런 참가자들은 다른 사람들의 관점을 헤아릴 때 허위 합의 효과와 같은 편향을 어떻게 극복할 수 있었을까? 다른 사람들의 전형적인 태도를 추측할 때 자신의 개인적인 태도에 비교적 휘둘리지 않은 참가자들의 뇌에서, 상대적으로 더 활발한 활동이 관찰된 소수 부위 중 하나는 바로 우반구 복외측 전전두피질이었다. 이렇게 볼 때 우반구 복외측 선선두피질은 참가자들로 하여금 다른 사람들이 자신과 다른 관점을 가지고 있을 수 있다는 사실에 더 주의를 기울이도록 하는 데 기여하는 듯하다.

어찌 보면 위에 언급한 두 연구는 신념 편향에 대한 연구를 사회적 영역으로 확장한 것으로 간주될 수도 있다. 우리는 주위 사물을 지각할 때 그것들을 특정 방식으로 존재하는 어떤 것으로 직관적으로 이해한다. 때문에 이런 직관적 지각을 유보하고 똑같은 정보가 다른 방식으로 처리될 수도 있다는 점을 고려하기 위해서는 일종의 자제력이 요구된다. 그러나 일상적인 사회적 상호작용에서 흔히 요구되는 이런 종류의 자제력은 언뜻 보면 시작-정지 과제에서 요구되는 자제력과 매우 다른 종류인 것처럼 느껴지기 때문에, 이 두 종류의 자제력이 똑같은 정신적 메커니즘에 기초하고 있다는 사실은 무척 놀라운 일이 아닐 수 없다.

억제와 재평가

1984년 여름 질레트Gillette 사에서는 겨드랑이에 바르는 발한억제제인 드라이 아이디어Dry Idea라는 신제품을 소개하는 광고를 여러 편 내보냈다. 각 광고에서는 유명 인사가 한 명씩 등장해 자신의 직업에서 필수적인 세 가지 금기 사항에 대해 이야기하는데, 그중에서도 가장 널리 알려진 것은 아마도 미국 미식축구연맹NFL 소속팀인 덴버 브롱코스 Denver Broncos의 코치 댄 리브스Dan Reeves가 등장하는 광고일 것이다. 이 광고에서 리브스는 편안한 자세로 의자에 걸터앉아 게임에서 승리하는 코치가 되기 위한 세 가지 금기 사항에 대해 다음과 같이 이야기한다.

'선발 쿼터백quarterback을 결코 언론에 휘둘려 뽑지 마라. 최하위 팀을 결코 얕보지 마라. 그리고 정말로 중요한 것은 점수가 어떻든 당신이 땀을 흘리고 있다는 것을 결코 상대에게 보이지 마라.' 그는 다음과 같은 말로 광고를 끝맺었다. '압박은 누구나 느낍니다. 그러나 승리하는 자는 그것을 드러내지 않습니다.'

이것은 압박을 받는 상황에서 냉정을 유지하는 것에 대한 고전적 이미지라 할 수 있다. 예컨대 당신이 중역회의실에서 제품기획에 대해 설명할 때 속으로는 혹시 실수라도 하지 않을까 노심초사하면서도 겉으로는 마치 확신에 가득 찬 듯 평정을 잃지 않으려고 애쓰는 모습을 상상해보라. 이런 형태의 정서조절을 가리켜 심리학에서는 '억제 suppression'라고 부르는데, 이는 약간 오해의 소지가 있는 말이다. 왜냐하면 여기서 억제란 어떤 정서의 경험을 억제하는 것이 아니라, 다른 사람들이 자신의 감정을 알아채지 못하도록 얼굴 표정, 억양, 몸짓 따위를 통제하는 것을 의미하기 때문이다.[28]

억제가 정서조절을 위한 매우 폭력적인 접근법이라면 '재평가 reappraisal'는 정서조절을 위한 좀 더 지적인 접근이다. 동서고금의 현인들이 설파했듯이 세상을 달리 보면 인생이 덜 괴로워질 수 있다. 예컨대 이런 전략을 특히 좋아했던 로마의 황제 마르쿠스 아우렐리우스는 다음과 같이 말했다. '만약 당신이 외적인 어떤 것 때문에 괴롭다면, 그 괴로움은 외적인 어떤 것 때문이 아니라 그것에 대한 당신의 평가 때문이다. 그리고 바로 당신은 그것을 아무 때나 파기할 수 있는 힘을 가지고 있다.' 내가 좋아하는 소설가 무라카미 하루키는 이런 생각을 압축해 '고통은 불가피하지만 괴로움은 선택적이다'라고 말하기도 했다.[29]

한마디로 말해 재평가란 우리의 속을 썩이는 것들을 다르게 보도록 새로운 관점을 찾는 과정이라 하겠다. 많은 경우에 재평가는 '한 가지가 안 풀리면 다른 수가 생기게 마련'이라는 식의 접근법을 취한다. 예컨대 당신이 그동안 다니던 직장에서 해고되었다고 상상해보라. 하지만 당신은 그 직장이 적성에 맞지 않는 곳이었다는 사실을 이내 깨닫고 평생 꿈꿔왔던 광고음악 작곡에 몰두할 수도 있을 것이다. 어찌 보면 이런 식의 깨달음은 사람들이 현실을 변화시킬 힘도 없으면서 스스로에게 되뇌는 지나치게 낙관적인 합리화에 지나지 않을지도 모른다. 그러나 심리학적으로 볼 때 우리가 살아가는 현실은 우리가 스스로에게 늘어놓는 또는 적어도 우리가 스스로 믿고 있는 이야기를 바탕으로 전개된다.**30** 만약 당신이 직장에서 해고되었을 때보다 지금이 더 나은 이유를 솔직하게 찾아낼 수 있다면, 이런 재평가는 당신에게 실제로 도움이 될 것이다. 반대로 과거의 직장이 당신에게 가장 이상적인 직장이었다고 스스로 믿는다면, 당신이 그것을 어떻게 재평가하든 스스로도 그것을 믿지 않으려 할 것이다.

개인적으로 나는 비행기를 탈 때 매우 자주 재평가를 하곤 한다. 나는 대기의 난류를 무척 싫어한다. 비행기가 수직 기류 때문에 갑자기 1미터 정도 아래로 뚝 떨어지기라도 하면 내 몸이 저절로 위험의 '비명'을 지른다. 심장이 두근거리고 땀이 나기 시작하며 혹시 비행기 날개에 작은 괴물이 붙어 있지는 않을까 하는 마음으로 창밖을 내다보게 된다. 위협에 대한 이런 일련의 반응들을 조율하는 데는 뇌의 편도체가 관여하는데, 이 부위는 우리 주위에서 일어나는 일들의 정서적 중요성을 신속히 평가하여 (비록 특별히 이지적이진 않더라도) 신속하고 단호하게 반

응하도록 우리의 몸과 마음을 준비시키는 데 중요한 역할을 한다.[31]

이런 상황에서 나는 흥분을 가라앉히기 위해 난류에 관한 여러 사실들을 머릿속에 떠올리곤 한다. 우선 나는 나의 편도체가 이런 식의 빠른 수직 이동을 적절히 평가할 수 있을 만큼 섬세하지는 않을 것이라는 점을 떠올린다. 왜냐하면 비행기, 엘리베이터, 롤러코스터 같은 현대의 발명품들을 통해 흔히 접하게 되는 이런 식의 이동은 진화의 역사를 통틀어 거의 전무했을 것이기 때문이다. 다시 말해 비록 나의 편도체가 방금 일어난 일을 제대로 파악하지 못하더라도 나는 그것을 제대로 파악할 수 있다고 생각하면서 스스로를 위로한다.

둘째로 나는 상용 비행기가 난류 때문에 추락하는 일은 극히 드물다는 통계적 사실을 떠올린다. 그리고 이런 생각들을 바탕으로 나는 난류와 그것에 대한 내 몸의 반응이 지금 정말로 무언가가 잘못되었음을 알리는 강력한 지표가 될 수 없다고 스스로에게 말한다. 그리고 셋째로 비행기에서 무선 인터넷이 되면 나는 '난류 보고'를 검색해 오늘 미국 영공에서 비행사들의 난류 보고가 접수된 장소들이 모두 표시되어 있는 지도를 들여다본다. 난류가 어디어디에서 발생했으며 언제 멈출 것인지, 그리고 이 모든 보고가 내가 지금 경험하고 있는 것과 똑같은 난류를 무사히 헤쳐 나온 비행사들이 보낸 것이라는 사실 등을 알기만 해도 내 마음이 한결 편해지기 때문이다. 이렇게 난류를 이해하는 방식을 바꾸기만 해도 나의 뇌와 신체는 다르게 반응하기 시작한다.

억제와 재평가는 거의 모든 측면에서 상이하다.[32] 억제는 당신이 괴롭지 않은 것처럼 보이게 만드는 데 더 효과적인 반면, 재평가는 당신을 덜 괴롭게 만드는 데 더 효과적이다. 또 억제는 주의 집중을 방해한다. 그래서 만약 당신이 누구와 대화하는 도중에 억제력을 발휘해야 한다면, 이런 노력은 실제 대화에 요구되는 기억력을 방해할 것이다. 반면 재평가는 이런 식의 기억력 결함을 야기하지 않는다. 또 재평가는 정서적 반응의 강도가 절정에 있지 않을 때 이루어지는 것이 보통이다. 그 이유는 아마도 정신이 어느 정도는 맑아야 훌륭한 재평가가 가능한데, 정서적 흥분 상태에서는 이런 과정이 방해를 받기 때문일 것이다.

그 밖에도 억제와 재평가는 같은 방에 있는 다른 사람들에게 미치는 영향의 측면에서도 차이를 보인다. 예컨대 만약 당신이 감정을 억제하고 있는 사람과 함께 있다면 그다지 즐겁지 않을 것이다. 이런 사람은 자신의 감정을 좀처럼 겉으로 드러내지 않거나 또는 자신의 감정을 억제하는 데 여념이 없을 것이기 때문이다. 나아가 자신의 감정을 재평가하는 사람보다 억제하는 사람 곁에 있을 때 당신의 심박수는 더 올라갈 것이다.

이렇게 억제와 재평가는 경험적으로나 인지적으로나 사회적으로나 많은 차이를 보이지만, 이 둘은 모두 복외측 전전두피질에 의존하는 것처럼 보인다.[33] 관련 연구에 따르면 감정을 재평가하는 사람들의 복외측 전전두피질은 감정적인 사건의 발생 초기에 활발한 반응을 보이는 반면, 감정을 억제하는 사람들의 복외측 전전두피질은 감정적인 사건이 발생하고 좀 더 시간이 흐른 뒤에 활발한 반응을 보인다.[34] 그러나 두 경우 모두 복외측 전전두피질이 중요하게 관여하고 있다는 점에서는 동일하다. 억제의 경우 복외측 전전두피질의 활동은 상대방에게 보이고 싶지 않은 표정을 숨기는 일과 관련이 있는 반면,[35] 재평가의 경우 복외측 전전두피질의 활동은 편도체의 반응 감소 및 당사자가 느끼

는 주관적 괴로움의 정도와 관련이 있다고 한다.[36]

그런가 하면 실험 참가자가 재평가에 사용하는 시간이 길수록 그 사람의 신경 활동은 좌반구의 복외측 전전두피질에서 우반구의 복외측 전전두피질로 중심이 이동하는 경향을 보인다.[37] 이렇게 볼 때 좌반구의 복외측 전전두피질은 재평가 과정을 시작하는 데 기여하는 반면, 우반구의 복외측 전전두피질은 재평가 작업을 완료하는 데 더 관여하는 듯하다.

정서 명명하기

우리가 지금까지 살펴본 자기통제의 여러 형태들에는 어떤 것을 이겨내기 위해 애를 쓰는 경험이 공통적으로 포함되어 있다. 그것이 단추 누르기를 참는 것이든, 자신의 지식에 반하는 주장을 인정하는 것이든, 고래고래 소리치는 직장 상사 앞에서 평정심을 잃지 않으려고 노력하는 것이든, 우리는 어떤 충동을 이겨내기 위해 애쓰고 있는 자신의 모습을 발견할 수 있다. 그러나 때로는 우리 스스로도 의식하지 못한 채 똑같은 자기통제의 메커니즘이 작동하기도 한다.

이와 관련해 소설가 헨리 밀러Henry Miller는 다음과 같이 말한 적 있다. '어떤 여성을 극복하는 최선의 방법은 그녀를 문학으로 바꿔놓는 것이다.' 밀러의 말처럼 느낌을 말로 표현하는 것은 어마어마한 정화 효과를 발휘할 수 있으며 다양한 심리치료의 기초가 되기도 한다.[38] 실제로 우리의 느낌을 말로 표현할 수 있거나 단순히 그것에 이름을 붙일 수만 있어도 우리의 감정은 훌륭히 조절될 수 있으며 자신도 모르는 사이에 우리의 정신적 또는 신체적 안녕이 증진될 수 있다.

우리는 흥분한 아이를 타이를 때 '똑바로 말해보라'고 하곤 한다. 관련 연구에 따르면 자신의 감정을 잘 기술할 수 있는 미취학 아동들은 그렇지 않은 아동들에 비해 감정의 폭발이 적으며 나중에 학교 성적도 더 좋고 친구들 사이에서도 더 인기가 있다고 한다.**39** 또 수학시험을 보기 직전 시험에 대한 불안을 글로 적은 고등학생들은 그렇지 않은 고등학생들보다 더 나은 시험 성적을 거둔 결과도 있다.**40**

우리는 실험실에서 성인들을 대상으로 정서 명명하기affect labeling라는 간단한 과제를 수행하도록 해보았다. 이것은 다양한 사진들을 보면서 그것들의 정서적 측면을 가장 잘 기술하고 있는 단어를 고르는 과제였다. 예컨대 화난 얼굴 사진이 제시되면 실험 참가자들은 '화난' '겁먹은' 같은 단어들 가운데 사진 속 인물의 감정을 가장 잘 나타내는 단어를 골라야 했다. 이 연구에서 우리는 실험 참가자들이 불쾌한 사진을 보더라도 그것의 정서적 측면을 적절히 명명할 수 있으면 그 사진을 볼 때 생기는 스트레스가 줄어든다는 사실을 발견했다.**41**

이런 결과는 재평가 같은 정서조절 전략을 근거로 충분히 예측할 수 있을 것처럼 보이지만, 실제로 사람들은 정서에 이름을 붙이는 것이 자신의 부정적 감정을 감소시키는 데 효과적인 전략이라는 사실을 좀처럼 깨닫지 못했다. 우리는 정서 명명하기의 효과에 대한 사람들의 생각을 조사하기 위해, 사람들에게 아무런 지시도 받지 않은 채 불쾌한 사진을 그냥 바라보는 경우와 불쾌한 사진을 보면서 그것의 정서적 측면을 명명해야 하는 경우 중 어느 것이 더 불쾌하겠는지 예측해보라고 했다. 그러자 거의 모든 사람들이 불쾌한 사진의 정서적 측면을 명명하려면 그것의 충격적인 면에 주의를 집중해야 하므로 후자의 경우가 더 불쾌할 것이라고 예측했다.

정서 명명하기의 효과가 얼마나 우리의 직관에 반하는 것인지 실감하기 위해, 당신에게 심한 거미 공포증이 있다고 가정해보자. 공포증 치료를 위해 찾아간 심리치료사가 당신에게 세 가지 치료법을 소개하면서 그중 하나를 고르라고 말한다. 첫 번째는 표준적인 유형의 노출 치료exposure therapy인데, 이것은 우리에 갇힌 실제 거미를 두 걸음 정도 떨어진 거리에서 직접 보는 경험을 반복하는 식으로 이루어진다. 두 번째는 재평가 치료인데, 이것도 실제 거미에 노출되는 경험을 반복하면서 거미가 제시될 때마다 '이렇게 작은 거미를 보는 것은 저에게 실제로 위험한 일이 아니네요'와 같은 재평가를 하는 식으로 이루어진다. 세 번째는 정서 명명하기 치료인데, 이것도 거미에 노출되기를 반복하면서 '징그러운 거미가 갑자기 저에게 달려들 것 같아 불안해요'처럼 정서의 이름에 기초하여 진술하는 식으로 이루어진다.

당신은 이 세 가지 치료법 중에서 어느 것이 공포심 없이 거미에게 다가가기를 학습하는 데 가장 효과적일 거라 생각하는가? 나는 카타리나 키르칸스키Katharina Kircanski, 미셸 크라스크Michelle Craske와 함께 거미 공포증이 있는 사람들을 대상으로 바로 위와 같은 검사를 수행했다. 그 결과 우리는 정서 명명하기가 가장 효과적이며, 나아가 사람들이 명명한 정서가 부정적일수록 최종 결과가 더 좋다는 사실을 발견했다.[42]

재평가와 마찬가지로 정서 명명하기도 감정을 조절하는 작용을 하며, 이것은 일종의 '암묵적인 자기통제implicit self-control'와도 같다. 그렇다면 과연 이런 종류의 자기통제도 다른 자기통제들과 비슷한 방식의 뇌 활동을 보일까? 정확히 그렇다. 사람들이 정서적인 그림 또는 그런 그림에 대한 자신의 정서적 반응에 대해 이름을 붙이는 동안 우반구 복외측 전전두피질의 활동은 증가한 반면 편도체의 활동은 감소했다.[43] 우리는 여러 번에 걸친 연구를 통해 동일한 실험 참가자들에게 정서 명명하기, 재평가, 그리고 일부 경우에는 운동의 자제력 과제를 모두 수행하도록 했는데, 그 결과 이렇게 다양한 형태의 자기통제가 이루어지는 동안 우반구 복외측 전전두피질의 반응 양태는 매우 비슷했다.[44]

　지금까지 우리는 다양한 형태의 자제력에 대해 살펴보았다. 우리가 자제력을 발휘해야 하는 상황에서는 그것이 운동적 또는 신체적 충동에 대한 통제든, 아니면 논리적 추론, 타인의 관점 채용, 정서조절 등과 관련된 통제든 거의 언제나 우반구의 복외측 전전두피질이 중심적인 역할을 하는 듯 보인다. 그러나 우반구 복외측 전전두피질이 우리의 자제력을 북돋우기 위해 정확히 무슨 일을 하는지는 아직 불분명하다. 연구자들 사이에서는 주로 이 부위, 또는 이와 유사한 부위들이 편도체 같은 다른 뇌 부위들의 반응을 직접적으로 억제하는 작용을 하는 것인지, 아니면 충동적이지 않은 대안적 반응의 강화에 기여함으로써 그런 반응이 충동적 반응과 더 효과적으로 경쟁할 수 있게 되는 것인지에 대해 엇갈린 견해들이 존재한다. 그 정확한 메커니즘이 무엇이든 이제 내가 살펴보고자 하는 것은 사회적 조화를 지향하는 우리의 성향에 자제력이 과연 어떤 결정적 역할을 하는가라는 것이다.

자기통제와 정서

지금까지 살펴본 것처럼 자기통제는 우리의 소중한 자산이며 우리가 이것을 사용할 때 뇌 우반구의 복외측 전전두피질은 중요한 역할을 하는 듯하다. 그렇다면 자기통제는 우리의 사회적 본성과 무슨 관련이 있을까? 이에 대해 답하기 위해 우선 '자기통제'라는 단어의 의미를 분석해볼 필요가 있다. 이 단어는 '자기'와 '통제'의 관계에 따라 두 가지 매우 다른 의미를 지닐 수 있다. 한편으로 자기통제라는 말은 자기가 자기 자신의 목표를 효과적으로 달성하기 위한 통제권을 쥐고 있다는 의미로 해석될 수 있다. 이런 해석은 니체의 강인한 초인처럼 우리 마음의 순수하게 개인적인 힘을 바탕으로 온갖 장애를 극복해 나아가는 능력과도 같은 '의지력willpower'을 머릿속에 떠올리게 만든다. 그러나 다른 한편으로 자기통제는 조지 오웰George Orwell의 전체주의 사회를 연상시키는 '자기억제self-restraint'의 의미로도 해석될 수 있다. 이 경우에 자기는 통제의 주체가 아니라 대상이 되는데, 그렇다면 우리가 자기를 통제함으로써 이득을 얻게 되는 자는 과연 누구일까?

이를 좀 더 깊이 파헤치기 위해 몇 가지 가설을 살펴보기로 하자. 당신이 푹신한 침대에서 곤히 잠든 사이 작은 체구의 초록색 외계인들이 당신을 납치하여 하늘에 떠 있는 고도로 발전된 신경외과 시설로 데리고 갔다고 가정해보자. 외계인들은 온갖 충동과 욕망과 정서적 반응들이 모두 사라지도록 당신의 뇌를 바꿔놓을지, 아니면 당신의 뇌를 그대로 놔두는 대신 당신이 충동, 욕망, 정서적 반응 등을 더 이상 통제할 수 없도록 만드는 수술을 할지 서로 의견을 주고받았다. 그런데 쉽게 결론이 나지 않자 외계인들은 당신에게 둘 중 하나를 선택하라고 했다.

당신은 정서를 영원히 상실하는 것과 자기통제력을 영원히 상실하는 것 중에서 하나를 선택해야만 한다면 어느 쪽을 선택하겠는가?

이는 자기통제와 정서 사이, 스포크Mr. Spock와 커크 함장Captain Kirk(각각 미국의 공상과학 시리즈 〈스타 트렉〉에서 논리적이고 냉철한 입장을 대표한 인물과 좀 더 인간적인 입장을 대표한 인물-옮긴이) 사이, 기업가와 버닝맨 Burning Man(미국 네바다 주에서 매년 열리는 반反소비주의 행사-옮긴이) 사이의 고전적인 대립이기도 하다.

만약 내가 그런 상황에 처한다면, 나는 결국 나의 충동과 욕망과 감정을 유지하는 대신에 그것들에 대한 통제력을 포기하는 쪽을 선택하지 않을까 싶다. 물론 자신에 대한 통제력을 잃는 것도 매우 당혹스럽겠지만, 나머지 것들을 잃는 것은 거의 치명적일 것처럼 느껴지기 때문이다. 만약 이 모든 것을 잃는다면 나는 도대체 누구이겠는가? 또 무엇이 내게 가치 있는 것인지를 어떻게 알 수 있겠는가? 만약 내게 충동도 없고 감정도 없다면, 무엇을 하고자 하는 동기도 없을 것이다. 다들 알다시피 모든 충동과 욕구가 나쁜 것은 아니다. 예컨대 나는 매일 내 아내와 아들에게 입을 맞추고 싶은 충동을 느낀다. 또 어려움에 처한 사람들을 돕고 싶은 충동을 느끼며, 높은 산에 올라가 해 지는 광경을 감상하고 싶은 욕망을 가지고 있다. 이런 멋진 충동들이 없는 삶이 과연 살 가치가 있는 것인지에 대해 나는 매우 회의적이다.

그런데 외계인에게 납치된 당신이 어떤 선택을 하든 상관없이 사태는 불행하게도 좀 더 복잡하게 흘러갔다. 외계인들은 당신에게 수술을 시행하기 직전에 갑자기 새로운 기술을 완성했는데, 그것은 바로 한 도시의 모든 주민들이 각자 집에서 잠 든 사이 그들에게 신경외과적인 수술을 시행할 수 있는 기술이었다. 외계인들은 당신이 살고 있는 도시에 이 기술을 적용할 계획인데, 그들의 우주선에 타고 있는 당신은 일단 수술 대상에서 제외되었다. 다시 말해 당신은 일단 위기를 모면했고, 당신의 정서와 정서를 통제할 수 있는 능력 모두를 유지할 수 있게 되었다. 그러나 이제 당신은 당신이 살고 있는 도시의 모든 주민들이 충동과 감정을 느끼는 능력을 영원히 상실하는 것과, 그것들에 대한 통제력을 영원히 상실하는 것 중 선택해야만 한다. 당신의 결정대로 수술이 시행될 것이며, 당신이 나중에 돌아가게 될 도시는 매우 충동적이고 감정적인 사람들만으로 가득 차게 되거나, 아니면 아무 충동도 느끼지 못하고 고도로 통제된 사람들만으로 가득 차게 될 것이다. 이때 한 가지 덧붙이자면 당신의 결정이 무엇이든 당신의 가족과 가까운 친구들은 다행히 다른 지역으로 모두 휴가를 떠났기 때문에 외계인의 수술을 받지 않을 것이다.

당신이 살고 있는 도시의 모든 주민들에 대해 (그러나 당신과 친밀한 관계를 맺고 있는 사람들을 제외한 나머지 사람들에 대해) 당신은 어떤 선택을 하겠는가? 만약 내가 이런 상황에 처한다면, 그리고 아마도 당신을 포함해 많은 사람들이 이런 상황에 처한다면, 이번 결정은 애당초 자기 자신만을 고려해 내렸던 결정과 다를 것이다. 왜냐하면 나는 충동적이기만 하고 그것을 통제할 능력이 전혀 없는 사람들로 가득 찬 도시에서 살고 싶지 않기 때문이다. 이런 사람들은 앞뒤를 가리지 않을 것이며 나의 안전에 지속적으로 위협을 가할 것이다. 이것은 마치 시계가 토요일 새벽 1시에 멈춰 선, 다시 말해 광란의 파티가 절정에 달한 남학생 집의 바로 옆에 사는 것과도 같을 것이다.

이렇게 두 번에 걸친 선택에 비추어 볼 때 나는 나 자신의 자제력보다 다른 사람들의 자제력을 더 높이 평가하는 듯하다. 그리고 이런 편향된 평가가 내게만 해당하는 것이 아니라 일반적인 것이라고 가정하면 다음과 같은 해석이 가능할 것이다. 즉 내가 나 자신의 자제력보다 다른 사람들의 자제력을 더 높이 평가한다면, 내 주위의 사람들은 나의 자제력에 대해 나 자신이 평가하는 것보다 더 가치 있게 평가할 것이다. 다시 말해 나의 자제력은 나 자신보다 오히려 다른 사람들에게 더 이로운 것이다.

대가와 혜택

크리스토퍼 이셔우드Christopher Isherwood의 소설 《싱글맨A Single Man》은 주인공의 평범한 하루 일과로 시작된다. 잠에서 깨어난 조지George는 어떤 자기의식도 없이 그냥 '경험, 공허한 경험함' 그 자체다.**45** 이런저런 충동과 욕구가 있고 통증도 있다. 그것은 순전한 경험이다. 잠시 후 그는 거울을 들여다본다. '그것이 빤히 쳐다보고 또 쳐다본다. … 그러다 맥락이 지시하는 대로 그것을 서둘러 닦고 면도질하고 그것의 머리를 빗긴다. 그것의 벌거벗은 몸도 덮어줘야 한다. … 그것의 행동은 그들에게 용인될 수 있어야 한다. … 고분고분하게 그것은 닦고 면도하고 머리를 빗는다. 왜냐하면 그것은 다른 사람들에 대한 그것의 책임을 받아들이기 때문이다. 심지어 그들 사이에 그것의 자리가 있다는 사실이 기쁘기까지 하다. 그것은 그것에게 기대되는 것이 무엇인지를 알고 있다.'

자기통제는 사회에 의해 받아들여지는 것의 대가이다. 만약 당신이 충동을 억제하지 않는다면 당신은 결국 감옥이나 정신병동에서 살게 될 것이다. 반대로 만약 당신이 충동을 억제한다면 당신은 자유롭게 당신의 목표를 추구할 수 있다. 또한 자기통제에는 비징벌적인 보상이 따르기도 한다. 자제력이 강한 사람들은 더 많은 봉급을 받는 경향이 있는데, 이 자제력을 바탕으로 사회의 나머지 사람들에게 큰 혜택이 돌아가는 것들을 할 수 있기 때문이다. 외계인의 납치 상황과 마찬가지로 사회는 우리 자신의 삶의 질보다 우리의 자제력을 더 높게 평가한다.

존 레논John Lennon은 이 점을 강조했던 어린 시절의 교육제도에 대해 다음과 같이 말한 적이 있다. '학교에 가면 선생님들은 제게 커서 무엇이 되고 싶으냐고 물었죠. 그래서 저는 '행복'이라고 적어 냈어요. 그러자 선생님들은 제가 숙제를 제대로 이해하지 못했다고 말했어요. 그런 그들에게 저는 그들이 삶을 제대로 이해하지 못했다고 말했죠.' 레논의 선생님들이 보기에 레논의 장래 희망은 사회에 이로운 것을 반영하는 어떤 것이어야만 했다. 그런 그들에게 행복은 무의미한 답변에 지나지 않았다.

얼마나 많은 사람들이 의과대학에 입학하기 위해 엄청난 자제력을 발휘하면서 무수한 노력의 시간을 쏟아붓는가? 그러나 의과대학에 입학해도 수련의와 전문의 실습기간을 무사히 마치려면 더 큰 자제력을 발휘해야만 하며, 각고의 노력 끝에 의사가 되어 봤자 결국 행복이 자동적으로 따라오는 것은 아니라는 사실을 깨닫게 될 뿐이다. 한 연구에 따르면 미국 의사들 가운데 만약 인생을 처음부터 다시 시작할 수 있다면 또다시 의사가 되겠다고 응답한 사람은 절반도 되지 않는다고 한다.**46** 의사들이 존경받는 까닭은 그들이 우리에게 큰 혜택을 제공하는 일을 하기 때문이다. 청소년들은 타인의 존경과 부를 동경하며 나아가 부모의 자랑거리가 되기 위해 의사를 꿈꾸기도 한다. 그러나 의사가 되기 위해 요구되는 온갖 자기통제는 결국 의사가 되려는 사람들 자신보다 사회의 나머지 사람들에게 더 가치 있는 것이라 하겠다.

물론 자기 자신보다 타인에게 더 큰 혜택이 돌아가는 직업을 추구하는 것은 우연적인 여러 요인들이 복합적으로 작용한 결과일 수도 있다. 그러나 개인에게 다수의 이익을 위해 자기억제를 독려하는 사회적 규범은 도처에서 찾아볼 수 있다. 예컨대 중국 베이징에서는 다양한 계층과 연령대의 많은 남성들이 방예膀爷라는 행동을 거리낌 없이 하는데, 이것은 문자 그대로 번역하면 '어깨를 노출한 할아버지들'이라는 뜻이다.**47** 이들은 날씨가 무더운 여름철이면 배가 밖으로 다 나오도록 셔츠를 위로 말아 올린 채 거리를 활보한다. 최근 몇 년 동안 베이징은 세계적인 관광도시가 되기 위해 노력해왔는데, 이렇게 몸통을 훤히 드러낸 남성들이 도시 이미지를 저해하는 것으로 간주되었다. 그래서 정부와 언론은 이 방예를 없애기 위한 캠페인을 벌였는데, 이것은 자기통제가 개인보다 사회에 더 큰 혜택을 가져다주는 분명한 예라 할 수 있다. 셔츠를 말아 올리면 더 시원하게 지낼 수 있겠지만, 사회 전체로 보면 '모든 사람들은 타인에게 불편을 끼치기보다 스스로 불만을 품고 살아야 한다'는 키케로의 명령이 더 설득력을 얻는 것처럼 보인다.

개인으로서든 사회 전체로서든 우리는 자제력을 보이는 사람들을 더 신뢰하는 경향이 있다. 관련 연구에 따르면 사람들은 상대방이 낯선 사람이든 연인이든 자제력을 보이는 상대에게 더 큰 신뢰를 보낸다.**48**

연인의 경우에 이는 충분히 타당성이 있다. 자제력이 약한 사람들은 사랑의 약속을 지키는 데도 더 어려워하는 경향을 보이기 때문이다.**49**

우리 사회에서 자제력이 강한 사람들이 누리는 커다란 혜택 중 하나는 일류 대학의 입학 허가와 장학금이다. 우리가 이미 살펴본 것처럼 입학의 주요 결정 요인인 학생들의 내신 성적과 수능시험 점수는 자제력에 의해 크게 좌우된다. 우리는 보통 수능시험을 일종의 지능검사로 생각하며, 일류 대학에 입학하는 것도 일종의 지능 경쟁이라고 생각한다. 물론 이것도 틀린 이야기는 아니지만, 일류 학교에 입학하는 것은 일종의 자제력 경쟁이기도 하다. 학창생활 그리고 수능시험 준비를 하는 동안 공부에 방해가 되는 온갖 충동들을 과연 얼마나 잘 억제할 수 있는가?

우리는 보통 대학 입학을 위한 입장권처럼 기능하는 수능시험을 통해 똑똑한 학생들과 그렇지 않은 학생들을 구별해낼 수 있다고 믿는다. 미국의 수능시험을 만든 사람들도 연습이나 노력을 통해 승부를 겨룰 수 없는 지능의 척도로서 이 시험을 고안했다.**50** 그러나 실제로 우리 사회에서 일류 대학에 입학하기 위한 조건으로 인정받는 시험은 궁극적으로 자제력을 통해 정복될 수 있는 것이다.

여러 종류의 행동들을 종합적으로 고려할 때 자제력이 개인보다 사회에 더 큰 혜택을 선사하는 이유는 결국 개인과 사회의 비용 편익 방정식이 다르기 때문이다. 예를 들어 당신이 흡연자인데 이제 담배를 끊으려 한다고 가정해보자. 당신은 담배를 끊는 것이 장기적으로 건강에 훨씬 이롭다는 사실을 잘 알지만, 그래도 담배를 끊기란 매우 어려운 일이다. 왜 그럴까? 그 이유는 흡연의 단기적 혜택과 금연의 장기적 혜택 사이에 갈등이 벌어지기 때문이다.

만약 당신이 니코틴에 중독된 상태라면, 당장 담배를 한 대 피우는 것은 실제로 당신의 즉각적인 이익에 부합하는 행동이다. 왜냐하면 담배를 피우면 담배를 피우지 않을 때보다 훨씬 기분이 좋아지기 때문이다. 또 담배에 대한 욕구가 매우 강할 때 담배를 피우지 않으면 당신의 신체는 말 그대로 고통을 느끼기까지 한다. 반면 담배에 대한 욕구를 극복하기 위해서는 금연의 장기적 혜택에 주의를 집중해야만 한다. 다시 말해 개인의 입장에서 보면 흡연의 단기적 혜택과 금연의 장기적 혜택이 존재하며, 이 둘 사이의 싸움은 피할 수 없는 것이다.

그러나 사회의 입장에서 보면 이런 식의 갈등은 존재하지 않는다. 당신이 담배를 피운다고 해서 사회에 어떤 단기적인 혜택이 돌아가는 일은 거의 없기 때문이다. 사회는 담배의 그윽한 향기를 즐길 수도 없으며 니코틴이 선사하는 황홀감을 경험할 수도 없고, 당신의 신경이 진정되는 것을 느낄 수도 없다. 사회의 입장에서 보면 당신이 담배를 피우는 것은 거의 모든 측면에서 언제나 나쁜 것이며, 당신이 담배를 끊는 것은 거의 모든 측면에서 언제나 좋은 것이다.

만약 자제력을 의지력으로 이해한다면, 우리는 어떤 개인이 강인하게 온갖 장애물을 극복해 나가는 모습을 떠올릴 것이다. 반면 자제력을 자기억제로 이해한다면, 우리는 이런 자기통제의 노력을 통해 일차적으로 혜택을 입는 자가 과연 누구일지 생각하게 된다. 흔히 자제력은 순간의 행복과 추상적인 미래의 더 나은 삶 사이, 싸움의 형태를 띤다. 그리고 이렇게 추상적인 성격의 더 나은 삶은 거의 언제나 사회의 목표와 조화를 이룬다. 반면 당신의 순간적인 행복은 사회의 주요 관심사가 아니다.

이 책의 시작 부분에서도 말한 것처럼 우리는 사람들이 자신의 쾌락을 최대화하고 고통을 최소화하려는 본성을 지니고 있다고 생각한다. 그러나 실제로 우리는 사회의 규범을 따르기 위해 우리 자신의 쾌락을 이겨내고 우리 자신의 고통을 증가시키려는 본성도 지니고 있다. 그리고 이는 '우리는 누구인가?'에 대한 우리의 이론이 얼마나 형편없는지를 다시 한 번 여실히 보여준다.

거의 1세기 선에 플로이드 올포트Floyd Allport가 쓴 역사상 최초의 사회심리학 교과서에서는 이러한 견해가 분명하게 표현되어 있었다. 올포트는 이렇게 주장했다. '그러므로 사회화된 행동은 대뇌피질이 달성한 최고의 업적이다. 이것은 원시적이고 이기적인 반사를 억제하고 반사를 사회적 환경뿐 아니라 비사회적 환경에도 어울리는 개인의 활동으로 변모시킴으로써 사회적 목적뿐 아니라 개인적 목적에도 부합하는 개인의 반응 습관을 확립한다.'[51]

앞에서 살펴보았듯이 내측 전전두피질은 사회적 영향력의 트로이 목마처럼 작용하는 듯하다. 즉 내측 전전두피질은 사회의 여러 신념과 가치가 개인의 신념과 가치로 내면화되는 과정의 신경적 기초일 것이다. 이때 우리는 이런 심리적 침입이 일어났다는 사실조차 깨닫지 못할 때가 많다. 사회의 여러 신념과 가치는 이런 과정을 통해 우리가 개인적으로 지지하는 신념과 가치가 되지만, 그럼에도 불구하고 이것들은 때때로 우리의 사회화되지 않은 충동들과 힘겨운 경쟁을 벌이곤 한다. 코미디언 루이스 C.K.는 이렇게 말했다. '나는 많은 신념을 가지고 있다. 그러나 내가 이런 신념들로 사는 것은 아니다.'[52]

만약 나의 신념이 내가 속한 집단(예컨대 나와 같은 학급, 같은 회사, 같은 사회 등)의 다른 사람들의 신념과 동일하다면, 나는 그들과 잘 어울릴 것이고 서로에 대해 호감을 느낄 것이며 함께 조화로운 삶을 영위할 것이다. 내측 전전두피질은 우리가 사회적으로 적절한 말을 하도록 도와주는 신경적 기초일 것이다. 반면 복외측 전전두피질은 우리가 사회적으로 적절한 행동을 하도록 도와주는 신경적 기초인 듯하다. 다시 말해 우리에게 충분한 동기만 있다면, 복외측 전전두피질은 우리가 사회화 이전 충동들의 강력한 지배를 벗어나 우리의 사고와 감정뿐만 아니라 우리의 행동까지도 사회화된 신념 및 가치의 인도를 받도록 하는 데 중요한 기여를 할 것이다.

우리의 자기통제를 통제하는 자는 누구인가?

18세기 영국의 철학자 제러미 벤담은 '도덕의 개혁과 건강의 보존 및 산업의 활성화'에 기여할 어떤 것을 제안한 바 있다.[53] 그는 자신이 설계한 이 '파놉티콘panopticon(전방위 감시체계)'이라는 건축물이 사람들로 하여금 그들이 해야 할 일을 하도록 만드는 데 결정적인 기여를 할 것이라 믿었다. 그의 계획은 죄수, 학생, 노동자, 병원 환자 같은 특정 집단의 모든 구성원들을 항시적으로 감시할 수 있는 시설을 만드는 것이었다. 감시용 카메라가 발명되기 훨씬 이전에 이런 목적을 달성하기 위해 벤담은 원형으로 배치된 여러 개의 방들이 원형 중앙의 열린 공간 쪽을 향하도록 건물을 설계했다.

감옥을 예로 들면 각 방의 세 면은 단단한 벽으로 막혀 있고 원형 중앙 쪽의 면은 창살로 되어 있어, 죄수를 안에 가두면서도 밖에서 들여다볼 수 있게 설계했다. 그리고 원형 중앙의 망루는 감방들보다 몇 층 높은 위치에서 360도로 빙 돌면서 모든 감방들을 감시할 수 있도록 했다. 이런 시설에서는 단 한 명의 간수가 '자세를 크게 바꾸지 않고도 (죄수들) 전체의 절반을' 감시하는 것이 가능할 것이다.

벤담의 파놉티콘이 독창적인 까닭은 여기에 추가된 또 다른 건축적 요소 때문이다. 벤담은 감시와 처벌의 위협을 통해 죄수들을 통제하기 위해서는 죄수들을 항시적으로 감시하는 것이 이상적이라고 생각했다. 그런데 중앙의 망루가 아무리 폭넓은 감시를 가능케 하더라도, 한 명 또는 몇 명의 간수가 모든 죄수들을 24시간 내내 주의 깊게 감시하기란 불가능한 것이다. 때문에 벤담은 모든 죄수들로 하여금 실제로 감시가 이루어지고 있는지 확인할 수 없게 그러면서도 매 순간 주의 깊은 감시를 받고 있는 것처럼 느끼게 만드는 것이 필요하다고 생각했다. 이를 위해 망루의 간수는 밖을 내다볼 수 있지만 죄수들은 망루 안을 들여다볼 수 없도록 건물을 설계해야 한다고 했다. 그러면 죄수들은 아무 때나 감시의 대상이 될 수 있으며, '반대의 경우, 즉 감시받고 있지 않은 경우를 확인할 수 없기 때문에 늘 감시받고 있다고 스스로 "상상"하게 될 것'이다.

벤담이 뛰어난 점은 사람들을 통제하기 위해 반드시 실제 감시가 필요한 것은 아니라는 사실을 꿰뚫어본 것이다. 사람들은 자신이 관찰될 수 있다는 사실을 알기만 해도, 즉 다른 사람들의 판단과 평가, 처벌의 대상이 될 수 있다는 가능성만 존재해도 통제를 받는다. 왜냐하면 우리는 남이 우리를 볼 수 있다는 사실만으로도 우리의 사회화되지 않은 충동을 스스로 억제하도록 자극을 받기 때문이다.

진화는 우리에게 '전방위적 자기통제panoptic self-control'의 메커니즘을 선사했는데, 이 때문에 우리의 행동은 타인이 우리를 판단하고 평가할지 모른다는 가능성만 존재해도 사회의 가치나 도덕에 부합하는 방식으로 이루어지는 경향이 있다. 어찌 보면 이것은 전략적이고 합리적인 계산의 결과처럼 보일지 모른다. 예컨대 내가 도둑질을 하고자 한다면, 나는 붙잡히지 않을 것이라는 확신이 섰을 때만 도둑질을 감행할 것이다. 그리고 그런 기회가 찾아오기 전까지는 전혀 도둑질할 의사가 없는 사람처럼 행동할 것이다. 그러나 관련 연구들에 따르면 사람들의 이런 행동 경향은 합리적인 수준을 훨씬 넘어서는 것이다.

한 연구에서 실험자는 실험 참가자가 보는 앞에서 서류 뭉치를 '우연히' 땅에 떨어뜨렸다. 이때 방 안에는 쉽게 눈에 띄는 위치에 무인 카메라가 설치되어 있는 경우도 있었고 그렇지 않은 경우도 있었다. 실험 결과 무인 카메라가 설치되어 있을 때 참가자들이 실험자를 도운 비율은 그렇지 않을 때보다 30퍼센트 이상 높았는데,[54] 이것은 무인 카메라의 존재가 제삼의 관찰자가 있을 수 있다는 가능성을 시사했기 때문이다.

또 다른 연구에서 참가자들은 조명이 어두운 방에서 시험을 볼 때 부정행위를 두 배나 더 저질렀는데,[55] 이것은 자신의 부도덕한 행동을 들킬 염려가 그만큼 적었기 때문이라 하겠다. 그리고 또 다른 연구에서 안구 추적 장치를 착용한 (그래서 자신의 시선이 나중에 재구성될지 모른다는 생각을 하게 된) 실험 참가자들은 이 장치를 착용하지 않은 참가자들보다 벽에 붙은 음란 포스터를 훨씬 덜 쳐다보았다.[56] 이 모든 연구에서 실험 참가자들은 현실에 맞게 자신의 행동을 조정하는 경향을 보였다. 즉 사람들은 타인이 자신을 관찰할 가능성이 클수록 타인의 가치에 부합하게 행동했다.

그러나 이런 전방위적인 자기통제는 상황에 대한 합리적인 반응의 수준을 넘어 누가 자신을 볼지도 모른다는 막연한 암시만 제시되어도, 심지어 자신을 관찰하는 사람이 아무도 없다는 사실을 알고 있을 때조차도 위력을 발휘한다. 당신의 직장 휴게실에 '자율 납부함honesty box'이라는 것이 있어서 직원들이 휴게실 냉장고에서 음료수를 꺼내 마실 때마다 자율적으로 상자에 돈을 넣도록 되어 있다고 상상해보자. 휴게실 벽면의 포스터에는 음료수 가격이 적혀 있다. 휴게실에는 당신밖에 없으며 누가 오는 것 같은 발자국 소리도 전혀 들리지 않는다. 이런 상황에서 당신이라면 당신이 마신 음료수의 값을 치르겠는가? 만약 값을 치른다면 얼마를 치르겠는가? 이때 만약 벽에 붙은 포스터에 꽃 그림이 인쇄되어 있다면 당신의 행동은 어떻게 달라지겠는가? 또 만약 포스터에 사람의 눈이 인쇄되어 있다면 어떻겠는가? 이것은 그저 누군가의 눈을 찍은 사진일 뿐이며 혹시라도 당신의 행동을 지켜볼지 모르는 실제 사람의 눈이나 무인 카메라는 절대 아니다.

그런데 연구 결과 꽃으로 장식된 포스터와 달리 사람의 눈이 인쇄된 포스터가 벽에 걸려 있을 때 사람들은 276퍼센트나 더 많은 돈을 자율 납부함에 넣었다.[57] 그런가 하면 비슷한 형태의 '사람 눈 포스터'를 공공장소의 카페테리아에 붙여놓자 사람들이 주변에 함부로 버리는 쓰레기의 양이 거의 절반으로 줄었다.[58] 심지어 한 실험실에서 이루어진 경제 게임 연구에서는 세상에 있지도 않은 가상 로봇의 눈을 그려놓자

실험 참가자들의 기부금이 증가하기까지 했다.[59]

끝으로 내가 가장 좋아하는 실험은 세 점이 두 눈과 입의 배치를 대충 닮도록 배치된 것과, 세 점이 꼭짓점이 위로 향한 삼각형처럼 배치된 것의 효과를 비교한 것이다(그림 9.2 참조). 이 실험에서 '얼굴' 모양의 세 점을 본 남성들은 꼭짓점이 위로 향한 삼각형 모양의 세 점을 본 남성들보다 경제 게임에서 상대방에게 세 배나 더 많은 돈을 거저 주었다.[60]

어떤 나쁜 행동을 범하기 전에 혹시 보는 사람이 없는지 주위를 살피는 것은 전략적으로 충분히 의미 있는 것이다. 그런데 사람 눈 사진이나 역삼각형 모양의 점들이 주위에 있다는 것이 나쁜 행동을 하다가 들켜서 처벌을 받게 될 실제 가능성과 무슨 상관이 있단 말인가? 위에 언급한 연구들에 참가한 사람들에게 그 상황에 대한 합리적 견해를 묻는다면, 아마도 그들은 지켜보는 사람이 아무도 없으며 따라서 자신이 무슨 행동을 하든 들킬 염려가 전혀 없다는 사실을 스스로도 잘 알고 있었다고 답할 것이다. 그럼에도 불구하고 사람들은 마치 누가 자신을 지켜보고 있는 것처럼 자신의 행동을 억제했다.

[그림 9.2] 친사회적 행동을 유도하도록 배열된 점들(A)과 그렇지 않은 점들(B).

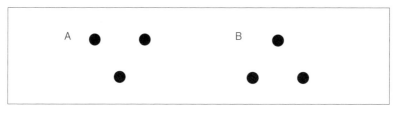

출처: Rigdon, M., et al. (2009). Minimal social cues in the dictator game. *Journal of Economic Psychology*, 30(3), 358~367.

우리 마음의 전방위 감시체계들

어린 시절 핼러윈은 1년 중에 사탕을 가장 많이 먹을 수 있는 날이었다. 이때가 되면 아이들은 의상을 대충 차려 입은 채 평소 알지도 못하던 사람들의 현관문을 두드리기만 해도 사탕을 선물로 받을 수 있기 때문이다. 만약 당신이 어린 시절로 되돌아가 핼러윈 저녁에 마흔두 번째 집의 현관문을 두드렸다고 상상해보라. 집주인이 문을 열고 당신을 반기는 순간 마침 그에게 중요한 전화가 걸려 왔다. 그러자 집주인은 다음과 같이 말했다. '미안하지만 이 전화를 꼭 받아야 하거든. 사탕 단지는 거실 오른쪽에 있으니까 가서 한 개만 집어 가렴. 나는 다른 방으로 가봐야 해.' 집주인은 이렇게 말하고 금세 사라졌으며 이제 당신은 커다란 사탕 단지 앞에 홀로 서 있다.

이런 상황에서 당신은 어떻게 하겠는가? 집주인이 말한 대로 사탕을 한 개만 집겠는가 아니면 가능한 한 빨리 많은 사탕을 당신의 가방에 집어넣겠는가? 당신을 보고 있는 사람은 아무도 없다. 아니, 어쩌면 딱 한 사람이 당신을 보고 있다. 사탕 단지 뒤에 거울이 걸려 있어 당신은 당신 자신의 행동을 볼 수 있기 때문이다. 만약 이런 상황이라면 당신의 행동은 어떻게 달라지겠는가?

이런 상황에서 자연적인 충동대로 행동한다면 우리는 허용된 것보다 많은 사탕을 집을 것이다. 관련 연구에서 9세 이상의 아이들이 거울 없이 이런 상황에 놓이자, 절반을 약간 넘는 숫자의 아이들이 그들에게 허용된 한 개 이상의 사탕을 집었다.**61** 그런데 거울을 통해 자신의 행동을 볼 수 있는 상황에서 한 개 이상의 사탕을 집은 아이들은 전체의 10퍼센트도 되지 않았다. 매우 놀랍지 않은가? 단지 거울 한 개가 추가

되었을 뿐인데도 아이들이 사회적 규범을 어기는 비율은 다섯 배나 줄어들었다. 다시 말해 거울에 비친 자신의 모습을 보는 것만으로도 아이들의 자기통제 메커니즘이 활성화되어 사탕 몇 개를 더 슬쩍 집어넣고 싶은 충동이 극복될 수 있었다.

이미 1세기 이전에 조지 허버트 미드와 찰스 쿨리는 각각 자기의식이란 본질적으로 한편으로는 우리의 충동적인 자기와, 다른 한편으로는 그것이 하려는 것을 우리에게 중요한 사람들이 알아챈다면 그들이 무엇이라고 말할지에 대한 우리의 상상 사이에 이루어지는 대화라고 주장했다.**62** 우리는 자기의식을 사적이고 내면적인 과정으로 경험한다. 그러나 위의 심리학자들에 따르면 실제로 자기의식이란 사회가 우리에게 무엇을 기대하는지를 상기함으로써 그에 맞게 우리 자신을 통제하게 되는 고도의 사회적인 과정이다. 이렇게 볼 때 우리는 우리 자신의 전방위 감시체계인 셈이다. 다시 말해 우리는 우리 자신의 감시자이자 피감시자이기도 하다.

이는 단지 어린 시절의 핼러윈 경험에 국한된 현상이 아니다. 한 실험실 연구에서 대학 1학년생들은 거울이 있는 방에서 시험을 치렀을 때 부정행위를 열 배나 덜 저질렀다(71퍼센트 대 7퍼센트).**63** 어찌 보면 감시자가 없는 상황에서 학생들의 자연적인 충동은 부정행위를 저지르는 것일 것이다. 그러나 대다수의 학생들은 거울로 자신의 모습을 볼 수 있는 상황에 처하자 이런 충동을 억제했다. 그 밖에도 사람들은 다양한 상황에서 주위에 거울이 있으면 다른 사람들에게 더 동조하는 경향을 보이기도 한다.**64**

자기통제의 능력은 인간에게만 있는 것이 아니다. 심지어 일부 동물들은 거울에 비친 자신을 알아보기도 한다. 그러나 자신을 바라보는 것, 즉 타인이 자신을 볼 수도 있다는 사실을 상기하는 것이 자기억제를 촉발하는 성향을 보이는 것은 인간이 유일하다. 우리는 타인이 우리를 보는 것처럼 우리가 우리 자신을 보는 것만으로도 (즉 우리 모습의 가시성만으로도) 자제력을 발휘하여, 우리의 사회화되지 않은 충동을 극복하고 사회적 기대에 부응하려고 노력한다. 자기통제에 대한 논의를 시작했을 때, 자기통제란 기본적으로 우리가 우리 자신의 삶을 통제함으로써 우리의 개인적 이익에 봉사하는 메커니즘처럼 보였다. 그러나 지금까지 살펴본 것처럼 자기통제는 적어도 그것이 개인적 이익에 봉사하는 만큼 사회적 이익에도 봉사한다.

우리는 우리가 한 사회의 구성원이라는 사실을 상기시키는 매우 사소한 단서에도 반응함으로써 우리 자신을 되돌아보는 성향을 지니고 있다. 자기통제는 사회적 연결을 촉진한다. 왜냐하면 자기통제는 우리로 하여금 우리 자신의 협소한 사익보다 집단의 선을 우선하도록 작용하기 때문이다. 자기통제는 사회적 집단에서 우리가 차지하는 가치를 증가시키며 나아가 집단 규범에 순응하는 행동을 통해 집단의 정체성을 강화하는 데도 기여한다. 또한 자기통제는 개인보다 집단을 우선함으로써 집단 응집력의 원천이 된다. 그리고 바로 이런 것들이 '조화harmonizing'의 핵심을 이룬다.

우리가 타인의 관찰과 판단, 평가의 대상이 될 수 있다는 사실을 상기하는 것은 우리의 자기억제 메커니즘을 활성화하여, 부정행위 저지르지 않기나 집단 규범 따르기와 같은 친사회적 결과를 촉진한다. 타인의 평가 대상이 되는 일, 자기억제, 사회적 규범을 따르기의 세 과정은 그 자체로 보면 서로 매우 다른 것처럼 보인다. 그렇지만 이 세 과정은 모두 우반구 복외측 전전두피질의 작용과 결부되어 있는 듯하며, 이 뇌 부위의 작용을 바탕으로 타인의 판단 대상이 될 수 있다는 우리의 느낌이 자기통제의 노력으로 전환되고 결국에는 사회적 순응으로 이어지는 듯하다. 자기억제에 관여하는 우반구 복외측 전전두피질의 역할에 대해 이미 많은 증거들을 살펴보았으므로 이제 나머지 두 과정에 초점을 맞추기로 하자.

당신이 한 실험에 참가했는데, 실험자가 당신에게 100달러를 건네면서 그 돈을 다른 실험 참가자 한 명과 나눠 가지라고 했다고 상상해보자. 당신은 돈을 나눠 가질 상대방을 앞으로 만날 일이 전혀 없다. 그러나 그는 옆방에 앉아 있는 실제 인물이며 둘 사이의 몫을 당신이 나누었다는 사실을 알고 있다. 하지만 돈에 대한 결정권은 전적으로 당신에게 있다. 이런 상황에서 당신은 다른 사람에게 얼마를 건네겠는가? 당신의 마음속에는 어떤 선택지들이 떠오르는가? 당신이든 상대방이든 그 돈을 어떤 노동의 대가로 번 것이 아니므로 공정성의 사회적 규범을 따른다면 반반씩 나눠 가지는 것이 옳을 것이다. 반면 당신의 이기적인 동기는 되도록 많은 돈을 취하라고 당신을 부추길 것이다. 이런 상황에서 사람들은 돈을 나눠 가질 상대방과 앞으로 마주칠 일이 없다는 사실을 알면, 평균적으로 전체 돈의 약 10퍼센트를 상대방에게 건넸다.

만프레드 슈피처Manfred Spitzer와 에른스트 페르Ernst Fehr는 뇌영상 스캐너를 이용해 이 연구를 수행해보았는데, 이때 실험 참가자들이 사회적 규범의 압력을 느낄 수 있는 또 다른 조건이 추가되었다.[65] 이 조건에서는 당신이 돈을 어떻게 나눌지 결정한 다음에 옆방의 사람이 그것을 근거로 당신에게 보복 조치를 취할 수 있다. 즉 옆방 사람은 당신으로부터 받은 돈의 일부를 기부함으로써 당신이 최종적으로 가져갈 돈의 양을 극적으로 감소시킬 수 있었다. 당신은 그 사람이 기부한 액수의 다섯 배를 기부해야 하기 때문이었다. 이렇게 상대방이 당신에게 보복할 수 있다는 것을 안다면 이제 당신은 그에게 얼마를 나눠주겠는가? 이런 상황에서 사람들은 전체 돈의 약 40퍼센트를 상대방에게 건넸는데, 이것은 반반씩 나눠 가지라는 사회적 규범에 매우 근접한 결과라 하겠다.

이 연구에서 사람들이 공정성 규범을 따른 것은 다른 사람에게 정말로 그렇게 많은 돈을 주고 싶었기 때문이 아니다. 만약 진심으로 그런 마음이 있었다면 사람들은 통제 조건(상대방의 보복 가능성이 없는 조건-옮긴이)에서도 마찬가지로 40퍼센트를 건넸을 것이다. 다시 말해 실험 참가자들이 그렇게 많은 돈을 다른 사람에게 건넨 까닭은 공정하게 처신해야 한다는 압력을 느꼈기 때문이다. 그리고 이런 사회적 순응 행동이 일어나는 동안에 우반구의 복외측 전전두피질은 더 많은 활동을 보인 소수 뇌 부위들 가운데 하나였다. 하지만 어쩌면 이 부위는 사회적 규범에 대한 순응 압력에 반응했다기보다 돈을 잃을지 모른다는 위협에 반응한 것일지도 모른다.

이 점을 살펴보기 위해 슈퍼처와 페르는 이 연구 결과를 또 다른 조건과 비교했다. 이 조건에서 실험 참가자들은 실제 사람 대신에 컴퓨터를 상대로 같은 게임을 벌였다. 그 결과 이 두 경우의 금전적인 이해관계는 동일했는데도, 우반구 복외측 전전두피질은 보복의 위협이 실제 사람으로부터 비롯한 경우에 더 민감하게 반응했다. 따라서 이 부위는 (돈을 잃을지 모른다는 위협 때문이 아니라) 사회적 제재의 위협 때문에 사회적 규범에 대한 순응 행동이 일어나는 데 관여한다고 해석될 수 있다.

나아가 또 다른 연구들에 따르면 사람들은 다른 사람이 어떤 것(예컨대 어떤 노래)을 높게 평가하는 것을 보기만 해도 그것을 마찬가지로 높게 평가하는 경향을 보이기도 한다. 이때 다른 사람에 의해 설정된 이런 종류의 규범에 대해 가장 큰 순응 행동을 보인 사람들은 우반구 복외측 전전두피질의 반응도 더 활발했으며 실제로 이 부위에 더 큰 용적의 회백질을 가지고 있었다.[66]

이런 순응 연구들은 우리가 원래 의도했던 계획이나 평가가 주위 사람들의 그것과 차이가 나는 상황에 초점을 맞추고 있다. 전방위적 자기통제라는 개념은 우리가 사회적 평가의 대상이 될 수 있다는 가능성만으로도 자기억제가 일어난다는 것을 함축하고 있다. 이렇게 자신을 직접 관찰하고 있는 사람이 전혀 없는데도 다른 사람들이 자신에 대해 어떻게 생각할지 상상하는 것만으로도 우반구 복외측 전전두피질이 활성화된다는 것을 보여주는 연구들이 있다.[67] 전방위적 자기통제와 관련해 가장 인상적인 것은 주위에 다른 사람 없이 그저 우리 자신을 바라보는 것만으로도 자기억제가 촉진될 수 있다는 연구 결과이다.

그렇다면 이제 당신이 당신 자신의 얼굴 사진을 볼 때 가장 일관되게 활성화되는 뇌 부위가 어디일지 짐작할 수 있겠는가?[68] 그렇다, 바로 우반구의 복외측 전전두피질이다. 즉 당신이 당신 자신의 사진을 볼 때, 그래서 당신이 세상 사람들에게 어떻게 보일지를 머릿속에 떠올릴 때, 당신은 자기억제와 나아가 사회적 규범에 대한 순응 행동에 관여하는 뇌 부위를 활성화하고 있는 셈이다. 물론 이 셋이 우반구 복외측 전전두피질 안에서 어떻게 서로 연결되는지에 대해서는 아직 체계적인 연구가 없으므로, 이것의 진정한 의미는 비밀에 싸여 있다고 할 수 있다. 그러나 다른 사람들과 어울리지 못할까 봐 두려워하는 마음이 우리의 충동적인 이기심을 억제하는 능력으로 전환되도록, 이런 과정들이 진화의 과정 속에서 서로 연결되었을 것이라는 흥미로운 가설을 세워 볼 수는 있을 것이다.

우리가 지금까지 주제로 삼았던 자기통제와 관련해 내릴 수 있는 결론은 여기까지다. 우리의 직관적인 이해에 따르면 자기통제는 우리의 개인적인 목표와 가치를 추구하는 데 기여하는 것처럼 보인다. 그러나 지금까지 살펴본 최신 연구 결과들에 따르면 자기통제는 오히려 갈등 상황에서 우리의 행동이 집단의 목표 및 가치와 조화를 이루도록 하는 데 더 기여하는 메커니즘인 듯 보인다. 우리는 흔히 순종적인 사람들을 가리켜 마치 떼 지어 몰려다니는 양들처럼 용기도 없고 주관도 없으며 의지력도 빈약한 사람들이라고 말하곤 한다. 그러나 최근 분석에 따르면 오히려 자기통제 능력이 강한 사람들이 그렇지 않은 사람들보다 특정 상황에서 사회적 순응 행동을 더 잘 보일 것으로 예상된다. 집단의 제재라는 실제적 또는 지각된 위협에 직면하여 때때로 순응은 현명한 선택이 될 수 있다. 이런 상황에서 자제력이 강한 사람들은 그렇지 않은 사람들보다 자기 멋대로 행동하고 싶은 충동을 더 잘 이겨낼 것이다.

자기의 존재 이유

서양 문화권에서 자기란 개인의 참된 정체성을 구성하는 이런저런 생각과 감정, 욕망의 보물창고와도 같은 것이다. 그래서 '너 자신을 알라'

는 명령은 단기적으로든 장기적으로든 우리를 정말로 행복하게 해줄 것들을 추구하고 불행하게 만들 것들을 회피하는 데, 우리의 제한된 자원을 효과적으로 사용하기 위해 꼭 필요한 것으로 간주된다. 이런 견해는 분명 타당한 면도 가지고 있다. 내가 어떤 종류의 음식을 좋아하는지, 어떤 종류의 사회적 사건이 나를 불편하게 만드는지, 어떤 종류의 일이 내게 가장 큰 만족감을 선사하는지 등을 아는 것은 틀림없이 내게 큰 도움이 될 것이기 때문이다. 따라서 자기 자신의 마음에 대해 적절한 이론을 가지는 것은 매우 유익한 일이라 하겠다.

그런데 우리 마음의 이런 것들에 사회가 얼마나 큰 영향을 미치고 있는지 우리는 제대로 깨닫지 못하고 있다. 다시 말해 사회는 우리의 목표나 신념이 형성되는 과정 중에 또는 다양한 상황에서 자제력을 발휘하도록 만드는 원인들과 관련해 우리에게 중요한 영향을 미치고 있다. 아주 어릴 때부터 우리를 둘러싸고 있는 사회적 세계는 착한 사람들이 무엇을 원하고 또 무엇을 하는지, 우리가 지닌 특성들 가운데 어떤 것들이 바람직한 것인지, 어떤 삶이 살 가치가 있는 것인지 등에 대해 우리에게 수많은 이야기를 늘어놓는다. 그러나 만약 우리가 트로이 목마 자기를 가지고 태어나지 않았다면, 만약 우리의 세계관을 구성하는 이런 근본적인 요소들이 어디에서 왔는지를 깨닫지도 못한 채 이 모든 것들을 스펀지처럼 빨아들이는 성질을 가진 자기가 존재하지 않는다면, 외부 세계에서 들어온 이 모든 입력들은 공염불에 지나지 않을 것이다.

우리는 이렇게 우리 안으로 들어온 것들이 우리의 마음속 깊이 간직된 지극히 개인적인 신념들이라고 믿는다. 그리고 바로 그렇게 믿기 때문에 우리는 이것들을 옹호하는 데 온 힘을 쏟곤 한다. 이때 이것들이 다른 사람들에 의해 우리 안에 심어졌다는 생각은 좀처럼 떠올리지 못한다. 그러나 우리가 우리의 신념을 옹호할 때 실제로는 사회의 신념을 옹호하고 있을 때가 많다. 우리의 개인적인 신념과 주위 사람들의 신념 사이에 존재하는 이런 조화와 일치는, 우리에게 사회의 유용한 구성원이 되고자 하는 동기로 작용한다. 이런 조화와 일치를 바탕으로 다른 사람들은 우리를 좋아할 것이며 우리는 사회적 삶 속에서 고통보다 쾌감을 더 경험할 것이기 때문이다.

자기통제란 우리에게 힘의 원천처럼 느껴진다. 다시 말해 자기통제는 우리의 개인적인 목표를 앞으로 밀고 나아가는 의지력과도 같은 것이다. 이것은 때때로 쉽게 고갈되기도 하지만, 다른 한편으로는 우리의 개인적이면서도 장기적인 목표를 달성하기 위해 순간의 욕망을 억제하는 독특한 능력을 지니고 있기도 하다. 그런데 우리가 지금까지 살펴본 것처럼 우리의 개인적이면서도 장기적인 목표란 거의 언제나 우리 자신뿐 아니라 사회에도 똑같이 또는 사회에 더 크게 이익이 되는 것이다. 그리고 우리의 개인적인 가치와 사회의 가치 사이에 갈등이 생기면 우리가 타인의 관찰과 판단의 대상이 될 수 있다는 사실을 상기하기만 해도 전방위적 자기통제가 활성화되어 우리는 충동을 억제하고 사회적 기대에 부합하는 행동을 하게 된다.

어찌 보면 이는 우리의 직관에 매우 어긋나는 것이다. 우리의 개인적인 가치들이 사회에 의해 슬그머니 심어진 것이며 그래서 우리의 자기통제가 어떤 면에서는 자기를 지원하기보다 억제하는 역할을 한다는 견해는, 개인의 정체성에 대한 우리의 평소 사고방식에 비추어 보면 아주 끔찍한 것이 아닐 수 없다. 그러나 뇌과학은 우리의 평소 사고방식 뒤에 놓인 근본적인 진리를 우리에게 보여주고 있다. 즉 우리의 내면 깊숙한 곳에서 의지력의 원천으로 작용하는 자기는 무엇보다도 우리가 집단의 은총 속에서 살아가도록 하는 데 기여하는 듯하다. 물론 조화는 쉬운 일이 아니다. 그러나 진화는 우리의 태도 및 신념이 집단의 그것과 불화를 이루기보다 조화를 이루도록 하는 것이 그만한 가치를 가진다고 생각한 듯 보인다.

우리의 사회적인 뇌

내 이야기는 여기까지다. 적어도 내 이야기의 신경과학적 부분은 여기까지다. 수백만 년에 걸친 진화의 과정을 통해 우리의 뇌는 점점 더 강력하게 사회적 북소리에 발맞추어 발달해왔다. 온갖 종류의 문제들을 해결하는 데 적합한 더 큰 뇌를 갖기 위해 진화는 우선 이런 뇌가 자궁을 어떻게 빠져나올 수 있는가라는 문제를 풀어야 했다. 그 해결책은 성장의 대부분을 바깥세상에서 완성하는 미숙한 뇌였다. 때문에 포유류의 새끼가 유아기 동안에 어미의 보호를 받기 위하여 그리고 새끼가 자라면 다시 자신의 새끼를 보호하기 위하여 '사회적 연결'은 포유류 적응의 핵심 과제가 될 수밖에 없었다.

이것은 지금까지 살펴본 것처럼 이중의 메커니즘을 통해 구현되었다. 즉 배측 전대상피질과 전측 섬엽에 기초한 사회적 고통은 사회적 연결이 위협에 직면했을 때 우리에게 경보를 울리는 작용을 한다. 그리고 복측 선조, 중격부, 옥시토신 과정 등에 기초한 사회적 보상은 우리가 다른 사람의 보호를 받을 때 느끼는 기쁨에 관여하며 나아가 우리에게 다른 사람을 보호하고 싶은 동기를 불러일으킨다.

진화의 역사에서 영장류가 등장하면서 '마음 읽기' 능력이 싹트기 시작했다. 외측 전두두정 영역에 있는 거울뉴런들은 영장류 동물들이 다른 동물들의 행동을 모방하고 학습하는 것을 가능하게 해준다. 그리고 이 부위는 인간이 심리적 의미를 지닌 행동을 표상하는 데에도 결정적으로 중요해 보인다. 배내측 전전두피질과 측두두정 접합에 있는 심리화 체계의 발달과 함께 인간은 타인의 행동에 대해 추론할 수 있는 독특한 능력을 지니게 되었으며, 나아가 이 새로운 능력을 바탕으로 타인의 사고, 감정, 목표 등에 대해서도 추론할 수 있게 되었다.

이 능력의 중요성은 우리가 다른 정신적 과제에 몰두해 있지 않을 때마다 심리화 체계가 자동적으로 활성화되도록 우리의 뇌가 진화했다는 사실에서도 엿볼 수 있다. 이렇게 기회 있을 때마다 기본 값으로 돌아가는 뇌의 성질 때문에, 우리는 평소 세계를 물리적 관점에서 이해하기보다 사회적이고 심리적인 관점에서 이해하는 경향이 있다. 그리고 실제로 이렇게 뇌가 기본 값으로 돌아감으로써 비사회적 추론을 위한 전용 회로의 중요성은 상대적으로 낮아진다. 반면 타인의 마음을 읽는 능력은 사회적 연결을 촉진하기 위한 방법을 찾고 사회적 거부의 고통을 피하고자 하는 우리의 사회적 동기를 합리적으로 추구하는 데 중요한 수단이 된다.

사회적 뇌의 진화적 형성 과정에서 최종 단계에 해당하는 것은 자기지식self-knowledge과 자기통제라는 쌍둥이별의 등장이다. 내측 전전두피질에 표상되는 자기의식은 크게 보아 일종의 기만이다. 언뜻 보면 자기의식은 매우 사적이고 타인이 접근할 수 없는 것처럼 보이지만, 실제로 이것은 우리의 신념과 가치를 형성하는 사회화 과정의 파이프로 작용한다. 또한 복외측 전전두피질에 의해 매개되는 자기통제도 우리가 직관적으로 생각하는 것과는 다른 목적에 봉사한다. 즉 자기통제는 우리의 개인적인 운명을 앞으로 밀고 나아가는 힘의 원천이라기보다 우리가 사회적 규범과 가치를 따르도록 작용하는 사회적 통제의 수단에 더 가깝다.

이런 의미에서 자기와 자기통제는 우리가 흔히 생각하는 방식으로 우리 자신에게 봉사하기보다 사회적 '조화'를 도모하는 데 더 기여한다. 자기와 자기통제를 통해 우리는 집단 안에서 좀 더 호감을 사고 협조적인 구성원이 될 수 있으며, 때로는 사회화되지 않은 개인적 충동을 억제하면서까지 집단을 지원하기 위해 애쓴다. 그리고 이런 노력을 통해 우리는 우리가 속한 집단에서 더욱 가치 있는 존재가 될 수 있다. 이렇게 우리 모두가 집단을 우선하는 성향을 똑같이 지니고 있기 때문에 개인적 이해의 충돌이 늘 존재하면서도 집단의 번영이 가능한 것이다.

사회적 삶을 산다는 것은 결코 쉬운 일이 아니다. 정말로 어려운 일이다. 우리는 음식을 장만하고 집세를 지불하며 우리의 행복한 미래를 준비하기 위해 우주에서 가장 복잡한 존재라고 할 수 있는 타인들에게 의존하고 있다. 이런 사회적 체계는 결코 완벽하지 않지만, 수차례에 걸쳐 되풀이된 진화의 선택은 우리를 더욱더 사회적인 존재로 만드는 것이었다.

5부

더 현명하고 행복하며
생산적인 삶을 위한 제언

S O C I A L

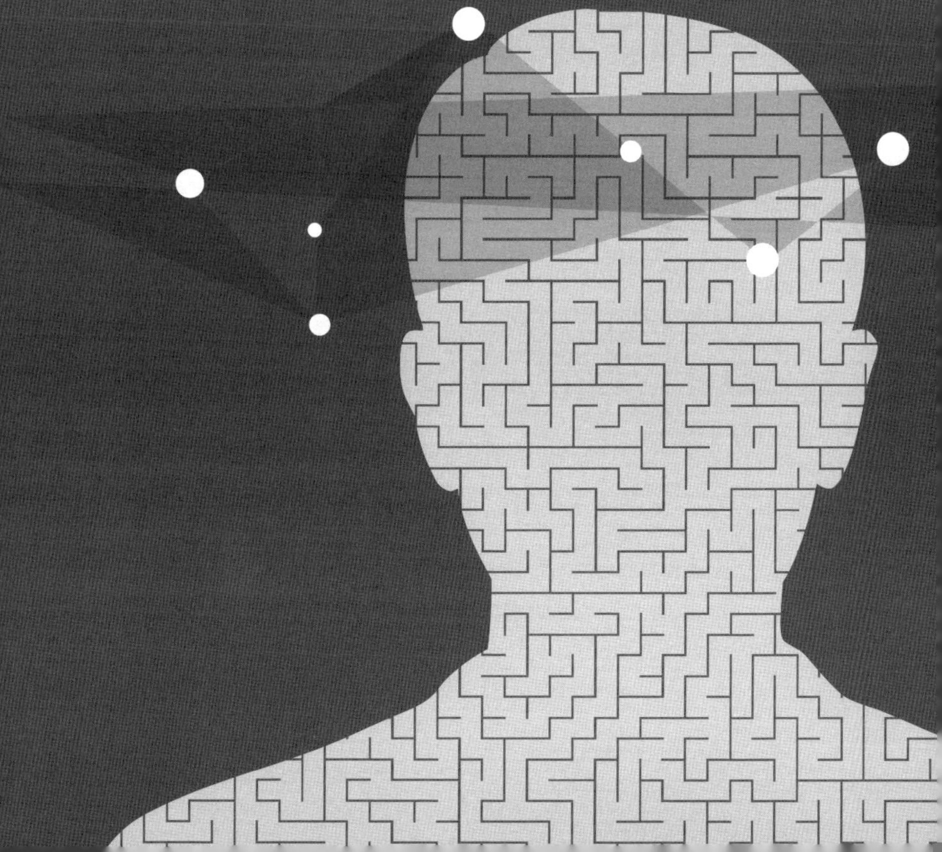

10장

사회적 뇌와 행복

이 책이 전하고자 하는 바는 분명하다. 즉 우리의 뇌는 가장 오래된 몇몇 사회적 회로의 경우 1억 년 이상까지 거슬러 올라갈 정도로 철저하게 사회적이다. 사회적 뇌는 우리가 사회적 연결을 잃지 않도록 우리를 끊임없이 자극한다. 또 잡아당긴 고무줄이 잽싸게 원래대로 돌아오는 것처럼 기본 값으로 끊임없이 복귀함으로써, 우리로 하여금 다른 사람들의 마음을 헤아리는 데 주의를 기울이도록 만든다. 그리고 우리 존재의 중심에 있는 자기는, 무엇보다도 우리의 신념을 타인들의 신념과 일치시키고 집단의 이익을 위해 충동을 억제함으로써 타인들과의 조화를 꾀하도록 작용한다. 우리의 사회성에 대한 이런 생물학적 이해는 '우리는 누구인가?'에 대해 우리 대다수가 갖고 있는 매우 불완전한 이론에 살을 붙여준다.

우리는 흔히 사람들이 오로지 자신의 쾌락과 고통에만 관심을 갖는 이기적인 존재라고 생각하는 경향이 있다. 우리는 여러 세대에 걸쳐 이런 인간관을 교육받았다. 이기적 관심이 인간 행동의 강력한 동기로 작용하는 것은 사실이지만, 이것이 전체의 진리일 수는 없다. 선입견을 버리고 주위를 둘러본다면 개인의 이기심만으로는 설명될 수 없는 수많은 행동들을 발견할 수 있을 것이다. 그런데 그동안 우리는 우리가 어떤 종류의 존재인지에 대해 불완전한 이론만이 존재했기 때문에 이런 행동들을 제대로 이해할 수 없었다.

이제 우리는 어디로 갈 것인가? 우리의 사회적 뇌를 이해하는 것은 우리의 정체성을 이해하고자 하는 실존적 욕구를 충족시켜주는 지적 활동에 불과한 것일까? 물론 이것도 긁어줄 필요가 있는 가려움과도 같다. 그러나 우리의 사회적 본성을 이해하는 것은 이보다 훨씬 더 중요한 의미를 지닐 것이다. 왜냐하면 우리가 살면서 하는 모든 것에는 그리고 우리가 속해 있는 모든 조직에는 '우리는 누구인가?'에 대한 특정한 이해가 반영되어 있기 때문이다.

우리의 뇌가 얼마나 놀라운 것인지 생각해보라. 그리고 이렇게 놀라운 뇌의 상당 부분이 우리를 사회적인 존재로 만드는 데 기여하고 있다는 사실에 대해 생각해보라. 그러나 학교나 직장 같은 일상생활의 여러 영역에서 우리의 머릿속에 있는 이 놀라운 사회적 장치는 당면한 '실제' 과제에 집중하는 것을 방해하고 쓸데없이 어려움만 초래하는 방해물 정도로 간주되곤 한다.

이어지는 10장, 11장, 12장에서는 이런 견해가 얼마나 잘못된 것인지에 대해 살펴볼 것이다. 단언컨대 우리 삶의 거의 모든 것은 우리가 사회적으로 되면 될수록 더 나은 결과를 낳을 것이다. 여러 제도와 목표 들을 우리의 사회적 뇌에 맞게 조금만 조정해도 더 현명하고 행복하며 생산적인 삶이 가능할 것이다.

얼마면 행복을 살 수 있을까?

우리는 누구나 잘 살고 싶어 한다. 다시 말해 행복하고 건강한 삶을 원한다. 사회는 전체적으로 볼 때 사람들의 행복과 건강을 위해 많은 것을 투자한다. 행복하고 건강한 사람들은 그렇지 않은 사람들보다 더 생산적이고 곤경에 처하는 경우도 적으며 사회에 초래하는 비용도 적다. 철학자 제러미 벤담은 사람들에게 최소 고통과 최대 쾌락을 제공하는 사회가 가장 훌륭한 사회라는 '최대 행복의 원리greatest happiness principle'를 공리주의의 기초로 제시했다. 그러나 인류의 역사가 존재한 이래로 줄기차게 제기되어온 중대한 물음은, 과연 무엇이 우리를 행복하고 건강하게 만드는가라는 것이다. 만약 이에 대해 우리가 지금까지 잘못 이해한 점이 있다면, 이제라도 바로잡고 다시 시작할 필요가 있다.

1989년 대학 신입생 20만 명 이상을 대상으로 인생의 목표가 무엇인지를 조사한 결과, 가장 두드러진 대답은 금전적으로 풍요로운 삶이었다.[1] 어쩌면 이 학생들은 '돈이 모든 좋은 것의 뿌리다'라고 외치는 인물이 등장하는 에인 랜드Ayn Rand의 소설 《아틀라스Atlas Shrugged》를 읽었는지도 모르겠다. 아니면 그저 충분히 분별력 있는 사람들이었을 것이다. 만약 고통과 쾌락에 대한 벤담의 견해가 옳다면, 많은 돈을 가지고 있는 것은 신체적 불편을 피하고 삶의 물질적 쾌락에 접근할 수 있는 기회를 최대화하는 데 매우 좋은 수단이 될 것이다.

당신은 이국적인 곳으로 여행을 가서 세계 최고급 요리를 즐기고 싶은가? 또는 더 멀리 우주로 날아가서 지구 궤도를 비행하고 싶은가? 만약 당신의 은행 계좌에 돈만 충분히 있다면, 이 모든 것을 즐기는 데 아무 문제가 없을 것이다. 이처럼 돈을 많이 버는 것은 전 세계적으로 매우 높게 평가되고 있으며, 무수한 자원에 대한 접근 기회를 제공하는 것도 틀림없는 사실이다. 그러나 이것이 정말로 우리를 행복하게 만들까?

경제학자들은 수십 년 동안 이 문제와 씨름해왔는데, 그 이유 중의 하나는 진정한 행복을 직접 측정할 수 없는 상황에서 개인이나 국가의 소득이 그들의 행복에 대한 객관적 지표로 오랫동안 간주되어왔기 때문이다.[2] 나아가 때로는 이런 가정을 바탕으로 돈이 어떤 목적을 위한 수단이 아니라 목적 자체로 간주되기까지 했다. 그러나 진정한 행복을 직접 측정할 수 없다는 가정과 달리 '행복' '삶의 만족도' '주관적 안녕감well-being' 같은 것들을 측정하기란 의외로 간단하다. 사람들에게 '모든 것들을 고려할 때 당신은 요즘 당신의 삶 전체에 대해 얼마나 만족하시나요?'와 같은 질문을 던지기만 해도 그 답을 알 수 있기 때문이다. 그리고 같은 사람들을 대상으로 오늘 그리고 1년 후에 똑같은 질문을 던진다면, 대다수 사람들은 거의 똑같이 답할 것이다. 왜냐하면 사람들은 이런 종류의 질문에 대해 매우 안정되고 신뢰할 만한 반응을 보이는 경향이 있기 때문이다.

돈과 행복의 관계는 여러 방식으로 분석될 수 있는데, 경제학자들은 이런 방법들을 거의 빠짐없이 시도해보았다. 그리고 거의 모든 분석의 공통된 결론은 놀랍게도 우리의 평소 생각과 달리 돈과 행복의 관계가 훨씬 덜 밀접하다는 것이다. 우선 돈과 행복 사이에 밀접한 관계가 있다는 결론을 낳은 유일한 분석부터 살펴보기로 하자. 수많은 국가들을 대상으로 각국의 평균 행복도와 그 나라의 평균 소득수준을 비교해보면,[3] 이 두 요인 사이의 상관관계는 매우 높게 나온다. 즉 평균 소득이 높은 국가일수록 국민들은 평균적으로 더 높은 행복도를 보인다. 그러나 이런 종류의 분석이 우리에게 말해주는 것은 그리 많지 않다. 왜냐하면 부유한 국가와 가난한 국가는 무수히 많은 측면에서 차이가 있기 때문이다. 예컨대 부유한 국가는 가난한 국가보다 개인에게 더 큰 자유를 허용하며 더 좋은 학교와 의료시설을 가지고 있고 사법제도도 덜 부패한 편이다. 이렇게 볼 때 국내총생산GDP이라는 것은 행복에 더 직접적으로 영향을 미칠 수 있는 많은 변수들 가운데 그저 하나 정도를 대변하고 있는 것처럼 보인다.

그렇다면 다른 분석들은 어떠할까? 몇몇 연구자들은 특정 국가 안에서 돈과 행복의 관계를 알아보았는데, 예컨대 행복연구가 에드 디너Ed Diener는 수천 명의 미국 성인들을 대상으로 주관적 안녕감과 소득수준의 관계를 조사한 연구 결과들을 살펴보았다.4 그 결과 소득수준과 행복 사이에 통계학적으로 의미 있는 관계가 발견되기는 했으나, 극히 미미한 것이었다. 개인의 소득은 표본집단에서 관찰된 행복의 차이 중에서 약 2퍼센트만을 설명해주었기 때문이다. 게다가 이런 관계는 대부분 소득이 빈곤선 주변에 위치한 사람들에게서만 확인되었다. 빈곤선 이하에 위치한 사람들의 경우에는 소득이 1,000달러만 증가해도 복지수준이 크게 변화할 수밖에 없었다. 그러나 기본적인 욕구들이 어느 정도 충족되고 나면 소득의 증가가 행복에 기여하는 바는 매우 미미했다.

때문에 몇몇 연구자들은 소득과 행복의 관계를 적절히 분석하기 위해서는 소득의 변화를 장기적으로 살펴보아야 한다고 주장했다. 예컨대 한 연구에서는 1946년부터 1990년까지 미국인들의 소득수준 변화와 그들이 보고한 주관적 안녕감의 변화를 비교했는데, 그 결과는 그림 10.1에서 볼 수 있듯이 충격적인 것이었다.**5** 이 기간 동안에 소득은 물가 상승률을 감안해 조정한 뒤에도 두 배 이상 증가한 반면, 행복은 전혀 증가하지 않았기 때문이다. 이를 최초로 발견한 경제학자의 이름을 따서 '이스털린의 역설Easterlin Paradox'이라 불리는 이 효과는 여러 국가에서 관찰되었는데, 그중에서도 가장 극적으로 관찰된 곳은 일본이었다.**6** 일본은 1958년부터 1987년까지 실질 소득이 500퍼센트 증가했고 **7** 물질적 편리함도 몇 배로 증대했지만(예컨대 이 시기에 자동차 소유자는 인구의 1퍼센트에서 60퍼센트로 늘어났다), 일본인들이 보고한 행복 수준은 이 30년 동안 전혀 변화가 없었다.

이런 연구 결과는 매우 당혹스럽게 느껴진다. 나는 돈을 벌기 위해 일하며 더 많은 돈을 벌기 위해 열심히 일한다. 내가 이렇게 하는 까닭은 돈을 많이 벌어야 나와 내 가족이 그만큼 더 행복해질 것이라고 직

[그림 10.1] 미국에서 소득과 사회복지의 변화(1946년부터 1989년까지).

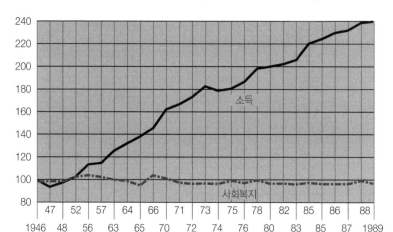

출처: Easterlin, R.A. (1995). Will raising the incomes of all increase the happiness of all? *Journal of Economic Behavior & Organization*, 27(1), 35~47.

감적으로 믿기 때문이다. 그러나 과연 이것이 행복이라는 목적지를 향해 달려가는 금전 기차의 종착역으로 우리를 무사히 인도할 수 있을까? 이와 관련해 몇몇 경제학자들은 개인 소득수준의 변화가 행복의 변화를 수반하는지를 약 10년에 걸쳐 살펴보았는데, 결론은 그렇지 않다는 것이었다. 조사를 끝낼 무렵에 어떤 사람들은 전보다 훨씬 더 많은 돈을 벌고 있었고 또 어떤 사람들은 전보다 훨씬 적은 돈을 벌고 있었지만, 그들의 행복은 이런 변화와 별로 관련이 없었다. 나의 직감은 돈을 더 많이 벌면 더 행복해질 것이라고 말하지만, 이는 틀린 것이다.

행복의 역설에 대한 설명

여기서 길을 잃고 헤매는 것은 나뿐만이 아닐 것이다. 대다수 사람들은 돈을 더 많이 버는 것이 그들 인생에서 중요한 목표 중 하나라고 말한다. 그냥 아무 이유도 없이 이러는 것이 아니다. 사람들이 돈을 더 많이 벌려고 하는 까닭은 그래야 결국 더 나은 삶을 살 수 있다고 믿기 때문이다. 그런데 수많은 연구들은 한결같이 그렇지 않다고 결론짓는다. 우리는 헛다리를 짚고 있는 셈이다. 도대체 어떻게 사회 전체가 그렇게 오랫동안 잘못된 길에 빠져 있을 수 있단 말인가? 그리고 무엇이 우리를 행복하게 만드는지에 대한 우리의 이론을 바로잡기 위해 필요한 것은 무엇일까?

돈과 행복 사이에 밀접한 관련이 없다는 사실이 밝혀진 이후로 경제학자들과 심리학자들은 각각 이에 대한 그럴듯한 설명을 내놓았다. 먼저 심리학자들은 좋든 싫든 사람들은 새로운 환경에 적응하는 경향이 있다는 점을 지적했다.**8** '쾌락의 적응-hedonic adaptation'이라고 불리는 이런 현상 덕분에 우리는 부정적인 사건에 직면해도 계속 우울한 채로 지내지 않을 수 있다. 그러나 불행히도 똑같은 심리작용의 결과로 긍정적인 사건에 직면해도 계속 기쁨에 들뜬 채로 지낼 수만은 없다. 이 점을 잘 보여주는 가장 대표적인 예는 거액의 복권에 당첨된 사람들의 사례일 것이다. 이들은 처음 복권에 당첨되었을 때 이루 말할 수 없는 기쁨을 느끼지만, 어느 정도 시간이 지나면 같은 마을에 사는 다른 사람들보다 특별히 더 행복하다고 느끼지 않는다.**9**

그런가 하면 경제학자들은 소득을 바라보는 사람들의 관점에 초점을 맞춘 설명을 내놓았다. 이 설명에 따르면 문제는 사람들이 자신의 소득 절대액과 구매력에 주목하는 대신 주위 사람들보다 얼마나 더 버는지에 주목하는 데 있다. 이 '상대소득relative income' 가설에 따르면 대다수 이웃의 연봉이 20만 달러인 곳에서 1년에 10만 달러를 버는 것보다 이웃의 연봉이 3만 달러인 곳에서 1년에 5만 달러를 버는 것이 우리를 더 행복하게 만들 수 있다.**10**

사회성의 쇠퇴

사태는 내가 지금까지 묘사한 것보다 더 심각하다. 적어도 미국의 경우에는 그러하다. 지난 수십 년 동안 소득의 증가는 행복의 증가와 특별한 관련이 없었을 뿐만 아니라, 오히려 같은 시기에 사람들의 행복은 실제로 감소했기 때문이다. 상대소득에 대한 민감성은 행복의 이런 감소를 어느 정도 설명해주는 요인임에 틀림없다. 그러나 이것이 전부는 아니다. 이런 요인들로는 설명될 수 없는 어떤 것이 있음에 틀림없다.

로버트 퍼트넘Robert Putnam은 《나 홀로 볼링Bowling Alone》에서 이 모든 분석들에서 빠져 있는 것을 처음으로 정확히 지적한 바 있는데, 그것은 바로 사회성이다.[11] 퍼트넘과 그의 분석을 따르는 사람들은 다양한 사례들을 수집했는데, 이는 모두 다음과 같은 2단계 명제로 수렴된다. 첫째 사회적 요인들은 주관적 안녕감과 삶의 만족에 중요한 기여를 한다. 둘째 미국과 같은 현대 사회에서 이런 사회적 요인들은 점점 쇠퇴하고 있다. 이제 이 두 가지를 차례대로 살펴보기로 하자.

경제학자들은 다양한 사회적 요인들에 대해 논의하면서 마치 경제 지표 같은 인상을 풍기는 '사회적 자본social capital'이나 '관계재relational goods' 같은 용어들을 사용하곤 한다. 여기서 말하는 사회적 요인에는 결혼 여부, 친구의 유무, 개인별 사회연결망social network의 크기, 사람들이 가입한 (볼링 리그 같은) 단체나 조직, 각종 사회제도에 대한 신뢰도 등이 포함된다. 경제학자들이 이런 사회적 요인들을 어떻게 분석하든, 이것들은 대부분 (소득의 경우와 달리) 행복과 관계가 깊은 것으로 나타난다.[12] 예컨대 소득과 사회연결망이 행복에 미치는 영향을 비교한 연구에서는 상대소득의 효과를 고려할 때 소득보다 사회적 요인들이 행복에 더 긍정적으로 영향을 미치는 것으로 판명되었다.[13]

그렇다면 삶의 사회적 측면들은 우리의 행복을 위해 얼마나 가치 있는 것일까? 많은 연구자들은 사회적 요인들의 화폐 가치를 추산하기 위해 같은 크기의 행복 증대를 경험하려면, 얼마나 더 많은 돈을 벌어야 하는지 따져보았다. 예컨대 한 연구에서는 자원봉사 활동이 행복의 증대에 기여한다는 결과를 발표했는데, 이때 적어도 일주일에 한 번씩 자원봉사를 하는 사람들은 연봉이 2만 달러에서 7만 5,000달러로 증가할 때와 맞먹는 행복의 증대를 경험하는 것으로 평가되었다.[14] 100개 이상의 국가를 대상으로 조사한 또 다른 연구에 따르면 자선단체에 기부하는 것은 개인의 봉급이 두 배로 증가하는 것과 맞먹는 행복의 증대를 가져온다.[15]

또 다른 연구에서는 거의 매일 만나는 가까운 친구가 있으면 그렇지 않은 경우보다 더 큰 행복을 경험하는데, 이는 1년에 10만 달러를 추가로 버는 것의 효과와 비슷하다고 한다.[16] 그 밖에 결혼은 10만 달러의 추가 소득과 맞먹는 가치를 지니며, 반면 이혼은 연봉이 9만 달러 줄어드는 것과 비슷한 효과를 낳는다. 또 이웃을 규칙적으로 보기만 해도 연봉이 6만 달러 증가하는 것과 비슷한 효과가 있다.

그런가 하면 연구자들이 조사한, 비금전적 자산 가운데 월등하게 가장 가치 있는 것은 신체적 건강이었다. 이에 따르면 건강이 '좋은' 것은 '좋지 않은' 경우에 비해 40만 달러의 연봉 상승에 맞먹는 효과를 낳는다. 언뜻 보면 믿기지 않을 수도 있겠다. 그런데 만약 당신이 건강하지 않다면, 건강을 회복하기 위해 과연 당신은 얼마나 많은 돈을 포기할 용의가 있는지 생각해보라. 여기서 내가 건강을 언급한 이유는 사회적 요인들이 신체적 건강에도 막대한 영향을 미치기 때문이다.[17] 이렇게 볼 때 사회적 요인들은 행복에 직접적으로 영향을 미칠 뿐만 아니라 건강을 떠받치는 역할을 통해 행복에 간접적으로도 기여한다.

반가운 소식은 우리의 삶을 좀 더 '사회적'으로 가꾸는 일이 비용 면에서 매우 효율적이라는 점이다. 친구와 커피 한잔 마시기, 이웃과 대화하기 혹은 자원봉사 같은 것들은 특별히 많은 비용을 필요로 하지 않으면서도 당신의 삶을 상당히 향상시킬 수 있다. 반면 나쁜 소식은 우리 사회가 점점 더 사회성을 잃고 있다는 사실이다. 지난 반세기 동안 소셜미디어를 제외하면 사회적인 것과 관련된 거의 모든 영역에서 지속적인 쇠퇴의 흐름이 이어져 왔다. 결혼률은 50년 전보다 크게 감소했고[18] 자원봉사나 단체 활동도 줄었으며 가정에서 식구들과 오붓하게 지내는 시간도 줄었다.[19]

그중에서도 내게 가장 충격적인 통계는 친구관계에 관한 것이다. 1985년 실시된 한 설문조사에서는 '지난 6개월 동안 당신에게 중요한 문제들에 관해 누구와 상의했나요?'라는 질문을 통해, 사람들에게 절친한 친구가 몇 명이나 되는지 알아보았다.[20] 그 결과 가장 빈번하게 나온 숫자는 세 명이었다. 응답자의 59퍼센트는 중요한 문제를 상의할 정도로 절친한 친구가 세 명 또는 그 이상이라고 답했다. 그런데 2004년 똑같은 설문조사를 다시 실시한 결과 가장 빈번하게 언급된 친구의 숫자는 0명이었다. 그리고 절친한 친구가 셋 또는 그 이상이라고 답한 사람들은 응답자의 겨우 37퍼센트에 그쳤다. 1985년의 조사로 다시 되돌아가면 당시 절친한 친구가 한 명도 없다고 답한 사람은 10퍼센트밖에 되지 않았다. 그러나 2004년에 이 숫자는 25퍼센트까지 치솟았다. 결국 우리 가운데 넷 중 한 명은 자신의 삶을 공유할 단 한 명의 친구도 없이 세상을 배회하고 있는 셈이다. 다른 사람들과 어울리는 일은 우리의 삶을 더 낫게 만든다. 그러나 각종 지표에 따르면 우리는 점점 더 비사회적으로 되고 있다.

왜 우리는 점점 더 비사회적 인간이 되는가?

사회적으로 사는 것이 우리의 행복을 위해 반드시 필요하다는 사실은 그리 놀라운 일이 아닐 것이다. 사회적 뇌에 대해 지금까지 살펴본 것처럼 우리는 사회적 관계를 맺고 유지하려는 성향을 지니고 있으며, 이런 관계가 위협받으면 괴로움을 느낀다. 또한 정체성 또는 자기의식은 우리가 속해 있는 집단과 매우 긴밀하게 결부되어 있다. 이렇게 우리의 뇌는 사회적인 것에 자연스럽게 끌리는 성질을 가지고 있다. 그러나 사회 전체로 볼 때 우리는 온갖 사회적인 것들로부터 점점 더 멀어지고 있다. 수천 년의 세월 동안 우리는 작은 공동체 안에서 생활했다. 그곳에서 우리는 이웃뿐만 아니라 대다수 주위 사람들과 알고 지냈는데, 이는 공동체가 그만큼 안정되어 있었기 때문이다. 그러나 지난 20세기에 급격한 변화가 일어났으며, 이것이 우리를 예전보다 덜 행복하게 만들고 있다. 그런데 이는 결코 불가피한 것이 아니다.

불행하게도 내 삶은 그동안 많은 사람들에게 일어난 일을 설명하는 데 전형적인 예가 될 수 있다. 나는 뉴저지에서 성장해 그곳에서 대학을 다녔고 많은 친구들이 있었다. 그 뒤 대학원 진학을 위해 매사추세츠로 이사했는데, 그 바람에 많은 대학 시절 친구들과 연락이 끊기고 말았다. 그리고 다시 캘리포니아로 옮겨 와 캘리포니아대학교 로스앤젤레스 캠퍼스의 조교수가 되었다. 당시 내가 살던 웨스트할리우드West Hollywood에서 나는 몇몇 좋은 친구들을 사귈 수 있었지만 그곳은 대학에서 꽤 멀리 떨어져 있었다. 그러다 지금의 아내와 진지하게 사귀게 되면서 우리는 대학 근처로 이사했는데, 그러면서 웨스트할리우드의 친구들과도 자연스럽게 멀어지고 말았다. 로스앤젤레스는 교통 사정이

안 좋기로 유명한 곳이다. 금요일 저녁이면 10킬로미터 거리도 차를 몰고 갈 엄두가 나지 않을 정도다. 게다가 신임 교수였던 나는 직장에 갓 들어온 신참들이 으레 그렇듯이 출세를 위해 뼈 빠지게 일했다. 그러다 결혼해서 아들을 낳았고, 아들을 위해 공을 차거나 농구를 할 수 있는 뒤뜰이 있으면 좋겠다는 생각을 하게 되었다. 그래서 우리는 집을 한 채 장만했으며, 그 결과로 가족과 지내는 일이 나의 일과 중에서 가장 중요한 일이 되었다.

그렇다고 나를 불쌍히 여길 필요는 없다. 나는 엄청 재수가 좋은 사람이다. 나는 세상에서 둘도 없이 친한 친구와 결혼을 했고 내 가족과 부모형제들을 사랑한다. 그러나 그동안 내가 한 선택들을 되돌아보면 아내에게 청혼을 했던 탁월한 선택을 제외한 일련의 선택들은, 나를 친구들로부터 지리적으로나 정서적으로 멀어지게 만들었고 사랑하는 사람들과 함께 보낼 수도 있었을 시간을 앗아가버렸다. 철학을 전공하며 물질적 추구를 멀리하던 나는, 어느새 나도 모르게 '아메리칸 드림'을 좇는 어른이 되어버렸다. 그리고 행복의 추구는 언젠가부터 소득과 승진의 추구와 구별하기 어려워졌다.

내 삶의 경우처럼 우리 문화권에서 물질주의는 시간이 흐르면서 점점 더 팽배해졌고, 금전적 성공을 향한 열망은 많은 경우에 사회적 연결을 희생할 것을 요구했다. 우리에게 주어진 시간은 한정되어 있으며, 일에 더 많은 시간을 쏟아붓는다는 것은 사회적 교류를 위한 시간이 그만큼 줄어듦을 의미한다. 1965년에는 대학 신입생들의 45퍼센트만이 '금전적으로 매우 풍요로운 것'을 인생의 최고 목표로 삼았다.[21] 당시에는 '다른 사람들을 돕는 것'과 '가정을 꾸리는 것'이 더 높은 점수를 받았다. 그러나 1989년에는 금전적으로 풍요로운 것이 가장 높은 점수를 받았으며, 무려 75퍼센트의 신입생들이 이것을 인생의 최고 목표라 말했다. 이는 심각한 문제가 아닐 수 없다. 물질만능주의를 삶의 긍정적인 가치로 받아들이는 사람들이 많아질수록 그들이 자신의 삶에 대해 느끼는 행복은 점점 더 줄어들기 때문이다.[22]

사회적 교류 재건하기

우리의 삶에서 사회적 연결을 확장하는 것은, 아마도 우리의 행복을 증대시킬 수 있는 여러 방법 가운데 단연코 가장 손쉬운 방법일 것이다. 그런데 우리는 점점 더 물질적 가치에 집착함으로써 사회적 삶 대신에 금전적 성공을 위해 많은 시간과 노력을 쏟아붓는 잘못된 길로 빠져들고 있다. 상황이 이런데도 우리 사회를 움직이는 정부와 여러 기업 조직들은 이런 물질주의를 제한하는 데 별 관심이 없다. 왜냐하면 물질주의는 사람들이 구매하고 싶어 하는 새로운 물건들을 만들기 위해 더 많은 사람들을 고용케 함으로써 일자리를 창출하고 과세 기반을 확충시키기 때문이다. 9·11 테러가 발생한 후에 부시 대통령이 미국인들에게 한 말은 '쇼핑을 하라'는 것이었다.

　행복의 측면에서 볼 때 정부의 소비문화 확대에 대한 관심은 폰지 사기Ponzi scheme(1920년대에 찰스 폰지Charles Ponzi라는 사업가가 벌인 사기 행각에서 유래한 피라미드식 다단계 사기수법을 뜻한다-옮긴이)와도 같다. 행복의 증대를 약속만 할 뿐 실제로 제공하지는 않기 때문이다. 사회는 우리가 물질주의를 받아들이든 그렇지 않든 사회적 고립을 향한 우리의 행진을 어떻게 돌려세울지에 대해 진지하게 고민해야만 한다. 우리는 사회적 연결을 통해서 더 행복하고 건강하며 훌륭한 시민이 될 수 있기 때문이다.

우리에게 필요한 것은 본질적으로 우리가 살고 있는 공동체의 사회적 기반을 재건하는 일이다. 1950년대에 미국 정부는 미국의 물질적 기반을 건설하기 위해 다양한 시도를 감행했다. 그중에서도 가장 유명한 것은 아이젠하워Eisenhower 대통령이 서명한 연방지원 고속도로 건설법Federal-Aid Highway Act이다. 이 법을 근거로 주와 주를 연결하는 6만 킬로미터 이상의 고속도로들을 건설하는 데 현재 가치로 4,000억 달러 이상이 투자되었으며, 이것은 새로운 경제 활동의 창출을 통해 몇 배의 이익으로 돌아왔다. 그리고 2008년에 대침체Great Recession가 찾아오자 입법자들은 그사이 낡아버린 미국의 기반시설을 재건하기 위한 계획들을 신속하게 수립했다. 오늘날 미국의 많은 도로와 다리는 위험할 정도로 황폐해졌으며 철도체계는 다른 여러 국가들의 철도에 비해 훨씬 낙후되어 있다. 이런 상황에서 기반시설의 재건은 새로운 일자리를 창출할 것이고 나아가 경제 전반에 새로운 활력을 불어넣을 것이다.

이와 마찬가지로 오늘날 우리에게는 우리 사회의 사회적 기반시설을 재건하기 위한 새로운 활력소가 필요하다. 물론 정부는 다양한 사회적 프로그램의 실현을 위해 이미 많은 투자를 하고 있다. 그러나 이것들은 사회적 연결을 증대시키기 위한 프로그램이라기보다 사회안전망 구축을 위한 프로그램들이다. 물론 사회보장연금이나 국민의료 보장제도 같은 프로그램들은 스스로를 돌보기 어려운 사람들에게 어느 정도의 금전적 또는 신체적 안전을 제공한다. 그러나 이것들은 모든 시민의 사회적 삶을 향상시키기 위한 투자가 아니다. 사회적 삶을 위한 투자는 더 높은 생산성, 더 나은 건강, 더 낮은 범죄율 등을 통해 우리에게 충분한 보상을 안겨줄 것이다. 그런데 불행하게도 사회적 연결은 새고속도로만큼 구체적이지 않기 때문에 사람들이 사회적 연결을 위한 프로그램을 적극 지지하기란 쉽지 않다.

하지만 이제 우리가 알다시피 우리의 뇌는 사회적 통합을 지원하도록 조직되어 있으며 우리 뇌의 이런 회로들은 우리 삶의 거의 모든 측면에 스며들어 있다. 만약 대통령이 경제자문위원회와 비슷한 조직으로 사회자문위원회를 신설한다면 어떨까? 빌 게이츠Bill Gates는 세계의 억만장자들을 대상으로 소아마비의 종식 같은 훌륭한 일을 지원하는 데 거금을 기부하라고 설득하곤 했다. 마찬가지로 만약 그들이 사회적 안녕을 위해 약간의 돈을 투자한다면 어떨까?

많은 사람들이 기숙사 생활을 하던 대학 신입생 시절을 기억하고 있을 것이다. 당시 기숙사에서 매년 얼마나 놀라운 사회적 연결 사건들이 벌어졌는지를 회상해보라. 대학에 처음 들어온 학생들은 학교에 아는 친구가 한 명도 없어 사회적으로 취약한 상태에 놓이곤 한다. 이런 상황에서 기숙사는 대학 초기에 사회적 연결을 맺기 위한 출발점이 되곤 한다. 기숙사 각 층의 많은 학생들이 서로 가까운 친구가 되며 이 중 일부는 친구관계를 평생 지속하기도 한다. 내가 보기에 군대를 제외하면 대학 기숙사만큼 사회적 유대를 맺기에 유리한 제도나 시설은 거의 없는 것 같다.

오늘날 미국 전체 인구의 약 3분의 1이 아파트에서 거주한다.[23] 대다수 아파트들은 물리적인 측면에서 대학 기숙사와 비슷하지만, 아파트에 사는 것은 기숙사에 사는 것과 전혀 다른 느낌을 준다. 그렇다면 유독 대학에서 활기찬 공동체가 형성될 수 있는 까닭은 무엇일까? 음식이 맛있다거나 기숙사 방이 큼지막해서 그런 것은 분명 아닐 것이다. 내 생각에 첫째 요인은 대학 기숙사의 경우에 물리적 공간이 사회적 관점에서 적절히 배치되어 있다는 점이다. 내가 러트거스대학교의 학부생이던 시절에 기숙사 각 층의 약 20퍼센트는 사회적 교류를 위한 공간이었다. 케이블 텔레비전을 시청할 수 있는 소파들이 줄지어 있었으며 몇몇 기숙사에는 비디오게임 시설도 있었다.

나는 지금까지 살면서 여러 아파트 건물에 거주했는데, 각 층에 사회적 교류를 위한 별도의 공간이 마련된 곳은 한 번도 본 적이 없다. 몇몇 아파트에는 제법 큰 로비가 있기도 했지만, 이것들은 사람들이 허물없이 어울리기에 적합한 공간이 아니었다. 각 층의 개방된 공간이 사회적 교류에 기여하는 한 가지 이유는, 사람들이 그 층이나 건물에서 무슨 일이 일어나는지 들을 수 있고 우연히 지나가다 목격할 수도 있기 때문이다. 물론 이런 공간이 사람들을 끌어들이려면 어느 정도 쾌적한 설비를 갖출 필요가 있다. 그러면 사람들은 처음에는 대형 화면의 텔레비전을 시청하거나 무료로 무선인터넷을 이용하려고 그곳에 간다고 말할지 모르지만, 결국에는 사회적 교류를 위해 그곳에 오랫동안 머물게 될 것이다.

이런 교류가 대학 기숙사에서는 잘 이루어지는 반면 아파트 건물에서는 잘 이루어지지 않는 이유는 이 둘의 관심사가 상이하기 때문이다. 대학은 활기찬 공동체를 조성하려는 데 관심을 가지고 있는 반면, 아파트 건설업자들은 기본적으로 이윤과 평방미터당 비용에 관심을 갖는다. 그러나 사회 전체로 볼 때 우리도 활기찬 공동체를 건설하는 데 관심을 가져야 하지 않을까? 미국에서만 1억 명의 사람들이 아파트에 살고 있다는 사실을 고려할 때, 사회적 삶을 향상시키기 위한 구조적 해결책은 우리 모두에게 유익한 투자가 될 수 있다. 예컨대 층마다 한 가구분의 아파트를 덜 짓고 그곳을 사회적 교류를 위한 개방 공간으로 활용하기로 약속하는 건설업자에게 감세 혜택을 주면 어떨까? 우리가 사회적 연결의 가치에 대한 인식을 공유한다면, 그런 가치를 위해 세금의 일부가 사용되도록 변화를 꾀하는 것이 가능하지 않을까?

대학에서는 사회적 교류를 촉진하기 위해 또 다른 방법들도 사용된다. 예컨대 많은 대학에서는 학생들이 좋아하는 것과 싫어하는 것 등이 기록된 학생부를 바탕으로 기숙사에서 같은 방을 쓸 학생들을 배정한다. 이런 방법을 아파트 주민들에게 직접 적용할 수는 없겠지만, 아파트에 새로 이사 온 세입자에게 비슷한 취향을 가졌거나 또는 비슷한 인생 단계(갓난아기를 키우는 사람, 최근에 은퇴한 사람 등)에 있는 거주자들을 소개시켜주는 데 활용될 수 있을 것이다.

그런가 하면 대학 기숙사의 각 층에는 대개 그 층을 감독하면서 다양한 사교 활동을 주선하는 대가로 집세를 내지 않고 거주하는 선임 학생이 있다. 선임 학생은 매년 학기 초에 친목의 밤 행사를 필두로 영화감상회, 포커나 보드게임 대회 같은 행사들을 연이어 개최한다. 학생들은 서로 어울리고 싶어도 어떻게 시작해야 할지 막막할 때가 있는데, 이럴 때 기숙사 선임들의 역할이 빛을 발하는 것이다. 아동기와 청소년기에 우리의 사회적 삶은 다른 사람들의 인도를 받아 이루어지곤 하는데, 성인들 사이의 교류에서도 이런 방법을 적용할 수 있지 않을까? 아파트의 층마다 주민들의 친목 활동을 주선하는 사람을 임명한다면 어떨까? 웬만한 규모의 아파트라면 층마다 전체 집세에서 매달 1,000달러를 떼어 내는 것은 그리 어렵지 않을 것이다. 이 돈을 친목 활동 경비나 친목 활동 담당자의 사례비 등을 위한 기금으로 사용할 수 있지 않을까?

내가 사는 동네에는 집주인들이 모여 만든 단체가 하나 있는데, 주로 두 가지 기능을 한다. 하나는 정치적 기능인데, 우리 동네에 더 많은 순찰차를 배치시키는 것과 같은 각종 현안에 대해 우리의 이익을 대변한다. 두 번째는 정보 기능인데, 이것은 주민들이 공유하는 메일링 소프트웨어를 통해 '다음 주에 열리는 로스앤젤레스 레이커스Lakers의 농구경기 입장권이 있는데, 살 사람 있나요?'라든가 '좋은 배관공을 알면 소개 좀 해줄래요?' 같은 질문과 답변을 주고받는 기능이다. 그렇다면 이런 기능을 더 확장하는 것은 어떨까? 예컨대 주말 저녁마다 특정 구역을 차단해 그곳에서 주민들이 다양한 친목 활동을 벌이면 어떨까?

페이스북이 행복에 미치는 영향

우리의 뇌가 사회적으로 연결되도록 설계되었다는 사실과 사회적 연결이 우리의 행복에 중요하다는 사실을 안다면, 이제 우리는 일을 좀 덜하고 사회적 교류를 늘리는 방향으로 우리의 일과를 변경할 방법을 찾아야 하지 않을까? 관련 연구에 따르면 사람들은 돈에 대한 생각을 하게 되면 더 열심히 일하고 사회적 교류를 줄여야겠다는 마음을 먹게 된다. 그러나 사람들이 시간에 대한 생각을 하게 되면 정반대의 일이 일어난다.[24] 즉 사람들은 일을 좀 덜하고 사회적 교류를 늘려야겠다는 동기를 갖게 된다.

그런가 하면 사람들은 주변에 어울릴 사람이 전혀 없는 상황에서도 사회적 교류의 혜택을 어느 정도 누릴 수 있는 방법을 강구하곤 한다. 사회심리학자 웬디 가드너Wendi Gardner와 신디 피켓Cindy Pickett의 연구에 따르면 사람들은 이른바 '소셜스내킹social snacking(사회적 간식)'을 통해 사회적 교류의 일부 혜택을 누릴 수 있다고 한다.**25** 예컨대 사랑하는 사람에 대해 생각하거나 글로 적기만 해도 직접 만나서 어울릴 때와 비슷한 혜택을 어느 정도 얻을 수 있다. 마찬가지로 사랑하는 사람의 사진을 바라보기만 해도 우리는 전통적인 방식의 사회적 교류를 통해 얻는 것과 비슷한 몇몇 혜택을 누릴 수 있다.

나아가 사회적 연결과 지원은 삶의 어려운 시기에 겪는 스트레스로부터 우리를 보호하는 역할을 할 수 있다. 나와 나오미 아이젠버거는 여성들에게 고통스러운 자극을 가하는 연구를 수행한 바 있는데, 이때 여성들은 남자친구의 손을 잡고 있으면 자극이 덜 고통스럽게 느껴진다고 보고했다.**26** 또 놀랍게도 여성들은 남자친구의 사진을 그냥 보고만 있어도 고통이 감소했다고 말했다. 실제로 우리의 연구에서 사랑하는 사람의 사진을 보고 있는 것은 사랑하는 사람의 손을 잡고 있는 것보다도 고통을 감소시키는 데 두 배나 더 효과적이었다.

다시 말해 사랑하는 사람의 사진은 몇몇 종류의 고통을 이겨내는 데 충분한 도움이 될 만큼 강력한 사회적 보상이 된다. 최근 니콘Nikon 사는 우리의 연구에서 영감을 얻어, 사람들이 병원에 입원해 있는 동안 사랑하는 사람들의 사진을 볼 수 있도록 병원에 디지털 액자를 제공하는 협약을 독일 적십자와 맺기도 했다.**27**

텔레비전 시청은 미국과 유럽에서 사람들이 쉬는 시간의 절반 이상을 보낼 정도로 첫째가는 여가 활동이다. 우리는 보통 텔레비전 시청이 일상의 스트레스에서 벗어나 잠시 휴식을 취하기 위한 수단이라고 생각한다. 물론 이것도 사실이지만, 최근 여러 연구에 따르면 사람들은 외로움을 느끼거나 사회적 연결에 대한 욕구를 강하게 느낄 때 자신이 좋아하는 프로그램이나 인물을 보기 위해 텔레비전을 시청하는 경향이 있다고 한다.**28** 텔레비전 시청은 이런 사회적 욕구를 적어도 단기적으로는 어느 정도 충족시켜줄 수 있다. 그러나 다른 한편으로 이것은 우리의 사회적 안녕에 더 지속적으로 기여할 다른 활동들을 밀어내는 역효과를 초래할 수도 있다.**29** 텔레비전을 오래 시청할수록 봉사 활동에 참여하거나 사회연결망 안에 있는 다른 사람들과 어울리는 데 시간을 쓸 확률이 줄어들 것이기 때문이다. 다시 말해 만약 우리가 드라마 〈프렌즈Friends〉를 보느라 많은 시간을 쓴다면, 실제 친구를 위해 쓸 시간은 그만큼 줄어들 것이다.

지난 20년 동안 인터넷은 텔레비전이 여가시간에서 차지하는 지위를 점점 더 강력하게 위협해왔다. 인터넷은 텔레비전과 마찬가지로 사람들의 사회적 욕구를 충족시키는 데 이용될 수 있다. 텔레비전 시청은 다분히 수동적인 성격을 띠는 데 반해, 인터넷은 다른 사람들과 능동적으로 연결할 수 있는 무수한 기회를 제공한다. 이런 온라인 사교 활동의 기회가 사람들에게 큰 호응을 얻고 있는 것은 사실이지만, 몇몇 연구자들은 이것의 유용성에 대해 중대한 의문을 제기했다. 온라인으로 진행되는 사회적 교류에 많은 시간을 사용하는 것은 오프라인 사회적 교류와 마찬가지로 사람들이 경험하는 주관적 행복의 증대에 기여할까? 그리고 온라인 활동에 많은 시간을 사용하는 것은 '실제 세계'에서 이루어지는 사회적 교류에 어떤 영향을 미칠까?

1998년 로버트 크라우트Robert Kraut는 이런 문제들을 다룬 최초의 독창적인 연구를 발표했는데,[30] 그 결과는 사람들의 우려를 자아낼 만한 것이었다. 이 연구 결과에 따르면 인터넷을 많이 사용하는 사람일수록 가족과 대화하는 시간이 적었고 사회적 연결망도 위축되었으며, 우울함과 외로움을 더 느낀다고 한다. 그 후 인터넷 사용의 부정적인 영향들을 입증하는 여러 논문들이 잇달아 발표되었다.[31] 그런데 그로부터 몇 년 뒤에 이상한 일이 벌어졌다. 새로 수집된 모든 자료들은 갑자기 인터넷 사용이 사회적 연결과 행복에 긍정적인 영향을 미친다는 사실을 보여주기 시작했다. 그렇다면 이런 변화의 원인은 무엇일까? 한마디로 페이스북 때문이었다. 다시 말해 사람들이 인터넷을 다르게 사용하기 시작한 것이었다.

1990년대에 인터넷의 사회적 사용은 주로 채팅 공간에서 특정 주제를 중심으로 이루어졌다. 당시에는 공통된 관심사를 가진 사람들이 같은 채팅방에 들어와 서로의 관심거리에 대해 의견을 주고받곤 했다. 사람들은 인터넷에 접속해 자신과 비슷한 관심을 가진 새로운 사람들을 찾았으며 때때로 이런 사람들은 온라인 연결이 끝난 뒤에 오프라인으로 연결을 이어가기도 했다. 그러나 대체로 채팅방에서 이루어진 연결은 실제 생활로까지 확장되지 않았다.

2004년에 새로 생긴 페이스북은 원래 같은 캠퍼스 안에서 생활하는 대학생들처럼 이미 존재하는 공동체의 활동을 촉진할 목적으로 설계되었다. 그래서 이것은 실제 세계의 사회적 연결을 대체하기보다는 보완하는 기능을 했다. 오늘날 페이스북은 누구도 상상하지 못했을 만큼 비약적인 성장을 이루었지만, 이것의 원래 기능은 크게 변하지 않았다. 대다수 사람들은 새로운 사람들을 만나기 위해서가 아니라 오프라인에서 이미 알던 사람들과의 연결을 위해 페이스북을 사용한다고 말한다.

이처럼 페이스북은 주로 실제 세계의 연결을 확장하는 쪽으로 사용되었기 때문에,**32** 이것은 오프라인의 사회적 연결망과 사람들의 일반적인 행복에 기여하는 것으로 간주되었다. 페이스북은 특히 지리적으로 멀리 떨어진 사람들 사이에 사회적 유대감을 유지하는 데 매우 유용하다. 현재 나는 과거에 내가 대학과 대학원을 다니던 곳에서 수천 킬로미터 떨어진 곳에 살고 있지만, 페이스북 덕분에 이런 친구들과 연결을 유지하기가 수십 년 전보다 훨씬 쉬워졌다.

이러한 것들은 우리의 사회적 동기가 얼마나 강력한지를 여실히 보여주는 증거라 할 수 있다. 우리는 다른 사람들과 연결을 맺고 싶어 하는 강력한 욕구를 가지고 있으며, 이 욕구의 충족을 위해 온갖 방법들을 강구하고 있다. 이 가운데 몇몇은 다른 것들보다 더 쓸모가 있으며 앞으로도 또 다른 것들이 발명될 것이다(누군가는 홀로덱holodeck[공상과학 시리즈 〈스타 트렉〉에 등장하는 홀로그램 기술에 기초한 가상현실 공간-옮긴이] 같은 것을 머릿속에 떠올릴 수도 있겠다). 우리는 이런 식의 연결 방법을 앞으로도 계속 배우고 익혀야 할 것이다. 왜냐하면 이것들은 우리를 더 행복하고 건강하게 만들 수 있는 기회를 제공하기 때문이다.

11장
사회적 뇌와 직업

나는 캘리포니아대학교라는 거대한 조직에서 일하고 있다. 그리고 이곳에서 나는 대학원생들, 박사 후postdoctoral 연구원들, 학부 연구조교들, 교수들로 구성된 연구팀을 이끌고 있다. 이런 종류의 조직에서 일하는 것은 한편으로는 축복이고 다른 한편으로는 저주다. 이것이 저주인 까닭은 공공기관에 전형적인 관료적 형식주의와 끊임없이 씨름해야만 하기 때문이다. 이것이 축복인 까닭은 뛰어난 능력을 가진 사람들이 내 주위에 있으며, 또 우리가 서로를 한 가족처럼 여기기 때문이다.

나는 내 제자들이 과연 미래의 성공을 위한 올바른 길에 서 있는지에 대해 많은 시간을 고민한다. 이는 내가 아들 이안이 과연 어른이 되어 성공적인 삶을 살 수 있도록 제대로 성장하고 있는지에 대해 고민하는 것과도 비슷하다. 실제로 나는 나의 박사과정 지도교수인 댄 길버트를 나의 학문적인 아버지라고 부른다. 내 제자들은 길버트의 학문적인 손자들인 셈이다. 이렇게 내 연구팀을 가족처럼 대하는 것은 연구팀의 운영에 커다란 이득을 가져다준다. 그러나 불행하게도 대다수 직장에서, 특히 규모가 큰 직장일수록 이런 식의 운영은 결코 흔한 일이 아니다.

어떤 조직이나 집단에 속해 일을 하는 것은 오늘날 대다수 성인들에게 피할 수 없는 현실이다. 이런 조직이나 집단은 우리 사회의 경제적 성장을 위한 원동력이자 우리가 얻는 수입의 원천이며 많은 경우에 우리가 깨어 있는 시간의 대부분을 보내는 장소이기도 하다. 그런데 대다수 조직에서 '사회적인 것'은 제대로 굴러가지 않고 있다. 대다수 조직들은 가족처럼 느껴지지 않으며 개인의 사회적 삶을 구성하는 긍정적인 일부가 되지 못하고 있다. 따라서 사회적 뇌에 대한 우리의 지식을 고려할 때 직장 안에 제대로 된 사회적 환경을 만들어내는 것은 자신과 주위 사람들로부터 최선의 것을 이끌어내기 원하는 모든 사람들에게 최우선의 과제가 아닐 수 없다.

당신의 SCARF를 기억하라

만약 당신이 어느 회사나 부서의 책임자인데 직원들이 정시에 출근해서 더 열심히 일하고 직장에 더 오래 남아 있기를 원한다면, 확실히 검증된 방법이 하나 있다. 바로 직원들에게 더 많은 돈을 지불하는 것이다. 경제학자 콜린 캐머러Colin Camerer는 이렇게 말했다. '경제학자들은 사람들이 공짜로 일하지 않으며 일을 더 잘하면 돈을 더 많이 벌 수 있는 조건이 갖춰지면 더 열심히 더 끈기 있게 더 효과적으로 일할 것이라고 가정한다.'[1] 물론 이미 살펴본 것처럼 돈을 더 많이 번다고 해서 실제로 우리가 훨씬 더 행복해지는 것은 아니다. 그러나 사람들은 돈이 자신을 더 행복하게 해줄 것이라고 '믿는다.' 그래서 생산성을 높이기 위해 더 많은 돈을 제공하는 것은 사람들에게 동기를 부여하는 기능을 한다. 그리고 이것은 작업 성과에 따라 더 높은 보수를 제공하는 인센티브제도가 일반화되는 결과를 가져왔다.

성과에 따라 보수를 지불하는 것은 언뜻 보기에 전혀 문제가 없어 보인다. 어찌 보면 이것은 생산성 향상을 위한 '유일한' 방법인 것처럼 보이기까지 한다. 그러나 실제로 더 높은 보수는 종종 잘못된 투자로 판명 나곤 한다. 어떤 맥락에서는 금전적인 인센티브제도가 생산성을 증가시키기도 하지만, 또 다른 맥락에서는 돈이 오히려 생산성을 약화시키기도 한다. 일반적으로 말하자면 성과급은 대개 생산성 향상에 약간 기여하거나 전혀 기여하지 않는다.[2]

이렇게 실제 효과가 의심스러운데도 성과급은 생산성 향상을 위해 경제 분야에서 가장 많이 사용하는 방법이다. 그러나 가진 것이 망치뿐이면 모든 것이 못으로 보이게 마련이다. 다시 말해 돈과 돈으로 살 수 있는 물질적 안락함만이 사람들에게 동기를 부여할 수 있다고 믿는다면, 성과급은 직장의 모든 문제에 대한 해결책으로 간주될 것이다.

그런데 우리가 알고 있는 진실은 그렇지 않다. 우리가 알다시피 우리의 뇌는 신체적 고통과 쾌감뿐 아니라 사회적 고통과 쾌감에 대해서도 똑같이 관심을 가지도록 설계되어 있다. 이것은 우리 뇌의 핵심적인 특징이다. 뉴로리더십연구소Neuroleadership Institute를 이끌고 있는 데이비드 록David Rock은 지난 10년 동안 경제 분야를 상대로 직장에서 '사회적인 것'이 중요하다는 사실을 일깨우려고 노력했다. 그는 사회적인 것이 직장 활동에 통합될 때 비로소 직원들의 참여와 생산성을 향상시킬 수 있는 훨씬 좋은 작업환경이 마련될 수 있다고 주장한다.

이를 위해 록은 스카프 모형SCARF model이라는 것을 개발했는데, 여기서 스카프란 지위status, 확실성certainty, 자율성autonomy, 관계relatedness, 공정성fairness을 뜻한다.[3] 록에 따르면 이것들은 '내재적 동기의 원색들primary colors of intrinsic motivation', 다시 말해 행동의 비금전적 동인들이다.[4]

이것은 우리에게 훌륭한 출발점이 될 수 있다. 왜냐하면 이것들은 모두 우리가 지닌 근본적인 동기 메커니즘의 요소들이기 때문이다. 신체적 고통과 쾌락이 인간 동기의 유일하게 합리적인 원천이라고 믿는 사람들에게는 이것들이 비합리적인 행동을 초래하는 것처럼 보일지도 모른다. 엄밀히 말해 자율성과 확실성은 사회적 요인으로 간주되기 어려우며,[5] 다니엘 핑크Daniel Pink의 《드라이브Drive》 같은 책에서 훌륭하게 설명된 바 있다. 반면 지위와 관계(또는 내가 연결connection이라고 부른 것)와 공정성은 우리의 뇌에 사회적 고통과 쾌감을 촉발할 수 있는 현상들이다.

포천Fortune 500개 사(경제지 〈포천Fortune〉에서 매년 발표하는 매출액 순위 미국 제조업 500대 기업-옮긴이)에 속하는 한 대기업 최고경영자에게 직원들의 동기 부여를 위해 금전적 유인보다 오히려 지위, 관계, 공정성 같은 요인들이 더 중요하다는 이야기를 한다면, 과연 그는 어떤 표정을 지을까? 아마도 그는 경멸하는 듯하거나 혼란스러운 듯한 표정을 지으면서 도대체 누가 그런 허튼소리를 하느냐고 말할 것이다. 그는 한 걸음 더 나아가 어떻게 사회적 연결이 사람들에게 실제 돈과 같은 자극이 될 수 있느냐고 반문할 것이다.

이에 대해 나는 다음과 같이 답할 것이다. 우리는 수백만 년의 진화 과정을 통해 철저하게 사회적인 종이 되었다. 때문에 우리에게는 집단이 우리를 인정할 때 그것에 긍정적으로 반응하는 다양한 동기 메커니즘이 존재한다(연결). 또한 우리에게는 우리가 동일시하는 집단을 위해 열심히 일하고자 하는 동기가 존재한다(조화).

위의 최고경영자처럼 사회적 요인의 중요성에 대해 회의적인 사람들을 설득하기 위해 우선 분명한 비금전적 동인인 지위에 대해 살펴보기로 하자. 지위가 확실히 동인이 된다는 것은 최고경영자들도 다 아는 사실이다. 그들은 '물론 지위에 대해서는 나도 이미 알아요'라고 말할 것이다. 그러나 많은 경영자들은 지위에 대해 잘못된 생각을 가지고 있다. 이에 따르면 사람들이 지위를 추구하는 까닭은 지위가 더 많은 수입으로 이어질 것이라고 믿기 때문이다. 이렇게 볼 때 지위는 물질적 안락이라는 목적을 위한 수단의 수단인 셈이다. 그러나 관련 연구에 따르면 지위는 목적 그 자체이기도 하다. 지위는 다른 사람들이 우리를 높이 평가함을 의미한다. 다시 말해 지위는 우리가 집단 안에서 중요한 위치를 차지하고 있고 따라서 집단과 잘 연결되어 있음을 의미하며, 바로 그렇기 때문에 우리는 지위를 원하는 것이다.

최근의 한 연구는 직장에서의 지위가 물질적 이득과 결부되어 있지 않은 상황에서도 사람들이 얼마나 강렬하게 지위와 사회적 인정을 추구하는지를 잘 보여주었다.[6] 이 논문의 제목은 〈금별을 얻기 위해 3만 달러를 지불하기*Paying $30,000 for a gold star*〉인데, 제목이 이미 모든 것을 말해주고 있다. 경제학자 이안 라킨Ian Larkin은 기업용 소프트웨어를 판매하는 한 회사의 독특한 상황을 이용해 사회적 인정과 흔히 그에 뒤따르는 수입의 증가를 분리하는 데 성공했다. 몇몇 회사에서는 연간 판매액이 상위 10퍼센트에 드는 직원들에게 '프레지던츠 클럽President's Club'의 회원 자격을 부여하는데, 이것은 보통 금전적인 이익과는 별 상관이 없는 것이다. 라킨이 연구한 회사의 경우에는 최고경영자가 전 직원들에게 보내는 이메일을 통해 이 상을 받은 직원들의 이름이 공개되었으며, 이 직원들의 명함과 사무용품에 금별이 한 개 새겨지고, 어느 섬의 리조트로 3일간 단체여행을 갈 수 있는 기회(2,000달러짜리)가 부여되었다.

때문에 회계연도 마감이 몇 달밖에 남지 않은 시점에 판매액이 상위 10퍼센트 수준에 접근하는 영업사원들은 딜레마에 직면하게 된다. 해당 연도에 남은 거래들을 마저 성사시키면 프레지던츠 클럽에 들어갈 수 있는 기회가 급격히 커질 것이다. 그런데 이렇게 되면 이 회사에서 적용하고 있는 수수료 누진제, 즉 분기별 판매액이 높은 직원들에게 그만큼 높은 수수료율을 적용해주는 제도 때문에 상당한 액수의 수수료를 손해 보게 된다.

예컨대 판매실적이 저조한 분기에는 한 번의 판매에 대해 2퍼센트의 수수료밖에 받을 수 없지만, 판매실적이 좋은 분기에는 똑같은 판매에 대해 24퍼센트의 수수료까지 받을 수가 있다. 따라서 실적이 낮은 분기가 끝나갈 무렵에 다수의 판매 기회를 잡은 직원이라면 해당 거래를 다음 분기로 미루는 것이 현명할 수 있다. 왜냐하면 다음 분기에 그 거래가 정상적인 판매실적과 합산되면 더 높은 수수료를 챙길 수 있기 때문이다. 프레지던츠 클럽에 가입할 가능성이 적은 직원들은 실제로 이렇게 처신했다.

그런데 '금별'을 따는 것에 근접한 직원들은 무척 난처한 처지에 놓이게 된다. 왜냐하면 현재 분기에 남은 거래를 마저 성사시켜 회사의 인정을 받을지, 아니면 거래를 다음 분기로 넘겨 더 많은 수수료를 챙길지 결정하기가 쉽지 않기 때문이다. 이런 딜레마에 직면한 직원들 가운데 68퍼센트는 거래를 즉시 성사시켜 프레지던츠 클럽에 들어갈 가능성을 높이는 쪽을 선택했다. 이렇게 함으로써 그들은 평균 2만 7,000달러에 달하는 미래의 수수료를 포기한 셈이었다(그리고 이것은 3일짜리 휴가의 가격보다 당연히 훨씬 큰 액수였다). 이런 선택을 한 직원들의 1년 수입은 연봉과 수수료를 모두 합쳐 약 15만 달리였다. 다시 말해 그들은 회사로부터 상위의 영업사원이라는 특별한 인정을 받기 위해 자신들의 1년 봉급의 20퍼센트에 가까운 금액을 기꺼이 포기한 셈이었다.

라킨은 이 직원들이 미래의 판매실적이나 수수료에서 혜택을 받지는 않는지 추적해보았으나, 그런 일은 발생하지 않았다. 그들이 얻은 것은 회사의 인정이 전부였다. 이런 결과에 대해 적어도 몇몇 직원들은 자신이 올바른 선택을 했다고 느꼈다. 예컨대 한 직원은 다음과 같이 말했다. '저는 금별을 위해 2만 달러를 지불했어요. 하지만 그것은 충분히 그럴 만한 가치가 있는 것이에요.' 우리는 보통 이런 말을 들으면 그것이 그의 진심이 아니며 그저 자신의 비합리적인 행동을 합리화하고 있을 뿐이라고 생각하는 경향이 있다. 그러나 지위가 우리 뇌의 보상체계에 지속적인 자극으로 작용할 수 있다는 사실을 고려하면, 이런 행동이 전혀 이해 못할 일도 아니다.

그렇다면 대기업의 최고경영자들이 자신의 회사에 금별제도 같은 것을 도입할 필요가 있을까? 라킨의 연구를 고려할 때 이런 제도는 충분히 의미가 있을 것이다. 사회적 인정은 별도의 비용 없이도 재생 가능한 자원이다. 훌륭한 직원의 등을 두드려주기만 해도 되는 상황에서

군이 거액의 보너스를 지출하려는 경영자가 과연 얼마나 될까? 라킨의 연구에서 직원들이 1인당 포기한 2만 7,000달러는 그냥 연기처럼 사라져버린 것이 아니다. 그것은 직원들의 사기를 드높여 회사의 결산표에 이익으로 기록될 것이 틀림없다.

그렇다면 사회적 연결(또는 관계)은 생산성에 어떤 영향을 미칠까? 잠시만 생각해보아도 사회적 연결이 생산성에 미치는 긍정적 영향은 분명하게 느껴질 것이다. 예컨대 당신이 어느 조직에서 추진 중인 사업에 참여하고 있다면, 당신이 그 사업을 처음부터 끝까지 혼자 힘으로 완성할 수 있는 경우는 거의 없을 것이다. 당신은 보통 다른 사람들과 팀을 이뤄 작업을 하거나 당신이 맡은 임무의 일부를 도와줄 사람을 필요로 할 것이다. 당신은 보고서에 포함될 전문적인 분석 자료를 수집해줄 사람이 필요한데, 그 자료를 받기 전에는 일의 진도가 한 걸음도 앞으로 나아갈 수 없다고 가정해보라. 이런 상황에서 당신을 돕는 사람이 당신의 친구일 경우와 아주 낯선 사람일 경우에 누가 더 빨리 당신에게 자료를 건네겠는가? 또 만약 당신이 귀한 업무시간을 쪼개 쓰면서 분석 자료를 만들어 건네야 할 입장이라면, 상대가 친구일 경우와 낯선 사람일 경우에 누구를 더 적극적으로 돕고 싶은 마음이 들겠는가?

내 경우를 이야기하자면 나는 연구실에서 함께 일할 대학원생을 뽑을 때, 그 학생이 똑똑하고 일에 대한 의욕을 가지고 있는지를 살필 뿐만 아니라 사회적 교류에 능숙한지도 따진다. 내 연구실에 있는 대학원생들은 모두 특정 분야의 전문가들이다. 따라서 그들은 다른 사람들로부터 배우고 또 다른 사람들을 가르치는 데, 다시 말해 서로 도움을 주고받는 데 문제가 없어야 한다. 머리가 좋고 연구에 대해 충분히 강한 동기를 가지고 있더라도 연구실의 다른 사람들과 능숙하게 교류할 수 없다면, 그런 학생은 한마디로 자격 미달인 셈이다.

예전에 내 연구실에는 연구팀의 나머지 사람들과 전혀 어울리질 못하는 학생 부부가 몇 년 동안 일한 적이 있다. 그들은 자신의 지능과 성실한 노력에 의지할 줄은 알아도 바로 옆방 사람들의 지능과 전문 능력을 활용하는 데는 무척 서툴렀기 때문에 연구실에서 무척 애를 먹었다. 이렇게 볼 때 지능이나 인터넷이 우리에게 자원이 되는 것과 마찬가지로 사회적 연결도 일종의 자원인 셈이다. 이것들은 모두 우리가 해야 할 일을 하는 데 중요한 기여를 하기 때문이다.

조직에서 생산성 향상을 위한 추진력으로 작용하는 '인적 자본human capital'은 이미 오래전부터 경제학자들의 연구 대상이 되어왔다. 인적 자본이란 한 개인이 지닌 지능, 경험, 교육 등을 모두 합한 것이라 하겠다. 인적 자본이 풍부한 회사는 그렇지 않은 회사보다 더 좋은 실적을 거두는 경향이 있는데,[7] 이는 그리 놀라운 일이 아닐 것이다. 그러나 인적 자본에 대한 대다수 연구들은 '사회적 자본', 다시 말해 조직 안에 존재하는 사회적 교류와 연결망을 무시해왔다. 그런데 과연 인적 자본만 가지고 생산성 향상이 가능할까? 인적 결과물이 최적의 성과를 거두려면 사회적 자본이라는 촉매가 필요한 것은 아닐까?

이에 대한 답을 찾기 위해 경제학자 아렌트 그리브Arent Greve는 세 개의 이탈리아 컨설팅 회사를 조사했다.[8] 그는 이 회사들에서 일하는 직원들의 인적 자본과 사회적 자본을 측정한 뒤에 그 결과를 바탕으로 직원 개개인이 1년에 얼마나 많은 프로젝트를 완수하는지를 생산성의 척도로 삼아 살펴보았다. 그 결과 두 회사에서는 생산성 향상의 모든 혜택이 사회적 자본에서 기인하는 것으로 판명되었다. 그리고 나머지 한 회사에서는 인적 자본이 생산성 향상에 어느 정도 영향을 미쳤으나, 이는 해당 직원이 강력한 사회적 자본을 가지고 있을 때만 그러했다.

그동안 우리는 똑똑한 사람들이 스스로 열심히 일하면 생산성이 오른다는 가정에 눈이 멀어, 집단 안의 다른 사람들과 사회적 연결을 통해 개인적 지능의 향상이 가능할 때 비로소 이 개인적 지능의 최적화가 가능하다는 사실을 보지 못하고 있었다. 사회적 연결은 본질적으로 인터넷과 다를 바 없다.**9** 왜냐하면 사회적 연결은 다양한 종류의 지능들을 서로 연결함으로써 각각의 지능들이 혼자 할 수 있는 것보다 더 많은 것을 할 수 있게 해주기 때문이다. 이것은 특히 혁신적 사업을 전문으로 하는 작은 기업이나 신생 기업의 경우에 더욱 그러하다.

그런가 하면 직장 안에서의 공정성이라는 사회적 요인은 언뜻 보기에 생산성과 별 상관이 없을 것 같지만, 실제로는 이것도 업무 수행, 결근율, 이직률, 조직시민행동organizational citizenship behavior(조직의 직무 규정이나 보상체계 등과 무관하게 개인의 자유재량에 의해 행해지지만 결과적으로 조직의 성공에 기여하는 개인적 행동을 의미한다-옮긴이) 등에 중요한 영향을 미칠 수 있다. 직원들이 직장에서 내려지는 결정을 얼마나 공정한 것으로 지각하는가에 따라 그들의 생산성에서 나타나는 차이의 20퍼센트가 좌우된다고 한다.**10** 나는 금전적인 유인을 통해 이것과 버금가는 효과를 거둘 수 있다고 주장하는 연구를 본 적이 없다. 공정성은 매우 물렁물렁한 동인처럼 보일지도 모르지만, 이것이 돈을 땄을 때 활성화되는 뇌의 보상회로를 똑같이 활성화한다는 사실을 명심하라.**11**

지위, 연결, 공정성은 모두 조직의 핵심에 확실한 영향력을 발휘한다. 그런데 이것을 진지하게 받아들이는 사람은 그리 많지 않다. 이런 사회적 요인들을 촉진하는 것은 작업장의 산출물을 향상시키기 위한 효과적이면서도 비용이 적게 드는 전략이 될 수 있다. 직원들이 이런 사실을 깨닫든 깨닫지 못하든 상관없이, 그들의 뇌는 그들과 사회적으로 연결된 집단에 의해 인정과 높은 평가를 받을 때 동기가 충만하도록 설계되어 있다.

다른 사람을 돕는다는 것

스카프 모형은 돈과 물질적 편안함 외에 우리에게 동기를 부여하는 것들을 파악하기 위한 훌륭한 방법이다. 그렇지만 이상적인 작업환경을 갖추기 위해 추가되어야 할, 또 하나의 매우 반직관적인 사회적 요인이 있다. 그것은 바로 다른 사람들을 보살필 수 있는 기회다. 우리는 4장에서 사회적 보상에 대해 논의하면서 부모와 자식의 관계를 출발점으로 삼은 바 있다. 그러면서 이 관계에 두 측면이 존재하며 나아가 뇌의 보상회로를 활성화시키는 두 종류의 사회적 보상이 있다고 말했다. 우리가 어렸을 때는 다른 사람의 호감과 사랑, 보살핌을 받고 있음을 보여주는 단서들에 대해 민감하게 반응하는 성향이 두드러진다. 그러다 더 성장하면 다른 사람의 존중과 높은 평가를 받는 것이 마찬가지로 점점 더 중요해진다. 그러나 우리가 부모가 되면, 더 일반적으로 말해 성인이 되면 우리가 다른 사람들을 보살피기 위해 하는 행동이 우리에게 보상으로 작용한다.

이것은 아마도 경영자들이 이해하기 가장 어려운 사회적 요인일 것이다. 왜냐하면 다른 사람들을 보살필 수 있는 기회가 생산성의 동인이 될 수 있다는 이야기는 어찌 보면 정말로 괴상하게 들리기 때문이다.

펜실베이니아대학교University of Pennsylvania 교수인 애덤 그랜트Adam Grant 는 자신의 책《기브앤테이크Give and Take》에서 설명한 것처럼, 다른 사람들을 도울 기회가 사람들로 하여금 직장에서 더 열심히 일하도록 만드는 동기로 작용한다는 사실을 보여주는 멋진 연구를 수행했다.**12** 이 연구에서 그랜트는 서로 다르면서도 보완적인 접근법 두 가지를 취했다. 첫 번째 접근법은 사람들이 하는 일의 의미에 초점을 맞춘 것이었다. 매슬로의 욕구 위계론이 세상에 알려진 이후로 우리는 사람들이 개인적으로 의미 있는 것들을 더 열심히 하려는 동기를 가지고 있다고 믿게 되었다. 이와 관련해 그랜트는 대다수 사람들이 종사하는 대다수 직업의 경우에 무언가 의미 있는 일을 한다는 것은 결국 다른 사람들을 돕는 것을 뜻한다는 대단한 통찰을 갖게 되었다. 왜냐하면 우리가 하는 일이 어느 수준에선가 다른 사람들에게 도움이 되거나 그들을 더 행복하게 해주지 않는다면 그런 일에서 의미를 찾기란 쉽지 않을 것이기 때문이다.

물론 모든 사람들이 자신이 하는 일에서 의미를 찾을 수 있는 것은 아니다. 게다가 대량생산 체제에서는 많은 사람들이 작업의 전체 과정이나 결과물에 대해 지극히 작은 일부를 기여할 수 있을 뿐이기 때문에, 그런 일에서 의미를 찾기란 점점 더 어려워지고 있는 것이 사실이다. 특히 인터넷 사용이 일반화되면서 우리가 한 일의 혜택을 최종적으로 받게 되는 사람들을 직접 대면할 기회도 점점 사라지고 있다.

그랜트는 자신의 연구에서 사람들로 하여금 그들의 일이 어떻게 다른 사람들에게 도움이 되는지를 더 잘 인식하도록 만들기 위해 그들의 업무 조건에 간단한 변화를 주었다. 첫 번째 연구에서 연구 대상이 된 사람들은 대학 졸업생들에게 전화를 걸어 장학금을 모금하는 일을 주 업무로 하고 있었다.[13] 사람들은 보통 돈을 기부해달라는 전화를 받는 것을 좋아하지 않기 때문에 이것은 무척 힘든 일이었다. 이런 전화를 받으면 많은 사람들은 혼잣말로 다음과 같이 중얼거릴 것이다. '아니, 4년 동안이나 등록금을 냈으면 됐지, 무슨 또 돈 타령이람?' 때문에 전화를 거는 직원 입장에서는 혹시라도 기부를 힐지 모르는 상대방을 설득할 시간을 벌기 위해 무엇보다도 통화를 최대한 오래 끄는 것이 급선무였다.

그런데 이 직원들은 평소 자신의 일을 통해 궁극적으로 수혜를 받는 사람들에 대해 많은 생각을 한 적이 없었다. 그래서 그랜트는 이 모금 업무를 통해 과거 직접적으로 혜택을 받은 적이 있는 장학금 수혜자가 일부 직원들을 예고 없이 방문하도록 했다. 겨우 5분간의 짧은 방문이었다. 그리고 5분이 끝날 무렵에 해당 직원의 상관이 방으로 들어와 다음과 같이 말했다. '자네가 전화를 할 때는 자네가 바로 이런 학생들을 지원하고 있다는 사실을 명심하게나.'

어쩌면 당신은 이런 뜻밖의 방문을 받은 직원들이 잠시, 길어야 하루 정도는 흐뭇한 기분이 들지 몰라도 이것이 지속적으로 효과를 발휘하지는 못할 거라고 생각할지도 모른다. 그러나 이는 틀린 생각이다. 그랜트는 이 방문의 효과를 검증하기 위해 직원들이 장학금 수혜자와 만나기 전 일주일 동안의 업무 성과를, 장학금 수혜자와 만난 후 한 달 뒤 일주일 동안의 업무 성과와 비교해보았다. 장학금 수혜자를 만나지 않았던 직원들의 경우에는 이 두 기간 동안의 업무 성과가 거의 같았다. 즉 그들이 기부를 받아내기 위해 통화를 한 시간은 거의 같았으며 받아낸 기부금의 액수도 거의 같았다. 반면 장학생을 만났던 직원들의 업무 성과는 이 두 기간 동안에 큰 차이를 보였다. 즉 그들이 장학생과 만난 뒤 한 달 후 일주일 동안의 통화 시간은 그전 기간의 통화 시간보다 142퍼센트나 증가했다. 그리고 이것은 훨씬 더 큰 성공으로 이어졌다. 이 직원들이 받아낸 기부금은 이 두 기간 동안에 무려 171퍼센트나 증가한 것이다.

당신은 일찍이 이렇게 간단한 조치를 통해 이만큼 큰 업무 성과의 차이를 불러온 경우를 들어본 적이 있는가? 그랜트가 한 일은 사람들에게 그들의 일이 어떻게 다른 사람들에게 도움이 되는지를 환기시킨 것이 전부였다. 그 밖의 업무 조건은 똑같았지만, 전화를 거는 직원들의 마음가짐은 뚜렷이 변화했으며 이런 변화는 오랫동안 유지되었다. 직원들의 업무 성과에 대한 두 번째 측정은 그들이 장학금 수혜자와 만난 뒤 자그마치 한 달 뒤에 이루어졌다는 사실을 잊지 말라.

후속 연구에서 그랜트는 직원들과 장학금 수혜자의 직접적인 만남 대신에 편지를 이용했는데, 이 편지에는 직원들의 업무 덕분에 장학금 수혜자들이 어떤 혜택을 입었는지 서술되어 있었다.[14] 반면 몇몇 직원들은 다른 내용의 편지를 받았는데, 이 편지에는 직원들의 업무가 직원들 자신에게 어떤 혜택을 주는지 서술되어 있었다. 그랜트는 이 두 종류의 편지를 받은 직원들의 업무 성과를 비교해보았는데, 자신들의 업무가 그들 자신에게 어떤 혜택을 주는지 서술된 편지를 읽은 직원들은 업무 성과에 변화가 나타나지 않았다. 반면 자신들의 업무가 다른 사람들에게 어떤 도움이 되는지 서술된 편지를 읽은 직원들은 업무 성과의 극적인 향상을 보였다. 그들이 받아낸 기부 약속의 수는 153퍼센트 증가했으며, 이렇게 약속을 받아낸 기부금의 총액은 143퍼센트 증가했다. 이 모든 것은 편지 한 장이 빚어낸 결과였다.

보살핌과 업무 성과의 관계에 대한 그랜트의 두 번째 접근법은 이 첫 번째 접근법과는 매우 다른 종류의 보살핌을 다루었다. 그것은 바로 동료 직원들을 후원하는 일과 관련이 있었다.[15] 오늘날 많은 회사에서는 비전통적인 방식으로 직원들을 후원하기 위한 다양한 프로그램들을 운영하고 있다. 이런 프로그램에는 직원들의 자녀나 노부모를 돌보기 위한 서비스의 제공, 경제적으로 어려움에 처한 직원들을 위한 회사의 직접적인 재정지원 등이 포함된다. 그리고 사우스웨스트 에어라인Southwest Airlines, 도미노 피자Domino's Pizza를 포함한 몇몇 기업에서는 직원들이 어려움에 처한 동료 직원들을 돕기 위해 이런 프로그램에 '기부'를 할 수 있는 제도도 운영되고 있다.

그랜트는 한 대형 소매업체에서 운영 중인 이런 프로그램을 연구 대상으로 삼았다. 이때 그는 업무 성과를 직접 측정하는 대신에 업무 성과의 좋은 대체물이 될 수 있는 직원들의 참여도를 조사했다.[16] 그 결과 직원후원 프로그램을 위해 직접 돈을 기부하거나, 이 프로그램을 위한 모금 활동을 돕는 데 자원하는 식으로 이에 협조한 직원들은, 회사에 대한 참여의식과 헌신도가 높은 것으로 나타났다.

사익 추구의 공리에 따르면 사람들이 남을 돕는 까닭은 언제나 그 대가로 그것과 같거나 또는 더 큰 가치를 지닌 무언가를 얻을 수 있으리라 기대하기 때문이다. 직원후원 프로그램에 돈이나 노력을 기부하는 직원들은 회사와 동료 직원 모두를 돕고 있는 셈이다. 따라서 이런 직원들은 ('회사가 나한테 신세를 졌으므로') 업무에 약간 요령을 피워도 괜찮을 것이라고 생각하거나, 심지어 도움을 받은 동료 직원들이 ('그들이 나한테 신세를 졌으므로') 업무 공백을 대신 메워줄 것이라고 기대할지도 모른다. 그러나 실제로 이런 프로그램에 자신의 돈이나 시간을 기부한 직원들은 회사에 대한 참여의식이 더욱 높아지며, 이는 결국 더 높은 생산성, 결근율과 이직률의 감소로 이어진다. 이 점을 이미 오래전에 간파했던 벤저민 프랭클린Benjamin Franklin은 다음과 같이 말한 바 있다. '과거에 당신이 친절을 베푼 적 있는 사람보다, 과거에 당신에게 친절을 베푼 적 있는 사람이 앞으로도 당신에게 또 다른 친절을 베풀 가능성이 높다.'[17]

그렇다면 도대체 이것을 어떻게 이해해야 할까? 직원후원 프로그램에 기부한 직원들이 그렇지 않은 직원들보다 더 생산적으로 일할 가능성이 큰 데는 여러 가지 이유가 있을 수 있다. 첫 번째로 자기지각의 문제를 들 수 있겠다. 사람들은 무언가를 하고 있는 자신의 모습을 보면서 (특히 그것이 선한 일일수록) 그런 모습이 자신의 전반적인 정체성을 반영한다고 추론하는 경향이 있다.[18] 때문에 이런 추론을 바탕으로 보면 사람들은 앞으로도 이런 자기지각과 일치하는 일들을 또다시 할 가능성이 높다. 직원후원 프로그램에 기부를 하는 것은, 이런 직원들로 하여금 자신을 회사에 헌신적인 직원으로 간주하게 만들 가능성이 높으며, 열심히 일하는 것은 자신에 대한 이런 시각과 일치되는 또 다른 행동인 셈이다.

두 번째로 다른 사람을 도우면 기분이 좋아진다는 것을 들 수 있다.

선행은 우리 뇌의 보상회로를 활성화시키기 때문에 사람들은 이런 좋은 느낌을 경험할 기회를 제공한 단체나 조직에 대해서도 긍정적인 느낌을 가질 가능성이 높다.

세 번째로 우리에게 남을 돕고자 하는 동기가 존재하며 나아가 남을 잘 돕는 사람들을 높이 평가하는 경향이 있다는 사실이다. 우리는 누군가가 남을 돕는 모습을 보면 마음이 흐뭇해진다. 직원후원 프로그램은 회사가 직원들을 돌보려 한다는 사실을 증명한다. 그리고 이런 프로그램에 기부한 직원들은 그렇지 않은 직원들보다 회사가 남을 돌볼 줄 아는 조직이라는 사실에 대해 더 많이 생각했을 가능성이 높다.

이와 관련해 그랜트의 연구에 참여한 한 직원은 이렇게 말했다. '저는 회사에 매우 큰 애착을 느껴요. 저는 저희 회사가 직원후원 프로그램을 지원하고 있다는 사실에 대해 늘 자부심을 가지고 있죠.' 자신의 가족에 대해 강한 애착을 가지고 있는 사람일수록 가족을 지원하고 그들의 번영에 기여하기 위해 더 열심히 일할 것이다. 그리고 이것은 조직의 맥락에서도 다르지 않다.

보울비와 할로가 강조한 바 있는 애착은 직장에서도 중요한 역할을 한다. 사람들은 종종 자신은 회사가 수익을 내도록 도와주고 그 대가로 봉급을 받으면 그만이라는 식으로 회사와 일에 대해 이야기한다. 이런 말의 바탕에 깔려 있는 것은 사익 추구의 규범이다. 즉 물질적인 사익의 추구가 개인 차원에서든 회사 차원에서든 사람들에게 동기를 부여하는 유일한 요인이라는 가정이다. 우리는 그동안 이런 가정에 너무 익숙해져버렸기 때문에 우리가 직장에 대해 이야기할 때면 이런 종류의 말밖에 할 줄 모르는 지경까지 왔다. 그러나 이것은 잘못된 이야기다.

이는 실제로 우리를 우리답게 만드는 것에 대해 너무 많은 이야기를 빠뜨리고 있기 때문이다.

물론 물질적인 사익의 추구는 도처에서 찾아볼 수 있다. 그리고 대다수 사람들은 공짜로 일할 만큼 여유가 있지 않다. 대다수 성인들은 삶의 4분의 1에 해당하는 시간(즉 168시간의 일주일 중 40시간)을 일하면서 보낸다. 이는 우리의 뇌에 내장된 온갖 사회적 동기들이 직장에서도 나타날 것임을 의미한다. 자신이 자신 또는 동료 직원들이나 지역사회를 돌볼 줄 아는 조직에 속해 있다는 것을 알면 그 조직에 대한 애착이 생긴다. 그리고 이것은 회사에 대한 사람들의 참여의식과 일에 대한 동기를 높게 유지하는 데 놀라울 만큼 효과적이다. 자신이 이런 사람이라는 사실을 익히 깨닫고 있는 사람들은 그리 많지 않다. 그러나 그렇다고 해도 이것은 진실이다.

더 나은 고용주가 되기 위한 조건

최근 한 여론조사에서는 직장인들에게 임금 인상과 더 나은 고용주 가운데 어느 쪽을 원하느냐고 물어보았다. 그러자 응답자의 약 3분의 2(65퍼센트)는 임금 인상보다 더 나은 고용주를 택하겠다고 답했다.[19] 일부 고용주들은 직원들로부터 생산성을 최대한 짜내려면 직원들이 자신을 싫어하는 것은 어쩔 수 없는 비용과도 같다고 생각할지 모른다.[20] 그러나 최근 갤럽 여론조사에 따르면, 미국 경제에서 고용주와 피고용인 사이의 이렇게 형편없는 관계 때문에 초래되는 생산성 저하의 비용이 연간 3,600억 달러에 달한다고 한다. 직장에서 행복하지 못한 직원들은 남의 눈에 띄지 않게 게으름을 피우는 경향이 있으며, 새로운 아이디어를 회사와 공유할 가능성도 낮다.

내가 조만간 작은 회사를 차려서 고용주가 되는 일은 없을 것이다. 그러나 대학 연구실을 이끄는 것도 이와 크게 다르지 않다. 매년 수천 명의 심리학 대학원생들이 박사학위를 딴다. 그러나 그들 중에서 고용주가 될, 다시 말해 자신의 연구실을 운영하는 교수가 될 사람은 극히 일부에 불과하다. 그런데 약간 재미있는 일은 고용주가 되기 위해 요구되는 자질(즉 대학원생 시절에 높은 수준의 연구를 발표하는 것)과 고용주로서 요구되는 자질 사이에는 별 상관이 없다는 점이다.

대학원생들은 다양한 심리현상에 대해 연구하면서 그중 일부가 훌륭한 성과를 내고, 그런 연구를 더 할 기회를 얻기 위해 자신을 고용하는 대학이 나타나기를 기대한다. 운을 떠나서 대학원생이 출세하는 데 가장 필요한 것은 정말 똑똑한 머리를 가지고 연구 방법이나 내용의 면에서 전문성을 키우면서 정말 열심히 연구하는 것이다. 이렇게 충분한 지적능력과 집중력을 가져야 비로소 운도 따르는 것이다.

물론 지적능력, 전문성, 일에 대한 집중력 등은 교수가 되어서도 필요한 자질이기는 하다. 그러나 내가 하는 일 중 매우 큰 부분은 내 연구실에 있는 숱한 사람들을 관리하는 것이다. 지난 수년 동안 나는 인간관계나 동기와 관련해 무수하게 많은 문제들을 해결해야만 했다. 이를 위해서는 연구실의 구성원들 사이에 어떤 사회적 역동성이 복잡하게 전개되고 있는지, 그리고 내 연구실에 속해 있다는 것이 그들의 현재 정체성과 미래 정체성에 어떤 의미를 가지는 것인지를 잘 이해하지 않으면 안 된다. 나아가 그들의 연구가 잘 진행되어야 내 연구도 잘 진행되기 마련이다. 그들의 연구가 잘 진행되려면 그들이 무엇을 원하는지, 무엇이 그들에게 동기를 부여하는지, 어떻게 하면 최고의 연구환경을 갖출 것인지 등에 대해서 내가 충분히 파악하고 있어야만 한다.

내가 대학원에 다닐 때 내게 이런 문제에 대해 조언을 해준 사람은 한 명도 없었다. 이런 문제를 어떻게 하면 잘 처리할 수 있는지를 가르쳐주는 수업도 찾아볼 수 없었다. 교수가 되기 위해 면접을 볼 때도 연구실의 사회적 역동성을 어떻게 잘 관리할 것인가라는 질문은 언급조차 되지 않았다. 나는 그동안 이런 문제를 그럭저럭 헤쳐 나가긴 했지만 지도자의 사회적 자질이라는 측면에서 높은 점수를 받을 정도는 아닌 것 같다.

좋든 싫든 이런 처지에 있는 것은 나뿐만이 아니다. 사람들은 관리직에 있지 않은 구성원들 가운데 그나마 가장 능숙하고 똑똑하거나 가장 생산적인 구성원에게, 본인의 의사와는 상관없이 관리자 역할을 떠맡곤 한다. 만약 10여 명의 기술자들이 함께 일하고 있는 곳에서 관리자가 회사를 떠나 지도력에 공백이 생긴다면, 이 기술자들 가운데 가장 성공한 사람을 새 관리자로 승진시키는 것은 자연스러운 일일 것이다.

지도자의 촉매 역할

과연 사회적 동기와 사회적 기술은 정말로 지도자의 성공을 위해 중요한 것일까? 그리고 만약 정말로 중요하다면, 왜 우리 주변에는 뛰어난 사회적 능력 덕분에 지도자로 뽑히거나 승진한 사람들이 별로 없을까?

첫 번째 물음에 대한 답변은 간단하다. 지도자의 사회적 능력은 그가 이끄는 집단의 성공 여부에 엄청난 차이를 가져올 수 있다. 리더십 연구 전문가 존 젱어John Zenger는 수천 명의 피고용인들에게 그들 상관의 리더십 효율성leadership effectiveness에 대해 점수를 매겨보라고 했다.[21] 그리고 이 점수를 토대로 지도자들을 '훌륭한' 지도자(상위 20퍼센트에 속함), '양호한' 지도자(중간 60퍼센트에 속함), '형편없는' 지도자(하위 20퍼센트에 속함)로 나누었다. 이는 기업의 수익, 직원 만족도, 이직률, 고객 만족도 같은 여러 결과들을 매우 정확히 예측해주는 것으로 판명되었다.

이런 연구 결과를 토대로 젱어는 훌륭한 지도자가 갖춰야 할 다섯 가지 능력을 열거했는데, 여기에는 개인적 능력(지능, 문제해결, 전문지식, 훈련 등), 결과에 집중하는 능력(당면 과제를 추진하고 완수할 수 있는 능력에 해당), 성격(성실함과 진실성 등), 조직의 변화를 이끄는 능력, 그리고 사회적 기술이 포함되었다. 나아가 그는 이 다섯 가지 능력 가운데 어떤 능력들의 결합이 지도력의 전반적인 향상에 특히 기여하는지 분석해보았는데, 그 결과 사회적 기술이 다른 능력들과 결합될 때 리더십 효율성이 가장 크게 향상되는 것으로 밝혀졌다.

젱어의 분석에 따르면 어떤 경영자가 직원들로부터 '결과에 초점을 맞추는 능력'(즉 일이 효과적으로 굴러가게 만드는 능력)에서 매우 높은 점수를 받은 경우에, 그가 리더십 총점으로 따져 상위 10퍼센트에 들 확률은 14퍼센트밖에 되지 않았다. 그러나 그 경영자가 '결과에 초점을 맞추는 능력' 외에도 '인간관계를 맺는' 능력에서 매우 높은 점수를 받았다면 리더십 총점으로 따져서 훌륭한 지도자 반열에 오를 확률은 72퍼센트까지 치솟았다.

사회적 기술이 다른 능력들의 가치까지 덩달아 상승시키는 까닭은,

무엇보다도 사회적 기술을 바탕으로 직원들의 사회적 또는 정서적 반응에 대해 적절히 대처하는 것이 가능하기 때문이다. 일을 잘못하고 있는 직원이 있을 때 이를 바로잡으려는 상관의 시도는, 그 직원을 격려하는 방식으로 이루어질 수도 있고 아니면 거부감을 불러일으켜 오히려 의욕을 떨어뜨리는 방식으로 이루어질 수도 있다. 이 둘 사이의 차이는 매우 미묘한 것이다. 이럴 때 사회적 기술은 상관이 이런 줄타기 곡예를 능숙하게 하기 위해 반드시 필요한 것이다.

때때로 사회적 기술은 개인적 능력보다 더 중요하게 취급된다. 한 실험 연구에서는 세 사람이 힘을 합쳐 복잡한 과제를 수행하도록 했는데, 이때 팀의 구성원 중 한 사람이 자연스럽게 지도자 역할을 맡게 되었다.[22] 이 과제가 끝난 뒤에 각 팀의 구성원들은 지도자 역할을 맡은 사람이 얼마나 효과적으로 지도력을 발휘했는지에 대해 점수를 매겼다. 그 결과 효과적으로 지도력을 발휘했다는 평가를 받은 사람들은 무엇보다도 지적능력과 사회적 기술에서 높은 점수를 받았다. 특히 이때 사회적 기술은 지능에 비해 거의 두 배나 더 중요한 것으로 평가되었다.

만약 사회적 기술이 지도자의 성공 여부에 이렇게 강력한 영향을 미치는 것이 사실이라면, 회사에서 경영자나 중진 간부를 뽑을 때도 사회적 기술을 중요한 기준으로 삼는 것이 옳을 것이다. 그러나 불행하게도 사람들은 사회적 기술을 너무나도 무시하고 있다. 포천 500개 사에 속하는 수십 개의 기업과 함께 일한 경험이 있는 데이비드 록은 늘 이런 문제에 직면해왔다. '제가 매주 여러 기업체에서 듣는 가장 흔한 우려의 목소리는, 직원들이 점점 전문화될수록 그들의 사회적 기술은 점점 더 형편없어지는 것 같으며 특히 그들이 관리자나 지도자가 되는 날에

는 이것이 정말로 큰 문제가 될 수 있다는 것입니다.'

　최근 경영연구그룹Management Research Group과 뉴로리더십연구소에서는 수천 명의 피고용인들을 대상으로 그들의 개인적 역량을 조사해보았다. 그 결과 50퍼센트 이상의 피고용인들이 그들의 상관이나 동료로부터 '목표 집중력'에서 높은 점수를 받았지만, 목표 집중력과 사회적 기술 모두에서 높은 점수를 받은 피고용인은 전체의 1퍼센트도 되지 않았다. 젱어의 분석은 이 두 능력의 결합이 지도자의 성공을 위해 반드시 필요하다는 점을 보여주고 있지만, 여전히 기업체에서는 이 두 능력을 모두 지닌 사람들을 찾으려 하지도 않을 뿐만 아니라 훈련프로그램 등을 통해 이런 리더십을 육성하려 들지도 않는다.

시소의 양쪽

사람들은 왜 지도자를 뽑을 때 그렇게도 자주 사회적 능력을 무시하는 것일까? 한 가지 이유는 우리가 가지고 있는 지도자상이 성공적인 지도자가 되기 위해 실제로 필요한 것과 일치하지 않기 때문이다. 로버트 로드Robert Lord는 지도자상을 수십 년 동안 연구해왔다. 그는 20여 편의 연구들을 검토한 한 논문에서 사람들이 어떤 특성들을 가장 빈번하게 지도자와 연관시키는지 살펴보았는데, 그 결과 '지능' '지배' '남성성'은 일관되게 높은 점수를 받은 반면 사회적 기술은 여기에 들지 못했다.[23] 이처럼 사람들은 지도자를 현명하고 강력한 사람으로 생각하지 사회적으로 능숙한 사람으로 생각하지는 않는다. 그리고 이런 지도자상은 실제로 기업체에서 지도자를 선발할 때도 틀림없이 영향력을 발휘할 것이다.

사람들의 이런 심리적 표상 외에도, 분석적 지능과 사회적 지능이 모두 뛰어난 지도자를 찾기 어려운 까닭은 이 두 가지 지능의 관계에 무슨 근본적인 이유가 있기 때문일지 모른다. 한 연구에서는 이런 가능성을 조사하기 위해 지능, 공감, 지도력의 관계를 살펴보았다.[24] 그 결과 사람들은 지능과 공감을 모두 지도력과 연관시키는 것으로 밝혀졌으나, 흥미롭게도 이 지능과 공감 사이에는 부적 상관관계negative correlation가 존재했다.

우리는 사회적 사고와 비사회적 사고가 매 순간 뇌의 작동 방식에서 서로 어떻게 충돌하는지 이미 살펴보았다. 앞에서 살펴보았듯이 우리의 뇌에는 우리가 다른 사람들의 마음을 헤아릴 수 있도록 도와주는 심리화 체계가 존재한다(그림 2.1 참조). 그런가 하면 우리의 뇌에는 비사회적 현상에 대한 추상적 추론을 담당하는 별도의 체계가 존재하는데, 이런 추론은 일반지능과 관련이 있다(그림 2.3 참조). 그리고 이 두 체계의 핵심 특징 중 하나는 이 둘의 관계에서 찾을 수 있다. 즉 우리가 마음 내키는 대로 이런저런 생각을 할 때 이 두 체계는 한쪽이 올라가면 다른 쪽이 내려가는 '시소의 양쪽'처럼 작동한다.

아마도 사회적 사고와 비사회적 사고의 이런 관계 때문에 우리가 이 두 가지를 동시에 하기는 쉽지 않을 것이다. 그러나 많은 경우에 우리의 정신 과정들은 서로 경쟁하기보다 서로를 촉진하는 경향이 있다. 예컨대 시각과 청각은 서로를 보완한다. 그래서 누가 말을 할 때 그 사람의 입술 움직임을 보면 청각을 통해 그 사람의 말을 이해하는 데 도움이 된다. 반면 사회적 추론 체계와 비사회적 추론 체계의 경우에는 이 두 체계가 상호 보완적으로 작동한다는 것을 보여주는 연구들도 있긴 하지만, 이 둘이 서로 엇박자를 내는 경우가 훨씬 더 흔하다.[25]

사회적 지능과 비사회적 지능의 이런 충돌이 지도력과 무슨 관련이 있는지에 대해 우리는 두 가지 설명을 시도해볼 수 있다. 첫째로 몇몇 사람들은 주로 비사회적 추론을 위한 회로를 활성화시키는 반면 사회적 회로는 우연적인 부산물로 취급해 비활성화시키는 오래된 성향을 지니고 있을 수 있다. 그리고 이는 그들의 유전적 특질 때문일 수도 있고, 사회적 사고보다 추상적 사고를 더 가치 있게 여기는 사회에서 평생을 살면서 몸에 밴 습관의 결과일 수도 있다.

둘째로 몇몇 사람들은 직업에 대한 그들의 사고방식 때문에 비사회적 사고를 우선시하게 되었을 수 있다. 즉 지도자의 임무를 주로 비사회적 관점에서 바라보는 사람이라면 사회적 사고를 억제할 가능성이 높으며, 그래서 주변의 사회적 사건에 대해 둔감해지고 자신이나 직원들의 행동에 담긴 사회적 의미를 충분히 고려하지 못할 수 있다. 예컨대 팀의 한 구성원이 일을 추진하는 데 어려움을 겪고 있다고 말한다면, 이런 말의 이면에는 같은 팀의 다른 구성원들과 협력해서 일을 하는 데 어려움을 겪고 있다는 뜻이 숨어 있을 수 있다. 이럴 때 사회적 사건에 민감한 지도자라면 일을 원활히 추진하기 위해 어떤 사회적 역동성이 필요한지 간파할 수 있을 것이다. 반면 둔감한 지도자라면 과제의 완수를 위해 팀 구성원들을 더 많이 훈련시킬 필요가 있는 것은 아닌지 등에 대해 궁리할 수 있는데, 이 경우에 그는 문제를 완전히 잘못 짚고 있는 셈이다.

그렇다면 우리는 사회적 사고와 비사회적 사고 사이의 시소 관계에 어떻게 대처해야 할까? 이 문제 관련해서는 좋은 소식과 덜 좋은 소식이 있다. 자신의 업무를 주로 비사회적 관점에서 이해하는 사람들의 경우에는, 업무 이해 방식의 변화를 통해 좀 더 균형 잡힌 사고를 하는 것이 가능할 것이다. 훌륭한 지도자라면 당연히 이 두 가지 사고 사이를 능숙하게 왔다 갔다 할 줄 알아야 하므로, 이는 좋은 소식이라 하겠다. 반면 덜 좋은 소식은 비사회적 회로를 선호하는 생물학적 성향을 지닌 사람들의 경우에는 업무의 이해 방식을 바꾸는 것만으로 소기의 성과를 거두기가 어려울 것이라는 점이다. 업무 환경의 사회적 측면을 습관적으로 간과하면서 평생을 살아온 사람들의 경우에는 사회적 사고를 몸에 익히는 것이 성인이 되어 제2의 언어를 배우는 것만큼이나 어려울 것이다. 다시 말해 이것이 불가능하지는 않지만, 어릴 때 이런 변화를 시도하는 것보다는 훨씬 많은 노력이 필요할 것이다.

훌륭한 지도자는 팀 구성원들 모두의 사회적 동기를 이해하고 배려할 줄 안다. 지도자는 지도자와 팀원들 사이에 그리고 팀의 구성원들 사이에, 더 나아가서는 팀과 팀의 성공에 결정적으로 중요한 외부 집단이나 개인들 사이에 더 나은 '사회적 연결'이 형성되도록 노력해야 한다. 이런 연결에 기초한 원활한 의사소통을 통해 팀의 모든 구성원들이 떠안고 있는 '마음 읽기'의 짐은 줄어들 것이며, 나아가 과제를 수행하면서 생길 수 있는 사회적 문제와 갈등을 조기에 발견하고 해결할 수 있을 것이다. 팀이 정말로 팀답게 느껴지도록 만들기 위한 노력은 팀의 구성원들이 자신을 팀과 점점 더 긴밀하게 동일시하기 시작함에 따라 충분한 보상으로 이어질 것이다. 그리고 이런 팀의식은 팀 구성원들이 자신보다 팀 전체에 기여할 방도를 먼저 생각하는 '조화'를 촉진할 것이다. 사회적 동물인 우리 인간은 자신을 팀과 진정으로 동일시하는 한 이렇게 생각하고 행동하도록 설계되어 있기 때문이다. 그리고 이런 동일시, 다시 말해 집단에 대한 이런 애착을 조성하는 것이야말로 성공적인 지도력의 핵심 요소이다.

지금까지 이야기한 것들은 사회적 뇌가 개인들의 작업 공간부터 조직 전반에 이르기까지 직장생활에 어떤 영향을 미칠 수 있는지에 대한 논의의 시작에 지나지 않는다. 비록 이 자리에서는 매우 제한된 논의에 그쳤지만, 이런 논의가 더욱 활발히 전개된다면 조직의 의미 있는 변화도 충분히 가능할 것이다.

12장

사회적 뇌와 교육

미국이 유치원부터 12학년(한국의 고등학교 3학년에 해당한다-옮긴이)까지 이르는 공교육에 투자하는 비용(매년 8,000억 달러 이상)은 지구 상의 다른 어느 나라보다도 많을 것이다.[1] 그러나 각종 국제 비교에 따르면 미국 학생들은 수학, 과학, 독해 같은 분야에서 대다수 선진국 학생들에 비해 뒤처지고 있다. 비교 대상이 된 34개국 가운데 미국 학생들은 수학에서 25등, 과학에서 17등, 독해에서 14등을 차지했다.[2] 이것은 미국이 교육에 대한 투자액에 비해 형편없는 수익을 거두어들이고 있음을 의미한다.[3]

내가 보기에 미국 교육 문제의 열쇠는 중학교가 쥐고 있다. 중학교는 나이가 12세부터 14세에 이르는 7학년과 8학년 학생들로 구성된다. 중요한 여러 교육지표상에서 4학년과 8학년 사이에 뚜렷한 하락이 관찰되는데, 이 시기에 급격히 증가하는 학생들의 무관심과 일탈의 흐름을 저지할 수만 있다면 그것의 사회적 이득은 헤아릴 수 없을 만큼 클 것이라고 나는 믿는다.[4] 우리 사회가 안고 있는 각종 문제들 가운데 우리의 아이들이 교육에 대한 관심과 의욕을 잃지 않도록 해야 하는 문제보다 더 큰 혜택을 기대할 수 있는 것이 과연 있을까?

지난 10년 동안 이 문제를 풀기 위한 기본적인 접근법은 2001년 의회를 통과한 낙오 학생 방지법No Child Left Behind Act에 기초한 교육책임제였다. 이 계획의 핵심은 학생들을 대상으로 매년 시험을 보아서 성적표를 작성하고 그것을 토대로 각 학교를 평가하는 것이었다(학생들이 시험에 떨어지면 해당 학교도 덩달아 떨어지는 식이었다). 그러나 이 낙오 학생 방지법에 대해 그동안 다양한 비판이 제기되었다. 특히 이 법과 관련된 특정 시험 과목들의 학업 성적은 높아졌을지 몰라도 이를 진정한 학습 능력의 향상으로 보기는 어려우며, 나아가 미국 학생들의 국제적 순위가 올라간 것도 아니라는 지적에 대해서는 대체로 공감대가 형성되었다. 이 책의 주제와 관련해 말하자면, 이 계획은 우리가 사회적 뇌에 관해 알게 된 것들을 토대로 제안하고자 하는 접근법과 뚜렷이 대비된다. 이 장에서는 사회적 뇌에 대한 우리의 지식을 토대로, 특히 중학교에 초점을 맞추어 교육 개선 방안에 대해 논의하고자 한다.

소속의 욕구

나의 7학년은 뉴저지New Jersey에서 방금 이사 온 전형적인 '신참' 생활로 시작되었다. 수업 첫날 나는 운 좋게도 한 아이와 친구가 될 수 있었는데, 그는 내가 좋아하던 스포츠를 똑같이 좋아했고 비디오게임을 즐겼으며 똑똑한 아이였다. 정말로 똑똑한 아이였기 때문에 그다음 주에 있었던 학급 배치 시험에서 그가 그리 좋지 않은 점수를 받았을 때 나는 도저히 믿을 수가 없었다. 내가 이런 시험 성적에 대해 묻자 그는 자신이 똑똑하다는 것을 다른 아이들이 눈치 채고 집적거리는 것이 싫어서 일부러 시험을 망친 거라고 말했다. 내가 6학년 때 살던 곳과 7학년 때 이사 온 곳 사이의 지리적 거리는 그리 엄청난 것이 아니었지만, 그의 말을 듣는 순간 세상이 완전히 뒤집어진 것처럼 보였으며 똑똑하고 열심히 공부한다는 것이 갑자기 매우 촌스럽게 느껴졌다. 내 친구는 공부를 잘하는 것보다 친구들의 호감을 얻는 데 더 관심을 가졌다. 나는 이런 사실을 학급 배치 시험 전에는 전혀 눈치 채지 못했는데, 이것이 내게는 오히려 고마운 일이었는지 모르겠다.

왜 중학교 때 학업 성적과 학업에 대한 관심이 급격히 떨어지는지에 대해서는 수많은 설명이 가능하겠지만,[5] 한 가지 간과하기 쉬운 이유는 우리의 가장 기본적인 사회적 동기인 소속의 욕구가 이때 제대로 충족되지 않는다는 점일 것이다. 아이들이 막 사춘기로 들어설 즈음 초등학교에서 중학교로 학교를 옮겨가는 것은 불확실하고 불안정한 사회적 환경을 만들어낸다. 또한 이런 변화는 모든 학생들에 대해 소상히 알고 있는 단 한 명의 교사와 하루의 대부분을 보내는 생활에서 과목마다 교사가 다른 중등학교 체제로 옮겨가는 것을 의미하기도 한다.[6]

그렇다면 과연 중학생들의 소속감은 어떠할까?[7] 캘리포니아대학교의 내 동료 교수인 자나 주브넌Jaana Juvonen의 연구에 따르면, 미국의 중학생들은 소속감이 매우 약하다. 주브넌과 그의 연구팀은 10여 개 국가의 3만 2,000명 이상 되는 중학생들로부터 수집한 자료를 분석했는데, 다중 측정 결과 미국 학생들은 조사 대상이 된 대다수 다른 나라의 학생들에 비해 학교나 교사 또는 급우에 대해 사회적 연결의식을 덜 느낀다고 한다. 특히 미국 학생들은 자신이 다니는 학교의 전반적인 분위기에 대해 다른 어느 나라의 학생들보다도 나쁜 평가를 내렸으며, 그들이 매긴 평점은 꼴찌에서 두 번째를 차지한 나라의 평점보다도 두 배나 더 부정적이었다.

이런 중학생들에게 공동체에 대한 소속감을 더 불어넣기 위해 과연 제한된 교육재정을 투자해야만 하는가라는 문제는, 우리의 교육목표가 무엇이며 이런 목표를 달성하는 데 사회적 연결이 얼마나 중요하다고 생각하느냐에 따라 결정될 것이다. 만약 우리가 공동체의식의 촉진을 위해 돈과 시간을 투자하면 학생들이 그만큼 더 행복해질 것이라는 점에 대해서는 아무리 콧대 높고 냉소적인 사람들이라도 대체로 동의할 것이다. 하지만 이들은 곧바로 학생들의 행복이 교육제도의 주요 목표는 아니라고 덧붙일 것이다. 나 역시 내 자식의 행복과 안녕에 대해 지대한 관심을 가지고 있지만, 학습을 최대화하고 나아가 학생들이 나중에 살면서 자율적으로 학습할 수 있는 능력을 최대한 키워주는 것이 학교의 주된 임무라는 데는 이견이 없다. 그렇다면 관건은 과연 학생들에게 소속감을 심어주는 것이 그저 하나의 목적 그 자체일 뿐인가 아니면 이것이 학습과 기타 교육적 성과의 향상을 위한 중요한 수단이 될 수 있는가라는 것이다.

괴롭힘을 당한다는 것

청소년들에게 그들의 사회적 인정을 가장 크게 위협하는 것은, 다른 아이들이 그냥 지켜보는 가운데 못된 아이에게 괴롭힘을 당하는 것이다.

다른 아이들의 방관이 암묵적인 동의로 해석되면 괴롭힘을 당한 아이는 자신이 또래 아이들 대다수로부터 거부당했다는 느낌을 받을 수 있다.[8] 누구나 어렵지 않게 예상할 수 있겠듯이 학교에서 괴롭힘을 당하는 것은 자존심의 상처, 우울, 불안 등으로 이어질 수 있다.[9] 또한 또래에게 괴롭힘이나 거부를 당한 경험이 많은 아이일수록 내신 성적과 학교 출석률이 떨어지는 경향을 보인다.[10]

40퍼센트에 달하는 청소년들이 이런저런 종류의 괴롭힘을 받은 적이 있다고 말하고 있는 현실을 고려할 때,[11] 이는 이미 학생들의 학업 성취에 광범위한 저해 요인으로 작용하고 있다고 보아야 할 것이다. 듀이 코넬Dewey Cornell은 낙오 학생 방지법에 의거한 여러 시험 과목들의 학교별 성적과 해당 학교에서 발생한 괴롭힘의 빈도 사이의 관계를 조사해보았다.[12] 그 결과 괴롭힘의 빈도가 상대적 더 높은 학교들은 대수학, 기하학, 지구과학, 생물학, 세계사 과목의 시험 성적이 뚜렷이 더 낮은 것으로 밝혀졌다.

괴롭힘은 흔히 교실 밖에서 일어나기 마련인데, 왜 이런 괴롭힘이 교실 안에서 학생들의 학업 성취에 영향을 미칠까? 우리는 여기서 사회적 고통과 신체적 고통이 활성화하는 신경회로가 같다는 사실을 상기할 필요가 있다. 또 만성적인 신체적 고통이 작업기억의 감소 같은 인지 장애를 유발할 수 있다는 것은 잘 알려진 사실이다.[13] 고통의 목적은 우리로 하여금 고통이 느껴지는 곳으로 주의를 돌려 그것을 바로잡거나 회복에 필요한 조치를 취하도록 만드는 것이다. 따라서 고통에 시달리는 사람은 그것이 신체적 고통이든 사회적 고통이든 상관없이, 그 고통에 온 정신이 쏠려 있을 가능성이 높다. 이러다 보면 수업에 집중하기 위해 필요한 인지적 또는 주의적 자원이 별로 남아 있지 않게 되는 것이다.

심리학자 로이 바우마이스터는 사회적 고통이 지적 수행의 감소로 이어질 것이라는 가설을 검증해보았다.**14** 이를 위해 그의 연구팀은 실험 참가자들을 두 집단으로 나누어, 한 집단의 경우에는 다른 사람들에게 거부당했다는 느낌이 들도록 상황을 꾸몄고 다른 집단의 경우에는 그렇게 하지 않았다. 그런 다음에 또 다른 실험을 통해 참가자들에게 지능검사나 대학원입학자격시험Graduate Record Examination, GRE과 유사한 시험을 치르도록 했는데, 두 시험의 결과는 모두 명확했다. 즉 사회적 고통은 시험 성적의 극적인 하락을 초래했다. 지능검사의 경우에 다른 사람으로부터 거부당했다는 느낌을 받지 않은 참가자들의 평균 정답률은 82퍼센트였으나, 거부당했다는 느낌을 받은 참가자들의 평균 정답률은 69퍼센트밖에 되지 않았다. 대학원입학자격시험과 유사한 시험의 경우에는 차이가 더 극적으로 나타났다. 즉 거부당했다는 느낌을 받은 참가자들은 그렇지 않은 참가자들에 비해 거의 절반밖에 정답을 맞히지 못했다(39퍼센트 대 68퍼센트).

실로 깜짝 놀랄 만한 차이가 아닐 수 없다. 이 실험에서 바우마이스터가 이런 차이를 낳기 위해 한 일은, 한 집단의 실험 참가자들에게 '먼 훗날 당신은 다른 사람들보다 더 외롭게 지낼 가능성이 있다'고 말한 것이 전부였기 때문이다. 만약 당신이 누군가로부터 실제 괴롭힘을 당한다면, 특히 그때 주위 어느 누구도 나서서 당신 편을 들어주지 않는다면, 그것이 당신에게 어떤 영향을 미칠지 상상해보라. 아마도 당신은 심한 번민에 빠질 것이다. 만약 당신이 학생이라면 학교 수업에 중대한 피해를 입을 것임에 틀림없다.

사회적 연결의 힘

그렇다면 그 반대의 경우는 어떠할까? 다시 말해 다른 사람들과 연결되어 있다는 느낌이 강하면 그만큼 학업 성취도가 올라갈까? 다른 사람들이 자신을 좋아하고 존중한다고 느끼면 학생들의 성적이 급격히 좋아질까? 우리는 사회적 고통의 부정적 영향이 사회적 연결의 긍정적 영향보다 더 강력할 것이라고 직감적으로 추측할 수 있는데, 실제로 소속감의 증대가 학업 성취도의 상승으로 이어진다는 것을 증명하기란 연구자들에게 간단한 일이 아니었다. 오늘날 많은 연구들은 다른 학생들의 인정을 받는 것이나 자신의 학교에 대한 소속감이 강해지는 것이 내신 성적의 향상에 어느 정도 기여한다는 것을 보여주고 있다.[15] 그러나 이런 연구들은 대부분 상관관계를 조사한 것이기 때문에 제삼의 설명 가능성을 배제하기 어렵다는 한계를 지니고 있다.

내가 보기에 가장 설득력 있는 연구 결과는 스탠퍼드대학교의 두 심리학자인 그렉 월튼Greg Walton과 제프 코헨Geoff Cohen이 수행한 실험 연구이다.[16] 여러 번에 걸친 실험을 통해 그들은 '소속감'의 실험적 조작을 바탕으로 예전에는 소속감이 없던 대학 신입생들의 학점이 4년의 대학 생활 전체에 걸쳐 상당히 향상될 수 있음을 증명했다. 특히 그들은 예일대학교 총학생수의 각각 6퍼센트와 58퍼센트를 차지하는 아프리카계 학생들과 유럽계 학생들에게 이런 소속감의 변화가 미치는 효과를 검증해보았다.[17] 이 실험에 참가한 몇몇 학생들은 한 선배 학생이 처음에 학교생활에 어떻게 적응해야 할지 걱정이 많았으나 모든 것이 잘 풀렸다고 회고하는 글을 읽었다. 실험에 참가한 또 다른 학생들은 한 선배 학생이 대학생활을 하면서 더욱 세련된 정치적 견해를 가지게 되었다고 회고하는 (그러나 대학 적응에 관해서는 한마디도 하지 않는) 글을 읽었다. 그런 다음에 학생들은 자신이 어떤 종류의 글을 읽었든 상관없이 그 글에 대한 소감을 비디오로 남겼다.

월튼과 코헨은 이 학생들이 그 후 대학생활을 하면서 매학기 취득한 평균 학점을 조사했다. 그 결과 아프리카계 학생들의 경우에는, 소속감의 실험적 조작을 경험한 학생들의 평균 학점이 거의 학기마다 약 0.2점씩(예컨대 3.4점에서 3.6점으로) 꾸준히 향상된 것으로 밝혀졌다. 그러나 유럽계 학생들의 경우에는 이런 효과가 나타나지 않았다. 아마도 그 이유는 그들이 이미 상당한 소속감을 가지고 있었기 때문일 것이다. 다시 말해 그들이 총학생수에서 차지하는 큰 비중을 고려할 때, 이런 실험적 조작이 그들에게 큰 효과를 보이리라고 기대하는 것은 무리다. 그러나 이 효과가 인종 자체와는 무관하다고 가정한다면, 중학교로 진학하는 모든 학생들에게 이는 엄청난 효용성을 가질 것이다. 인생의 이 중대한 시기에 무수히 많은 학생들이 인종에 상관없이 소속감을 잃은 채 방황하기 때문이다.

이는 잠시만 생각해보아도 실로 엄청난 발견이 아닐 수 없다. 왜냐하면 한 시간가량의 심리학 실험에 참가해서 잠시 소속감이 고취되는 듯한 경험을 했을 뿐인데, 그 뒤 3년이 지나서도 여전히 그 효력 덕분에 학업 성취도가 향상된다니 말이다. 이 학생들이 대학 4학년이 되었을 때 3년 전 참가했던 실험에 관한 질문을 받았다. 그러자 대다수 학생들

은 자신이 실험에 참가했었다는 사실 자체는 기억하고 있었지만, 그것
이 무엇에 대한 실험이었는지 기억해내지 못했다. 이렇게 볼 때 이 효
과는 사람들이 원래의 사건을 기억하지 못하게 된 뒤에도 오랫동안 지
속된 셈이었다.

사회적 보상이 우리를 기분 좋게 만들고 나아가 뇌의 보상체계를 활
성화한다는 사실을 고려할 때, 이 연구 결과는 정서적 경험과 지적 수
행의 관계에 대한 과거 연구들과도 일치하는 것이다. 사회심리학자 앨
리스 아이센Alice Isen의 여러 차례에 걸친 관찰에 따르면 기분이 좋은 상
태(다시 말해 '긍정적 정서')는 사고 및 의사결정 능력의 향상과 관련이
있다.[18] 나아가 긍정적 정서는 여러 견해들 사이의 유사점과 차이점을
더 효과적으로 찾아내는 능력과도 관련이 있으며, 두 개의 독립된 연구
에 따르면 긍정적 정서는 작업기억 능력도 향상시킨다.[19]

그렇다면 뜻밖의 선물을 받았기 때문이든 다른 사람들이 자신을 좋
아한다는 것을 알았기 때문이든 상관없이, 왜 기분이 좋아지면 생각을
더 잘하게 되는 것일까? 신경과학자 그렉 애시비Greg Ashby의 주장에 따
르면 그 이유는 기분이 좋은 것과 생각을 잘하는 것이 모두 도파민의
작용과 관련 있기 때문이다.[20] 도파민은 우리의 기분을 좋게 만들거나
우리에게 보상이 되는 어떤 것을 할 때마다 우리 뇌의 뇌간에 위치한
복측 피개부에서 분비되어 복측 선조로 전달된다. 그런데 복측 선조는
복측 피개부에서 분비된 도파민의 영향을 받는 유일한 뇌 부위가 아니
다. 외측 전전두피질에도 많은 도파민 수용체dopamine receptor가 존재하는
데,[21] 이것은 곧 외측 전전두피질과 관련이 있는 많은 인지기능들이 도
파민에 의해 조절됨을 의미한다. 전전두피질에서 도파민이 감소하면

작업기억의 손상이 생길 수 있다는 것은 이미 증명되었다.[22] 그리고 적어도 몇몇 주의집중 과제의 경우에 도파민의 증가는 작업기억의 향상으로 이어질 수 있다. 이 모든 것을 종합해보면 우리가 사회적 보상을 느낄 때 분비되는 도파민이, 수업시간에 전전두피질의 효과적인 통제를 촉진하여 더 좋은 성적으로 이어지는 것이라고 볼 수 있다.

사회적 동기, 즉 사회적 고통을 피하려는 욕구와 사회적 연결을 경험하려는 욕구는 인간의 기본 욕구이며 이것이 충족되지 않으면 학습 장애로 이어질 수 있다. 지난 20년 동안 몇몇 사람들은 이런 동기에 주목할 필요성을 깨닫기 시작했다. 그러나 이에 상응하는 변화는 더디게 이루어지고 있는데, 그 한 이유는 사회적 동기와 학업 성취의 실제 변화를 정신적으로 연관시키기가 매우 어렵기 때문일 것이다. 그러나 이것은 시작에 불과하다. 왜냐하면 사회적 뇌는 어떻게 학교를 변화시켜 학업 성취의 향상을 도모할 것인지에 대해 지금까지 사람들이 전혀 생각지 못했던 또 다른 통찰들을 제공하기 때문이다.

무엇이 문제인가

우리의 학교가 엉망이라면, 이는 실제로 이미 아주 오래전부터 그러했다.[23] 세계 최초의 공식 학교는 유대인 아이들에게 유대교의 율법과 관습을 기록한 탈무드를 가르치기 위해 기원후 1세기에 세워졌다. 당시 교실에는 6세 이상의 모든 아이들이 모여 있었으며, 한 반은 25명을 넘지 않았다. 그렇다면 한 줄에 다섯 명씩 다섯 줄로 앉았다는 것일까? 이는 우리에게도 매우 익숙한 광경이다. 과거로 더 거슬러 올라가면 기원전 3000년의 한 이집트 아이의 점토판에는 다음과 같은 문장이 새겨져 있다. '선생님이 나를 때렸다. 그러자 지식이 내 머리로 들어왔다.'[24] 이것도 우리에게 매우 익숙한 이야기다. 중학교쯤 되면 교육은 영어, 역사, 수학, 과학 등을 학생들의 머릿속에 집어넣으려는 교사와 자신에게 정말로 중요한 것에 정신이 팔려 있는 학생들 사이에 벌어지는 전투이기 때문이다.[25] 이때 학생들에게 정말로 중요한 것은 바로 주위의 또래 아이들로 이루어진 사회적 세계다.

지금까지 사회적 뇌에 대한 최근 연구들을 훑어본 우리의 입장에서는, 학생들이 사회적 세계에 정신이 팔려 있는 것이 그들의 잘못이 아니다. 우리가 사회적 세계에 주의를 기울이도록 설계된 까닭은, 진화적 과거 속에서 우리가 사회적 환경을 더 잘 이해할수록 삶이 더 나아졌기 때문이다. 그리고 이런 사회적 이해를 촉진하는 심리화 체계는 청소년기 초반에 특히 활발하고 강력한 영향력을 발휘한다.[26]

우리의 뇌는 사회적 세계에 초점을 맞추도록 설계된 반면, 우리의 교실은 사회적 세계를 제외한 거의 모든 것에 초점을 맞추도록 설계되어 있다. 우리는 중등학교를 졸업할 때까지 2만 시간 이상을 교실에서 보낸다.[27] 그러나 관련 연구에 따르면 우리가 학교에서 배운 것들 가운데 배운 지 3개월이 지나서도 우리의 머릿속에 남아 있는 것은 절반 정도에 불과하며, 몇 년이 지나서도 우리가 사용할 수 있는 지식은 그렇게 남은 지식의 절반에도 훨씬 못 미친다고 한다. 우리가 배운 것 중에서 실제로 머릿속에 남는 것이 이 정도로 적다면 왜 우리는 이렇게 맞지도 않는 교육 과정 때문에 시달려야 하는가? 우리는 그저 중요한 모든 정보를 아이들에게 한번쯤 전달했다고 말하기 위해서 학교에 그렇게 많은 투자를 하는 것인가? 우리는 아이들이 실제로 배우고 학교를 졸업한 뒤에도 학교에서 배운 것을 제대로 활용할 수 있게 되기를 원하지 않는가?

현재 우리의 학교는 전혀 제대로 돌아가지 않고 있다. 정말로 학교를 개선하고자 한다면, 우리가 현재 어떻게 하고 있는지를 철저히 돌아보고 그중에서 많은 것을 서슴없이 버릴 각오를 하지 않으면 안 된다. 만약 내가 갖고 있는 프린터가 자판으로 화면에 입력한 단어들의 30퍼센트밖에 출력하지 못한다면, 나는 당장 그 프린터를 내다 버릴 것이다. 우리는 교육에 대해서도 똑같은 결단을 내릴 필요가 있다. 나는 '교사들이 문제다'라고 생각하지는 않는다. 그들은 어려운 환경 속에서도 매우 열심히 일하고 있다. 그런데 우리가 이 교사들을 전쟁터로 보내면서 아이들을 우리가 바라는 성인으로 키우는 데 필요한 탄약 대신에 버터 바르는 칼을 손에 쥐어준 꼴이다.

학생들이 관심 있는 것

교사들이 교육 전쟁에서 실패하고 있는 까닭은, 우리의 청소년들이 사회적 세계에 정신이 팔려 있기 때문이다. 물론 학생 자신들은 그렇게 생각하지 않는다. 학생들이 그들에게 중요해 보이지도 않는 주제들에 대해 끊임없이 지시를 받게 된 것은 그들이 선택한 결과가 아니다. 학생들은 간절히 배우고 싶어 한다. 그러나 학생들이 배우고 싶어 하는 것은 그들의 사회적 세계에 관해서다. 그들의 사회적 세계가 어떻게 작동하는지, 그리고 그 안에서 어떻게 자리를 확보해야 자신들이 느끼는 사회적 보상을 최대화하고 사회적 고통을 최소화할 수 있는지를 배우고 싶어 한다. 학생들의 뇌는 이 강력한 사회적 동기를 느끼고 그것의 추구를 위해 심리화 체계를 사용하도록 설계되어 있다. 진화의 관점에서 볼 때 청소년들의 사회적 관심은 그들의 주의를 산만하게 만드는 쓸데없는 어떤 것이 아니다. 오히려 이것은 그들이 제대로 학습할 수 있는 가장 중요한 것이다.

그러나 학교는 이 강력한 사회적 동기에 대해 어떻게 반응하고 있는가? 학교에서는 흔히 이런 사회적 충동을 교실 밖에 놔두고 와야 할 어떤 것으로 간주한다. 수업시간에 반 친구들끼리 떠들거나 쪽지나 문자를 주고받는 것은 처벌 대상이 되는 잘못된 행동으로 간주된다. '교실에 들어올 때는 사회적 뇌를 꺼주세요! 이제 공부할 시간이니까요!' 이것은 허기진 사람에게 식욕을 '꺼달라'고 말하는 것과 다르지 않다. 마찬가지로 사회적 굶주림도 채워지지 않으면 안 된다. 만약 그렇지 않으면 이것은 계속 우리의 주의를 끌어당길 것이다. 왜냐하면 이것이 생존에 결정적으로 중요하다는 것을 우리의 신체는 잘 알고 있기 때문이다.

그렇다면 해결책은 무엇인가? 수업시간에 학생들의 사회적 교류를 위해 5분간 휴식을 주어야 할까? 아니면 학생들이 마음껏 문자를 주고받도록 허용해야 할까? 내가 제안하는 해결책은 사회적 뇌를 수업시간의 적으로 간주하는 대신에 그것을 학습 과정의 일부로 참여시킬 방법을 찾는 것이다. 우리에게 필요한 것은 학습 과정 중에 우리에게 방해가 되는 사회적 뇌가 아니라, 우리를 위해 작동하는 사회적 뇌다.[28] 흔히 교실에서 이루어지는 수업은 작업기억과 추론에 관여하는 측전두 부위와 두정 부위(그림 5.2 참조) 및 새 기억의 저장에 관여하는 해마

hippocampus와 내측두엽medial temporal lobe에 의존한다.**29** 우리가 이미 살펴본 것처럼 심리화 체계는 전통적인 학습회로와 대립적으로 작동하는 경향이 있다. 그러나 우리가 아직 논의하지 않은 것은 이 심리화 체계가 기억체계로도 작동할 수 있다는 사실이다. 게다가 이것은 전통적인 학습회로보다 더 강력하게 작동할 수 있는 잠재력을 가지고 있다.

1980년대에 일련의 행동 연구를 통해 한 가지 신기한 현상이 증명된 바 있다.**30** 이 연구 초기에 사회심리학자 데이비드 해밀턴David Hamilton은 사람들에게 평범한 행동을 기술한 문장들(예컨대 신문)을 읽으라고 했다. 이때 일부 참가자들에게는 잠시 후 기억력 검사가 있을 테니 모든 정보를 외우라고 말했다. 반면 다른 참가자들에게는 '이렇게 다양한 행동을 한 사람이 어떤 인물일지에 대해 전반적인 인상을 형성해보라'고 말했으며 또 정보를 외울 필요는 '없다'고 분명히 말했다. 이 참가자들에게는 잠시 후 기억력 검사를 받을 것이라고 말하지 않았으며, 대신 그들이 형성한 인상을 토대로 몇 가지 질문을 받게 될 것이라고 말했다. 참가자들은 '이 사람이 영화 보는 것을 더 좋아하나요? 아니면 등산 가는 것을 더 좋아하나요?'와 같은 질문을 받을 것이라고 예상했다.

그런데 실제로 참가자들은 어떤 검사를 예상했건 상관없이 모두 동일한 기억력 검사를 받았다. 그렇다면 과연 누가 기억력 검사에서 더 나은 점수를 받았을까? 기억력 검사를 위해 암기하라는 지시를 받은 사람들일까? 아니면 전반적인 인상을 형성하라는 지시를 받은 사람들일까? 만약 암기하라는 지시를 받은 사람들이 더 나은 점수를 받았다면, 내가 이 이야기를 굳이 꺼내지도 않았을 거라는 점은 당신도 충분히 짐작할 수 있을 것이다. 그런데 신기하게도 그 후 비슷한 연구가 수

차례 되풀이되었지만 결과는 언제나 같았다. 즉 정보를 사회적으로 이해한 사람들은, 정보를 일부러 암기한 사람들보다 기억력 검사에서 더 나은 점수를 받았다.

수년 동안 이런 '사회적 부호화social encoding'의 이점은 전통적인 학습체계(즉 작업기억 영역과 내측두엽)를 효율적으로 사용한 결과로 간주되었다. 다시 말해 연구자들은 암기 시도보다 사회적 부호화가 이 학습체계를 더 잘 사용하기 때문일 것이라고 생각했다. 물론 이것은 매우 경제적인parsimonious, 다시 말해 기존 이론틀을 크게 수정하지 않은 채 제안된 설명이었지만, 윌리엄 오컴William of Ockham(불확실한 경쟁 가설들 가운데 하나를 선택하려면 가정을 가장 적게 포함한 가설을 선택하라는 사고 절약의 원리principle of parsimony를 내세운 것으로 유명한 14세기 논리학자-옮긴이)에겐 미안하게도 한마디로 말해 틀린 설명이었다.

하버드대학교의 사회신경과학자 제이슨 미첼Jason Mitchell은 기능적 자기공명영상을 이용해 사회적 부호화의 이점에 대한 연구를 수행했다.**31** 그 결과 이전에 수행된 10여 개의 연구에서와 마찬가지로 참가자들에게 정보를 암기하라고 지시한 경우에는, 외측 전전두피질과 내측두엽의 활동을 바탕으로 나중에 해당 정보가 얼마나 성공적으로 기억되는지를 예측할 수 있었다. 사회적 부호화의 이점에 대한 표준적인 설명에 따르면, 참가자들에게 사회적 부호화 과제를 부여한 경우에도 위와 동일한 양상 또는 동일하면서도 무언가 더 개선된 양상이 관찰되어야 했다. 그러나 실제로는 그렇지 않았다. 전통적인 학습회로는 효과적인 사회적 부호화에 대해 민감한 반응을 보이지 않았다. 그 대신 심리화 체계의 중심 마디에 해당하는 배내측 전전두피질이 사회적 부호화 과제에서 성공적인 학습과 관련이 있는 것으로 판명되었다.

이 연구 결과의 교육적 함의는 대단한 것이다. 왜냐하면 이것은 심리화 체계가 사회적 사고를 위한 도구일 뿐만 아니라 강력한 기억체계이기도 하다는 점을 말해주고 있기 때문이다. 게다가 사회적 부호화가 실제 암기 노력보다 더 나은 기억으로 이어진 경우처럼, 특정 조건에서는 심리화 체계가 전통적인 기억체계보다 더 강력한 기억체계가 될 수 있는 것처럼 보인다. 물론 심리화 체계는 교실 학습과 관련해 한계도 지니고 있다. 그런데 이를 언급하기 전에, 더욱 놀라운 사실에 대해 먼저 살펴보기로 하자.

우리의 뇌에는 아직 교육적 자원으로 활용된 적이 거의 없는 놀라운 학습체계가 존재한다. 그리고 이것은 모든 것을 변화시킬 수도 있는 잠재력을 지니고 있다. 이미 앞에서 말했듯이 우리가 전통적인 기억체계를 사용할 때는 이 체계가 심리화 체계를 억제하는 경향이 있다. 이 둘은 시소의 양쪽 끝과도 같다. 다시 말해 우리가 교실에서 익힌 학습 방식은 심리화 작용에 기초한 학습 방식을 무력화하고 있다. 나아가 교실 학습의 전체 구조는 심리화 체계가 학습에 기여할 기회를 아예 처음부터 박탈하는 방식으로 설계되어 있다. 왜냐하면 사회적 사고는 교실에서 처벌의 대상이 되기 때문이다. 그렇다면 어떻게 해야 사회적 뇌가 교실에서도 우리를 위해 작동하도록 만들 수 있는지 몇 가지 간단한 방법들을 살펴보기로 하자.

역사와 영어 가르치기

나는 역사 수업을 싫어했다. 그것이 미국사든 세계사든 내게는 모두 마찬가지였다. 역사의 교육 방식과 역사교과서의 서술 방식은 주로 누가 권력을 쥐었고 누가 누구를 몇 년도에 무찔렀는지, 어느 나라가 권력을 획득 또는 유지할 수 있었는지, 전쟁 전후로 영토의 경계는 어떻게 달라졌는지 하는 식이었다. 그런데 이런 식으로 가르치는 역사적 사실들에는 대개 심리화 체계가 자연스럽게 갈구하는 사회적 내용과 함의가 빠져 있으며, 때문에 학생들의 마음은 학습에 방해가 되는 다른 오락거리들을 찾아 헤매게 된다. 하지만 역사적 사건들은 실제로 그것들이 발생했을 당시에는 매우 사회적인 성격을 띠는 것이었으며, 오늘날 우리가 신문에 대대적으로 보도되는 사건들을 이해할 때 그러한 것처럼 거의 언제나 다수의 심리주의적mentalistic(행동주의behaviorism와 달리 설명의 초점을 심리 상태에 맞추는 심리주의mentalism 관점을 말한다-옮긴이) 이야기들로 점철되어 있었다.

오늘날 미국과 이란 사이의 외교적인 교착 상태를 예로 들어보자. 미국 지도자들은 이란 지도자들이 우라늄을 비축하는 진짜 목적이 무엇인지에 대해 끊임없이 논쟁을 벌이고 있다. 그들의 진정한 목적은 그들 주장대로 전력원으로 사용하는 것인가 아니면 핵무기를 만들려는 것인가? 미국의 대다수 정책가들은 이란 지도자들이 진실을 말하지 않고 있다고 가정한다. 그렇다면 그들의 말을 바탕으로 진정한 목적을 어떻게 추론할 수 있는가?

미국의 지도자들은 정서적으로 이란이 핵으로 무장했을 경우, 그것의 어마어마한 파급력과 서아시아에서 미국의 가장 가까운 동맹국인이스라엘에 미칠 영향력에 대한 공포에 휩싸여 있다. 그런가 하면 전략적으로 민주당과 공화당은 서로 미국의 이란 정책을 둘러싼 수사학적 다툼에서 유리한 고지를 차지해 다음 선거에서 상대방을 약화시키거나 곤경에 빠뜨리길 원한다. 이 모든 사건 가운데는 사회적이고 심리주의적인 드라마들이 풍성하게 펼쳐지고 있다. 그러나 이 사건이 역사교과서의 한 구절이 될 즈음에는 이런 사회인지적 드라마는 모두 제거되어버리고 최종적으로 취해진 조치들만이 남게 된다.

물론 역사가들이 객관적 사실에 초점을 맞추려 하고, 역사적 사건에 내포된 심리사회적 드라마를 논의하기 위해 필요한 온갖 추론들을 되도록 삼가려 하는 것은 충분히 이해할 수 있는 태도다. 그러나 교육에 관심을 가진 사람이라면 이런 역사적 내용을 학생들에게 어떻게 하면 흥미롭게 전달할 것인지에 대해 훨씬 많은 관심을 가질 필요가 있다. 역사는 언제나 그것이 전개될 당시에는 일종의 대하드라마와도 같은 것이었으며, 현재 일어나는 사건들이 우리의 흥미를 끄는 이유 중 하나도 바로 같은 이유에서다. 이런 사건들은 모두 객관적으로 관찰 가능한 그 배후에 깔린, 심리사회적 '이유'를 알고 싶어 하는 우리의 심리화 체계를 자극한다. 뉴스의 분석보도들은 바로 이런 심리주의적 드라마를 우리에게 제공하는 역할을 하는데, 만약 역사 수업이 더 흥미롭게 구성될 필요가 있다면 바로 이런 심리주의적 드라마를 학생들에게 제공할 수 있어야 할 것이다.

다시 말해 역사 수업은 '무슨' 역사가 '어떻게' 전개되었는지에 대한 제한된 논의로부터 학생들이 갈구하는 '왜'에 대한 훨씬 풍성한 논의로 옮겨갈 필요가 있다. 역사적 인물들의 생각과 감정과 동기를 고려한 사회적 이야기의 형태로 역사적 사건을 제시한다면 학생들의 심리화 작용에 기초한 기억체계mentalizing-based memory system를 자극함으로써 역사적 주요 사실들에 대한 기억력을 상당히 향상시킬 것이다. 이는 아이들이 좋아하는 사탕 안에 약을 숨기는 것과도 비슷하다. 왜냐하면 아이들이 좋아서 사탕을 받아먹는 동안에 사탕이 약의 운반자 역할을 하기 때문이다.

사회적 사고는 영어 수업에도 마찬가지로 중요하지만 대체로 교과 과정에서는 배제되어 있다. 영어 수업은 엄청난 시간을 작문규칙에 할애하며 그 밖에 철자법, 문법, 구문론, 주제문topic sentence(단락의 맨 처음에 놓여 단락의 주제를 요약하고 있는 문장-옮긴이), 다섯 단락 논문five-paragraph paper(서론, 세 단락의 본론, 결론으로 구성된 수필 형식-옮긴이) 등에 초점을 맞추고 있다. 이것들은 보통 영어 작문을 위해 배우고 익혀야 할 확고부동한 사실과 규칙으로 간주된다. 그러나 이 모든 사실들과 규칙들 뒤에 있는 진정한 동인은 그늘에 가려 있으며, 교실에서 좀처럼 공개적으로 논의되지 않는다. 즉 좋은 글쓰기란 다름 아니라 바로 우리 마음속의 생각을 다른 사람들의 마음속에 전달함으로써 그들이 우리를 이해하게 만들고 나아가 우리가 그들을 설득하는 것, 또는 그들에게 정보와 감동을 전달하는 것이다. 그리고 이렇게 명백히 심리주의적인 글쓰기 개념이 학생들에게 북극성과도 같은 지침으로 제시되어야 할 것이다.

사회적 뇌에 대한 그동안의 연구 결과를 토대로 나는 다음과 같이 주장하고 싶다. 즉 학생들은 영어 수업보다 '소통communication 수업'을 받아야 한다. 그래야 비로소 다른 사람들과 효과적으로 소통하기 위해 우리가 사용할 수 있는 모든 도구들에 학습의 초점이 놓일 것이기 때문이다. 그래서 설령 도구들을 나쁘게 사용하는 법만 배우게 되더라도 말이다. 청중의 마음을 이해하는 것, 그리고 그들이 글을 어떻게 해석하는지 또 오해할 가능성은 얼마나 큰지를 이해하는 것이야말로 좋은 글쓰기의 규칙들 뒤에 놓인 핵심 원리다.

수동태의 사용을 예로 들어보자. 누구나 수동태 사용이 글쓰기의 주요 금기사항이라는 점은 배웠을 것이다(예컨대 '그 자전거에는 그 소년이 탔다The bicycle was ridden by the boy'는 '그 소년이 그 자전거를 탔다The boy rode the bicycle'와 같은 말이다). 그러나 그 이유에 대해 배운 사람은 별로 없을 것이다. 그 이유는 독자가 수동태 언어를 이해하려면 더 많은 정신작업이 필요하기 때문이다. 수동태는 그것이 무슨 신성한 원칙을 어겼기 때문에 잘못된 것이 아니다. 대다수의 경우에 이해하기가 더 힘들기 때문에 피하는 것이다. 여기에 깔린 더 깊은 원칙은 '이해하기 쉽게 표현하라'는 것이다. 이것이야말로 글쓰기와 관련된 거의 모든 결정의 시금석이다.

역사 수업이 역사적 인물들이 '무엇'을 했는지에만 초점을 맞추는 대신에 '왜' 그렇게 했는지에 초점을 맞춤으로써 향상될 수 있는 것처럼, 영어 수업은 '무엇'이 규칙인가에만 초점을 맞추는 대신에 '왜' 그런 규칙들이 이해를 촉진하는지, 그리고 '언제' 그러한지에 초점을 맞춤으로써 상당히 향상될 수 있을 것이다. 우리의 뇌는 '왜'에 관한 이야기를 갈구한다. 역사와 영어의 경우에 이런 이야기들은 이미 수업시간에 가르치고 있는 것들에 자연스럽게 동반될 수 있다.

수학과 과학 가르치기

미국의 학교가 다른 나라 학교들에 비해 뒤처지고 있다는 경고의 목소리가 정치권에서 울려 퍼질 때, 그들이 걱정하는 것은 역사 수업이 아니다. 또한 그들 대부분은 영어 수업에 대해서도 신경 쓰지 않는다. 연방정부는 이른바 스템STEM(즉 과학science, 기술technology, 공학engineering, 수학math) 분야의 교육을 향상시키기 위해 거대 사업을 실시하는데, 그 이유는 이 분야들이 새로운 발명, 기술, 발견 등을 통해 삶의 질을 향상시킬 수 있는 우리의 능력을 좌우하는 것으로 간주되기 때문이다.

나는 사회적 세계의 중요성이 그동안 간과되어왔으며, 우리의 뇌가 특히 사회적 세계와 어떻게 상호작용하도록 진화했는지를 분명히 밝히기 위해 노력하고 있지만, 그렇다고 해서 심리화 작용이 기하학이나 유기화학 같은 과목에까지 자연스럽게 깃들어 있다고 주장하려는 것은 아니다. 이런 과목들에서는 사회적 뇌가 교과내용과 별 관계가 없을 수도 있다. 그러나 그렇다 하더라도 사회적 뇌는 결국 이런 과목들의 학습 과정에서도 중심적인 역할을 할 것이다. 다시 말해 우리가 수학이나 과학 수업을 듣고 있는 학생들의 사회적 동기를 증대시킬 수 있다면, 그런 학생들은 교과내용을 평소보다 훨씬 더 잘 흡수할 것이다.

사회적 부호화의 이점에 대해 다시 생각해보자. 우리가 정보를 사회적으로 부호화하면, 우리의 사회적 뇌가 그 과정을 처리함으로써 전통적인 기억체계보다 정보를 더 잘 기억할 수 있게 된다. 그러나 수학을 사회적 관점에서 이해하라고 학생들에게 요구하는 것이 말도 안 된다고 한다면, 우리가 여기서 취할 수 있는 편법은 심리화 체계가 학습을 다른 방식으로 수행하도록, 즉 학생들이 배우는 동안에 자신이 교사인 것처럼 여기도록 유도하는 것이다. 일찍이 1980년에 이런 편법을 처음으로 사용한 사람은 예일대학교의 심리학자 존 바그John Bargh였다.**32**

바그는 이런 '교수를 위한 학습learning-for-teaching'에 대한 첫 번째 연구에서 나중에 검사를 받기 위해 특정 정보를 암기한 사람들과 다른 사람을 가르치기 위해 똑같은 정보를 학습한 사람들을 비교했다. 그 결과 다른 사람을 가르칠 목적으로 자료를 학습했으나 뜻밖의 기억력 검사를 받게 된 사람들은, 조만간 기억력 검사를 받을 것을 미리 알고 이를 위해 공부했던 사람들보다 기억력 검사에서 더 나은 점수를 받았다.

우리는 이 연구에서 중요한 두 가지 사실에 주목할 필요가 있다. 첫째로 가르치기 위해 배운 사람들에게 실제로 누구를 가르칠 기회는 주어지지 않았다. 무언가를 가르치면 가르친 내용에 대한 교수자의 기억이 향상될 것이 틀림없다. 그러나 바그의 연구에 참가한 사람들은 자료를 학습한 직후에 기억력 검사를 받았다. 그러므로 그들에게서 관찰된 모든 이점은 학습 과정 동안에 존재했던 사회적 동기에 기인한 것으로 볼 수밖에 없을 것이다. 둘째로 결정적인 사실은 학습한 자료가 사회적인 것이 아니었다는 점이다. 따라서 이 연구 결과는 과학과 수학 같은 비사회적 내용의 것들을 학습하는 데 일반화될 수 있을 것이다.

교수를 위한 학습의 효과가 사회적 부호화의 이점과 마찬가지로 전통적인 기억체계 대신에 심리화 체계를 사용하기 때문에 발생하는 것인지는 아직 불확실하다. 내 연구실에서는 현재 이것을 연구하고 있는데, 우리는 사회적 동기만으로도 심리화 체계의 기억능력을 활성화하기에 충분하다는 점을 보여주는 듯한 몇몇 증거들을 이미 확보했다.

나는 5장에서 심리화 작용에 대해 논의하면서 내가 에밀리 포크와 수행한 연구에 대해 이야기한 바 있다. 그 연구에서 우리는 사람들이 마치 정보의 디스크자키처럼 행동할 때, 즉 다른 사람들에게 효과적으로 전파하고자 하는 정보를 접했을 때, 뇌에서 무슨 일이 일어나는지 살펴보았다. 이때 우리가 자료를 분석하면서 살펴본 것 중의 하나는 방송국 인턴(즉 뇌영상 스캐너 안에 누운 채로 시험방송용 프로그램에 대한 정보를 먼저 접한 사람)이 특정 정보를 프로듀서(즉 인턴을 통해 시험방송용 프로그램에 대한 정보를 간접적으로만 접할 수 있었던 사람)에게 전달할 때 그 정보를 얼마나 정확히 기억해냈는가 하는 점이었다. 그 결과 인턴의 기억 정확도는 주로 인턴이 정보를 처음 접했을 당시에 그의 (전통적인 기억체계가 아니라) 심리화 체계가 얼마나 활발히 반응했는가와만 관련이 있었다. 그리고 이렇게 볼 때 정보를 다른 사람과 공유하려는 동기 덕분에 정보가 나중에 기억될 수 있도록 심리화 체계로 전송된 듯하다.

학습에 대한 사회적 동기가 심리화 체계를 자극하여 학습을 향상시키는 것이 사실이라면, 우리는 이를 수학이나 과학 같은 과목의 수업에 어떻게 적용할 수 있을까? 아마도 또래 교습peer tutoring, 즉 학생이 다른 학생을 가르치는 것이 한 방법이 될 수 있을 것이다. 사회적 뇌의 관점에서 보자면 수업 중에 학생들 사이의 상호작용을 금지하기보다 오히려 장려하는 것이 더 바람직하며, 다만 그것의 혜택을 최대화하는 방향으로 상호작용의 초점을 맞출 필요가 있다. 또래 교습은 그동안 교실에서 가끔 사용되긴 했지만, 광범위하게 특히 사회적 동기의 학습 효과를 최대화하는 방향으로 사용되진 않았다.

교수를 위한 학습의 연구 결과와 일치하게 또래 교습은 교습자와 피교습자 모두에게 학습 효과가 있으며 종종 교습자에게 더 큰 혜택이 돌아간다는 것이 여러 연구를 통해 증명되었다.**33** 때문에 일부에서는 이 것이 또래 교습의 한계로 지적되기도 했다. 왜냐하면 또래 교습의 원래 목적은 무엇보다도 피교습자의 학습 성과를 향상시켜 성적이 좋은 학생들과 나쁜 학생들 사이의 간격을 좁히려는 데 있었기 때문이다. 현재의 연구 수준에서 보자면 (사회적 동기에 기초한 교습 활동을 통한) '교습자' 학습에 더 초점을 맞추어, 모든 학생들이 교습자와 피교습자의 두 역할을 모두 수행하는 광범위한 프로그램을 짜는 것이 최선의 교육성과를 거둘 수 있는 방안인 듯하다. 우리는 성적이 낮은 학생들에게 언제나 피교습자의 역할만 맡기는 것이 아니라 학습 효과가 더 큰 교습자의 역할도 맡기는 방법을 강구해야 할 것이다.

또래 교습이 전형적인 8학년의 관점에서 어떻게 경험될지 한번 생각해보자. 예컨대 한 8학년생은 40분 동안 교사의 강의를 듣는 대신, 20분 동안은 어느 6학년생에게 최소공통분모에 대해 가르쳐주고 다시 20분 동안은 어느 10학년생으로부터 기본적인 대수방정식에 대해 배울 수 있을 것이다. 물론 이것이 가능하려면 8학년생들이 6학년 수업을 가르칠 수 있는 능력을 갖추도록 교사가 그들과 함께 사전 준비를 해야 할 것이다. 이 경우에 학생들은 평소 교사로부터 정상적인 수업을 듣던 때와 달리 수업에 대해 다양한 사회적 동기를 갖게 될 것이다.

전형적인 8학년생이라면 교사가 가르치는 수학 수업에 대해 별다른 흥미를 느끼지 못할 것이다. 그러나 장담컨대 6학년생과 맺는 교습관계에 대해서는 상당한 관심을 가질 것이다. 중학생들은 무언가에 대해 책임을 지고 자율적이길 원하는데, 교수를 위한 학습은 이런 욕구를 충족할 수 있는 훌륭한 기회를 제공할 것이다. 6학년생들은 근사한 8학년생들과 함께 시간을 보낼 수 있는 기회를 마다하지 않을 것이며, 8학년 생들은 자신을 동경의 눈으로 바라보는 6학년생들에게 어느 방면의 권위자처럼 행세할 수 있는 기회를 누릴 수 있을 것이다. 나아가 11장에서 살펴본 것처럼 사람들은 자신의 일이 누군가에게 정말로 도움이 된다는 것을 알게 되면 그 일을 더 열심히 더 잘 하려는 경향이 있다. 교수를 위한 학습은 개인의 학습을 다른 사람을 돕는 일과 결부시킴으로써 이런 동기를 자극할 수 있다. 특히 고학년 학생들은 종종 저학년 학생들을 보살피는 위치에 있길 바라는데, 또래 교습은 이런 바람을 교육적으로 실현할 수 있는 기회를 제공한다.

물론 6학년생이 보는 앞에서 망신을 당할지도 모른다는 두려움이 있을 수도 있다. 그러나 이것은 8학년생들에게 수업을 잘 들어야겠다는 동기로 작용할 수도 있다. 사회적 당혹감은 시험 성적이 나쁘게 나올지 모른다는 두려움보다도 더 강력한 동인이 될 수 있기 때문이다. 그리고 이 모든 사회적 역동성은 10학년생이 8학년생을 가르칠 때도 똑같이 반복된다. 8학년생들은 어른의 가르침을 듣는 것을 그리 좋아하지 않을 수 있다. 그러나 10학년생들과 어울리는 것보다 더 매력적인 일은 그리 많지 않을 것이다. 끝으로 8학년생들은 6학년생을 가르칠 준비를 하기 위해 교사와 자신이 능동적으로 협력하고 있다는 느낌을 받게 되면, 그들 자신의 교사에 대해서도 더 큰 호감을 갖게 될 가능성이 크다.

이 모든 것을 통해 기대할 수 있는 교육적 효과의 핵심은 8학년생들이 6학년생들을 가르치기 위해 수업을 듣게 되면, 이 8학년생들의 심리화 체계가 활성화되어 교과내용에 대한 기억의 질이 높아질 가능성이 크다는 점이다. 반면 단점이라 할 만한 것은 모든 학생이 똑같은 교과

내용을 두 번씩 배워야 한다는 점이다. 왜냐하면 6학년 때 8학년생으로 부터 교과내용을 한 번 배우고, 이 6학년생이 2년 후 8학년이 되면 새로 온 6학년생들을 가르치기 위해 똑같은 교과내용을 한 번 더 배워야 할 것이기 때문이다. 이렇게 되면 학생들이 학교에서 배울 수 있는 교과내용의 양은 당연히 줄어들 것이다. 그러나 학생들이 지금 배우고 있는 것 중에서 그들 기억 속에 오랫동안 남게 될 것은 그리 많지 않다는 사실을 고려하면, 차라리 학생들에게 덜 가르치고 그 대신 배운 것이 오래 기억되도록 하는 편이 낫지 않을까?

또 다른 시도

지금까지 우리의 논의는 나중에 잊혀져버릴 것들을 배우느라 대다수 수업시간이 허비되고 있다는 사실에 기초한 것이었다. 그러나 우리는 이렇게 허비되는 시간의 일부를 사용해 무언가 다른 것의 학습을 시도할 수도 있을 것이다. 우리의 뇌는 뇌와 사회적 세계의 관계를 이해하고자 하는 성향을 지니고 있다. 이런 이해는 심리화 체계와 자기처리 self-processing 영역들(자기관찰, 자기성찰 같은 심리작용을 처리하는 뇌 영역들-옮긴이)에 기초하고 있는데, 청소년기의 신경적 변화와 호르몬 변화는 이런 성향을 더욱 강력하게 만든다.[34] 그렇다면 뇌가 생물학적으로 가장 배우고 싶어 하는 것을 가르치는 데 하루의 일부라도 할애할 필요가 있지 않을까?

효과적인 사회적 기술은 오늘날 학교에서 주로 가르치는 여러 사실들이나 분석적 기술 못지않게 대다수 직업경력을 위해 중요하다. 같은 팀의 구성원들, 상관들 및 부하들과 효과적으로 협력할 수 있는 능력은 대부분의 직장환경에서 결정적으로 중요한 의미를 지닌다. 그러나 과연 대수학이 대다수 사람들의 직업적 또는 개인적 발달을 위해 사회적 지능 못지않게 중요하다고 주장할 수 있을까? 당신은 과연 당신 주위의 모든 사람들이 그들에게 필요한 사회적 지능을 이미 충분히 갖추고 있다고 생각하는가?

우리가 태어나서 성인이 되기까지 심리화 체계는 꾸준히 사회적 기술을 연마하고 있지만, 우리의 사회적 능력은 현재보다 훨씬 더 발전할 수 있는 잠재력을 지니고 있다. 우리의 삶에 중요한 대다수 다른 것들과 달리 사회적 세계를 이해하는 것은 누가 대신해줄 수 없으며 오직 우리 자신의 도구에 의존할 수밖에 없다. 만약 당신이 피아노를 치고 싶거나 축구를 하고 싶다면, 당신이 실수를 할 때마다 그것을 바로잡아주는 피아노 교사나 축구 코치를 구할 수 있다. 그러나 사회적 세계에 대해 무언가 배우길 원할 때 당신은 당신 자신의 힘에 의존해야만 한다. 우리가 사회적 사고에서 어떤 실수를 범할 때 누군가가 그것을 곧바로 바로잡아주는 경우는 매우 드물다.**35** 그리고 이런 이유 때문에도 사람들은 매우 다양한 사회인지적 또는 자기처리적self-processing 오류나 편향을 보일 때가 많다. 여기에 포함되는 대표적인 예를 들자면 소박한 실재론naive realism(자신이 세상을 제대로 보고 있다고 순진하게 믿음), 근본적 귀인 오류fundamental attribution error(타인의 행동을 설명할 때 상황 요인보다 타인의 성격 요인을 지나치게 강조), 허위 합의 효과(세상 사람들도 자신처럼 생각할 것이라고 과신함), 정서 예측 오류affective forecasting error(자신의 미래 감정을 잘못 예측함), 내집단 편애(같은 편으로 간주된 사람을 편애함-옮긴이,

이상 괄호 안의 부연 설명은 옮긴이), 자만overconfidence 등이 있다.

만약 당신이 이렇게 다양한 오류를 범했을 때 아무도 그것을 지적해주지 않는다면, 과연 어떻게 이런 오류를 바로잡을 수 있을까? 올바른 추론은 어떠해야 하는지, 또 왜 그러한지를 어떻게 알 수 있을까? 만약 학생들이 이런 과정에 대해 (즉 이런 오류가 왜 생기는지, 또 자신이 이런 오류를 범할 때 그것을 어떻게 알아차릴 수 있는지 등에 대해) 학교에서 배울 수 있다면, 이런 오류를 모두 없애진 못하더라도 상당히 줄일 수 있을 것이다. 나아가 이런 교육은 사람들이 이런 오류를 범했을 때 이것을 제대로 고려하고 논의하는 데 필요한 공통의 언어를 제공할 것이며, 그러면 사람들이 자주 범하는 이런 오류가 악의나 고의적인 이기심 때문에 생긴 것이 아니라는 점을 이해하는 데도 도움이 될 것이다.

아침에 잘 자고 일어나서 '오늘은 멍청이가 되기 위해 더 열심히 노력할 거야'라고 말하는 사람은 없다. 우리는 모두 종종 사회적 실수를 저지르며, 아마 앞으로도 계속 그러할 것이다. 만약 우리가 (그리고 우리 주위의 사람들이) 이런 실수를 더 성숙한 자세로 이해할 수 있다면, 우리는 이런 실수를 중도에 멈출 수 있을 것이며 나아가 이런 실수가 오해를 빚어 생기는 부작용을 최소화할 수 있을 것이다.

우리는 학생들에게 그들의 사회적 동기에 대해 가르쳐야 하고 또한 누군가의 감정을 해치는 것이 의외로 신체적 폭행과도 비슷하다는 점에 대해 가르쳐주어야 한다. 나아가 학생들이 이기적 동기와 친사회적 동기를 둘 다 가지고 있는 것은 자연스러운 일이며, 착한 척하는 위선자로 보일까 봐 친사회적 동기를 애써 숨길 필요가 없다는 점도 가르쳐야 한다. 또한 사회적으로 연결되고 싶은 욕망은 우리의 약점이 아니며 사회적 세계에 대한 관심은 수백만 년의 세월 속에서 우리의 작동체계의 일부로 자리 잡은 진화적 장점이라는 사실도 가르쳐야 한다.

발달 과정 중에 있는 사회적 뇌는 사회적 세계에 대한 정확한 정보를 필요로 한다. 오늘날 너무나 많은 청소년들이 텔레비전 시리즈물이나 잘 모르는 또래 아이들의 견해를 바탕으로 사회적 세계에 대한 견해를 형성하고 있다. 그러나 연구자들은 사회적 세계의 작동 방식을 과학적으로 연구하고 있으며, 사회심리학, 사회신경과학, 사회학 같은 학문들은 사회적 세계의 작동 방식에 관해 많은 것을 알려줄 수 있다. 우리는 청소년들이 현재보다 훨씬 더 사회적으로 사리에 밝은 성인으로 성장하도록 그들을 가르칠 수 있는 수단과 방법을 가지고 있다. 그리고 교사들은 이 특별한 수업시간에 학생들의 주의를 집중시키는 데 별 어려움을 겪지 않을 것이 틀림없다. 왜냐하면 이는 바로 청소년들의 뇌가 갈구하는 것을 가르쳐주는 시간이기 때문이다.

사회적 뇌 실습수업

영화 〈가타카Gattaca〉는 흔히 생각하는 유전자 결정론의 무시무시하고 극단적인 결과를 탐색한 영화이다. 이 영화에서 모든 사람들은 부모의 유전자 가운데 가장 좋은 것들만 사용해 완벽에 가까운 인간을 만들어내는 시험관 안에서 태어난다. 그런데 이 영화의 핵심 주제는 유전적으로 '열등'하게 태어난 사람들이 과연 노력을 통해서 그들의 한계를 극복할 수 있는가 하는 것이다. 이런 주제는 그럴듯하게 들리는데, 왜냐하면 대다수 사람들은 다음과 같은 모순된 신념을 가지고 있기 때문이다. 즉 우리는 태어날 때 우리에게 유전적으로 배당된 카드가 우리의 미래 삶을 크게 결정할 것이라고 믿는 경향이 있다. 그러나 다른 한편으로 우리는 살면서 열심히 노력하면 그렇지 않을 때보다 더 멀리 나아갈 수 있다고 믿는다.

이런 결정론적 견해를 오랫동안 뒷받침한 것은 인간의 뇌가 비교적 변화하지 않으며 출생 후 얼마가 지나면 인간이 갖고 있는 모든 뉴런들이 생겨난다는 견해였다.**36** 만약 우리가 뇌를 일종의 컴퓨터로 간주한다면, 이런 견해는 우리가 뇌의 하드웨어에 담기는 내용은 변화시킬 수 있어도(즉 새로운 정보를 학습할 수는 있어도), 이 하드웨어의 작동 방식은 (즉 사고와 학습의 기초가 되는 처리 과정들은) 변화시킬 수 없다는 부수적인 견해로 이어진다. 그리고 아마도 이런 이유 때문에 (때로는 정반대의 주장을 제기하면서도) 우리의 교육은 새로운 정보의 획득에만 초점을 맞추고 마음 자체를 바람직한 방향으로 변화시키려는 노력은 등한시하고 있다.

그러나 이제 시대가 바뀌었으며 (세상의 대다수 사람들은 아직 아니더라도) 신경과학자들은 우리 뇌의 신경적 구성이 생각보다 훨씬 유연하다는 사실을 믿어 의심치 않는다. 신경과학자 리즈 굴드Liz Gould의 발견에 따르면 성인이 되어서도 새 뉴런들이 생겨날 수 있으며 이런 과정은 연습에 의해 촉진될 수 있다.**37** 예컨대 몇몇 사람들의 경우에 저글링 묘기를 두세 달 동안 연습하자 운동 지각에 관여하는 뇌 부위의 피질 두께가 더 두꺼워졌으며 이 효과는 저글링을 그만둔 뒤에도 오랫동안 지속되었다.**38** 마찬가지로 지극히 복잡한 도로 지도를 익혀야만 하는 런던의 택시기사들은 근무경력이 길수록 용적이 더 큰 해마를 가지고 있

었다.**39**

우리의 뇌가 의외로 신축적이라는 사실에 자극받은 과학자들은 어떤 종류의 경험이 뇌의 작동 방식을 변화시킬 수 있는지를 집중적으로 연구하기 시작했다. 그중에서 가장 흥미진진한 연구 프로그램은 작업기억의 훈련에 관한 것이다. 작업기억의 용량과 유동성 지능^{fluid} intelligence(기술, 지식, 경험 등을 사용하는 능력인 결정성 지능^{crystallized intelligence}과 달리 획득된 지식과 무관하게 논리적으로 사고하는 능력 등을 가리킨다—옮긴이)은 개인의 고정된 특성으로 오랫동안 간주되어왔지만, 최근의 몇몇 연구에서는 작업기억의 훈련을 통해 작업기억과 유동성 지능 모두가 변할 수 있으며 이에 상응하는 신경적 변화가 일어난다는 사실이 증명되었다.**40**

그렇다면 혹시 작업기억의 변화 가능성은 빙산의 일각에 불과한 것이 아닐까? 우리의 뇌를 훈련시켜 심리화 작용, 공감능력, 자제력 등을 키우는 것도 가능하지 않을까? 이런 능력들은 의심의 여지없이 우리의 절대적인 자원이며, 만약 우리 사회에서 이런 능력들의 증대가 이루어진다면 그것은 당연히 환영할 일일 것이다. 사회적 뇌에 관한 수업을 한다는 것도 멋진 일이지만, 만약 사회적 뇌를 위한 '실습수업'을 할 수 있다면 그것은 더욱 멋진 일일 것이다. 예컨대 하루에 20분씩 7학년생들과 8학년생들을 대상으로 사회적 뇌를 강화하고 섬세하게 조절하기 위해 다양한 종류의 훈련과 연습 기회를 제공하는 수업을 마련할 수 있을 것이다. 만약 다른 사람들의 마음을 더 잘 읽을 수 있게 해주고 당신의 충동을 더 잘 이겨낼 수 있게 도와주는 수업이 있다면, 당신은 이 수업에 참여하기 위해 과거에 받은 교육 중 얼마 만큼을 대가로 내놓을

용의가 있는가?

사회신경과학자 젠 실버스Jen Silvers와 케빈 옥스너Kevin Ochsner의 최근 연구에 따르면 정서적 반응도는 대략 8학년 때 절정에 이르지만 정서 조절 능력은 10대를 지날 때까지도 완전히 성숙하지 않는다.[41] 이런 정서적 과잉반응 때문에 10대들은 종종 다루기 힘들 뿐만 아니라 인생을 좌우하는 잘못된 결정을 내려 비행, 중독, 임신, 학교 중퇴 등으로 이어질 수도 있는 매우 위험한 처지에 빠지기도 한다. 따라서 사회적 뇌를 위한 실습수업을 통해 이런 추세를 바꾸고 학생들의 심리적 자원을 강화하여 그들이 수업에 집중하고 숙제나 시험공부를 게을리 하지 않도록 할 수 있다면, 그것은 우리 모두에게 대단히 유익한 일일 것이다.

그렇다면 자제력은 어떻게 훈련시킬 수 있을까? 9장에서 보았듯이 매우 다양한 형태의 자기통제들은 모두 우반구의 복외측 전전두피질에 의존하는 듯하다. 욕구 충족의 지연과 정서조절부터 타인의 관점 채용과 운동적 충동의 억제에 이르기까지 성공적인 자기통제는 거의 언제나 이 부위의 활성화와 관련이 있다.[42] 그렇다면 이렇게 다양한 종류의 자기통제를 따로따로 훈련할 필요가 있을까? 이와 관련해 최근에는 한 종류의 자기통제를 훈련하면 다른 종류의 자기통제에도 도움이 될 수 있다는 것을 보여주는 증거들이 늘어나고 있다.

나는 엘리엇 버크먼과 함께 운동의 자기통제를 훈련하는 것이 정서 조절에 미치는 영향을 살펴보았다.[43] 실험 참가자들은 자기통제 훈련을 하는 집단과 그렇지 않은 집단으로 나뉘었다. 자기통제 훈련을 하지 않은 집단의 참가자들은 2주 내지 3주에 걸쳐 여덟 번 우리 연구실을 방문해, 매우 단순한 시각-운동 과제를 연습했다. 이는 화면에 왼쪽 또는 오른쪽을 가리키는 화살표가 잇따라 나타나면, 자판에서 그것에 일치하는 화살표 키를 최대한 빨리 눌러야 하는 과제였다. 자기통제와 무관한 이 집단에게 요구된 유일한 자기통제는 이 지루하기 짝이 없는 과제를 반복하기 위해 또다시 연구실로 가고 싶지 않은 충동을 이겨내는 일이었다. 반면 자기통제 집단의 참가자들은 이 과제의 자기통제용 변형판을 가지고 (즉 3장에서 설명한 바 있는 정지신호 과제를 가지고) 매번 연습했다. 이 과제에서는 화면에 화살표가 나타날 때 가끔씩 어떤 소리가 동시에 들리는데, 그러면 참가자는 자판 키 누르기를 곧바로 중지해야 했다.

우리는 두 집단의 참가자들 모두를 대상으로 그들이 처음 연구실을 방문했을 때 그들의 정서조절 능력을 측정하기 위해 재평가 과제를 부여했다. 이때 우리는 참가자들에게 혐오스러운 그림을 보여주면서 때로는 그 그림에 대한 자신의 정서적 반응이 어떠한지를 충분히 느껴보라고 했고, 또 다른 경우에는 어떻게 하면 그 그림이 덜 혐오스럽게 보일지를 생각하여 재평가해보라고 했다. 이 두 지시에 따라 그림에 대한 혐오도가 어떻게 달라지는지를 비교함으로써 우리는 그들이 재평가라는 방법을 사용해 자신의 정서적 반응을 얼마나 잘 조절할 수 있는지에 대한 척도로 삼을 수 있었다. 그리고 참가자들이 3주에 걸쳐 시각-운동 과제 연습을 모두 마친 뒤에 우리는 그들을 다시 연구실로 불러 그들의 정서조절 능력을 조사하는 검사를 한 번 더 실시했다. 이때 우리가 짚고 넘어가야 할 점은 참가자들이 실험 기간 동안 어떤 종류의 정서조절 훈련도 받지 않았다는 사실이다.

우리가 관심을 가진 것은 시각-운동의 자기통제 훈련이 (그것과 별로 상관이 없어 보이는) 정서조절 능력에 어떤 영향을 미칠 것인가라는 점이었다. 연구 결과 훈련 집단에 속했던 참가자들에게서 이 둘 사이에 실제로 연관이 있음이 밝혀졌다. 즉 시각-운동 과제를 이용한 자기통제 훈련을 받은 사람들은 실험 기간 동안에 별도의 정서조절 훈련을 받지 않았는데도 실험 초기보다 끝났을 때 뚜렷하게 향상된 정서조절 능력을 보였다. 과연 운동적 자기통제가 실제로 이런 효과를 낳은 것인지를 조사하기 위해 우리는 운동적 자기통제의 향상과 정서조절의 향상 사이에 어떤 관계가 있는지를 살펴보았다. 그 결과 여덟 번에 걸친 훈련기간 동안 운동적 자기통제의 능력이 향상된 참가자일수록 그들의 정서조절 능력도 향상되었다는 것을 확인할 수 있었다.

이 연구가 학교 교육에 대해 시사하는 바는 학생들의 자기통제 훈련을 위해 매우 다양한 방법들이 동원될 수 있으며, 이런 것들이 다양한 형태의 자기통제에 두루 좋은 영향을 끼칠 가능성이 높다는 것이다. 실제로 마음챙김 명상mindfulness meditation(사티sati, 念 또는 마음챙김mindfulness을 추구하는, 다시 말해 자신의 현재 마음 상태에 비판단적으로 주의를 집중하는 것을 말한다-옮긴이)은 복외측 전전두피질의 반응을 향상시켜 자기통제 능력을 강화하는 좋은 방법임이 밝혀진 바 있다.[44] 이 자기통제의 '근육'을 단련시키는 데는 그 밖에도 많은 방법이 있을 수 있으며, 이것들은 모두 우리의 삶에 요구되는 자기통제 노력에 중요한 기여를 할 것이다.

내가 지금까지 제안한 것들은 모두 신중한 선택을 요구한다. 교육에 무한정 많은 시간과 돈, 노력을 쏟아부을 수는 없는 노릇이며, 한 가지 사업에 이런 자원을 투자한다는 것은 다른 사업에 쓸 자원이 그만큼 줄어든다는 것을 의미하기 때문이다. 그러나 이것은 충분히 노력할 만한 가치가 있는 것이다. 왜냐하면 우리의 중학생들이 한 명이라도 더 학업에 대한 열정을 잃지 않아야 나중에 그들이 대학까지 가고 사회에 큰 기여를 할 가능성도 높아지기 때문이다.

아이들에게 세상의 가장 중요한 사실들을 가르치고, 그들이 그것을 흡수하고 기억하리라고 기대하는 것이 교육의 기본 목표라고 믿는 것은 자연스러운 일이다. 그러나 교육은 이런 식으로 작동하지 않는다. 아주 똑똑하고 태어날 때부터 아주 강력한 자제력을 지닌 아이라면 이런 식의 교육에 억지로 순응할 수도 있겠지만, 대다수 학생들은 그렇지 않다. 만약 우리가 사회적 뇌에 관해 알게 된 것들에 부합하도록 교육 환경과 교과내용을 수정할 수 있다면, 그것은 우리 학생들의 잠재력을 최대한 끌어올리는 데 기여할 것이다. 지난 한 세대를 거치면서 우리의 모든 C학점 학생들은 학점 인플레이션을 통해 B학점 학생들이 되었다. 이제 모든 B학점 학생들이 진정한 학습을 통해 A학점 학생들이 될 수 있다면 정말로 멋진 일이 아니겠는가?

합리적으로 형성되지 않은 것을
합리적으로 깨려 하는 것은 쓸모없는 짓이다.**1**
_조너선 스위프트 Jonathan Swift

   지구 상에서 가장 지적인 포유동물이라는 인간의 중대한 양면성은, 우리가 얼마나 똑똑해졌든 또는 얼마나 합리적인 존재가 되었든 우리의 근본 욕구들을 생각으로 넘어설 수는 없다는 점이다. 우리는 모두 우리가 사랑하고 존중할 사람들을 필요로 하며, 또 우리를 사랑하고 존중할 사람들을 필요로 한다. 만약 그런 사람들과 함께하지 않는다면 그런 삶이 살 가치가 있을까? 체스를 둘 줄 아는 능력이나 미적분 문제를 풀 수 있는 능력이 다른 사람들과 함께하지 않는 삶을 보상해줄 수 있을까?

   지극히 비참한 생활 조건에 처한 사람들을 수없이 보아왔던 테레사 수녀는, 타인과 함께하지 않는 삶이야말로 '인간이 경험할 수 있는 최악의 질병'이라고 말했다. 이렇게 근본적인 사회적 욕구는 우리가 태어날 때부터 존재하면서 우리의 생존을 보장해주고 우리의 삶이 끝나는 날까지 우리를 인도한다. 때로는 우리가 이런 욕구를 알아차리지 못할 때도 있고, 이것이 주위 사람들에게 미치는 영향을 보지 못할 때도 있지만, 이것은 언제나 우리와 함께 존재한다.

소속에 대한 욕구는 음식이나 물에 대한 욕구와 마찬가지로 우리의 근본 욕구이다. 우리의 고통과 쾌락 체계는 신체적 고통이나 보상으로 이어질 수 있는 감각자극에만 반응하는 것이 아니라 사회적 세계, 즉 '연결'과 연결에 대한 위협으로 이루어진 세계에서 비롯되는 달콤함과 씁쓸함에도 아주 민감하게 반응한다. 낯선 사람의 거만한 눈빛은 우리에게 날카로운 비수처럼 느껴질 수도 있으며, 반대로 낯선 사람의 상냥한 눈빛은 새로운 환경에 처한 우리를 안심시킬 수도 있다.

우리가 살펴본 것처럼 이런 체계는 진화론적으로 볼 때 너무 미숙한 상태로 태어나 스스로를 돌볼 능력이 없는 포유류 새끼들이 그 어미나 아비 근처에 있어야 할 필요성에서 생겨났다. 배측 전대상피질과 전측 섬엽은 다른 동물과 분리되는 것을 고통으로 처리하며, 그래서 포유류 새끼가 어미와 떨어지면 구원의 울음소리를 내도록 만든다. 반면 보상 체계는 보살핌을 주는 것과 받는 것 모두에 민감하게 반응함으로써 어미와 새끼의 사회적 결합을 촉진한다. 마찬가지로 우리는 사회적 고통이나 결핍된 사회적 연결의 스트레스를 경험하게 되면 이 욕구가 충족될 때까지 다른 것들에 주의를 집중하는 데 어려움을 겪는다.

사회적 고통과 쾌감은 신체적 고통과 쾌감의 경우와 똑같은 신경 메커니즘을 바탕으로 우리의 긍정적인 사회적 경험을 최대화하고 부정적인 사회적 경험을 최소화하려는 강력한 동기적 충동을 만들어낸다. 다행히 우리는 진화를 통해 이런 사회적 욕구를 충족하고 집단의 응집력을 확보하는 데 도움이 될 다수의 사회적 무기를 갖추게 되었다. 다른 영장류에서도 어느 정도 관찰되는 '마음 읽기'의 능력을 바탕으로 우리는 다른 사람들의 목표, 의도, 감정, 신념 등을 헤아릴 수 있다. 원숭이들은 거울체계를 바탕으로 다른 동물들의 심리적으로 의미 있는 행위와 표현이라는 관점에서 세계를 바라본다. 이런 능력을 바탕으로 원숭이들은 여러 상황에서 다른 동물들과 공감하고 또 다른 동물들을 도우며 서로의 활동을 조정할 줄 안다.

인간의 경우에는 기본적으로 배내측 전전두피질과 측두두정 접합 부위에 위치한 심리화 체계를 통해 처리되는 사회적 상상을 바탕으로 이런 상호조정을 극단적인 수준까지 발전시켜 우리가 스포츠 팀, 정당, 연예인 등에게 느끼는 애착처럼 다양한 종류의 상징적인 사회적 연결을 만들어낸다. 또한 이런 능력을 바탕으로 우리는 정부, 교육, 산업 등에 필요한 각종 사회제도들을 만들어낼 수 있으며 나아가 책, 스크린 등을 통해 허구적인 작품을 감상하면서 깊은 쾌감을 경험할 수도 있다. 실제로 성행위와 약물을 제외하면 (또 어느 정도는 이런 것들도 포함해), 우리가 경험하는 대다수 쾌감은 다른 사람들의 경험을 상상할 수 있는 우리의 능력에 기초한다.

심리화 체계는 우리가 세상에 태어나는 순간부터 일관되게 작동하고 있으며 우리 뇌가 휴식을 취할 때마다 활발해지고 심지어 우리가 꿈을 꿀 때도 켜져 있다. 이렇게 우리의 뇌는 발달기와 성인기 동안에 최대한 많은 시간을 심리화 활동에 쏟아붓도록 설계되어 있다. 우리가 쉬는 동안에 심리화 체계가 정확히 무슨 일을 하는지 밝혀내기란 쉽지 않다(왜냐하면 누군가에게 질문을 던지는 순간 그 사람은 더 이상 휴식 상태에 있지 않을 것이기 때문이다). 그러나 우리는 쉬는 동안에 심리화 체계의 활동이 더 활발한 사람들이, 타인의 마음을 이해하는 데 전반적으로 더 뛰어난 능력을 보인다는 사실을 알고 있다. 어떤 심리화 과제를 수행하기 몇 초 전에 심리화 체계가 자연스럽게 활성화되었던 사람들은 그 과제를 더 잘 수행한다.

이런 연구 결과에 비추어 볼 때 심리화 체계는 우리가 쉬는 동안에 여러 종류의 사회적 정보들을 되풀이해 익히고 재통합함으로써 장기적으로 우리의 사회적 능력이 향상되는 데 기여하는 듯하다. 심리화 체계의 이런 활동은 매 순간 우리가 사회적 렌즈를 통해 세계를 바라보도록 우리를 유도하는 작용을 한다. 혹시라도 우리의 사회성이 그저 우연의 산물일 뿐이라고 생각하는 사람이 있다면 그것은 큰 오산이다. 우리의 뇌는 세계를 사회적으로 바라보는 기본 상태로 끊임없이 돌아가려하는데, 이는 아마도 그렇게 하는 것이 우리에게 대단한 혜택을 가져다주기 때문일 것이다.

끝으로 우리 인간에게는 우리 자신에 대해 성찰하고 우리의 특성, 신념, 가치 등을 타인과 관련해 생각할 수 있는 능력이 있으며, 우리의 장기적인 목표를 달성하기 위해 자제력을 발휘해 바람직하지 않은 충동을 억제할 수 있는 능력이 있다. 앞에서 살펴본 것처럼 내측 전전두피질과 우반구 복외측 전전두피질에 설치된 자기의 구조물은 우리가 평소에 깨닫기 어려운 다분히 이중적인 목적에 봉사한다. 이 자기체계는 주위 사람들의 가치와 신념을 우리도 모르는 사이에 어두운 밤을 틈타 몰래 우리 안으로 끌어들이는 트로이 목마처럼 작용한다.

그래서 우리가 우리의 목표와 가치를 추구하기 위해 자제력을 발휘하는 순간에도 이런 목표와 가치는 우리에게 개인적으로 이익이 되는 만큼 또는 그 이상으로 사회에도 이익이 될 때가 많다. 그리고 우리가 타인의 판단 대상이 될 수 있는 사회적 존재라는 사실을 상기하는 순간 우리의 자제력이 발동해 주위 사람들의 가치에 부합하게 처신할 때가 많다. 이런 식으로 작동하는 자기 체계 덕분에 우리는 집단의 목표와 가치를 위해 열심히 일하게 되며, 따라서 우리가 속한 집단의 구성원들로부터 호감과 사랑과 존중을 받게 될 가능성도 크다. 이런 메커니즘은 우리가 서로 '조화'를 이루며 살아가도록 만드는 매우 효과적인 접착제 역할을 한다.

내가 이 책의 집필에 대한 생각을 하기 시작했을 때, 나는 사회인지 신경과학 분야의 매우 멋진 발견들을 다른 사람들과 공유하면 좋겠다고 생각했다. 당시 나는 이런 발견들 하나하나가 다른 것들과 무관하게 그 자체로 소중하다고 생각했다. 그러나 오늘날 나의 관점은 아주 달라졌다. 이제 나는 직물처럼 촘촘하게 하나로 엮여 있는 신경체계들이 우리를 서로 결합시켜주는 역할을 하고 있다고 믿는다. 나아가 우리의 사회적 뇌는 뇌의 기존 구성요소들을 활용해 우리의 사회적 능력과 성향을 더욱 강화하는 방향으로 계속 확장되고 있다. 우리가 연속극, 리얼리티 쇼, 잡담 프로그램 등을 즐기는 것은 그저 복잡한 뇌를 갖고 있어서 우연히 그렇게 된 것이 아니다. 이것은 우리가 다른 사람들의 마음을 헤아리고 사회적 위계 속에서 사람들의 위치를 이해하도록 설계된 뇌를 갖고 있어서 자연스럽게 그렇게 된 것이다.

지난 20년이 사회적 뇌의 이해를 위한 초석을 놓은 매우 흥미진진한 시기였다면, 다가올 20년은 더욱더 흥미진진한 시기가 될 것이다. 점점 더 발전하는 뇌영상 기법을 바탕으로 우리는 사람들이 실생활의 사회적 상호작용 속에서 겪는 사회적 또는 정서적 경험들의 신경적 기초를 실시간으로 측정할 수 있게 될 것이다. 기능적 근적외선 분광법 functional near infrared spectroscopy, fNIRS은 이 점에서 장래성이 대단히 큰 기술이다. 기능적 근적외선 분광법을 이용하면 실험 참가자들은 곧바로 두개골을 투사하는 빛을 내보내는 빛 방출체들이 부착된 머리띠를 두르기만 하면 된다. 이 빛이 뇌 조직에 와 닿으면 반사되어 흩어지는데, 그 흩어지는 모습을 토대로 어떤 뇌 부위가 얼마나 활동적인지를 알아내는 것이 가능하다. 이것이 구체적으로 어떻게 가능한지는 매우 전문적인 문제이고 여기에도 많은 제한이 뒤따르지만, 중요한 것은 이 기술을 이용하면 실험 참가자들이 자리에 앉아서 자연스럽게 다른 사람들과 이야기를 나누거나 상호작용하는 동안에 기능적 자기공명영상 연구와 비슷한 연구를 수행할 수 있다는 점이다.

기능적 자기공명영상을 이용하면 실험 참가자들은 수술대 같은 데 혼자 누워서 도넛처럼 생긴 거대한 기계 속으로 미끄러져 들어가야 한다. 반면 기능적 근적외선 분광법은 무선으로도 작동하므로 기능적 근적외선 분광법 머리띠를 두른 두 사람이 함께 산책하는 동안에 그들의 신경 활동을 기지국으로 전송받는 것이 가능하다. 또 자기공명영상 스캐너는 대당 300만 달러나 하고 추가로 100만 달러의 설치비가 드는 반면, 기능적 근적외선 분광법 머리띠는 10만 달러 이하로도 구입할 수 있다. 때문에 가격이 조금만 더 내려가도 학교, 직장, 심리상담소 같은 곳에서 널리 이용될 수 있을 것이다. 이렇게 점점 더 많은 연구집단들이 점점 더 실생활에 가까운 맥락에서 사회적 뇌를 연구하게 되면, 마음이 사회적 환경 속에 완전히 파묻힌 상태에서 어떻게 작동하는지에 대해 점점 더 명확한 이해에 도달할 수 있을 것이다.

아이작 아시모프의 고전적인 공상과학소설 《파운데이션Foundation》에서 해리 셀던Hari Seldon은 심리학의 원리들을 이용해 향후 수십 년 동안 주요 지정학적 사건들이 어떻게 구체화되고 또 처리될 것인지를 예측하는 '심리역사학psychohistory'이라는 새로운 학문 분야를 창시한다. 만약 이런 도구가 나쁜 사람들의 손에 들어간다면 매우 불길한 일이 되겠지만, 다른 한편으로 이것은 우리에게 전례 없이 훌륭한 삶의 질을 선사할 수도 있을 것이다.

우리는 근본적으로 심리적 동물이다. 아니 더 정확히 말해 사회심리적 동물이다. 주식시장의 변동은 경제의 기본 동향과 기업들의 실적 못지않게 사람들의 전반적인 기대심리나 공포에 의해 크게 좌우된다. 우리가 심리학, 신경과학, 그리고 그 밖의 학문들을 통해 우리의 사회적 본성에 대해 많이 알게 될수록, 개인의 차원에서든 사회의 차원에서든 우리의 잠재력을 최대화하는 방향으로 우리의 사회와 제도들을 개혁할 수 있는 기회는 더욱 커질 것이다.

언젠가는 대통령이 정책 결정을 위해 사회신경과학자들이나 심리학자들과 상의하는 날이 올 것이다. 언젠가는 방송사에서 세계의 중대 사건들을 해설하기 위해 정치학자, 정치가, 경제학자뿐만 아니라 사회적 마음과 사회적 뇌의 전문가를 찾는 날이 올 것이다. 또 언젠가는 우리가 과거를 돌아보면서 사회적 뇌의 원리들에 기초하지 않은 삶과 직장과 학교가 어떻게 존재할 수 있었는지에 대해 의아하게 생각하는 날이 올 것이다. 이 모든 것이 공상과학에서 과학으로 바뀌게 될 향후 몇십 년은 정말로 흥미진진한 시기가 될 것이다.

부록

주
찾아보기

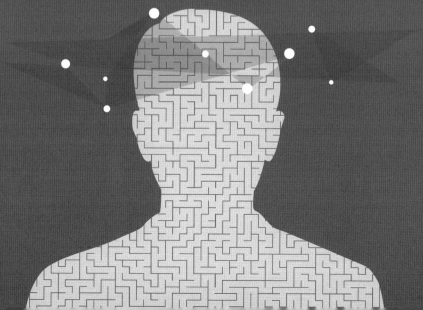

주

1부 본성

1장 우리는 누구인가?

1. Eisenberger, N. I., Lieberman, M. D., & Williams, K. D. (2003). Does rejection hurt? An fMRI study of social exclusion. *Science*, 302, 290 – 292.

2. Banville, Lee. (2002). 'Former Vice President Walter Mondale (Democrat).' Online *NewsHour*. PBS. Retrieved March 26, 2011.

3. Fein, S., Goethals, G. R., & Kugler, M. B. (2007). Social influence on political judgments: The case of presidential debates. *Political Psychology*, 28(2), 165 – 192.

4. Pronin, E., Lin, D. Y., & Ross, L. (2002). The bias blind spot: Perceptions of bias in self versus others. *Personality and Social Psychology Bulletin*, 28(3), 369 – 381.

5. Dunbar, R. I. M. (1998). The social brain hypothesis. *Evolutionary Anthropology*, 6, 178 – 190.

6. Fox, M. D., Snyder, A. Z., Vincent, J. L., Corbetta, M., Van Essen, D. C., & Raichle, M. E. (2005). The human brain is intrinsically organized into dynamic, anticorrelated functional networks. *Proceedings of the National Academy of Sciences of the United States of America*, 102(27), 9673 – 9678.

7. Herrmann, E., Call, J., Hernández-Lloreda, M. V., Hare, B., & Tomasello, M. (2007). Humans have evolved specialized skills of social cognition: The cultural intelligence hypothesis. *Science*, 317(5843), 1360 – 1366.

8. Costanzo, P. R., & Shaw, M. E. (1966). Conformity as a function of age level. *Child Development*, 967 – 975.

2장 뇌의 관심사

1. Shulman, G. L., Corbetta, M., Buckner, R. L., Fiez, J. A., Miezin, F. M., Raichle, M. E., & Petersen, S. E. (1997). Common blood flow changes across visual tasks: I. Increases in subcortical structures and cerebellum but not in nonvisual cortex. *Journal of Cognitive Neuroscience, 9*(5), 624–647; Shulman, G. L., Fiez, J. A., Corbetta, M., Buckner, R. L., Miezin, F. M., Raichle, M. E., & Petersen, S. E. (1997). Common blood flow changes across visual tasks: II. Decreases in cerebral cortex. *Journal of Cognitive Neuroscience, 9*(5), 648–663.

2. Mckiernan, K. A., Kaufman, J. N., Kucera-Thompson, J., & Binder, J. R. (2003). A parametric manipulation of factors affecting task-induced deactivation in functional neuroimaging. *Journal of Cognitive Neuroscience, 15*(3), 394–408.

3. Raichle, M. E., MacLeod, A. M., Snyder, A. Z., Powers, W. J., Gusnard, D. A., & Shulman, G. L. (2001). A default mode of brain function. *Proceedings of the National Academy of Sciences, 98*(2), 676–682.

4. 실제로는 이렇게 단순하지 않다. 기본 신경망의 작은 하위 신경망 하나는 사회인지에 대한 연구에서 보통 활성화되지 않는다. 그러나 이 두 신경망의 압도적인 다수가 서로 중첩되는 것은 사실이다.

5. Gao, W., Zhu, H., Giovanello, K. S., Smith, J. K., Shen, D., Gilmore, J. H., & Lin, W. (2009). Evidence on the emergence of the brain's default network from 2-week-old to 2-year-old healthy pediatric subjects. *Proceedings of the National Academy of Sciences, 106*(16), 6790–6795; Smyser, C. D., Inder, T. E., Shimony, J. S., Hill, J. E., Degnan, A. J., Snyder, A. Z., & Neil, J. J. (2010). Longitudinal analysis of neural network development in preterm infants. *Cerebral Cortex, 20*(12), 2852–2862.

6. Gladwell, M. (2008). *Outliers: The Story of Success*. New York: Little, Brown; Anders Ericsson, K. (2008). Deliberate practice and acquisition of expert performance: A general overview. *Academic Emergency Medicine, 15*(11), 988–994.

7. Dunbar, R. I., Marriott, A., & Duncan, N. D. (1997). Human conversational behavior. *Human Nature, 8*(3), 231–246.

8. Spunt, R. P., Meyer, M. L., & Lieberman, M. D. (under review). Social by default: Brain activity at rest facilitates social cognition; Buckner, R. L., Andrews-Hanna, J. R., & Schacter, D. L. (2008). The brain's default network. *Annals of the New York Academy of Sciences, 1124*(1), 1–38.

9. Rubin, E. (1915/1958). Figure and ground. In D. C. Beardslee & M. Wertheimer

(Eds.). *Readings in Perception*. Princeton: NJ: Van Nostrand, pp. 194 - 203.

10. Agafonov, A. I. (2010). Priming effect as a result of the nonconscious activity of consciousness. *Journal of Russian and East European Psychology, 48*(3), 17 - 32.

11. Wechsler, David (1958). *The Measurement and Appraisal of Adult Intelligence*, 4th ed. Baltimore: Williams & Wilkins, p. 75.

12. Vitale, S., Cotch, M. F., & Sperduto, R. D. (2006). Prevalence of visual impairment in the United States. *JAMA:Journal of the American Medical Association*, 295(18), 2158 - 2163.

13. Stravynski, A., & Boyer, R. (2001). Loneliness in relation to suicide ideation and parasuicide : A population-wide study. *Suicide and Life-Threatening Behavior, 31*(1), 32 - 40.

14. Silk, J. B. (2002). Using the 'F'-word in primatology. *Behaviour*, 421 - 446.

15. Fiske, A. P. (1991). *Structures of Social Life: The Four Elementary Forms of Human Relations: Communal Sharing, Authority Ranking, Equality Matching, Market Pricing*. New York: Free Press.

16. Bureau of Labor Statistics: http://www.bls.gov/home.htm.

17. 'U.S. charitable giving approaches $300 billion in 2011': http://www.reuters.com/article/2012/06/19/us-usa-charity-idUSBRE85I05T20120619.

18. Fox, M. D., Snyder, A. Z., Vincent, J. L., Corbetta, M., Van Essen, D. C., & Raichle, M. E. (2005). The human brain is intrinsically organized into dynamic, anticorrelated functional networks. *Proceedings of the National Academy of Sciences of the United States of America*, 102(27), 9673 - 9678.

19. Van Overwalle, F. (2011). A dissociation between social mentalizing and general reasoning. *NeuroImage*, 54(2), 1589 - 1599.

20. Anticevic, A., Repovs, G., Shulman, G. L., & Barch, D. M. (2010). When less is more: TPJ and default network deactivation during encoding predicts working memory performance. *NeuroImage*, 49(3), 2638 - 2648; Li, C. S. R., Yan, P., Bergquist, K. L., & Sinha, R. (2007). Greater activation of the 'default' brain regions predicts stop signal errors. *NeuroImage*, 38(3), 640 - 648.

21. Hayashi, M., Kato, M., Igarashi, K., & Kashima, H. (2008). Superior fluid intelligence in children with Asperger's disorder. *Brain and Cognition*, 66(3), 306 - 310.

22. Roth, G., & Dicke, U. (2005). Evolution of the brain and intelligence. *Trends in Cognitive Sciences*, 9(5), 250 - 257.

23. Schoenemann, P. T. (2006). Evolution of the size and functional areas of the human

brain. *Annual Review of Anthropology*, 35, 379 – 406.

24. Aiello, L. C., Bates, N., & Joffe, T. (2001). In defense of the expensive tissue hypothesis. *Evolutionary Anatomy of the Primate Cerebral Cortex*. Cambridge: Cambridge University Press, pp. 57 – 78; Leonard, W. R., & Robertson, M. L. (1992). Nutritional requirements and human evolution: A bioenergetics model. *American Journal of Human Biology*, 4(2), 179 – 195.

25. Dunbar, R. I. M. (1998). The social brain hypothesis. *Evolutionary Anthropology*, 6, 178 – 190.

26. 신피질이란 말 그대로 '새로운 피질'이란 뜻이다. 이것은 다른 포유류와 비교할 때 영장류의 뇌 구조에서 가장 차이가 나는 피질의 일부이다.

27. Dunbar, R. I. (1992). Neocortex size as a constraint on group size in primates. *Journal of Human Evolution, 22*(6), 469 – 493; Sawaguchi, T. (1988). Correlations of cerebral indices for 'extra' cortical parts and ecological variables in primates. Brain, *Behavior and Evolution, 32*(3), 129 – 140.

28. Schoenemann, P. T. (2006). Evolution of the size and functional areas of the human brain. *Annual Review of Anthropology, 35*, 379 – 406.

29. Dunbar, R. I. (2008). Why humans aren't just Great Apes. *Issues in Ethnology and Anthropology, 3*, 15 – 33.

30. Dunbar, R. I. (1993). Coevolution of neocortical size, group size and language in humans. *Behavioral and Brain Sciences, 16*(4), 681 – 693.

31. Hill, R. A., & Dunbar, R. I. M. (1998). An evaluation of the roles of predation rate and predation risk as selective pressures on primate grouping behaviour. *Behaviour*, 411 – 430.

32. Silk, J. B. (2002). Using the 'F'-word in primatology. *Behaviour*, 421 – 446.

33. 둘의 관계로 이루어진 순열의 개수를 알아내기 위한 공식은 $[N * (N-1)] / 2$이다.

2부 연결

3장 마음의 고통과 몸의 고통

1. Bruskin Associates (1973). What are Americans afraid of? *The Bruskin Report*, 53, p. 27.

2. Jaremka, L. M., Gabriel, S., & Carvallo, M. (2011). What makes us feel the best also makes us feel the worst: The emotional impact of independent and interdependent experiences. *Self and Identity*, 10(1), 44 – 63.

3. Gould, S. J. (1977). *Ontogeny and Phylogeny*. Cambridge, MA: Harvard University Press, Belknap Press; Begun, D., & Walker, A. (1993). The endocast. *The Nariokotome Homo Erectus Skeleton*. Cambridge, MA: Harvard University Press, pp. 326 – 358; Flinn, M. V., Geary, D. C., & Ward, C. V. (2005). Ecological dominance, social competition, and coalitionary arms races: Why humans evolved extraordinary intelligence. *Evolution and Human Behavior*, 26(1), 10 – 46; Montagu, A. (1961). Neonatal and infant immaturity in man. *JAMA: Journal of the American Medical Association*, 178(1), 56 – 57.

4. Leigh, S. R., & Park, P. B. (1998). Evolution of human growth prolongation. *American Journal of Physical Anthropology*, 107(3), 331 – 350.

5. Gogtay, N., Giedd, J. N., Lusk, L., Hayashi, K. M., Greenstein, D., Vaituzis, A. C., ···, & Thompson, P. M. (2004). Dynamic mapping of human cortical development during childhood through early adulthood. *Proceedings of the National Academy of Sciences of the United States of America*, 101(21), 8174 – 8179.

6. Maslow, A. H. (1943). A theory of human motivation. *Psychological Review*, 50(4), 370.

7. Baumeister, R. F., & Leary, M. R. (1995). The need to belong: Desire for interpersonal attachments as a fundamental human motivation. *Psychological Bulletin*, 117(3), 497.

8. Stewart, W. F., Ricci, J. A., Chee, E., Morganstein, D., & Lipton, R. (2003). Lost productive time and cost due to common pain conditions in the US workforce. *JAMA: Journal of the American Medical Association*, 290(18), 2443 – 2454.

9. 'The Girl Who Can't Feel Pain': http://abcnews.go.com/GMA/OnCall/story?id=1386322.

10. Nordgreen, J., Garner, J. P., Janczak, A. M., Ranheim, B., Muir, W. M., & Horsberg, T. E. (2009). Thermonociception in fish: Effects of two different doses of morphine on thermal threshold and post-test behaviour in goldfish (*Carassius auratus*). *Applied Animal Behaviour Science*, 119(1), 101 – 107; Yue Cottee, S. (2012). Are fish the victims of 'speciesism'? A discussion about fear, pain and animal consciousness. *Fish Physiology and Biochemistry*, 1 – 11.

11. MacLean, P. D. (1993). Introduction: Perspectives on cingulate cortex in the limbic system. *Neurobiology of Cingulate Cortex and Limbic Thalamus: A Comprehensive Handbook*. Boston: Birkhäuser, pp. 1 – 19.

12. Eisenberger, N. I., & Cole, S. W. (2012). Social neuroscience and health: Neuropsychological mechanisms linking social ties with physical health. *Nature Neuroscience*, 15, 669 – 674.

13. Crasilneck, H. B., McCranie, E. J., & Jenkins, M. T. (1956). Special indications for hypnosis as a method of anesthesia. *Journal of the American Medical Association*, 162(18), 1606 – 1608; 'Hypnosis, No Anesthetic, for Man's Surgery': http://www.cbsnews.com/2100 – 500165_162 – 4033962.html.

14. Sawamoto, N., Honda, M., Okada, T., Hanakawa, T., Kanda, M., Fukuyama, H., ⋯, & Shibasaki, H. (2000). Expectation of pain enhances responses to nonpainful somatosensory stimulation in the anterior cingulate cortex and parietal operculum/ posterior insula: An event-related functional magnetic resonance imaging study. *Journal of Neuroscience, 20*(19), 7438 – 7445.

15. Crockett, M. J., Clark, L., Tabibnia, G., Lieberman, M. D., & Robbins, T. W. (2008). Serotonin modulates behavioral reactions to unfairness. *Science, 320*, 1739.

16. Chen, Z., Williams, K. D., Fitness, J., & Newton, N. C. (2008). When hurt will not heal: Exploring the capacity to relive social and physical pain. *Psychological Science, 19*(8), 789 – 795.

17. Zhong, C., Strejcek, B., & Sivanathan, N. (2010). A clean self can render harsh moral judgment. *Journal of Experimental Social Psychology, 46*(5), 859 – 862.

18. MacDonald, G., & Leary, M. R. (2005). Why does social exclusion hurt? The relationship between social and physical pain. *Psychological Bulletin, 131*(2), 202.

19. Bowlby, J. (1969). *Attachment and loss, volume i: Attachment*. New York: Basic Books.

20. Baumeister, R. F., & Leary, M. R. (1995). The need to belong: Desire for interpersonal attachments as a fundamental human motivation. *Psychological Bulletin, 117*(3), 497.

21. Harlow, H. F. (1958). The nature of love. *American Psychologist, 13*, 673 – 685.

22. Hofer, M. A., & Shair, H. (2004). Ultrasonic vocalization during social interaction and isolation in 2-week-old rats. *Developmental Psychobiology*, 11(5), 495 – 504; Hennessy, M. B., Nigh, C. K., Sims, M. L., & Long, S. J. (1995). Plasma cortisol and vocalization responses of postweaning age guinea pigs to maternal and sibling separation: Evidence for filial attachment after weaning. *Developmental Psychobiology, 28*(2), 103 – 115; Boissy, A., & Le Neindre, P. (1997). Behavioral, cardiac and cortisol responses to brief peer separation and reunion in cattle. *Physiology & Behavior, 61*(5), 693 – 699; Romeyer, A., & Bouissou, M. F. (1992). Assessment of fear reactions in domestic sheep, and influence of breed and rearing conditions. *Applied Animal Behaviour Science, 34*(1), 93 – 119; Noirot, E. (2004). Ultrasounds and maternal behavior in small rodents. *Developmental*

Psychobiology, 5(4), 371 – 387.

23. Coe, C. L., Mendoza, S. P., Smotherman, W. P., & Levine, S. (1978). Mother-infant attachment in the squirrel monkey: Adrenal response to separation. *Behavioral Biology, 22*(2), 256 – 263; Gamallo, A., Villanua, A., Trancho, G., & Fraile, A. (1986). Stress adaptation and adrenal activity in isolated and crowded rats. *Physiology & Behavior, 36*(2), 217 – 221; Parrott, R. F., Houpt, K. A., & Misson, B. H. (1988). Modification of the responses of sheep to isolation stress by the use of mirror panels. *Applied Animal Behaviour Science, 19*(3), 331 – 338.

24. Douglas, W. B. (1975). Early hospital admissions and later disturbances of behaviour and learning. *Developmental Medicine & Child Neurology, 17*(4), 456 – 480.

25. Luecken, L. J. (1998). Childhood attachment and loss experiences affect adult cardiovascular and cortisol function. *Psychosomatic Medicine, 60*(6), 765 – 772.

26. Hanson, J. L., Chung, M. K., Avants, B. B., Shirtcliff, E. A., Gee, J. C., Davidson, R. J., & Pollak, S. D. (2010). Early stress is associated with alterations in the orbitofrontal cortex: A tensor-based morphometry investigation of brain structure and behavioral risk. *Journal of Neuroscience, 30*(22), 7466 – 7472.

27. Panksepp, J., Herman, B. H., Conner, R., Bishop, P., & Scott, J. P. (1978). The biology of social attachments: Opiates alleviate separation distress. *Biological Psychiatry, 13*, 607 – 613.

28. Carden, S. E., & Hofer, M. A. (1990). Independence of benzodiazepine and opiate action in the suppression of isolation distress in rat pups. *Behavioral Neuroscience, 104*(1), 160 – 166; Herman, B. H., & Panksepp, J. (1978). Effects of morphine and naloxone on separation distress and approach attachment: Evidence for opiate mediation of social affect. *Pharmacology Biochemistry and Behavior, 9*(2), 213 – 220; Kalin, N. H., Shelton, S. E., & Barksdale, C. M. (1988). Opiate modulation of separation-induced distress in non-human primates. *Brain Research, 440*(2), 285 – 292.

29. Kalin, N. H., Shelton, S. E., & Lynn, D. E. (1995). Opiate systems in mother and infant primates coordinate intimate contact during reunion. *Psychoneuroendocrinology, 20*(7), 735 – 742; Keverne, E. B., Martensz, N. D., & Tuite, B. (1989). Beta-endorphin concentrations in cerebrospinal fluid of monkeys are influenced by grooming relationships. *Psychoneuroendocrinology, 14*(1), 155 – 161.
30. 이와 관련해 때때로 아편 중독이 사회적 또는 신체적 접촉의 결과로 신체에서 분비되는 천연 오피오이드를 대신하려는 시도를 반영할 수 있다는 주장이 제기된 바 있

다. MacLean, P. D. (1985). Brain evolution relating to family, play, and the separation call. *Archives of General Psychiatry, 42*(4), 405.

31. MacLean, P. D. (1985). Brain evolution relating to family, play, and the separation call. *Archives of General Psychiatry, 42*(4), 405.

32. Wise, S. P., & Herkenham, M. (1982). Opiate receptor distribution in the cerebral cortex of the Rhesus monkey. *Science, 218*(4570), 387.

33. Talbot, J. D., Marrett, S., Evans, A. C., & Meyer, E. (1991). Multiple representations of pain in human cerebral cortex. *Science, 251*(4999), 1355 – 1358; Rainville, P., Duncan, G. H., Price, D. D., Carrier, B., & Bushnell, M. C. (1997). Pain affect encoded in human anterior cingulate but not somatosensory cortex. *Science, 277*(5328), 968 – 971.

34. Kosslyn, S. M. (1992). *Wet Mind.* New York: Free Press.

35. Zihl, J., Von Cramon, D., & Mai, N. (1983). Selective disturbance of movement vision after bilateral brain damage. *Brain,* 106(2), 313 – 340.

36. Whitty, C. W., Duffield, J. E., & Cairns, H. (1952). Anterior cingulectomy in the treatment of mental disease. *Lancet,* 1(6706), 475; Le Beau, J. (1954). Anterior cingulectomy in man. *Journal of Neurosurgery,* 11(3), 268; Whitty, C. W. M. (1955). Effects of anterior cingulectomy in man. *Proceedings of the Royal Society of Medicine,* 48(6), 463; Steele, J. D., Christmas, D., Eljamel, M. S., & Matthews, K. (2008). Anterior cingulotomy for major depression: Clinical outcome and relationship to lesion characteristics. *Biological Psychiatry,* 63(7), 670 – 677.

37. Foltz, E. L., & White Jr., L. E. (1962). Pain 'relief' by frontal cingulumotomy. *Journal of Neurosurgery,* 19, 89.

38. Ploner, M., Freund, H. J., & Schnitzler, A. (1999). Pain affect without pain sensation in a patient with a postcentral lesion. *Pain, 81*(1), 211 – 214.

39. MacLean, P. D., & Newman, J. D. (1988). Role of midline frontolimbic cortex in production of the isolation call of squirrel monkeys. *Brain Research,* 450(1), 111 – 123.

40. Robinson, B. W. (1967). Vocalization evoked from forebrain in *Macaca mulatta. Physiology & Behavior, 2*(4), 345 – 354; Smith, W. K. (1945). The functional significance of the rostral cingular cortex as revealed by its responses to electrical excitation. *Journal of Neurophysiology,* 8, 241 – 254.

41. Stamm, J. S. (1955). The function of the median cerebral cortex in maternal behavior of rats. *Journal of Comparative and Physiological Psychology,* 48(4), 347; 또한 다음도 참

조할 것. Murphy, M. R., MacLean, P. D., & Hamilton, S. C. (1981). Species-typical behavior of hamsters deprived from birth of the neocortex. *Science, 213*, 459 – 461.

42. Williams, K. D., Cheung, C. K., & Choi, W. (2000). Cyberostracism: Effects of being ignored over the Internet. *Journal of Personality and Social Psychology, 79*(5), 748; Williams, K. D. (2007). Ostracism. *Annual Review of Psychology*, 58, 425 – 452

43. Eisenberger, N. I., Lieberman, M. D., & Williams, K. D. (2003). Does rejection hurt? An fMRI study of social exclusion. *Science, 302*, 290 – 292.

44. Lieberman, M. D., Jarcho, J. M., Berman, S., Naliboff, B., Suyenobu, B. Y., Mandelkern, M., & Mayer, E. (2004). The neural correlates of placebo effects: A disruption account. *NeuroImage, 22*, 447 – 455.

45. 우반구의 복외측 전전두피질이 자기통제와 정서조절에서 어떤 역할을 하는지에 대해서는 9장을 참조하라.

46. Eisenberger, N. I., & Lieberman, M. D. (2004). Why it hurts to be left out: The neurocognitive overlap between physical and social pain. *Trends in Cognitive Sciences, 8*, 294 – 300.

47. Eisenberger, N. I., & Cole, S. W. (2012). Social neuroscience and health: Neuropsychological mechanisms linking social ties with physical health. *Nature Neuroscience, 15*, 669 – 674.

48. Botvinick, M., Nystrom, L. E., Fissell, K., Carter, C. S., & Cohen, J. D. (1999). Conflict monitoring versus selection-for-action in anterior cingulate cortex. *Nature, 402*(6758), 179 – 181; Carter, C. S., Braver, T. S., Barch, D. M., Botvinick, M. M., Noll, D., & Cohen, J. D. (1998). Anterior cingulate cortex, error detection, and the online monitoring of performance. *Science, 280*(5364), 747 – 749.

49. Bush, G., Luu, P., & Posner, M. I. (2000). Cognitive and emotional influences in anterior cingulate cortex. *Trends in Cognitive Sciences, 4*(6), 215 – 222.

50. Tetlock, P. E., & Levi, A. (1982). Attribution bias: On the inconclusiveness of the cognition-motivation debate. *Journal of Experimental Social Psychology, 18*(1), 68 – 88.

51. Morris, J. S., Frith, C. D., Perrett, D. I., Rowland, D., Young, A. W., Calder, A. J., & Dolan, R. J. (1996). A differential neural response in the human amygdala to fearful and happy facial expressions. *Nature, 383*, 812 – 815; Morris, J. S., Friston, K. J., Büchel, C., Frith, C. D., Young, A. W., Calder, A. J., & Dolan, R. J. (1998). A neuromodulatory role for the human amygdala in processing emotional facial expressions. *Brain, 121*(1), 47 – 57; Kimbrell, T. A., George, M. S., Parekh, P. I., Ketter, T. A.,

Podell, D. M., Danielson, A. L., ···, & Post, R. M. (1999). Regional brain activity during transient self-induced anxiety and anger in healthy adults. *Biological Psychiatry, 46*(4), 454–465; Lane, R. D., Reiman, E. M., Axelrod, B., Yun, L. S., Holmes, A., & Schwartz, G. E. (1998). Neural correlates of levels of emotional awareness: Evidence of an interaction between emotion and attention in the anterior cingulate cortex. *Journal of Cognitive Neuroscience, 10*(4), 525–535; Schneider, F., Grodd, W., Weiss, U., Klose, U., Mayer, K. R., Nägele, T., & Gur, R. C. (1997). Functional MRI reveals left amygdala activation during emotion. *Psychiatry Research: Neuroimaging, 76*(2–3), 75–82; Teasdale, J. D., Howard, R. J., Cox, S. G., Ha, Y., Brammer, M. J., Williams, S. C., & Checkley, S. A. (1999). Functional MRI study of the cognitive generation of affect. *American Journal of Psychiatry, 156*(2), 209–215; Sawamoto, N., Honda, M., Okada, T., Hanakawa, T., Kanda, M., Fukuyama, H., ···, & Shibasaki, H. (2000). Expectation of pain enhances responses to nonpainful somatosensory stimulation in the anterior cingulate cortex and parietal operculum/posterior insula: An event-related functional magnetic resonance imaging study. *Journal of Neuroscience, 20*(19), 7438–7445; Talbot, J. D., Marrett, S., Evans, A. C., & Meyer, E. (1991). Multiple representations of pain in human cerebral cortex. *Science, 251,* 1355–1358; Jones, A. K. P., Brown, W. D., Friston, K. J., Qi, L. Y., & Frackowiak, R. S. J. (1991). Cortical and subcortical localization of response to pain in man using positron emission tomography. *Proceedings of the Royal Society of London. Series B: Biological Sciences, 244*(1309), 39–44; Coghill, R. C., Talbot, J. D., Evans, A. C., Meyer, E., Gjedde, A., Bushnell, M. C., & Duncan, G. H. (1994). Distributed processing of pain and vibration by the human brain. *Journal of Neuroscience, 14*(7), 4095–4108; Casey, K. L., Minoshima, S., Berger, K. L., Koeppe, R. A., Morrow, T. J., & Frey, K. A. (1994). Positron emission tomographic analysis of cerebral structures activated specifically by repetitive noxious heat stimuli. *Journal of Neurophysiology, 71*(2), 802–807; Rainville, P., Duncan, G. H., Price, D. D., Carrier, B., & Bushnell, M. C. (1997). Pain affect encoded in human anterior cingulate but not somatosensory cortex. *Science, 277*(5328), 968–971.

52. Eisenberger, N. I., & Lieberman, M. D. (2004). Why it hurts to be left out: The neurocognitive overlap between physical and social pain. *Trends in Cognitive Sciences, 8,* 294–300. 비슷한 관점에서 더 최근의 연구들을 검토한 논문으로는 다음이 있다. Shackman, A. J., Salomons, T. V., Slagter, H. A., Fox, A. S., Winter, J. J., & Davidson, R. J. (2011). The integration of negative affect, pain and cognitive control in

the cingulate cortex. *Nature Reviews Neuroscience, 12*(3), 154 – 167; Etkin, A., Egner, T., & Kalisch, R. (2011). Emotional processing in anterior cingulate and medial prefrontal cortex. *Trends in Cognitive Sciences, 15*(2), 85 – 93.

53. Gilbert, D. T., Lieberman, M. D., Morewedge, C. K., & Wilson, T. D. (2004). The peculiar longevity of things not so bad. *Psychological Science, 15*, 14 – 19.

54. Spunt, R. P., Lieberman, M. D., Cohen, J. R., & Eisenberger, N. I. (2012). The phenomenology of error processing: The dorsal anterior cingulate response to stop-signal errors tracks reports of negative affect. *Journal of Cognitive Neuroscience, 24*, 1753 – 1765; 또한 다음도 참조할 것. Botvinick, M. M. (2007). Conflict monitoring and decision making: Reconciling two perspectives on anterior cingulate function. *Cognitive, Affective, & Behavioral Neuroscience, 7*, 356 – 366.

55. Masten, C. L., Telzer, E. H., Fuligni, A. J., Lieberman, M. D., & Eisenberger, N. I. (2012). Time spent with friends in adolescence relates to less neural sensitivity to later peer rejection. *Social Cognitive and Affective Neuroscience, 7*(1), 106 – 114; Bolling, D. Z., Pitskel, N. B., Deen, B., Crowley, M. J., McPartland, J. C., Mayes, L. C., & Pelphrey, K. A. (2011). Dissociable brain mechanisms for processing social exclusion and rule violation. *NeuroImage, 54*(3), 2462 – 2471; Krill, A., & Platek, S. M. (2009). In-group and out-group membership mediates anterior cingulate activation to social exclusion. *Frontiers in Evolutionary Neuroscience, 1*, 1 – 7; Bolling, D. Z., Pelphrey, K. A., & Vander Wyk, B. C. (2012). Differential brain responses to social exclusion by one's own versus opposite-gender peers. *Social Neuroscience, 7*(4), 331 – 346; Wager, T. D., van Ast, V. A., Hughes, B. L., Davidson, M. L., Lindquist, M. A., & Ochsner, K. N. (2009). Brain mediators of cardiovascular responses to social threat, part II: Prefrontal-subcortical pathways and relationship with anxiety. *NeuroImage, 47*(3), 836 – 851; Burklund, L. J., Eisenberger, N. I., & Lieberman, M. D. (2007). The face of rejection: Rejection sensitivity moderates dorsal anterior cingulate activity to disapproving facial expressions. *Social Neuroscience, 2*(3-4), 238 – 253; Fisher, H. E., Brown, L. L., Aron, A., Strong, G., & Mashek, D. (2010). Reward, addiction, and emotion regulation systems associated with rejection in love. *Journal of Neurophysiology, 104*(1), 51 – 60; Kross, E., Berman, M. G., Mischel, W., Smith, E. E., & Wager, T. D. (2011). Social rejection shares somatosensory representations with physical pain. *Proceedings of the National Academy of Sciences, 108*(15), 6270 – 6275; O'Connor, M. F., Wellisch, D. K., Stanton, A. L., Eisenberger, N. I., Irwin, M. R., & Lieberman, M. D. (2008). Craving love? Enduring

grief activates brain's reward center. *NeuroImage, 42*(2), 969 – 972; Gündel, H., O' Connor, M. F., Littrell, L., Fort, C., & Lane, R. D. (2003). Functional neuroanatomy of grief: An fMRI study. *American Journal of Psychiatry,* 160(11), 1946 – 1953; Kersting, A., Ohrmann, P., Pedersen, A., Kroker, K., Samberg, D., Bauer, J., ···, & Suslow, T. (2009). Neural activation underlying acute grief in women after the loss of an unborn child. *American Journal of Psychiatry, 166*(12), 1402 – 1410; Onoda, K., Okamoto, Y., Nakashima, K. I., Nittono, H., Yoshimura, S., Yamawaki, S., ···, & Ura, M. (2010). Does low self-esteem enhance social pain? The relationship between trait self-esteem and anterior cingulate cortex activation induced by ostracism. *Social Cognitive and Affective Neuroscience,* 5(4), 385 – 391; Eisenberger, N. I., Inagaki, T. K., Muscatell, K. A., Byrne Haltom, K. E., & Leary, M. R. (2011). The neural sociometer: Brain mechanisms underlying state self-esteem. *Journal of Cognitive Neuroscience, 23*(11), 3448 – 3455.

56. DeWall, C. N., MacDonald, G., Webster, G. D., Masten, C. L., Baumeister, R. F., Powell, C., Combs, D., Schurtz, D. R., Stillman, T. F., Tice, D. M., & Eisenberger, N. I. (2010). Acetaminophen reduces social pain: Behavioral and neural evidence. *Psychological Science, 21*, 931 – 937.

57. Sora I., et al. (1997). Opiate receptor knockout mice define mu receptor roles in endogenous nociceptive responses and morphine-induced analgesia. *Proceedings of the National Academy of Sciences of the United States of America, 94*, 1544 – 1549.

58. Sia, A. T., et al. (2008). A118G single nucleotide polymorphism of human mu-opioid receptor gene influences pain perception and patient-controlled intravenous morphine consumption after intrathecal morphine for postcesarean analgesia. *Anesthesiology, 109*, 520 – 526; Coulbault, L., et al. (2006). Environmental and genetic factors associated with morphine response in the postoperative period. *Clinical Pharmacology & Therapeutics, 79*, 316 – 324; Chou, W. Y., et al. (2006). Association of mu-opioid receptor gene polymorphism (A118G) with variations in morphine consumption for analgesia after total knee arthroplasty. *Acta Anaesthesiology Scandinivaca, 50*, 787 – 792.

59. Way, B. M., Taylor, S. E., & Eisenberger, N. I. (2009). Variation in the mu-opioid receptor gene (OPRM1) is associated with dispositional and neural sensitivity to social rejection. *Proceedings of the National Academy of Sciences of the United Stated of America, 106*, 15079 – 15084.

60. James, W. (1890/1950). *The Principles of Psychology.* New York: Dover.

61. Zadro, L., Williams, K. D., & Richardson, R. (2004). How low can you go? Ostracism by a computer is sufficient to lower self-reported levels of belonging, control, self-esteem, and meaningful existence. *Journal of Experimental Social Psychology, 40*(4), 560 – 567.

62. Kaltiala-Heino, R., Rimpelä, M., Marttunen, M., Rimpelä, A., & Rantanen, P. (1999). Bullying, depression, and suicidal ideation in Finnish adolescents: School survey. *Bmj, 319*(7206), 348 – 351; Juvonen, J. & Galván, A. (2009). Bullying as a means to foster compliance. In M. Harris (Ed.), *Bullying, Rejection and Peer Victimization: A Social Cognitive Neuroscience Perspective.* New York: Springer, pp. 299 – 318.

63. Fleming, L. C., & Jacobsen, K. H. (2009). Bullying and symptoms of depression in Chilean middle school students. *Journal of School Health, 79*(3), 130 – 137; Wolke, D., Woods, S., Stanford, K., & Schulz, H. (2001). Bullying and victimization of primary school children in England and Germany: Prevalence and school factors. *British Journal of Psychology, 92*(4), 673 – 696; Kaltiala-Heino, R., Rimpelä, M., Marttunen, M., Rimpelä, A., & Rantanen, P. (1999). Bullying, depression, and suicidal ideation in Finnish adolescents: School survey. *Bmj,* 319(7206), 348 – 351; Kim, Y. S., Koh, Y. J., & Leventhal, B. (2005). School bullying and suicidal risk in Korean middle school students. *Pediatrics, 115*(2), 357 – 363.

64. Nansel, T. R., Overpeck, M., Pilla, R. S., Ruan, W. J., Simons-Morton, B., & Scheidt, P. (2001). Bullying behaviors among US youth. *JAMA: Journal of the American Medical Association,* 285(16), 2094 – 2100.

65. Klomek, A. B., Marrocco, F., Kleinman, M., Schonfeld, I. S., & Gould, M. S. (2007). Bullying, depression, and suicidality in adolescents. *Journal of the American Academy of Child & Adolescent Psychiatry, 46*(1), 40.

66. Klomek, A. B., Sourander, A., Niemelä, S., Kumpulainen, K., Piha, J., Tamminen, T., ···, & Gould, M. S. (2009). Childhood bullying behaviors as a risk for suicide attempts and completed suicides: A population-based birth cohort study. *Journal of the American Academy of Child & Adolescent Psychiatry, 48*(3), 254 – 261.

67. Smith, M. T., Edwards, R. R., Robinson, R. C., & Dworkin, R. H. (2004). Suicidal ideation, plans, and attempts in chronic pain patients: Factors associated with increased risk. *Pain,* 111, 201 – 208.

4장 공정함과 사회적 보상

1. Hegtvedt, K. A., & Killian, C. (1999). Fairness and emotions: Reactions to the process and outcomes of negotiations. *Social Forces*, 78(1), 269−302.

2. Tyler, T. R. (1984). The role of perceived injustice in defendants' evaluations of their courtroom experience. *Law & Society Review*, 18, 51.

3. Tabibnia, G., Satpute, A. B., & Lieberman, M. D. (2008). The sunny side of fairness: Preference for fairness activates reward circuitry (and disregarding unfairness activates self-control circuitry). *Psychological Science, 19*, 339−347.

4. Sanfey, A. G., Rilling, J. K., Aronson, J. A., Nystrom, L. E., & Cohen, J. D. (2003). The neural basis of economic decision-making in the ultimatum game. *Science, 300*(5626), 1755−1758; Civai, C., Crescentini, C., Rustichini, A., & Rumiati, R. I. (2012). Equality versus self-interest in the brain: Differential roles of anterior insula and medial prefrontal cortex. *NeuroImage, 62*, 102−112.

5. Tricomi, E., Rangel, A., Camerer, C. F., & O'Doherty, J. P. (2010). Neural evidence for inequality-averse social preferences. *Nature, 463*(7284), 1089−1091.

6. Lieberman, M. D., & Eisenberger, N. I. (2009). Pains and pleasures of social life. *Science, 323*, 890−891.

7. Baumeister, R. F., & Leary, M. R. (1995). The need to belong: Desire for interpersonal attachments as a fundamental human motivation. *Psychological Bulletin, 117*(3), 497.

8. Inagaki, T., & Eisenberger, N. I. (심사 중).

9. Castle, E., & Lieberman, M. D. How much would you pay to hear 'I love you'? (미발표 자료).

10. Guyer, A. E., Choate, V. R., Pine, D. S., & Nelson, E. E. (2012). Neural circuitry underlying affective response to peer feedback in adolescence. *Social Cognitive and Affective Neuroscience, 7*(1), 81−92; Davey, C. G., Allen, N. B., Harrison, B. J., Dwyer, D. B., & Yücel, M. (2010). Being liked activates primary reward and midline self-related brain regions. *Human Brain Mapping, 31*(4), 660−668.

11. Izuma, K., Saito, D. N., & Sadato, N. (2008). Processing of social and monetary rewards in the human striatum. *Neuron, 58*(2), 284.

12. Baumeister, R. F., Campbell, J. D., Krueger, J. I., & Vohs, K. D. (2003). Does high self-esteem cause better performance, interpersonal success, happiness, or healthier lifestyles? *Psychological Science in the Public Interest, 4*(1), 1−44.

13. Hull, C. L. (1952). *A Behavior System: An Introduction to Behavior Theory Concerning the*

Individual Organism. New Haven : Yale University Press.

14. Schultz, W., Dayan, P., & Montague, P. R. (1997). A neural substrate of prediction and reward. *Science, 275*(5306), 1593 – 1599.

15. Melis, A. P., Semmann, D., Melis, A. P., & Semmann, D. (2010). How is human cooperation different? *Philosophical Transactions of the Royal Society B: Biological Sciences, 365*(1553), 2663 – 2674 ; Nowak, M., & Highfield, R. (2012). *SuperCooperators: Altruism, Evolution, and Why We Need Each Other to Succeed*. New York : Free Press.

16. Cialdini, R. B. (2001). *Influence: Science and Practice* (Vol. 4). Boston : Allyn & Bacon ; Burger, J. M., Sanchez, J., Imberi, J. E., & Grande, L. R. (2009). The norm of reciprocity as an internalized social norm : Returning favors even when no one finds out. *Social Influence, 4*(1), 11 – 17.

17. Regan, R. T. (1971). Effects of a favor and liking on compliance. *Journal of Experimental Social Psychology, 7*, 627 – 639.

18. 나는 죄수의 딜레마에 기초한 영국의 게임 쇼 〈골든 볼스golden balls〉를 유튜브에서 찾아볼 것을 적극 추천하고 싶다. 특히 조회수가 많은 몇몇은 정말로 재미있다.

19. Hayashi, N., Ostrom, E., Walker, J., & Yamagishi, T. (1999). Reciprocity, trust, and the sense of control : A cross-societal study. *Rationality and Society, 11*(1), 27 – 46 ; Kiyonari, T., Tanida, S., & Yamagishi, T. (2000). Social exchange and reciprocity : Confusion or a heuristic? *Evolution and Human Behavior, 21*(6), 411 – 427.

20. Kiyonari, T., Tanida, S., & Yamagishi, T. (2000). Social exchange and reciprocity : Confusion or a heuristic? *Evolution and Human Behavior, 21*(6), 411 – 427.

21. Edgeworth, F. Y. (1881). *Mathematical Psychics: An Essay on the Application of Mathematics to the Moral Sciences*. London : Kegan Paul, p. 104.

22. Hume (1898/1754, p.117). Hume, D. (2001/1754). *An Enquiry Concerning Human Understanding* (Vol. 3). New York : Oxford University Press, p. 117.

23. Hobbes, T. (1969/1651). *Leviathan* (part iii). Aldershot, England : Scolar Press.

24. Hollander, S. (1977). Adam Smith and the self-interest axiom. *Journal of Law and Economics, 20*(1), 133 – 152.

25. Hayashi, N., Ostrom, E., Walker, J., & Yamagishi, T. (1999). Reciprocity, trust, and the sense of control : A cross-societal study. *Rationality and Society, 11*(1), 27 – 46.

26. Fehr, E., & Camerer, C. F. (2007). Social neuroeconomics : The neural circuitry of social preferences. *Trends in Cognitive Sciences, 11*(10), 419 – 427.

27. Henrich, J., Boyd, R., Bowles, S., Camerer, C., Fehr, E., Gintis, H., ⋯, & Tracer,

D. (2005). 'Economic man' in cross-cultural perspective: Behavioral experiments in 15 small-scale societies. *Behavioral and Brain Sciences, 28*(6), 795 – 814.

28. Dawkins, R. (1976). *The Selfish Gene.* Oxford: Oxford University Press.

29. Spitzer, M., Fischbacher, U., Herrnberger, B., Grön, G., & Fehr, E. (2007). The neural signature of social norm compliance. *Neuron, 56*(1), 185 – 196; O'Doherty, J. P., Buchanan, T. W., Seymour, B., & Dolan, R. J. (2006). Predictive neural coding of reward preference involves dissociable responses in human ventral midbrain and ventral striatum. *Neuron, 49*(1), 157.

30. Rilling, J. K., Gutman, D. A., Zeh, T. R., Pagnoni, G., Berns, G. S., & Kilts, C. D. (2002). A neural basis for social cooperation. *Neuron, 35*(2), 395 – 405.

31. Rilling, J. K., Sanfey, A. G., Aronson, J. A., Nystrom, L. E., & Cohen, J. D. (2004). Opposing BOLD responses to reciprocated and unreciprocated altruism in putative reward pathways. *Neuroreport, 15*(16), 2539 – 2243.

32. Asimov, I. (2010/1955). *The End of Eternity.* New York: Tor Books, pp. 117 – 118.

33. Ghiselin, M. T. (1974). *The Economy of Nature and the Evolution of Sex* (Vol. 247). Berkeley: University of California Press; Dawkins, R. (1976). *The Selfish Gene.* Oxford: Oxford University Press.

34. Batson, C. D. (1991). *The Altruism Question: Toward a Social-Psychological Answer.* Hillsdale, NJ: Lawrence Erlbaum Associates, p. 116.

35. Wilson, E. O. (2012). *The Social Conquest of Earth.* New York: Liveright.

36. Andreoni, J. (1990). Impure altruism and donations to public goods: A theory of warm-glow giving. *Economic Journal, 100*(401), 464 – 477.

37. Lama, D. (1994). *The Way to Freedom.* New York: HarperCollins, p. 154.

38. Moll, J., Krueger, F., Zahn, R., Pardini, M., de Oliveira-Souza, R., & Grafman, J. (2006). Human fronto-mesolimbic networks guide decisions about charitable donation. *Proceedings of the National Academy of Sciences, 103*(42), 15623 – 15628; Harbaugh, W. T., Mayr, U., & Burghart, D. R. (2007). Neural responses to taxation and voluntary giving reveal motives for charitable donations. *Science, 316*(5831), 1622 – 1625.

39. Telzer, E. H., Masten, C. L., Berkman, E. T., Lieberman, M. D., & Fuligni, A. J. (2010). Gaining while giving: An fMRI study of the rewards of family assistance among White and Latino youth. *Social Neuroscience, 5*, 508 – 518.

40. Inagaki, T. K., & Eisenberger, N. I. (2012). Neural correlates of giving support to a loved one. *Psychosomatic Medicine, 74*, 3 – 7.

41. Brown, S. L., Nesse, R. M., Vinokur, A. D., & Smith, D. M. (2003). Providing social support may be more beneficial than receiving it: Results from a prospective study of mortality. *Psychological Science, 14*(4), 320 – 327.

42. Smith, A. (1776). *An Inquiry into the Nature and Causes of the Wealth of Nations*. London: W. Strahan and T. Cadell.

43. Smith, A. (1759). *The Theory of Moral Sentiments*. Edinburgh: A. Kincaid and J. Bell.

44. Keverne, E. B., Martensz, N. D., & Tuite, B. (1989). Beta-endorphin concentrations in cerebrospinal fluid of monkeys are influenced by grooming relationships. *Psychoneuroendocrinology, 14*(1), 155 – 161.

45. Dunbar, R. (1998). Theory of mind and the evolution of language. In J. Hurford, M. Studdart-Kennedy, & C. Knight (Eds.). *Approaches to the Evolution of Language*. Cambridge: Cambridge University Press, pp. 92 – 110.

46. Seltzer, L. J., Ziegler, T. E., & Pollak, S. D. (2010). Social vocalizations can release oxytocin in humans. *Proceedings of the Royal Society B: Biological Sciences, 277*(1694), 2661 – 2666.

47. Broad, K. D., Curley, J. P., & Keverne, E. B. (2006). Mother-infant bonding and the evolution of mammalian social relationships. *Philosophical Transactions of the Royal Society B: Biological Sciences, 361*(1476), 2199 – 2214.

48. Soloff, M. S., Alexandrova, M., & Fernstrom, M. J. (1979). Oxytocin receptors: Triggers for parturition and lactation? *Science, 204*(4399), 1313.

49. Depue, R. A., & Morrone-Strupinsky, J. V. (2005). A neurobehavioral model of affiliative bonding: Implications for conceptualizing a human trait of affiliation. *Behavioral and Brain Sciences, 28*(3), 313 – 349.

50. Febo, M., Numan, M., & Ferris, C. F. (2005). Functional magnetic resonance imaging shows oxytocin activates brain regions associated with mother-pup bonding during suckling. *Journal of Neuroscience, 25*(50), 11637 – 11644; Shahrokh, D. K., Zhang, T. Y., Diorio, J., Gratton, A., & Meaney, M. J. (2010). Oxytocin-dopamine interactions mediate variations in maternal behavior in the rat. *Neuroendocrinology, 151*(5), 2276 – 2286.

51. Leng, G., Meddle, S. L., & Douglas, A. J. (2008). Oxytocin and the maternal brain. *Current Opinion in Pharmacology, 8*(6), 731 – 734.

52. Gordon, I., Zagoory-Sharon, O., Schneiderman, I., Leckman, J. F., Weller, A., & Feldman, R. (2008). Oxytocin and cortisol in romantically unattached young adults:

Associations with bonding and psychological distress. *Psychophysiology, 45*(3), 349–352; Bartz, J. A., Zaki, J., Bolger, N., & Ochsner, K. N. (2011). Social effects of oxytocin in humans: Context and person matter. *Trends in Cognitive Sciences, 15*(7), 301–309.

53. Numan, M., & Sheehan, T. P. (1997). Neuroanatomical circuitry for mammalian maternal behavior. *Annals of the New York Academy of Sciences, 807*(1), 101–125.

54. Broad, K. D., Curley, J. P., & Keverne, E. B. (2006). Mother-infant bonding and the evolution of mammalian social relationships. *Philosophical Transactions of the Royal Society B: Biological Sciences, 361*(1476), 2199–2214.

55. Kosfeld, M., Heinrichs, M., Zak, P. J., Fischbacher, U., & Fehr, E. (2005). Oxytocin increases trust in humans. *Nature, 435*(7042), 673–676; Zak, P. J., Stanton, A. A., & Ahmadi, S. (2007). Oxytocin increases generosity in humans. *PLOS One, 2*(11), e1128.

56. De Dreu, C. K., Greer, L. L., Van Kleef, G. A., Shalvi, S., & Handgraaf, M. J. (2011). Oxytocin promotes human ethnocentrism. *Proceedings of the National Academy of Sciences, 108*(4), 1262–1266.

57. Kosfeld, M., Heinrichs, M., Zak, P. J., Fischbacher, U., & Fehr, E. (2005). Oxytocin increases trust in humans. *Nature, 435*(7042), 673–676; Fershtman, C., Gneezy, U., & Verboven, F. (2005). Discrimination and nepotism: The efficiency of the anonymity rule. *Journal of Legal Studies, 34*(2), 371–396.

58. Miller, D. T. (1999). *The norm of self-interest. American Psychologist, 54*(12), 1053.

59. Miller, D. T., & Ratner, R. K. (1998). The disparity between the actual and assumed power of self-interest. Journal of Personality and Social Psychology, 74(1), 53.

60. Wuthnow, R. (1991). *Acts of Compassion: Caring for Others and Helping Ourselves.* Princeton, NJ: Princeton University Press.

61. Holmes, J. G., Miller, D. T., & Lerner, M. J. (2002). Committing altruism under the cloak of self-interest: The exchange fiction. *Journal of Experimental Social Psychology, 38*(2), 144–151.

62. de Tocqueville, A. (1958/1835). *Democracy in America.* New York: Vintage.

63. Freud, S. (1950/1920). *Beyond the Pleasure Principle.* New York: Liveright.

64. Beck, A. T., Laude, R., & Bohnert, M. (1974). Ideational components of anxiety neurosis. *Archives of General Psychiatry, 31*, 319–325; Brown, G. W., & Harris, T. (2001). *Social Origins of Depression: A Study of Psychiatric Disorder in Women* (Vol. 65). New York: Routledge; Slavich, G. M., Thornton, T., Torres, L. D., Monroe, S. M., & Gotlib, I. H. (2009). Targeted rejection predicts hastened onset of major depression.

Journal of Social and Clinical Psychology, 28(2), 223.

65. House, J. S., Landis, K. R., & Umberson, D. (1988). Social relationships and health. *Science, 241*(4865), 540 – 545; Holt-Lunstad, J., Smith, T. B., & Layton, J. B. (2010). Social relationships and mortality risk: A meta-analytic review. *PLOS Medicine,* 7(7), e1000316.

3부 마음 읽기

5장 심리화 체계

1. Clark, M. P. A., & Westerberg, B. D. (2009). How random is a coin toss. *Canadian Medical Association Journal,* 181, E306 – E308.

2. Diaconi, P., Holmes, S., & Montgomery, R. (2007). Dynamical bias in the coin toss. *SIAM Review,* 49, 211 – 235.

3. http://www.pleasantmorningbuzz.com/blog/1122061.

4. Brentano, F. (1995/1874). Psychology from an Empirical Standpoint. New York: Routledge; Wundt, W. M. (1904/1874). *Principles of Physiological Psychology* (Vol. 1). London: Sonnenschein.

5. Heider, F., & Simmel, M. (1944). An experimental study of apparent behavior. *American Journal of Psychology,* 57, 243 – 259.

6. Dennett, D. C. (1971). Intentional systems. *Journal of Philosophy,* 68, 87 – 106.

7. Premack, D., & Woodruff, G. (1978). Does the chimpanzee have a theory of mind? *Behavioral and Brain Sciences, 1*(04), 515 – 526.

8. Dennett, D. C. (1978). Beliefs about beliefs. *Behavioral and Brain Sciences, 1*(04), 568 – 570.

9. Wimmer, H., & Perner, J. (1983). Beliefs about beliefs: Representation and constraining function of wrong beliefs in young children's understanding of deception. *Cognition, 13*(1), 103 – 128; Baron-Cohen, S., Leslie, A. M., & Frith, U. (1985). Does the autistic child have a 'theory of mind'? *Cognition, 21*(1), 37 – 46.

10. Happé, F. G. (1995). The role of age and verbal ability in the theory of mind task performance of subjects with autism. *Child Development,* 66(3), 843 – 855.

11. Buttelmann, D., Carpenter, M., & Tomasello, M. (2009). Eighteen-month-old infants show false belief understanding in an active helping paradigm. Cognition, 112(2), 337 – 342; Kuhlmeier, V., Wynn, K., & Bloom, P. (2003). Attribution of

dispositional states by 12-month-olds. *Psychological Science, 14*(5), 402 – 408.

12. Cheney, D. L. (2011). Extent and limits of cooperation in animals. *Proceedings of the National Academy of Sciences, 108*, 10902 – 10909; Call, J., & Tomasello, M. (2008). Does the chimpanzee have a theory of mind? 30 years later. *Trends in Cognitive Sciences, 12*(5), 187 – 192.

13. Call, J., & Tomasello, M. (2008). Does the chimpanzee have a theory of mind? 30 years later. *Trends in Cognitive Sciences, 12*(5), 187 – 192.

14. Price, B. H., Daffner, K. R., Stowe, R. M., & Mesilam, M. M. (1990). The comportmental learning disabilities of early frontal lobe damage. *Brain, 113*(5), 1383 – 1393; Davis, H. L., & Pratt, C. (1995). The development of children's Theory of Mind: The working memory explanation. *Australian Journal of Psychology, 47*, 25 – 31; Gordon, A. C. L., & Olson, D. R. (1998). The relation between acquisition of a Theory of Mind and the capacity to hold in mind. *Journal of Experimental Child Psychology, 68*, 70 – 83.

15. Goel, V., & Dolan, R. J. (2004). Differential involvement of left prefrontal cortex in inductive and deductive reasoning. *Cognition, 93*(3), B109 – B121.

16. Rottschy, C., et al. (2012). Modelling neural correlates of working memory: A coordinate-based meta-analysis. *NeuroImage, 60*, 830 – 846.

17. Gray, J. R., Chabris, C. F., & Braver, T. S. (2003). Neural mechanisms of general fluid intelligence. *Nature Neuroscience, 6*(3), 316 – 322; Lee, K. H., Choi, Y. Y., Gray, J. R., Cho, S. H., Chae, J. H., Lee, S., & Kim, K. (2006). Neural correlates of superior intelligence: Stronger recruitment of posterior parietal cortex. *NeuroImage, 29*(2), 578 – 586.

18. 실제로 초기의 한 신경심리학적 사례 연구에서는 외측 전전두의 손상을 마음이론과 관련된 과제의 수행에서 나타나는 결함과 연관시켰다. 그러나 오늘날 연구자들은 이 결함이 마음이론 자체보다 과제의 전반적인 난이도와 더 관련이 있었을 것이라고 평가한다. Price, B., Daffner, K., Stowe, R., & Mesulam, M. (1990). The comportmental learning disabilities of early frontal lobe damage. *Brain, 113*, 1383 – 1393; Stone, V. E., Baron-Cohen, S., & Knight, R. T. (1998). Frontal lobe contributions to theory of mind. *Journal of Cognitive Neuroscience, 10*(5), 640 – 656.

19. Fletcher, P. C., Happe, F., Frith, U., Baker, S. C., Dolan, R. J., Frackowiak, R. S., & Frith, C. D. (1995). Other minds in the brain: A functional imaging study of 'theory of mind' in story comprehension. *Cognition, 57*(2), 109 – 128.

20. Rottschy, C., Langner, R., Dogan, I., Reetz, K., Laird, A. R., Schulz, J. B., ⋯, & Eickhoff, S. B. (2011). Modelling neural correlates of working memory: A coordinate-based meta-analysis. *NeuroImage. 60*, 830 – 846; Bavelier, D., Corina, D., Jezzard, P., Padmanabhan, S., Clark, V. P., Karni, A., ⋯, & Neville, H. (1997). Sentence reading: A functional MRI study at 4 Tesla. *Journal of Cognitive Neuroscience, 9*(5), 664 – 686; Turkeltaub, P. E., Gareau, L., Flowers, D. L., Zeffiro, T. A., & Eden, G. F. (2003). Development of neural mechanisms for reading. *Nature Neuroscience, 6*(7), 767 – 773.

21. Castelli, F., Frith, C., Happé, F., & Frith, U. (2002). Autism, Asperger syndrome and brain mechanisms for the attribution of mental states to animated shapes. *Brain, 125*(8), 1839 – 1849.

22. St. Jacques, P. L., Conway, M. A., Lowder, M. W., & Cabeza, R. (2011). Watching my mind unfold versus yours: An fMRI study using a novel camera technology to examine neural differences in self-projection of self versus other perspectives. *Journal of Cognitive Neuroscience, 23*(6), 1275 – 1284.

23. Lieberman, M. D. (2010). Social cognitive neuroscience. In S. T. Fiske, D. T. Gilbert, & G. Lindzey (Eds). *Handbook of Social Psychology*, 5th ed. New York: McGraw-Hill, pp. 143 – 193; Van Overwalle, F. (2011). A dissociation between social mentalizing and general reasoning. *NeuroImage*, 54(2), 1589 – 1599.

24. Raichle, M. E., MacLeod, A. M., Snyder, A. Z., Powers, W. J., Gusnard, D. A., & Shulman, G. L. (2001). A default mode of brain function. *Proceedings of the National Academy of Sciences, 98*(2), 676 – 682.

25. Braun, A. R., Balkin, T. J., Wesenten, N. J., Carson, R. E., Varga, M., Baldwin, P., ⋯, & Herscovitch, P. (1997). Regional cerebral blood flow throughout the sleep-wake cycle. An H2 (15) O PET study. *Brain, 120*(7), 1173 – 1197; Muzur, A., Pace-Schott, E. F., & Hobson, J. A. (2002). The prefrontal cortex in sleep. *Trends in Cognitive Sciences, 6*(11), 475 – 481.

26. Spunt, R. P., Meyer, M. L., & Lieberman, M. D. (under review). Social by default: Brain activity at rest facilitates social cognition.

27. Harrison, B. J., Pujol, J., López-Solà, M., Hernández-Ribas, R., Deus, J., Ortiz, H., ⋯, & Cardoner, N. (2008). Consistency and functional specialization in the default mode brain network. *Proceedings of the National Academy of Sciences, 105*(28), 9781 – 9786; Spreng, R. N., Mar, R. A., & Kim, A. S. (2009). The common neural basis of

autobiographical memory, prospection, navigation, theory of mind, and the default mode: A quantitative meta-analysis. *Journal of Cognitive Neuroscience, 21*(3), 489 – 510.

28. Anticevic, A., Repovs, G., Shulman, G. L., & Barch, D. M. (2010). When less is more: TPJ and default network deactivation during encoding predicts working memory performance. *NeuroImage, 49*(3), 2638 – 2648; Li, C. S. R., Yan, P., Bergquist, K. L., & Sinha, R. (2007). Greater activation of the 'default' brain regions predicts stop signal errors. *NeuroImage, 38*(3), 640 – 648.

29. James, W. (1950/1890). *The Principles of Psychology*. New York: Dover.

30. Yoshida, W., Seymour, B., Friston, K. J., & Dolan, R. J. (2010). Neural mechanisms of belief inference during cooperative games. *Journal of Neuroscience, 30*(32), 10744 – 10751.

31. Coricelli, G., & Nagel, R. (2009). Neural correlates of depth of strategic reasoning in medial prefrontal cortex. *Proceedings of the National Academy of Sciences, 106*(23), 9163 – 9168.

32. 아마도 심리학자들은 0을 추측하는 것이 이 상황에서 가장 전략적인 답변이라는 데 동의하지 않을 것이다. 왜냐하면 비전략적인 참가자, 어느 정도 전략적인 참가자, 매우 전략적인 참가자가 뒤섞여 있기 쉬우며, 이렇게 뒤섞인 답변들을 고려하면 0보다는 큰 수가 최적의 답변일 가능성이 높기 때문이다.

33. Falk, E. B., Morelli, S. A., Welbourn, B. L., Dambacher, K., & Lieberman, M. D. (in press). Creating buzz: The neural correlates of effective message propagation. *Psychological Science*.

34. Spunt, R. P., & Lieberman, M. D. (in press). Automaticity, control, and the social brain. In J. Sherman, B. Gawronski, & Y. Trope (Eds.). *Dual Process Theories of the Social Mind*. New York: Guilford; Apperly, I. A., Riggs, K. J., Simpson, A., Chiavarino, C., & Samson, D. (2006). Is belief reasoning automatic? *Psychological Science, 17*(10), 841 – 844.

35. Meyer, M. L., Spunt, R. P., Berkman, E. T., Taylor, S. E., & Lieberman, M. D. (2012). Social working memory: An fMRI study of parametric increases in social cognitive effort. *Proceedings of the National Academy of Sciences, 109*, 1883 – 1888; Wagner, D. D., Kelley, W. M., & Heatherton, T. F. (2011). Individual differences in the spontaneous recruitment of brain regions supporting mental state understanding when viewing natural social scenes. *Cerebral Cortex, 21*(12), 2788 – 2796.

36. Mckiernan, K. A., Kaufman, J. N., Kucera-Thompson, J., & Binder, J. R. (2003).

A parametric manipulation of factors affecting task-induced deactivation in functional neuroimaging. *Journal of Cognitive Neuroscience, 15*(3), 394 – 408.

37. Dumontheil, I., Jensen, S. G., Wood, N. W., Meyer, M. L., Lieberman, M. D., & Blakemore, S. (under review). Influence of dopamine regulating genes on social working memory.

38. Berkman, E., & Lieberman, M. D. (2009). Using neuroscience to broaden emotion regulation: Theoretical and methodological considerations. *Social and Personality Psychology Compass, 3*, 475 – 493.

39. Griffin, D. W., & Ross, L. (1991). Subjective construal, social inference, and human misunderstanding. *Advances in Experimental Social Psychology, 24*, 319 – 359.

40. Keysar, B., Barr, D. J., Balin, J. A., & Brauner, J. S. (2000). Taking perspective in conversation: The role of mutual knowledge in comprehension. *Psychological Science, 11*(1), 32 – 38.

41. Dumontheil, I., Apperly, I. A., & Blakemore, S. J. (2010). Online usage of theory of mind continues to develop in late adolescence. *Developmental Science, 13*(2), 331 – 338.

6장 거울체계

1. Rizzolatti, G., Gentilucci, M., Camarda, R. M., Gallese, V., Luppino, G., Matelli, M., & Fogassi, L. (1990). Neurons related to reaching-grasping arm movements in the rostral part of area 6 (area 6aβ). *Experimental Brain Research*, 82(2), 337 – 350.

2. Pellegrino, G. D., Fadiga, L., Fogassi, L., Gallese, V., & Rizzolatti, G. (1992). Understanding motor events: A neurophysiological study. *Experimental Brain Research, 91*(1), 176 – 180.

3. Prinz, W. (1997). Perception and action planning. *European Journal of Cognitive Psychology, 9*(2), 129 – 154.

4. Ramachandran, V. S. (2000). Mirror neurons and imitation learning as the driving force behind 'the great leap forward' in human evolution. *Edge* website article: http://www.edge.org/3rd_culture/ramachandran/ramachandran_p1.html.

5. Arbib, M. A. (2005). From monkey-like action recognition to human language: An evolutionary framework for neurolinguistics. *Behavioral and Brain Sciences, 28*(02), 105 – 124; Molenberghs, P., Cunnington, R., & Mattingley, J. B. (2009). Is the mirror neuron system involved in imitation? A short review and meta-analysis. *Neuroscience & Biobehavioral Reviews, 33*(7), 975 – 980; Blakeslee, S. (2006). Cells that read minds.

New York Times, 10, p. 1; Fabrega Jr., H. (2005). Biological evolution of cognition and culture: Off Arbib's mirror-neuron system stage? *Behavioral and Brain Sciences, 28*(02), 131 – 132; Gallese, V. (2001). The shared manifold hypothesis. From mirror neurons to empathy. *Journal of Consciousness Studies, 8*(5-7), 33 – 50.

6. Coolidge, F. L., & Wynn, T. (2005). Working memory, its executive functions, and the emergence of modern thinking. *Cambridge Archaeological Journal, 15*(1), 5 – 26.

7. Ramachandran, V. S. (2000). Mirror neurons and imitation learning as the driving force behind 'the great leap forward' in human evolution. *Edge* website article: http://www.edge.org/3rd_culture/ramachandran/ramachandran_p1.html.

8. Iacoboni, M., Woods, R. P., Brass, M., Bekkering, H., Mazziotta, J. C., & Rizzolatti, G. (1999). Cortical mechanisms of human imitation. *Science, 286*(5449), 2526 – 2528.

9. Heiser, M., Iacoboni, M., Maeda, F., Marcus, J., & Mazziotta, J. C. (2003). The essential role of Broca's area in imitation. *European Journal of Neuroscience, 17*(5), 1123 – 1128.

10. Buccino, G., Vogt, S., Ritzl, A., Fink, G. R., Zilles, K., Freund, H. J., & Rizzolatti, G. (2004). Neural circuits underlying imitation learning of hand actions: An event-related fMRI study. *Neuron, 42*(2), 323 – 334.

11. Ross, L., Greene, D., & House, P. (1977). The 'false consensus effect': An egocentric bias in social perception and attribution processes. Journal of Experimental Social Psychology, 13(3), 279 – 301; Ames, D. R. (2004). Inside the mind reader's tool kit: Projection and stereotyping in mental state inference. *Journal of Personality and Social Psychology, 87*(3), 340.

12. Gallese, V., & Goldman, A. (1998). Mirror neurons and the simulation theory of mind-reading. *Trends in Cognitive Sciences, 2*(12), 493 – 501.

13. Gallese, V., Keysers, C., & Rizzolatti, G. (2004). A unifying view of the basis of social cognition. *Trends in Cognitive Sciences, 8*(9), 396 – 403; 실제로 고든은 이미 20년 전에 이런 견해를 예견하면서 다음과 같이 썼다. '사실상의 모의가 일어날 흥미로운 가능성은 미리 조합된 "작업 단위module"가 있어서 우리가 다른 인간을 지각할 때 그것이 자동적으로 활성화되는 것이다.': Gordon, R. M. (2007). Folk psychology as simulation. *Mind & Language, 1*(2), 158 – 171.

14. Rizzolatti, G., & Sinigaglia, C. (2010). The functional role of the parieto-frontal mirror circuit: Interpretations and misinterpretations. *Nature Reviews Neuroscience, 11*(4), 264 – 274.

15. Kohler, E., Keysers, C., Umilta, M. A., Fogassi, L., Gallese, V., & Rizzolatti, G. (2002). Hearing sounds, understanding actions: Action representation in mirror neurons. *Science, 297*(5582), 846-848.

16. Hickok, G. (2009). Eight problems for the mirror neuron theory of action understanding in monkeys and humans. *Journal of Cognitive Neuroscience, 21*(7), 1229-1243.

17. Umilta, M. A., Kohler, E., Gallese, V., Fogassi, L., Fadiga, L., Keysers, C., & Rizzolatti, G. (2001). I know what you are doing: A neurophysiological study. *Neuron, 31*(1), 155-166.

18. Lee, H., Simpson, G. V., Logothetis, N. K., & Rainer, G. (2005). Phase locking of single neuron activity to theta oscillations during working memory in monkey extrastriate visual cortex. *Neuron, 45*(1), 147-156.

19. Heyes, C. (2010). Mesmerising mirror neurons. *NeuroImage, 51*(2), 789-791.

20. Catmur, C., Walsh, V., & Heyes, C. (2007). Sensorimotor learning configures the human mirror system. *Current Biology, 17*(17), 1527-1531; Catmur, C., Mars, R. B., Rushworth, M. F., & Heyes, C. (2011). Making mirrors: Premotor cortex stimulation enhances mirror and counter-mirror motor facilitation. *Journal of Cognitive Neuroscience, 23*(9), 2352-2362.

21. Newman-Norlund, R. D., van Schie, H. T., van Zuijlen, A. M., & Bekkering, H. (2007). The mirror neuron system is more active during complementary compared with imitative action. *Nature Neuroscience, 10*(7), 817-818.

22. Fox, M. D., Snyder, A. Z., Vincent, J. L., Corbetta, M., Van Essen, D. C., & Raichle, M. E. (2005). The human brain is intrinsically organized into dynamic, anticorrelated functional networks. *Proceedings of the National Academy of Sciences of the United States of America, 102*(27), 9673-9678.

23. Spunt, R. P., & Lieberman, M. D. (in press). Automaticity, control, and the social brain. In J. Sherman, B. Gawronski, & Y. Trope (Eds.). *Dual Process Theories of the Social Mind.* New York: Guilford.

24. Vallacher, R. R., & Wegner, D. M. (1987). What do people think they're doing? Action identification and human behavior. *Psychological Review, 94*(1), 3.

25. Carver, C. S. (1979). A cybernetic model of self-attention processes. *Journal of Personality and Social Psychology, 37*(8), 1251.

26. Jacob, P., & Jeannerod, M. (2005). The motor theory of social cognition: A critique.

Trends in Cognitive Sciences, 9(1).

27. Spunt, R. P., & Lieberman, M. D. (2012). Dissociating modality-specific and supramodal neural systems for action understanding. *Journal of Neuroscience, 32*, 3575 – 3583; Spunt, R. P., & Lieberman, M. D. (2012). An integrative model of the neural systems supporting the comprehension of observed emotional behavior. *NeuroImage, 59*, 3050 – 3059; Spunt, R. P., Falk, E. B., & Lieberman, M. D. (2010). Dissociable neural systems support retrieval of 'how' and 'why' action knowledge. *Psychological Science, 21*, 1593 – 1598; Spunt, R .P., Satpute, A. B., & Lieberman, M. D. (2011). Identifying the what, why, and how of an observed action: An fMRI study of mentalizing and mechanizing during action observation. *Journal of Cognitive Neuroscience, 23*, 63 – 74; Brass, M., Schmitt, R. M., Spengler, S., & Gergely, G. (2007). Investigating action understanding: Inferential processes versus action simulation. *Current Biology, 17*(24), 2117 – 2121; de Lange, F. P., Spronk, M., Willems, R. M., Toni, I., & Bekkering, H. (2008). Complementary systems for understanding action intentions. *Current Biology, 18*(6), 454 – 457; Noordzij, M. L., Newman-Norlund, S. E., De Ruiter, J. P., Hagoort, P., Levinson, S. C., & Toni, I. (2009). Brain mechanisms underlying human communication. *Frontiers in Human Neuroscience, 3*, 14.

28. Spunt, R. P., & Lieberman, M. D. (2012). Dissociating modality-specific and supramodal neural systems for action understanding. *Journal of Neuroscience, 32*, 3575 – 3583.

29. Spunt, R. P., & Lieberman, M. D. (2013). The busy social brain: Evidence for automaticity and control in the neural systems supporting social cognition and action understanding. *Psychological Science, 24*, 80 – 86.

30. James, W. (1890/1950). *The Principles of Psychology.* New York: Dover, p. 462.

7장 사회적 마음의 작동 여부

1. Titchener, E. B. (1909). *Lectures on the Experimental Psychology of Thought-Processes.* New York: Macmillan.

2. 이 용어가 타인의 경험을 제대로 인식한다는 현대적 의미로 사용된 예는 후설 Husserl의 〈순수현상학과 현상학적 철학의 이념들 Ideen zu einer reinen Phänomenologie und phänomenologischen Philosophie〉과 그의 제자인 에디트 슈타인 Edith Stein의 박사논문에서 찾아볼 수 있다. 이 논문은 출판되었다. Stein, E. (1989/1916). *On the Problem of Empathy.* Washington D.C.: ICS Publications.

3. Zaki, J., & Ochsner, K. (2012). The neuroscience of empathy: Progress, pitfalls and promise. *Nature Neuroscience, 15*, 675 –680.

4. Avenanti, A., Bueti, D., Galati, G., & Aglioti, S. M. (2005). Transcranial magnetic stimulation highlights the sensorimotor side of empathy for pain. *Nature Neuroscience, 8*(7), 955 –960.

5. Dimberg, U., Thunberg, M., & Elmehed, K. (2000). Unconscious facial reactions to emotional facial expressions. *Psychological Science, 11*(1), 86 – 89.

6. Neal, D. T., & Chartrand, T. L. (2011). Embodied emotion perception amplifying and dampening facial feedback modulates emotion perception accuracy. *Social Psychological and Personality Science, 2*(6), 673 –678.

7. Wicker, B., Keysers, C., Plailly, J., Royet, J. P., Gallese, V., & Rizzolatti, G. (2003). Both of us disgusted in *my* insula: The common neural basis of seeing and feeling disgust. *Neuron, 40*(3), 655 –664; Carr, L., Iacoboni, M., Dubeau, M. C., Mazziotta, J. C., & Lenzi, G. L. (2003). Neural mechanisms of empathy in humans: A relay from neural systems for imitation to limbic areas. *Proceedings of the National Academy of Sciences, 100*(9), 5497 –5502.

8. Spunt, R. P., & Lieberman, M. D. (2012). An integrative model of the neural systems supporting the comprehension of observed emotional behavior. *NeuroImage, 59*, 3050 – 3059; Mar, R. A. (2011). The neural bases of social cognition and story comprehension. *Annual Review of Psychology, 62*, 103 – 134; Singer, T., Seymour, B., O'Doherty, J., Kaube, H., Dolan, R. J., & Frith, C. D. (2004). Empathy for pain involves the affective but not sensory components of pain. *Science, 303*(5661), 1157 –1162.

9. Batson, C. D. (1991). *The Altruism Question: Toward a Social-Psychological Answer.* Hillsdale, NJ: Lawrence Erlbaum Associates.

10. 같은 곳.

11. Fan, Y., Duncan, N. W., de Greck, M., & Northoff, G. (2011). Is there a core neural network in empathy? An fMRI based quantitative meta-analysis. *Neuroscience & Biobehavioral Reviews, 35*(3), 903 –911.

12. Hein, G., Silani, G., Preuschoff, K., Batson, C. D., & Singer, T. (2010). Neural responses to ingroup and outgroup members' suffering predict individual differences in costly helping. *Neuron, 68*(1), 149 –160.

13. Morelli, S. A., Rameson, L. T., & Lieberman, M. D. (in press). The neural components of empathy: Predicting daily prosocial behavior. *Social Cognitive and Affective*

Neuroscience.

14. 다음을 참조하라. Moll, J., Zahn, R., de Oliveira-Souza, R., Bramati, I. E., Krueger, F., Tura, B., ···, & Grafman, J. (2011). Impairment of prosocial sentiments is associated with frontopolar and septal damage in frontotemporal dementia. *NeuroImage,* *54*(2), 1735 – 1742; Krueger, F., McCabe, K., Moll, J., Kriegeskorte, N., Zahn, R., Strenziok, M., ···, & Grafman, J. (2007). Neural correlates of trust. *Proceedings of the National Academy of Sciences, 104*(50), 20084 – 20089; Inagaki, T. K., & Eisenberger, N. I. (2012). Neural correlates of giving support to a loved one. *Psychosomatic Medicine, 74,* 3 – 7.

15. Andy, O. J., & Stephan, H. (1966). Septal nuclei in primate phylogeny: A quantitative investigation. *Journal of Comparative Neurology, 126*(2), 157 – 170; Sesack, S. R., Deutch, A. Y., Roth, R. H., & Bunney, B. S. (1989). Topographical organization of the efferent projections of the medial prefrontal cortex in the rat: An anterograde tract-tracing study with *Phaseolus vulgaris leucoagglutinin. Journal of Comparative Neurology, 290*(2), 213 – 242.

16. Olds, J., & Milner, P. (1954). Positive reinforcement produced by electrical stimulation of septal area and other regions of rat brain. *Journal of Comparative and Physiological Psychology, 47*(6), 419.

17. Heath, R. G. (1972). Pleasure and brain activity in man. *Journal of Nervous and Mental Disease, 154*(363), 9.

18. Brady, J. V., & Nauta, W. J. (1953). Subcortical mechanisms in emotional behavior: Affective changes following septal forebrain lesions in the albino rat. *Journal of Comparative and Physiological Psychology, 46*(5), 339.

19. Carlson, N. R., & Thomas, G. J. (1968). Maternal behavior of mice with limbic lesions. *Journal of Comparative and Physiological Psychology, 66*(3p1), 731; Cruz, M. L., & Beyer, C. (1972). Effects of septal lesions on maternal behavior and lactation in the rabbit. *Physiology & Behavior, 9*(3), 361 – 365; Slotnick, B. M., & Nigrosh, B. J. (1975). Maternal behavior of mice with cingulate cortical, amygdala, or septal lesions. *Journal of Comparative and Physiological Psychology, 88*(1), 118.

20. Inagaki, T. K., & Eisenberger, N. I. (2012). Neural correlates of giving support to a loved one. *Psychosomatic Medicine, 74,* 3 – 7.

21. Insel, T. R., Gelhard, R., & Shapiro, L. E. (1991). The comparative distribution of forebrain receptors for neurohypophyseal peptides in monogamous and polygamous mice.

Neuroscience, 43(2), 623 – 630.

22. Lukas, M., Bredewold, R., Neumann, I. D., & Veenema, A. H. (2010). Maternal separation interferes with developmental changes in brain vasopressin and oxytocin receptor binding in male rats. *Neuropharmacology, 58*(1), 78 – 87; Francis, D. D., Champagne, F. C., & Meaney, M. J. (2001). Variations in maternal behaviour are associated with differences in oxytocin receptor levels in the rat. *Journal of Neuroendocrinology, 12*(12), 1145 – 1148.

23. Baron-Cohen, S., Leslie, A. M., & Frith, U. (1985). Does the autistic child have a 'theory of mind'? *Cognition, 21*(1), 37 – 46.

24. Baron-Cohen, S., O'Riordan, M., Stone, V., Jones, R., & Plaisted, K. (1999). Recognition of faux pas by normally developing children and children with Asperger syndrome or high-functioning autism. *Journal of Autism and Developmental Disorders, 29*, 407 – 418; White, S. J., Hill, E. L., Happé, F., & Frith, U. (2009). Revisiting the Strange Stories: Revealing mentalizing impairments in autism. *Child Development, 80*, 1097 – 1117.

25. Heider, F., & Simmel, M. (1944). An experimental study of apparent behavior. *American Journal of Psychology, 57*, 243 – 259; Klin, A. (2003). Attributing social meaning to ambiguous visual stimuli in higher-functioning autism and Asperger syndrome: The social attribution task. *Journal of Child Psychology and Psychiatry, 41*(7), 831 – 846.

26. Frith, U., & Happé, F. (1994). Autism: Beyond 'theory of mind.' *Cognition, 50*(1), 115 – 132.

27. Shah, A., & Frith, U. (2006). An islet of ability in autistic children: A research note. *Journal of Child Psychology and Psychiatry, 24*(4), 613 – 620.

28. Frith, U., & Happé, F. (1994). Autism: Beyond 'theory of mind.' *Cognition, 50*(1), 115 – 132.

29. 같은 곳; Spunt, R. P., Meyer, M. L., & Lieberman, M. D. (under review). Social by default: Brain activity at rest facilitates social cognition; 다음도 참조할 것. Baron-Cohen, S. (2009). Autism: The Empathizing-Systemizing (E-S) Theory. *Annals of the New York Academy of Sciences, 1156*(1), 68 – 80.

30. Hadwin, J., Baron-Cohen, S., Howlin, P., & Hill, K. (1997). Does teaching theory of mind have an effect on the ability to develop conversation in children with autism? *Journal of Autism and Developmental Disorders, 27*(5), 519 – 537; Ozonoff, S., & Miller,

J. N. (1995). Teaching theory of mind: A new approach to social skills training for individuals with autism. *Journal of Autism and Developmental Disorders, 25*(4), 415 – 433.

31. Peterson, C. C., & Siegal, M. (1999). Deafness, conversation and theory of mind. *Journal of Child Psychology and Psychiatry, 36*(3), 459 – 474; Peterson, C. C., & Siegal, M. (1999). Representing inner worlds: Theory of mind in autistic, deaf, and normal hearing children. *Psychological Science, 10*(2), 126 – 129; Peterson, C. C., & Siegal, M. (2002). Insights into theory of mind from deafness and autism. *Mind & Language, 15*(1), 123 – 145.

32. Adrien, J. L., Lenoir, P., Martineau, J., Perrot, A., Hameury, L., Larmande, C., & Sauvage, D. (1993). Blind ratings of early symptoms of autism based upon family home movies. *Journal of the American Academy of Child & Adolescent Psychiatry, 32*(3), 617 – 626; Klin, A., Volkmar, F. R., & Sparrow, S. S. (1992). Autistic social dysfunction: Some limitations of the theory of mind hypothesis. *Journal of Child Psychology and Psychiatry, 33*(5), 861 – 876.

33. DeMyer, M. K., Alpern, G. D., Barton, S., DeMyer, W. E., Churchill, D. W., Hingtgen, J. N., ···, & Kimberlin, C. (1972). Imitation in autistic, early schizophrenic, and non-psychotic subnormal children. *Journal of Autism and Developmental Disorders, 2*(3), 264 – 287.

34. Williams, J. H., Whiten, A., & Singh, T. (2004). A systematic review of action imitation in autistic spectrum disorder. *Journal of Autism and Developmental Disorders, 34*(3), 285 – 299.

35. Nishitani, N., Avikainen, S., & Hari, R. (2004). Abnormal imitation-related cortical activation sequences in Asperger's syndrome. *Annals of Neurology, 55*(4), 558 – 562; Oberman, L. M., Hubbard, E. M., McCleery, J. P., Altshuler, E. L., Ramachandran, V. S., & Pineda, J. A. (2005). EEG evidence for mirror neuron dysfunction in autism spectrum disorders. *Cognitive Brain Research, 24*, 190 – 198; Dapretto, M., Davies, M. S., Pfeifer, J. H., Scott, A. A., Sigman, M., Bookheimer, S. Y., & Iacoboni, M. (2005). Understanding emotions in others: Mirror neuron dysfunction in children with autism spectrum disorders. *Nature Neuroscience, 9*(1), 28 – 30; Williams, J. H., Waiter, G. D., Gilchrist, A., Perrett, D. I., Murray, A. D., & Whiten, A. (2006). Neural mechanisms of imitation and mirror neuron functioning in autistic spectrum disorder. *Neuropsychologia, 44*(4), 610 – 621; Ramachandran, V. S., & Oberman, L. M. (2006). Broken mirrors: A theory of autism. *Scientific American, 16*, 62 – 69; Gallese, V. (2006).

Intentional attunement: A neurophysiological perspective on social cognition and its disruption in autism. *Brain Research, 1079*(1), 15 – 24.

36. Oberman, L. M., Hubbard, E. M., McCleery, J. P., Altshuler, E. L., Ramachandran, V. S., & Pineda, J. A. (2005). EEG evidence for mirror neuron dysfunction in autism spectrum disorders. *Cognitive Brain Research, 24*, 190 – 198.

37. Nieuwenhuis, S., Forstmann, B. U., & Wagenmakers, E. J. (2011). Erroneous analyses of interactions in neuroscience: A problem of significance. *Nature Neuroscience, 14*(9), 1105 – 1107.

38. Dapretto, M., Davies, M. S., Pfeifer, J. H., Scott, A. A., Sigman, M., Bookheimer, S. Y., & Iacoboni, M. (2005). Understanding emotions in others: Mirror neuron dysfunction in children with autism spectrum disorders. *Nature Neuroscience, 9*(1), 28 – 30.

39. Williams, J. H., Waiter, G. D., Gilchrist, A., Perrett, D. I., Murray, A. D., & Whiten, A. (2006). Neural mechanisms of imitation and mirror neuron functioning in autistic spectrum disorder. *Neuropsychologia, 44*(4), 610 – 621.

40. Fan, Y. T., Decety, J., Yang, C. Y., Liu, J. L., & Cheng, Y. (2010). Unbroken mirror neurons in autism spectrum disorders. *Journal of Child Psychology and Psychiatry, 51*(9), 981 – 988; Raymaekers, R., Wiersema, J. R., & Roeyers, H. (2009). EEG study of the mirror neuron system in children with high functioning autism. *Brain Research, 1304*, 113 – 121.

41. Dinstein, I., Thomas, C., Humphreys, K., Minshew, N., Behrmann, M., & Heeger, D. J. (2010). Normal movement selectivity in autism. *Neuron, 66*(3), 461 – 469; Marsh, L. E., & Hamilton, A. F. D. C. (2011). Dissociation of mirroring and mentalising systems in autism. *NeuroImage, 56*(3), 1511 – 1519; Martineau, J., Andersson, F., Barthélémy, C., Cottier, J. P., & Destrieux, C. (2010). Atypical activation of the mirror neuron system during perception of hand motion in autism. *Brain Research, 1320*, 168 – 175.

42. Southgate, V., & Hamilton, A. F. D. C. (2008). Unbroken mirrors: Challenging a theory of autism. *Trends in Cognitive Sciences, 12*(6), 225 – 229.

43. Bird, G., Leighton, J., Press, C., & Heyes, C. (2007). Intact automatic imitation of human and robot actions in autism spectrum disorders. *Proceedings of the Royal Society B: Biological Sciences, 274*(1628), 3027 – 3031.

44. Spengler, S., Bird, G., & Brass, M. (2010). Hyperimitation of actions is related to reduced understanding of others' minds in autism spectrum conditions. *Biological*

Psychiatry, 68(12), 1148 – 1155.

45. Gilbert, D. T., & Malone, P. S. (1995). The correspondence bias. *Psychological Bulletin,* 117(1), 21.

46. Markram, H., Rinaldi, T., & Markram, K. (2007). The intense world syndrome: An alternative hypothesis for autism. *Frontiers in Neuroscience,* 1(1), 77 – 96; Markram, K., & Markram, H. (2010). The intense world theory: A unifying theory of the neurobiology of autism. *Frontiers in Human Neuroscience,* 4, 1 – 29.

47. http://nolongerinabox.wordpress.com/2012/09/19/on-eye-contact/.

48. Adolphs, R., Baron-Cohen, S., & Tranel, D. (2002). Impaired recognition of social emotions following amygdala damage. *Journal of Cognitive Neuroscience,* 14(8), 1264 – 1274.

49. Small, D. M., Gregory, M. D., Mak, Y. E., Gitelman, D., Mesulam, M. M., & Parrish, T. (2003). Dissociation of neural representation of intensity and affective valuation in human gustation. *Neuron,* 39(4), 701.

50. Morris, J. S., Öhman, A., & Dolan, R. J. (1999). A subcortical pathway to the right amygdala mediating 'unseen' fear. *Proceedings of the National Academy of Sciences,* 96(4), 1680 – 1685; Whalen, P. J., Rauch, S. L., Etcoff, N. L., McInerney, S. C., Lee, M. B., & Jenike, M. A. (1998). Masked presentations of emotional facial expressions modulate amygdala activity without explicit knowledge. *Journal of Neuroscience,* 18(1), 411 – 418.

51. Baron-Cohen, S., Ring, H. A., Bullmore, E. T., Wheelwright, S., Ashwin, C., & Williams, S. C. (2000). The amygdala theory of autism. *Neuroscience & Biobehavioral Reviews,* 24(3), 355 – 364; Critchley, H. D., Daly, E. M., Bullmore, E. T., Williams, S. C., Van Amelsvoort, T., Robertson, D. M., ···, & Murphy, D. G. (2000). The functional neuroanatomy of social behaviour changes in cerebral blood flow when people with autistic disorder process facial expressions. *Brain,* 123(11), 2203 – 2212; Pierce, K., Müller, R. A., Ambrose, J., Allen, G., & Courchesne, E. (2001). Face processing occurs outside the fusiformface area in autism: Evidence from functional MRI. *Brain,* 124(10), 2059 – 2073.

52. Bachevalier, J. (1991). An animal model for childhood autism: Memory loss and socioemotional disturbances following neonatal damage to the limbic system in monkeys. *Advances in Neuropsychiatry and Psychopharmacology,* 1, 129 – 140.

53. Amaral, D. G., Schumann, C. M., & Nordahl, C. W. (2008). Neuroanatomy of autism. *Trends in Neurosciences,* 31(3), 137 – 145.

54. Mosconi, M. W., Cody-Hazlett, H., Poe, M. D., Gerig, G., Gimpel-Smith, R., & Piven, J. (2009). Longitudinal study of amygdala volume and joint attention in 2-to 4-year-old children with autism. *Archives of General Psychiatry, 66*(5), 509; Schumann, C. M., Hamstra, J., Goodlin-Jones, B. L., Lotspeich, L. J., Kwon, H., Buonocore, M. H., ···, & Amaral, D. G. (2004). The amygdala is enlarged in children but not adolescents with autism; the hippocampus is enlarged at all ages. *Journal of Neuroscience, 24*(28), 6392 – 6401.

55. Witelson, S. F., Kigar, D. L., & Harvey, T. (1999). The exceptional brain of Albert Einstein. *Lancet* (London, England). *353*(9170), 2149 – 2153.

56. Juranek, J., Filipek, P. A., Berenji, G. R., Modahl, C., Osann, K., & Spence, M. A. (2006). Association between amygdala volume and anxiety level; Magnetic resonance imaging (MRI) study in autistic children. *Journal of Child Neurology, 21*(12), 1051 – 1058.

57. Krysko, K. M., & Rutherford, M. D. (2009). A threat-detection advantage in those with autism spectrum disorders. *Brain and Cognition, 69*(3), 472 – 480; Kleinhans, N., Johnson, L., Richards, T., Mahurin, R., Greenson, J., Dawson, G., & Aylward, E. (2009). Reduced neural habituation in the amygdala and social impairments in autism spectrum disorders. *American Journal of Psychiatry, 166*(4), 467 – 475.

58. Munson, J., Dawson, G., Abbott, R., Faja, S., Webb, S. J., Friedman, S. D., ···, & Dager, S. R. (2006). Amygdalar volume and behavioral development in autism. *Archives of General Psychiatry, 63*(6), 686.

59. Samson, F., Mottron, L., Soulières, I., & Zeffiro, T. A. (2011). Enhanced visual functioning in autism; An ALE meta-analysis. *Human Brain Mapping, 33*, 1553 – 1581.

60. Baron-Cohen, S., Ashwin, E., Ashwin, C., Tavassoli, T., & Chakrabarti, B. (2009). Talent in autism; Hyper-systemizing, hyper-attention to detail and sensory hypersensitivity. *Philosophical Transactions of the Royal Society B: Biological Sciences, 364*(1522), 1377 – 1383; Blakemore, S. J., Tavassoli, T., Calò, S., Thomas, R. M., Catmur, C., Frith, U., & Haggard, P. (2006). Tactile sensitivity in Asperger syndrome. *Brain and Cognition, 61*(1), 5 – 13; Crane, L., Goddard, L., & Pring, L. (2009). Sensory processing in adults with autism spectrum disorders. *Autism, 13*(3), 215 – 228; Khalfa, S., Bruneau, N., Rogé, B., Georgieff, N., Veuillet, E., Adrien, J. L., ···, & Collet, L. (2004). Increased perception of loudness in autism. *Hearing Research, 198*(1), 87 – 92; Kern, J. K., Trivedi, M. H., Garver, C. R., Grannemann, B. D.,

Andrews, A. A., Savla, J. S., ···, & Schroeder, J. L. (2006). The pattern of sensory processing abnormalities in autism. *Autism, 10*(5), 480 – 494.

61. Neumann, D., Spezio, M. L., Piven, J., & Adolphs, R. (2006). Looking you in the mouth: Abnormal gaze in autism resulting from impaired top-down modulation of visual attention. *Social Cognitive and Affective Neuroscience, 1*(3), 194 – 202.

62. Pelphrey, K. A., Sasson, N. J., Reznick, J. S., Paul, G., Goldman, B. D., & Piven, J. (2002). Visual scanning of faces in autism. *Journal of Autism and Developmental Disorders, 32*(4), 249 – 261; Neumann, D., Spezio, M. L., Piven, J., & Adolphs, R. (2006). Looking you in the mouth: Abnormal gaze in autism resulting from impaired top-down modulation of visual attention. *Social Cognitive and Affective Neuroscience, 1*(3), 194 – 202.

63. Dalton, K. M., Nacewicz, B. M., Johnstone, T., Schaefer, H. S., Gernsbacher, M. A., Goldsmith, H. H., ···, & Davidson, R. J. (2005). Gaze fixation and the neural circuitry of face processing in autism. *Nature Neuroscience, 8*(4), 519 – 526.

4부 조화
8장 트로이의 목마를 닮은 '자기'

1. Becher, J. J. (1669). *Physica subterranea*. Frankfurt.

2. Gallup, G. G. (1970). Chimpanzees: Self-recognition. *Science, 167*(3914), 86 – 87.

3. Gallup, G. G. (1977). Self-recognition in primates: A comparative approach to the bidirectional properties of consciousness. *American Psychologist, 32*(5), 329.

4. Plotnik, J. M., de Waal, F. B., & Reiss, D. (2006). Self-recognition in an Asian elephant. *Proceedings of the National Academy of Sciences, 103*(45), 17053 – 17057; Reiss, D., & Marino, L. (2001). Mirror self-recognition in the bottlenose dolphin: A case of cognitive convergence. *Proceedings of the National Academy of Sciences, 98*(10), 5937 – 5942.

5. Lieberman, M. D. (2007). Social cognitive neuroscience: A review of core processes. *Annual Review of Psychology, 58*, 259 – 289.

6. Baumeister, R. F. (1986). Identity: Cultural Change and the Struggle for Self. New York: Oxford University Press, p. 153.

7. Kelley, W. M., Macrae, C. N., Wyland, C. L., Caglar, S., Inati, S., & Heatherton, T. F. (2002). Finding the self? An event-related fMRI study. *Journal of Cognitive Neuroscience, 14*(5), 785 – 794.

8. Denny, B. T., Kober, H., Wager, T. D., & Ochsner, K. N. (2012). A meta-analysis of

functional neuroimaging studies of self and other judgments reveals a spatial gradient for mentalizing in medial prefrontal cortex. *Journal of Cognitive Neuroscience, 24*(8), 1742 – 1752.

9. Lieberman, M. D. (2010). Social cognitive neuroscience. In S. T. Fiske, D. T. Gilbert, & G. Lindzey (Eds). *Handbook of Social Psychology*, 5th ed. New York: McGraw-Hill, pp. 143 – 193.

10. Tsujimoto, S., Genovesio, A., & Wise, S. P. (2011). Frontal pole cortex: Encoding ends at the end of the endbrain. *Trends in Cognitive Sciences, 15*(4), 169 – 176; Preuss, T. M., & Goldman-Rakic, P. S. (1991). Myelo- and cytoarchitecture of the granular frontal cortex and surrounding regions in the strepsirhine primate Galago and the anthropoid primate Macaca. *Journal of Comparative Neurology, 310*(4), 429 – 474.

11. Semendeferi, K., Armstrong, E., Schleicher, A., Zilles, K., & Van Hoesen, G. W. (2001). Prefrontal cortex in humans and apes: A comparative study of area 10. *American Journal of Physical Anthropology, 114*(3), 224 – 241.

12. Semendeferi, K., Teffer, K., Buxhoeveden, D. P., Park, M. S., Bludau, S., Amunts, K., ···, & Buckwalter, J. (2011). Spatial organization of neurons in the frontal pole sets humans apart from great apes. *Cerebral Cortex, 21*(7), 1485 – 1497.

13. Hesse, H. (1923). *Demian*. New York: Boni & Liverright.

14. 이것은 〈언쇼의 유아 매장*Earnshaw's Infants' Department*〉이라는 잡지의 1918년 6월 호에 실렸고, 다음에서 재인용한 것이다. Smithsonian.com: Jeanne Maglaty, ʻWhen Did Girls Start Wearing Pink?ʼ April 8, 2011.

15. Mead, G. H. (1934). *Mind, Self, and Society from the Standpoint of a Social Behaviorist* (C. W. Morris, Ed.). Chicago: University of Chicago; Cooley, C. H. (1902). *Human Nature and the Social Order*. New York: Scribner.

16. Pfeifer, J. H., Masten, C. L., Borofsky, L. A., Dapretto, M., Fuligni, A. J., & Lieberman, M. D. (2009). Neural correlates of direct and reflected self-appraisals in adolescents and adults: When social perspective-taking informs self-perception. *Child Development, 80*(4), 1016 – 1038.

17. Crasilneck, H. B., McCranie, E. J., & Jenkins, M. T. (1956). Special indications for hypnosis as a method of anesthesia. *JAMA: Journal of the American Medical Association, 162*(18), 1606 – 1608; Kosslyn, S. M., Thompson, W. L., Costantini-Ferrando, M. F., Alpert, N. M., & Spiegel, D. (2000). Hypnotic visual illusion alters color processing in the brain. *American Journal of Psychiatry, 157*(8), 1279 – 1284; Spiegel, H. (1970).

A single-treatment method to stop smoking using ancillary self-hypnosis. *International Journal of Clinical and Experimental Hypnosis, 18*(4), 235 – 250; Surman, O. S., Gottlieb, S. K., Hackett, T. P., & Silverberg, E. L. (1973). Hypnosis in the treatment of warts. *Archives of General Psychiatry, 28*(3), 439.

18. Falk, E. B., Berkman, E. T., Mann, T., Harrison, B., & Lieberman, M. D. (2010). Predicting persuasion-induced behavior change from the brain. *Journal of Neuroscience, 30*, 8421 – 8424.

19. Nisbett, R. E., & Wilson, T. D. (1977). Telling more than we can know: Verbal reports on mental processes. *Psychological Review, 84*(3), 231.

20. Falk, E. B., Berkman, E. T., & Lieberman, M. D. (2011). Neural activity during health messaging predicts reductions in smoking above and beyond self-report. *Health Psychology, 30*, 177 – 185.

21. Falk, E. B., Berkman, E. T., & Lieberman, M. D. (2012). From neural responses to population behavior: Neural focus group predicts population level media effects. *Psychological Science, 23*, 439 – 445.

22. 알랭 드 보통(@alaindebotton)이 2012년 5월 3일 오전 3시에 트위터에 남긴 메시지.

23. 〈뉴욕타임즈*New York Times*〉 (1932). Einstein is terse in rule for success. June 20, p. 17.

24. 잡지 〈슬레이트*Slate*〉 2011년 6월 17일 판에 '루이스 C.K.에 관한 물음들Questions for Louis C.K.'이라는 제목으로 실린 제시카 그로즈Jessica Grose의 인터뷰 기사에서 인용.

25. Bakan, D. (1971). Adolescence in America: From idea to social fact. Daedalus, 100, 979 – 995; Fasick, F. A. (1994). On the 'invention' of adolescence. *Journal of Early Adolescence, 14*(1), 6 – 23.

26. Steve Jobs, 2005, Stanford commencement.

9장 전방위적인 자기통제

1. Meltzoff, A. N., & Moore, M. K. (1977). Imitation of facial and manual gestures by human neonates. *Science, 198*(4312), 75 – 78.

2. Amsterdam, B. (1972). Mirror self-image reactions before age two. *Developmental Psychobiology, 5*(4), 297 – 305.

3. Mischel, W., & Ebbesen, E. B. (1970). Attention in delay of gratification. *Journal of Personality and Social Psychology, 16*(2), 329; Mischel, W., & Baker, N. (1975). Cognitive appraisals and transformations in delay behavior. *Journal of Personality and Social Psychology, 31*(2), 254.

4. Mischel, W., & Moore, B. (1973). Effects of attention to symbolically presented rewards on self-control. *Journal of Personality and Social Psychology, 28*(2), 172.

5. Mischel, W., & Baker, N. (1975). Cognitive appraisals and transformations in delay behavior. *Journal of Personality and Social Psychology, 31*(2), 254.

6. Moore, B., Mischel, W., & Zeiss, A. (1976). Comparative effects of the reward stimulus and its cognitive representation in voluntary delay. *Journal of Personality and Social Psychology, 34*(3), 419.

7. Shoda, Y., Mischel, W., & Peake, P. K. (1990). Predicting adolescent cognitive and self-regulatory competencies from preschool delay of gratification: Identifying diagnostic conditions. *Developmental Psychology, 26*(6), 978.

8. Lehrer, J. (2009). DON'T! The secret of self-control. *New Yorker*, May 18, pp. 26 – 32.

9. Duckworth, A. L., & Seligman, M. E. (2005). Self-discipline outdoes IQ in predicting academic performance of adolescents. *Psychological Science, 16*(12), 939 – 944.

10. Moffitt, T. E., Arseneault, L., Belsky, D., Dickson, N., Hancox, R. J., Harrington, H., ⋯, & Caspi, A. (2011). A gradient of childhood self-control predicts health, wealth, and public safety. *Proceedings of the National Academy of Sciences, 108*(7), 2693 – 2698; Meier, S., & Sprenger, C. D. (2012). Time discounting predicts creditworthiness. *Psychological Science, 23*(1), 56 – 58; Eisenberg, N., Fabes, R. A., Bernzweig, J., Karbon, M., Poulin, R., & Hanish, L. (1993). The relations of emotionality and regulation to preschoolers' social skills and sociometric status. *Child Development, 64*(5), 1418 – 1438; Shoda, Y., Mischel, W., & Peake, P. K. (1990). Predicting adolescent cognitive and self-regulatory competencies from preschool delay of gratification: Identifying diagnostic conditions. *Developmental Psychology, 26*(6), 978; Tangney, J. P., Baumeister, R. F., & Boone, A. L. (2008). High self-control predicts good adjustment, less pathology, better grades, and interpersonal success. *Journal of Personality, 72*(2), 271 – 324; Côté, S., Gyurak, A., & Levenson, R. W. (2010). The ability to regulate emotion is associated with greater well-being, income, and socioeconomic status. *Emotion, 10*(6), 923.

11. Damasio, A. R. (1994). *Descartes' Error*. New York: Putnam.

12. Vohs, K. D., & Heatherton, T. F. (2000). Self-regulatory failure: A resource-depletion approach. *Psychological Science, 11*(3), 249 – 254; Baumeister, R. F., Bratslavsky, E., Muraven, M., & Tice, D. M. (1998). Ego depletion: Is the active self a limited resource? *Journal of Personality and Social Psychology, 74*(5), 1252.

13. Shaw, P., Lalonde, F., Lepage, C., Rabin, C., Eckstrand, K., Sharp, W., …, & Rapoport, J. (2009). Development of cortical asymmetry in typically developing children and its disruption in attention-deficit/hyperactivity disorder. *Archives of General Psychiatry*, 66(8), 888; Holloway, R. L., & De La Costelareymondie, M. C. (1982). Brain endocast asymmetry in pongids and hominids: Some preliminary findings on the paleontology of cerebral dominance. *American Journal of Physical Anthropology*, 58(1), 101 – 110; Zilles, K. (2005). Evolution of the human brain and comparative cyto- and receptor architecture. In S. Dehaene, J. R. Duhamel, M. D. Hauser, & G. Rizzolatti (Eds.). *From Monkey Brain to Human Brain*. Cambridge, MA: MIT Press, Bradford Books, pp. 41 – 56.

14. Cohen, J. R., Berkman, E. T., & Lieberman, M. D. (2013). Intentional and incidental self-control in ventrolateral PFC. In D. T. Stuss & R. T. Knight (Eds.). *Principles of Frontal Lobe Function*, 2nd ed. New York: Oxford University Press, pp. 417 – 440; Cohen, J. R., & Lieberman, M. D. (2010). The common neural basis of exerting self-control in multiple domains. In Y. Trope, R. Hassin, & K. N. Ochsner (Eds.). *Self-control*. New York: Oxford University Press, pp. 141 – 160.

15. Aron, A. R., Robbins, T. W., & Poldrack, R. A. (2004). Inhibition and the right inferior frontal cortex. *Trends in Cognitive Sciences*, 8(4), 170 – 177.

16. Aron, A. R., Fletcher, P. C., Bullmore, T., Sahakian, B. J., & Robbins, T. W. (2003). Stop-signal inhibition disrupted by damage to right inferior frontal gyrus in humans. *Nature Neuroscience*, 6(2), 115 – 116.

17. Casey, B. J., Somerville, L. H., Gotlib, I. H., Ayduk, O., Franklin, N. T., Askren, M. K., …, & Shoda, Y. (2011). Behavioral and neural correlates of delay of gratification 40 years later. *Proceedings of the National Academy of Sciences*, 108(36), 14998 – 15003.

18. Berkman, E. T., Falk, E. B., & Lieberman, M. D. (2011). In the trenches of real-world self-control: Neural correlates of breaking the link between craving and smoking. *Psychological Science*, 22, 498 – 506.

19. Evans, J. S. B., Barston, J. L., & Pollard, P. (1983). On the conflict between logic and belief in syllogistic reasoning. *Memory & Cognition*, 11(3), 295 – 306.

20. 여기에서 논의된 다른 종류의 자기통제에 비해 인지적 자기통제는 우반구보다 좌반구에서 더 종종 그 기능을 지배하는 경향을 보인다. 그러나 인지적 자기통제가 더 총체적인wholistic 성격을 띠면 (다시 말해 우리가 어떤 생각이나 신념 전체를 억제하려고 애를 쓸 때는) 다른 종류의 자기통제와 마찬가지로 우반구에서 그 기능을 지

배하는 식으로 전환되는 듯하다.

21. Goel, V., & Dolan, R. J. (2003). Explaining modulation of reasoning by belief. *Cognition, 87*(1), 11 – 22.

22. Tsujii, T., & Watanabe, S. (2010). Neural correlates of belief-bias reasoning under time pressure: A near-infrared spectroscopy study. *NeuroImage, 50*(3), 1320 – 1326.

23. Tsujii, T., Masuda, S., Akiyama, T., & Watanabe, S. (2010). The role of inferior frontal cortex in belief-bias reasoning: An rTMS study. *Neuropsychologia, 48*(7), 2005; Tsujii, T., Sakatani, K., Masuda, S., Akiyama, T., & Watanabe, S. (2011). Evaluating the roles of the inferior frontal gyrus and superior parietal lobule in deductive reasoning: An rTMS study. *NeuroImage, 58*(2), 640 – 646.

24. Tversky, A., & Kahneman, D. (1981). The framing of decisions and the psychology of choice. *Science, 211*(4481), 453 – 458.

25. De Martino, B., Kumaran, D., Seymour, B., & Dolan, R. J. (2006). Frames, biases, and rational decision-making in the human brain. *Science, 313*(5787), 684 – 687.

26. Samson, D., Apperly, I. A., Kathirgamanathan, U., & Humphreys, G. W. (2005). Seeing it my way: A case of a selective deficit in inhibiting self-perspective. *Brain, 128*(5), 1102 – 1111; van der Meer, L., Groenewold, N. A., Nolen, W. A., Pijnenborg, M., & Aleman, A. (2011). Inhibit yourself and understand the other: Neural basis of distinct processes underlying Theory of Mind. *NeuroImage, 56*(4), 2364 – 2374.

27. Ross, L., Greene, D., & House, P. (1977). The 'false consensus effect': An ego-centric bias in social perception and attribution processes. *Journal of Experimental Social Psychology, 13*(3), 279 – 301.

28. Gross, J. J. (2002). Emotion regulation: Affective, cognitive, and social consequences. *Psychophysiology, 39*(3), 281 – 291.

29. Murakami, H. (2008). *What I Talk About When I Talk About Running: A Memoir.* New York: Knopf, p. vii.

30. Bower, J. E., Low, C. A., Moskowitz, J. T., Sepah, S., & Epel, E. (2007). Benefit finding and physical health: Positive psychological changes and enhanced allostasis. *Social and Personality Psychology Compass, 2*(1), 223 – 244.

31. Pape, H. C. (2010). Petrified or aroused with fear: The central amygdala takes the lead. *Neuron, 67*(4), 527 – 529.

32. Butler, E. A., Egloff, B., Wilhelm, F. H., Smith, N. C., Erickson, E. A., & Gross,

J. J. (2003). The social consequences of expressive suppression. *Emotion, 3*(1), 48; Richards, J. M., & Gross, J. J. (2000). Emotion regulation and memory: The cognitive costs of keeping one's cool. *Journal of Personality and Social Psychology, 79*(3), 410; Gross, J. J. (2002). Emotion regulation: Affective, cognitive, and social consequences. *Psychophysiology, 39*(3), 281 – 291.

33. Ochsner, K. N., & Gross, J. J. (2005). The cognitive control of emotion. *Trends in Cognitive Sciences, 9*(5), 242 – 249.

34. Goldin, P. R., McRae, K., Ramel, W., & Gross, J. J. (2008). The neural bases of emotion regulation: Reappraisal and suppression of negative emotion. *Biological Psychiatry, 63*(6), 577.

35. Lee, T.-W., Dolan, R. J., & Critchley, H. D. (2008). Controlling emotional expression: Behavioral and neural correlates of nonimitative emotional responses. *Cerebral Cortex, 18*(1), 104 – 113.

36. Ochsner, K. N., Bunge, S. A., Gross, J. J., & Gabrieli, J. D. (2002). Rethinking feelings: An fMRI study of the cognitive regulation of emotion. *Journal of Cognitive Neuroscience, 14*(8), 1215 – 1229; Phan, K. L., Fitzgerald, D. A., Nathan, P. J., Moore, G. J., Uhde, T. W., & Tancer, M. E. (2005). Neural substrates for voluntary suppression of negative affect: A functional magnetic resonance imaging study. *Biological Psychiatry, 57*, 210 – 219; Kalisch, R. (2009). The functional neuroanatomy of reappraisal: Time matters. *Neuroscience & Biobehavioral Reviews, 33*(8), 1215 – 1226; Kalisch, R., Wiech, K., Critchley, H. D., Seymour, B., O'Doherty, J. P., Oakley, D. A., ⋯, & Dolan, R. J. (2005). Anxiety reduction through detachment: Subjective, physiological, and neural effects. *Journal of Cognitive Neuroscience, 17*(6), 874 – 883.

37. Kalisch, R. (2009). The functional neuroanatomy of reappraisal: Time matters. *Neuroscience and Biobehavioral Reviews, 33*, 1215 – 1226

38. Pennebaker, J. W., & Beall, S. K. (1986). Confronting a traumatic event: Toward an understanding of inhibition and disease. *Journal of Abnormal Psychology, 95*, 274 – 281.

39. Denham, S. A. (1986). Social cognition, prosocial behavior, and emotion in preschoolers: Contextual validation. *Child Development, 57*, 194 – 201; Denham, S. A., & Burton, R. (1996). A social-emotional intervention for at-risk 4-year-olds. *Journal of School Psychology, 34*, 225 – 245; Fabes, R. A., Eisenberg, N., Hanish, L. D., & Spinrad, T. L. (2001). Preschoolers' spontaneous emotion vocabulary: Relations to likability. *Early Education & Development, 12*, 11 – 27; Fujiki, M., Brinton, B., &

Clarke, D. (2002). Emotion regulation in children with specific language impairment. *Language, Speech, and Hearing Services in Schools, 33*, 102 – 111; Izard, C., Fine, S., Schultz, D., Mostow, A., Ackerman, B., & Youngstrom, E. (2001). Emotion knowledge as a predictor of social behavior and academic competence in children at risk. *Psychological Science, 12*, 18 – 23; Mostow, A. J., Izard, C. E., Fine, S., & Trentacosta, C. J. (2002). Modeling emotional, cognitive, and behavioral predictors of peer acceptance. *Child Development, 73*, 1775 – 1787.

40. Ramirez, G., & Beilock, S. L. (2011). Writing about testing worries boosts exam performance in the classroom. *Science, 331*, 211 – 213.

41. Lieberman, M. D., Inagaki, T. K., Tabibnia, G., & Crockett, M. J. (2011). Subjective responses to emotional stimuli during labeling, reappraisal, and distraction. *Emotion, 3*, 468 – 480; Burklund, L. J., Creswell, J. D., Irwin, M. R., & Lieberman, M. D. (under review). The common neural bases of affect labeling and reappraisal.

42. Kircanski, K., Lieberman, M. D., & Craske, M. G. (2012). Feelings into words: Contributions of language to exposure therapy. *Psychological Science, 23*, 1086 – 1091.

43. Hariri, A. R., Bookheimer, S. Y., & Mazziotta, J. C. (2000). Modulating emotional responses: Effects of a neocortical network on the limbic system. *Neuroreport, 11*(1), 43 – 48; Lieberman, M. D., Eisenberger, N. I., Crockett, M. J., Tom, S., Pfeifer, J. H., Way, & B. M. (2007). Putting feelings into words: Affect labeling disrupts amygdala activity to affective stimuli. *Psychological Science, 18*, 421 – 428; Burklund, L. J., Creswell, J. D., Irwin, M. R., & Lieberman, M. D. (under review). The common neural bases of affect labeling and reappraisal; Payer, D. E., Baicy, K., Lieberman, M. D., & London, E. D. (2012). Overlapping neural substrates between intentional and incidental down-regulation of negative emotions. *Emotion, 12*(2), 229.

44. Payer, D. E., Baicy, K., Lieberman, M. D., & London, E. D. (2012). Overlapping neural substrates between intentional and incidental down-regulation of negative emotions. *Emotion, 2*, 229 – 235; Burklund, L. J., Creswell, J. D., Irwin, M. R., & Lieberman, M. D. (under review). The common neural bases of affect labeling and reappraisal.

45. Isherwood, C. (2001). *A Single Man*. London: Vintage Books, p. 11.

46. Adams, S. (2012). Why do so many doctors regret their job choice? Forbes.com, April 27: http://www.forbes.com/sites/susanadams/2012/04/27/why-do-so-many-doctors-regret-their-job-choice/.

47. Glionna, J. (2010). China tries in vain to keep bellies buttoned up. *Los Angeles Times*, August 10.

48. Righetti, F., & Finkenauer, C. (2011). If you are able to control yourself, I will trust you: The role of perceived self-control in interpersonal trust. *Journal of Personality and Social Psychology, 100*(5), 874.

49. Pronk, T. M., Karremans, J. C., & Wigboldus, D. H. (2011). How can you resist? Executive control helps romantically involved individuals to stay faithful. *Journal of Personality and Social Psychology, 100*(5), 827.

50. Gladwell, M. (2001, December 17). Examined life: What Stanley H. Kaplan taught us about the SAT. *New Yorker*, 86.

51. Allport, F. H. (1924). *Social Psychology*. Boston: Houghton Mifflin Company, p. 31.

52. 루이스 C.K.의 비콘극장 라이브 공연.

53. Bentham, J. (1995). *The Panopticon Writings*. Edited by M. Bozovic. London: Verso, pp. 29 - 95.

54. van Rompay, T. J., Vonk, D. J., & Fransen, M. L. (2009). The eye of the camera effects of security cameras on prosocial behavior. *Environment and Behavior, 41*(1), 60 - 74.

55. Zhong, C. B., Bohns, V. K., & Gino, F. (2010). Good lamps are the best police: Darkness increases dishonesty and self-interested behavior. *Psychological Science, 21*(3), 311 - 314.

56. Risko, E. F., & Kingstone, A. (2011). Eyes wide shut: Implied social presence, eye tracking and attention. *Attention, Perception, & Psychophysics, 73*(2), 291 - 296.

57. Bateson, M., Nettle, D., & Roberts, G. (2006). Cues of being watched enhance cooperation in a real-world setting. *Biology Letters, 2*(3), 412 - 414.

58. Ernest-Jones, M., Nettle, D., & Bateson, M. (2011). Effects of eye images on everyday cooperative behavior: A field experiment. *Evolution and Human Behavior, 32*(3), 172 - 178; 다음도 참조할 것. Powell, K. L., Roberts, G., & Nettle, D. (2012). Eye images increase charitable donations: Evidence from an opportunistic field experiment in a supermarket. *Ethology, 118*, 1096 - 1101; Nettle, D., Nott, K., & Bateson, M. (2012). 'Cycle thieves, we are watching you': Impact of a simple signage intervention against bicycle theft. *PLOS One, 7*(12), e51738.

59. Burnham, T. C., & Hare, B. (2007). Engineering human cooperation. *Human Nature, 18*(2), 88 - 108.

60. Rigdon, M., Ishii, K., Watabe, M., & Kitayama, S. (2009). Minimal social cues in the dictator game. *Journal of Economic Psychology, 30*(3), 358 – 367.

61. Beaman, A. L., Klentz, B., Diener, E., & Svanum, S. (1979). Self-awareness and transgression in children: Two field studies. *Journal of Personality and Social Psychology, 37*(10), 1835.

62. Mead, G. H. (1934). *Mind, Self, and Society from the Standpoint of a Social Behaviorist.* Edited by C. W. Morris. Chicago: University of Chicago; Cooley, C. H. (1902). *Human Nature and the Social Order.* New York: Scribner.

63. Diener, E., & Wallbom, M. (1976). Effects of self-awareness on antinormative behavior. *Journal of Research in Personality, 10*(1), 107 – 111.

64. Abrams, D., & Brown, R. (1989). Self-consciousness and social identity: Self-regulation as a group member. *Social Psychology Quarterly, 52*, 311 – 318; Duval, S. (1976). Conformity on a visual task as a function of personal novelty on attitudinal dimensions and being reminded of the object status of self. *Journal of Experimental Social Psychology, 12*(1), 87 – 98; Swart, C., Ickes, W., & Morgenthaler, E. S. (1978). The effect of objective self awareness on compliance in a reactance situation. *Social Behavior and Personality: An International Journal, 6*(1), 135 – 139.

65. Spitzer, M., Fischbacher, U., Herrnberger, B., Grön, G., & Fehr, E. (2007). The neural signature of social norm compliance. *Neuron, 56*(1), 185 – 196.

66. Campbell-Meiklejohn, D. K., Bach, D. R., Roepstorff, A., Dolan, R. J., & Frith, C. D. (2010). How the opinion of others affects our valuation of objects. *Current Biology, 20*(13), 1165 – 1170; Campbell-Meiklejohn, D. K., Kanai, R., Bahrami, B., Bach, D. R., Dolan, R. J., Roepstorff, A., & Frith, C. D. (2012). Structure of orbitofrontal cortex predicts social influence. *Current Biology, 22*(4), R123 – R124.

67. Pfeifer, J. H., Masten, C. L., Borofsky, L. A., Dapretto, M., Fuligni, A. J., & Lieberman, M. D. (2009). Neural correlates of direct and reflected self-appraisals in adolescents and adults: When social perspective-taking informs self-perception. *Child Development, 80*(4), 1016 – 1038; Ochsner, K. N., Beer, J. S., Robertson, E. R., Cooper, J. C., Gabrieli, J. D., Kihsltrom, J. F., & D'Esposito, M. (2005). The neural correlates of direct and reflected self-knowledge. *NeuroImage, 28*(4), 797 – 814.

68. Lieberman, M. D. (2007). Social cognitive neuroscience: A review of core processes. *Annual Review of Psychology, 58*, 259 – 289.

10장 사회적 뇌와 행복

1. Easterlin, R. A., & Crimmins, E. M. (1991). Private materialism, personal self-fulfillment, family life, and public interest: The nature, effects, and causes of recent changes in the values of American youth. *Public Opinion Quarterly, 55*(4), 499 – 533.

2. Easterlin, R. A. (1974). Does economic growth improve the human lot? In P. A. David and M. W. Reder (Eds.). *Nations and Households in Economic Growth: Essays in Honour of Moses Abramovitz*. New York: Academic Press; Diener, E., & Seligman, M. E. (2004). Beyond money. *Psychological Science in the Public Interest, 5*(1), 1 – 31.

3. Diener, E., Sandvik, E., Seidlitz, L., & Diener, M. (1993). The relationship between income and subjective well-being: Relative or absolute? *Social Indicators Research, 28*(3), 195 – 223.

4. 같은 곳.

5. Diener, E., & Suh, E. (1997). Measuring quality of life: Economic, social, and subjective indicators. *Social Indicators Research, 40*, 189 – 216.

6. Easterlin, R. A. (1974). Does economic growth improve the human lot? In P. A. David and M. W. Reder (Eds.). *Nations and Households in Economic Growth: Essays in Honour of Moses Abramovitz*. New York: Academic Press; Diener, E., & Seligman, M. E. (2004). Beyond money. *Psychological Science in the Public Interest, 5*(1), 1 – 31.

7. Easterlin, R. A. (1995). Will raising the incomes of all increase the happiness of all? *Journal of Economic Behavior & Organization, 27*(1), 35 – 47.

8. Frederick, S., & Loewenstein, G. (1999). Hedonic adaptation. In D. Kanheman & E. Diener (Eds.). *The Foundations of Hedonic Psychology*. New York: Russell Sage Foundation, pp. 302 – 329.

9. Brickman, P., Coates, D., & Janoff-Bulman, R. (1978). Lottery winners and accident victims: Is happiness relative? *Journal of Personality and Social Psychology, 36*(8), 917.

10. Kahneman, D., Krueger, A. B., Schkade, D., Schwarz, N., & Stone, A. A. (2006). Would you be happier if you were richer? A focusing illusion. *Science, 312*(5782), 1908 – 1910.

11. Putnam, R. D. (2000). *Bowling Alone: The Collapse and Revival of American Community*. New York: Simon & Schuster.

12. 같은 곳; Helliwell, J. F., & Putnam, R. D. (2004). The social context of well-being. *Philosophical Transactions of the Royal Society of London Series B: Biological Sciences*, 1435 –

1446.

13. Becchetti, L., Pelloni, A., & Rossetti, F. (2008). Relational goods, sociability, and happiness. *Kyklos, 61*(3), 343 – 363.

14. Borgonovi, F. (2008). Doing well by doing good: The relationship between formal volunteering and self-reported health and happiness. *Social Science & Medicine, 66*(11), 2321 – 2334.

15. Aknin, L. B., Barrington-Leigh, C. P., Dunn, E. W., Helliwell, J. F., Biswas-Diener, R., Kemeza, I., ⋯, & Norton, M. I. (2010). Prosocial spending and well-being: Cross-cultural evidence for a psychological universal (No. w16415). National Bureau of Economic Research.

16. Powdthavee, N. (2008). Putting a price tag on friends, relatives, and neighbours: Using surveys of life satisfaction to value social relationships. *Journal of Socio-economics, 37*(4), 1459 – 1480.

17. Holt-Lunstad, J., Smith, T. B., & Layton, J. B. (2010). Social relationships and mortality risk: A meta-analytic review. *PLOS Medicine, 7*(7), e1000316.

18. Bumpass, L. L., Sweet, J. A., & Cherlin, A. (1991). The role of cohabitation in declining rates of marriage. *Journal of Marriage and the Family, 53*, 913 – 927; Popenoe, D. (1993). American family decline, 1960 – 1990: A review and appraisal. *Journal of Marriage and the Family, 55*, 527 – 542.

19. Costa, D. L., & Kahn, M. E. (2001). Understanding the decline in social capital, 1952 – 1998 (No. w8295). National Bureau of Economic Research; Putnam, R. D. (2000). *Bowling Alone: The Collapse and Revival of American Community*. New York: Simon & Schuster.

20. McPherson, M., Smith-Lovin, L., & Brashears, M. E. (2006). Social isolation in America: Changes in core discussion networks over two decades. *American Sociological Review, 71*(3), 353 – 375.

21. Easterlin, R. A., & Crimmins, E. M. (1991). Private materialism, personal self-fulfillment, family life, and public interest: The nature, effects, and causes of recent changes in the values of American youth. *Public Opinion Quarterly, 55*(4), 499 – 533.

22. Nickerson, C., Schwarz, N., Diener, E., & Kahneman, D. (2003). Zeroing in on the dark side of the American dream: A closer look at the negative consequences of the goal for financial success. *Psychological Science, 14*(6), 531 – 536; Chan, R., & Joseph, S. (2000). Dimensions of personality, domains of aspiration, and subjective well-being.

Personality and Individual Differences, 28(2), 347 – 354.

23. NMHC tabulations of 2012 Current Population Survey, Annual Social and Economic Supplement, U.S. Census Bureau (http://www.census.gov/cps). Updated October 2012. http://www.nmhc.org/Content.cfm?ItemNumber=55508.

24. Mogilner, C. (2010). The pursuit of happiness. *Psychological Science, 21*(9), 1348 – 1354.

25. Gardner, W. L., Pickett, C. L., & Knowles, M. (2005). Social snacking and shielding. In K. D. Williams, J. P. Forgas, & W. V. Hippel (Eds.). *The Social Outcast:Ostracism, Social Exclusion, Rejection, & Bullying*. New York: Psychology Press.

26. Master, S. L., Eisenberger, N. I., Taylor, S. E., Naliboff, B. D., & Lieberman, M. D. (2009). A picture's worth: Partner photographs reduce experimentally induced pain. *Psychological Science, 20*, 1316 – 1318; Eisenberger, N. I., Master, S. L., Inagaki, T. K., Taylor, S. E., Shirinyan, D., Lieberman, M. D., & Naliboff, B. (2011). Attachment figures activate a safety signal-related neural region and reduce pain experience. *Proceedings of the National Academy of Sciences, 108*, 11721 – 11726.

27. http://www.nikon-kraftderbilder.de.

28. Derrick, J. L., Gabriel, S., & Hugenberg, K. (2009). Social surrogacy: How favored television programs provide the experience of belonging. *Journal of Experimental Social Psychology, 45*(2), 352 – 362.

29. Bruni, L., & Stanca, L. (2008). Watching alone: Relational goods, television and happiness. *Journal of Economic Behavior & Organization, 65*(3), 506 – 528.

30. Kraut, R., Patterson, M., Lundmark, V., Kiesler, S., Mukophadhyay, T., & Scherlis, W. (1998). Internet paradox: A social technology that reduces social involvement and psychological well-being? *American Psychologist, 53*(9), 1017.

31. Valkenburg, P. M., & Peter, J. (2009). Social consequences of the Internet for adolescents: A decade of research. *Current Directions in Psychological Science, 18*(1), 1 – 5.

32. Ellison, N. B., Steinfield, C., & Lampe, C. (2007). The benefits of Facebook 'friends': Social capital and college students' use of online social network sites. *Journal of Computer-Mediated Communication, 12*(4), 1143 – 1168; Grieve, R., Indian, M., Witteveen, K., Anne Tolan, G., & Marrington, J. (2013). Face-to-face or Facebook: Can social connectedness be derived online? *Computers in Human Behavior, 29*(3), 604 – 609; Steinfield, C., Ellison, N. B., & Lampe, C. (2008). Social capital, self-esteem, and use of online social network sites: A longitudinal analysis. *Journal of Applied Developmental*

Psychology, 29(6), 434 – 445.

11장 사회적 뇌와 직업

1. Camerer, C. F., & Hogarth, R. M. (1999). The effects of financial incentives in experiments: A review and capital-labor-production framework. *Journal of Risk and Uncertainty, 19*(1), 7 – 42.

2. 같은 곳: Jenkins Jr., G. D., Mitra, A., Gupta, N., & Shaw, J. D. (1998). Are financial incentives related to performance? A meta-analytic review of empirical research. *Journal of Applied Psychology, 83*(5), 777.

3. Rock, D. (2009). Managing with the brain in mind. *Strategy + Business, 56*, 58 – 67.

4. Bryant, A. (2013). A boss's challenge: Have everyone join the 'in' group. *New York Times*, March 23.

5. Pink, D. H. (2010). *Drive: The Surprising Truth About What Motivates Us*. New York: Canongate.

6. Larkin, I. (2010). Paying $30,000 for a gold star: An empirical investigation into the value of peer recognition to software salespeople. Working paper, Harvard Business School, Boston.

7. Bourdieu, P. (1986). The forms of capital. In J. G. Richardson (Ed.). *Handbook of Theory and Research for the Sociology of Education*. New York: Greenwood, pp. 241 – 258; Putnam, R. D. (2000). *Bowling Alone: The Collapse and Revival of American Community*. New York: Simon & Schuster.

8. Greve, A., Benassi, M., & Sti, A. D. (2010). Exploring the contributions of human and social capital to productivity. *International Review of Sociology—Revue Internationale de Sociologie, 20*(1), 35 – 58.

9. Bosma, N., Van Praag, M., Thurik, R., & De Wit, G. (2004). The value of human and social capital investments for the business performance of startups. *Small Business Economics, 23*(3), 227 – 236; Chen, M. H., Chang, Y. C., & Hung, S. C. (2007). Social capital and creativity in R&D project teams. *R&D Management, 38*(1), 21 – 34.

10. Colquitt, J. A., Conlon, D. E., Wesson, M. J., Porter, C. O., & Ng, K. Y. (2001). Justice at the millennium: A meta-analytic review of 25 years of organizational justice research. *Journal of Applied Psychology, 86*(3), 425.

11. Tabibnia, G., Satpute, A. B., & Lieberman, M. D. (2008). The sunny side of fairness: Preference for fairness activates reward circuitry (and disregarding unfairness activates

self-control circuitry). *Psychological Science, 19*, 339 – 347.

12. Grant, A. M. (2013). *Give and Take: A Revolutionary Approach to Success*. New York: Viking.

13. Grant, A. M., Campbell, E. M., Chen, G., Cottone, K., Lapedis, D., & Lee, K. (2007). Impact and the art of motivation maintenance: The effects of contact with beneficiaries on persistence behavior. *Organizational Behavior and Human Decision Processes, 103*(1), 53 – 67.

14. Grant, A. M. (2008). The significance of task significance: Job performance effects, relational mechanisms, and boundary conditions. *Journal of Applied Psychology, 93*(1), 108.

15. Grant, A. M., Dutton, J. E., & Rosso, B. D. (2008). Giving commitment: Employee support programs and the prosocial sensemaking process. *Academy of Management Journal, 51*(5), 898 – 918.

16. Harter, J. K., Schmidt, F. L., & Hayes, T. L. (2002). Business-unit-level relationship between employee satisfaction, employee engagement, and business outcomes: A meta-analysis. *Journal of Applied Psychology, 87*(2), 268.

17. Franklin, B. (1868/1996). *The Autobiography of Benjamin Franklin*. New York: Dover, p. 80.

18. Bem, D. J. (1972). Self-perception theory. In L. Berkowitz (Ed.). *Advances in Experimental Social Psychology* (Vol. 6). New York: Academic Press, pp. 1 – 62; Burger, J. M. (1999). The foot-in-the-door compliance procedure: A multiple-process analysis and review. *Personality and Social Psychology Review, 3*(4), 303 – 325.

19. National Boss Day Poll (America 2012) (www.tellyourboss.com).

20. 같은 곳.

21. Zenger, J., & Folkman, J. (2009). *The Extraordinary Leader: Turning Good Managers into Great Leaders*. New York: McGraw-Hill.

22. Kellett, J. B., Humphrey, R. H., & Sleeth, R. G. (2006). Empathy and the emergence of task and relations leaders. *Leadership Quarterly, 17*(2), 146 – 162.

23. Lord, R. G., De Vader, C. L., & Alliger, G. M. (1986). A meta-analysis of the relation between personality traits and leadership perceptions: An application of validity generalization procedures. *Journal of Applied Psychology, 71*(3), 402.

24. Kellett, J. B., Humphrey, R. H., & Sleeth, R. G. (2002). Empathy and complex task performance: Two routes to leadership. *Leadership Quarterly, 13*(5), 523 – 544.

25. Meyer, M. L., Spunt, R. P., Berkman, E. T., Taylor, S. E., & Lieberman, M. D.

(2012). Social working memory: An fMRI study of parametric increases in social cognitive effort. *Proceedings of the National Academy of Sciences, 109*, 1883 – 1888; Spreng, N., Stevens, W. D., Chamberlain, J. P., Gilmore, A. W., and Schacter, D. L. (2010). Default network activity, coupled with the frontoparietal control network, supports goal-directed cognition. *NeuroImage 53*, 303 – 317; Christoff, K., Gordon, A. M., Smallwood, J., Smith, R., and Schooler, J. W. (2009). Experience sampling during fMRI reveals default network and executive system contributions to mind wandering. *Proceedings of the National Academy of Sciences of the United States of America, 106*, 8719 – 8724.

12장 사회적 뇌와 교육

1. http://www.usgovernmentspending.com/us_education_spending_20.html.
2. OECD Programme for International Student Assessment (PISA) (2009): http://www.oecd.org/pisa/pisaproducts/pisa2009/pisa2009keyfindings.htm. Executive Summary: http://www.oecd.org/pisa/pisaproducts/46619703.pdf.
3. 미국 안에서만 살펴보아도 지난 20년 동안 각 주의 교육 투자액 증가는 해당 주에서 확인된 학업 성취도 향상과 거의 관련이 없었다. Hanushek, E. A., Peterson, P. E., & Woessmann, L. (2012). Is the U.S. catching up? International and state trends in student achievement. *Education Next*, 24 – 33.
4. Juvonen, J., et al. (2004). *Focus on the Wonder Years: Challenges Facing the American Middle School* (Vol. 139). Santa Monica, CA: RAND Corporation; Eccles, J. S., Midgley, C., Wigfield, A., Buchanan, C. M., Reuman, D., Flanagan, C., & Mac Iver, D. (1993). Development during adolescence: The impact of stage-environment fit on young adolescents' experiences in schools and in families. *American Psychologist, 48*(2), 90.
5. Baumeister, R. F., & Leary, M. R. (1995). The need to belong: Desire for interpersonal attachments as a fundamental human motivation. *Psychological Bulletin, 117*(3), 497.
6. Eccles, J. S., Midgley, C., Wigfield, A., Buchanan, C. M., Reuman, D., Flanagan, C., & Mac Iver, D. (1993). Development during adolescence: The impact of stage-environment fit on young adolescents' experiences in schools and in families. *American Psychologist, 48*(2), 90.
7. Juvonen, J. (2004). *Focus on the Wonder Years: Challenges Facing the American Middle School* (Vol. 139). Santa Monica, CA: RAND Corporation.
8. Juvonen, J., Galván, A. (2009). Bullying as a means to foster compliance. In M. Harris

(Ed). *Bullying, Rejection and Peer Victimization: A Social Cognitive Neuroscience Perspective*. New York: Springer, pp. 299 – 318.

9. Fekkes, M., Pijpers, F. I., Fredriks, A. M., Vogels, T., & Verloove-Vanhorick, S. P. (2006). Do bullied children get ill, or do ill children get bullied? A prospective cohort study on the relationship between bullying and health-related symptoms. *Pediatrics, 117*(5), 1568 – 1574; Nishina, A., Juvonen, J., & Witkow, M. R. (2005). Sticks and stones may break my bones, but names will make me feel sick: The psychosocial, somatic, and scholastic consequences of peer harassment. *Journal of Clinical Child and Adolescent Psychology, 34*(1), 37 – 48.

10. Juvonen, J., Nishina, A., & Graham, S. (2000). Peer harassment, psychological adjustment, and school functioning in early adolescence. *Journal of Educational Psychology, 92*(2), 349; Lopez, C., & DuBois, D. L. (2005). Peer victimization and rejection: Investigation of an integrative model of effects on emotional, behavioral, and academic adjustment in early adolescence. *Journal of Clinical Child and Adolescent Psychology, 34*(1), 25 – 36.

11. Wang, J., Iannotti, R. J., Luk, J. W., & Nansel, T. R. (2010). Co-occurrence of victimization from five subtypes of bullying: Physical, verbal, social exclusion, spreading rumors, and cyber. *Journal of Pediatric Psychology, 35*(10), 1103 – 1112.

12. Lacey, A., & Cornell, D. (under review). The impact of teasing and bullying on school-wide academic performance.

13. Dick, B. D., & Rashiq, S. (2007). Disruption of attention and working memory traces in individuals with chronic pain. *Anesthesia & Analgesia, 104*(5), 1223 – 1229; Glass, J. M. (2009). Review of cognitive dysfunction in fibromyalgia: A convergence on working memory and attentional control impairments. *Rheumatic Disease Clinics of North America, 35*, 299 – 311.

14. Baumeister, R. F., Twenge, J. M., & Nuss, C. K. (2002). Effects of social exclusion on cognitive processes: Anticipated aloneness reduces intelligent thought. *Journal of Personality and Social Psychology, 83*(4), 817.

15. Chen, X., Rubin, K. H., & Li, D. (1997). Relation between academic achievement and social adjustment: Evidence from Chinese children. *Developmental Psychology, 33*(3), 518; Furrer, C., & Skinner, E. (2003). Sense of relatedness as a factor in children's academic engagement and performance. *Journal of Educational Psychology, 95*(1), 148; Wentzel, K. R., & Caldwell, K. (1997). Friendships, peer acceptance, and group membership:

Relations to academic achievement in middle school. *Child Development, 68*(6), 1198 – 1209; Wentzel, K. R. (1998). Social relationships and motivation in middle school: The role of parents, teachers, and peers. *Journal of Educational Psychology, 90*(2), 202.

16. Walton, G. M., & Cohen, G. L. (2007). A question of belonging: Race, social fit, and achievement. *Journal of Personality and Social Psychology, 92*(1), 82; Walton, G. M., & Cohen, G. L. (2011). A brief social-belonging intervention improves academic and health outcomes of minority students. *Science, 331*(6023), 1447 – 1451.

17. http://oir.yale.edu/yale-factsheet.

18. Isen, A. M., Daubman, K. A., & Nowicki, G. P. (1987). Positive affect facilitates creative problem solving. *Journal of Personality and Social Psychology, 52*(6), 1122.

19. Carpenter, S. M., Peters, E., Västfjäll, D., & Isen, A. M. (2013). Positive feelings facilitate working memory and complex decision making among older adults. *Cognition and Emotion*, 27, 184 – 192; Esmaeili, M. T., Karimi, M., Tabatabaie, K. R., Moradi, A., & Farahini, N. (2011). The effect of positive arousal on working memory. *Procedia: Social and Behavioral Sciences, 30*, 1457 – 1460.

20. Ashby, F. G., & Isen, A. M. (1999). A neuropsychological theory of positive affect and its influence on cognition. *Psychological Review, 106*(3), 529.

21. Aalto, S., Brück, A., Laine, M., Någren, K., & Rinne, J. O. (2005). Frontal and temporal dopamine release during working memory and attention tasks in healthy humans: A positron emission tomography study using the high-affinity dopamine D2 receptor ligand (11C) FLB 457. *Journal of Neuroscience, 25*(10), 2471 – 2477.

22. Brozoski, T. J., Brown, R. M., Rosvold, H. E., & Goldman, P. S. (1979). Cognitive deficit caused by regional depletion of dopamine in prefrontal cortex of rhesus monkey. *Science, 205*, 929 – 932; Sawaguchi, T., & Goldman-Rakic, P. S. (1991). D1 dopamine receptors in prefrontal cortex: Involvement in working memory. *Science, 251*(4996), 947; Luciana, M., Depue, R. A., Arbisi, P., & Leon, A. (1992). Facilitation of working memory in humans by a D2 dopamine receptor agonist. *Journal of Cognitive Neuroscience, 4*(1), 58 – 68; Müller, U., Von Cramon, D. Y., & Pollmann, S. (1998). D1-versus D2-receptor modulation of visuospatial working memory in humans. *Journal of Neuroscience, 18*(7), 2720 – 2728.

23. Compayre, G., & Payne, W. H. (2003). *History of Pedagogy*. New York: Kessinger.

24. Longstreet, W. S., & Shane, H. G. (1993). *Curriculum for a New Millennium. Boston:* Allyn & Bacon.

25. Crone, E. A., & Dahl, R. E. (2012). Understanding adolescence as a period of social-affective engagement and goal flexibility. *Nature Reviews Neuroscience, 13*(9), 636 – 650; Nelson, E. E., Leibenluft, E., McClure, E., & Pine, D. S. (2005). The social re-orientation of adolescence: A neuroscience perspective on the process and its relation to psychopathology. *Psychological Medicine, 35*(02), 163 – 174; Steinberg, L., & Morris, A. S. (2001). Adolescent development. *Journal of Cognitive Education and Psychology, 2*(1), 55 – 87.

26. Pfeifer, J. H., & Allen, N. B. (2012). Arrested development? Reconsidering dual-systems models of brain function in adolescence and disorders. Trends in Cognitive Sciences, 16, 322 – 329; Blakemore, S. J. (2008). The social brain in adolescence. *Nature Reviews Neuroscience, 9*(4), 267 – 277.

27. Conway, M. A., Cohen, G., & Stanhope, N. (1991). On the very long-term retention of knowledge acquired through formal education: *Twelve years of cognitive psychology. Journal of Experimental Psychology: General*, 120, 395 – 409.

28. 정확히 이것을 시도하는 몇몇 훌륭한 사업들이 개시되었는데, 이 점에 대해서는 롭 허터Rob Hutter의 학습 자본Learn Capital (http://www.learncapital.com)을 참조하라.

29. Wagner, A. D., Schacter, D. L., Rotte, M., Koutstaal, W., Maril, A., Dale, A. M., …, & Buckner, R. L. (1998). Building memories: Remembering and forgetting of verbal experiences as predicted by brain activity. *Science, 281*(5380), 1188 – 1191.

30. Hamilton, D. L., Katz, L. B., & Leirer, V. O. (1980). Cognitive representation of personality impressions: Organizational processes in first impression formation. *Journal of Personality and Social Psychology, 39*(6), 1050.

31. Mitchell, J. P., Macrae, C. N., & Banaji, M. R. (2004). Encoding-specific effects of social cognition on the neural correlates of subsequent memory. *Journal of Neuroscience, 24*(21), 4912 – 4917.

32. Bargh, J. A., & Schul, Y. (1980). On the cog-nitive benefits of teaching. *Journal of Educational Psychology, 72*(5), 593.

33. Allen, V. L., & Feldman, R. S. (1973). Learning through tutoring: Low-achieving children as tutors. *Journal of Experimental Education, 42*, 1 – 5; Rohrbeck, C. A., Ginsburg-Block, M. D., Fantuzzo, J. W., & Miller, T. R. (2003). Peer-assisted learning interventions with elementary school students: A meta-analytic review. *Journal of Educational Psychology, 95*(2), 240; Semb, G. B., Ellis, J. A., & Araujo, J. (1993). Long-term memory for knowledge learned in school. *Journal of Educational Psychology,*

85(2), 305.

34. Nelson, E. E., Leibenluft, E., McClure, E., & Pine, D. S. (2005). The social re-orientation of adolescence: A neuroscience perspective on the process and its relation to psychopathology. *Psychological Medicine, 35*(02), 163 – 174.

35. Tesser, A., Rosen, S., & Batchelor, T. R. (1972). On the reluctance to communicate bad news (the MUM effect): A role play extension. *Journal of Personality, 40*(1), 88 – 103.

36. Rakic, P. (1985). Limits of neurogenesis in primates. *Science, 227*(4690), 1054 – 1056.

37. Gould, E., Reeves, A. J., Graziano, M. S., & Gross, C. G. (1999). Neurogenesis in the neocortex of adult primates. *Science, 286*(5439), 548 – 552; Buonomano, D. V., & Merzenich, M. M. (1998). Cortical plasticity: From synapses to maps. *Annual Review of Neuroscience, 21*(1), 149 – 186.

38. Draganski, B., Gaser, C., Busch, V., Schuierer, G., Bogdahn, U., & May, A. (2004). Neuroplasticity: Changes in grey matter induced by training. *Nature, 427*(6972), 311 – 312.

39. Maguire, E. A., Gadian, D. G., Johnsrude, I. S., Good, C. D., Ashburner, J., Frackowiak, R. S., & Frith, C. D. (2000). Navigation-related structural change in the hippocampi of taxi drivers. *Proceedings of the National Academy of Sciences, 97*(8), 4398 – 4403.

40. Sternberg, R. J. (2008). Increasing fluid intelligence is possible after all. *Proceedings of the National Academy of Sciences, 105*(19), 6791 – 6792; Jaeggi, S. M., Buschkuehl, M., Jonides, J., & Perrig, W. J. (2008). Improving fluid intelligence with training on working memory. *Proceedings of the National Academy of Sciences, 105*(19), 6829 – 6833; Buschkuehl, M., Jaeggi, S. M., & Jonides, J. (2012). Neuronal effects following working memory training. *Developmental Cognitive Neuroscience, 25*, S167 – S179.

41. Silvers, J. A., McRae, K., Gabrieli, J. D., Gross, J. J., Remy, K. A., & Ochsner, K. N. (2012). Age-related differences in emotional reactivity, regulation, and rejection sensitivity in adolescence. *Emotion, 12*, 1235 – 1247; Galvan, A., Hare, T. A., Parra, C. E., Penn, J., Voss, H., Glover, G., & Casey, B. J. (2006). Earlier development of the accumbens relative to orbitofrontal cortex might underlie risk-taking behavior in adolescents. *Journal of Neuroscience, 26*(25), 6885 – 6892.

42. Cohen, J. R., Berkman, E. T., & Lieberman, M. D. (2013). Intentional and incidental self-control in ventrolateral PFC. In D. T. Stuss & R. T. Knight (Eds.), *Principles of Frontal Lobe Function*, 2nd ed. New York: Oxford University Press, pp. 417 – 440.

43. Morales, J. I., Berkman, E. T., & Lieberman, M. D. (2012). Improving self-control

across domains: Increasing emotion regulation ability through motor inhibition training. Unpublished manuscript; Muraven, M. (2010). Building self-control strength: Practicing self-control leads to improved self-control performance. *Journal of Experimental Social Psychology,46*, 465 – 468; Muraven, M. (2010). Practicing self-control lowers the risk of smoking lapse. *Psychology of Addictive Behaviors,24*(3), 446; Schweizer, S., Grahn, J., Hampshire, A., Mobbs, D., & Dalgleish, T. (2013). Training the emotional brain: Improving affective control through emotional working memory training. *Journal of Neuroscience,33*, 5301 – 5311

44. Creswell, J. D., Burklund, L. J., Irwin, M. R., & Lieberman, M. D. (in prep). Mindfulness meditation training increases functional activity in right ventrolateral prefrontal cortex during affect labeling in older adults: A randomized controlled study; Farb, N. A., Segal, Z. V., Mayberg, H., Bean, J., McKeon, D., Fatima, Z., & Anderson, A. K. (2007). Attending to the present: Mindfulness meditation reveals distinct neural modes of self-reference. *Social Cognitive and Affective Neuroscience,2*(4), 313 – 322.

맺음말

1. Ballou, M. M. (1872). *Treasury of Thought: Forming an Encyclopaedia of Quotations from Ancient and Modern Authors*. Boston: J. R. Osgood and Co., p. 433.

사회적 뇌
인류 성공의 비밀

초판 1쇄 발행일 2015년 1월 20일
초판 6쇄 발행일 2023년 3월 24일

지은이 매튜 D. 리버먼
옮긴이 최호영

발행인 윤호권
사업총괄 정유한

편집 최안나 **디자인** 박지은 **마케팅** 윤아림
발행처 ㈜시공사 **주소** 서울시 성동구 상원1길 22, 6-8층(우편번호 04779)
대표전화 02-3486-6877 **팩스(주문)** 02-585-1755
홈페이지 www.sigongsa.com / www.sigongjunior.com

글 ⓒ 매튜 D. 리버먼, 2015

이 책의 출판권은 ㈜시공사에 있습니다. 저작권법에 의해
한국 내에서 보호받는 저작물이므로 무단 전재와 무단 복제를 금합니다.

ISBN 978-89-527-7245-9 03400

*시공사는 시공간을 넘는 무한한 콘텐츠 세상을 만듭니다.
*시공사는 더 나은 내일을 함께 만들 여러분의 소중한 의견을 기다립니다.
*잘못 만들어진 책은 구입하신 곳에서 바꾸어 드립니다.